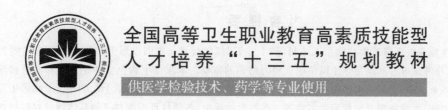

全国高等卫生职业教育高素质技能型
人才培养"十三五"规划教材

供医学检验技术、药学等专业使用

# 生物化学

U0193814

主　编　孔晓朵　唐吉斌　张淑芳

副主编　周先云　黄泓轲　孙厚良　李　凤

编　者　（以姓氏笔画为序）

马　强　重庆三峡医药高等专科学校

孔晓朵　鹤壁职业技术学院

田　野　郑州铁路职业技术学院

刘庆春　南阳医学高等专科学校

孙厚良　重庆三峡医药高等专科学校

李　凤　盐城卫生职业技术学院

李玲玲　鹤壁职业技术学院

李春雷　重庆三峡医药高等专科学校

岳　红　长春医学高等专科学校

周　青　铜陵职业技术学院

周先云　鄂州职业大学

张淑芳　长春医学高等专科学校

胡艳妹　铜陵职业技术学院

唐吉斌　铜陵市人民医院临床检验中心

徐建永　广州医科大学卫生职业技术学院

栗学清　长治医学院

徐勇杰　鹤壁职业技术学院

黄泓轲　乐山职业技术学院

彭　帅　铁岭卫生职业学院

华中科技大学出版社
http://www.hustp.com
中国·武汉

# 内 容 提 要

本书是全国高等卫生职业教育高素质技能型人才培养"十三五"规划教材。本书以服务和服从于临床需要为最高宗旨,尽量贴近国家执业资格考试内容和满足学生岗位职业能力培养的需要。本书由生物化学理论知识和实验指导两部分组成。理论部分共分十八章,第一章至第十四章介绍了生物化学的基本理论,第十五章至第十八章介绍了临床生化的相关内容。实验部分介绍了电泳、血糖测定及常规酶学实验等。在教学过程中,各学校可根据自己的具体课时对教材内容作适当调整。本书可供医学检验技术、药学等专业使用。

**图书在版编目(CIP)数据**

生物化学/孔晓朵,唐吉斌,张淑芳主编. —武汉:华中科技大学出版社,2017.1
全国高等卫生职业教育高素质技能型人才培养"十三五"规划教材.药学及医学检验专业
ISBN 978-7-5680-2285-9

Ⅰ.①生… Ⅱ.①孔… ②唐… ③张… Ⅲ.①生物化学-高等职业教育-教材 Ⅳ.①Q5

中国版本图书馆 CIP 数据核字(2016)第 249177 号

**生物化学**
Shengwu Huaxue

孔晓朵 唐吉斌 张淑芳 主编

策划编辑:史燕丽
责任编辑:孙基寿
封面设计:原色设计
责任校对:何 欢
责任监印:周治超
出版发行:华中科技大学出版社(中国·武汉) 电话:(027)81321913
武汉市东湖新技术开发区华工科技园 邮编:430223
录 排:华中科技大学惠友文印中心
印 刷:武汉鑫昶文化有限公司
开 本:880mm×1230mm 1/16
印 张:17.5
字 数:570 千字
版 次:2017 年 1 月第 1 版第 1 次印刷
定 价:48.00 元

# 前 言
QIANYAN

　　本书是全国高等卫生职业教育高素质技能型人才培养"十三五"规划教材。为贯彻落实教育部《关于全面提高高等职业教育教学质量的若干意见》和原卫生部《医药卫生中长期人才发展规划（2011—2020年）》文件精神，进一步提高药学类和医学检验技术等专业人才培养质量，本书从内容、结构、形式等方面进行优化和扩展，力争提高教材的生动性和开放性。本书可供高等职业学院和医学高等专科学校医学检验技术、药学类及医学其他各专业的师生使用。

　　本书以"理论必需、知识够用"为原则，力求概念清晰、内容简练、重点突出、浅显易懂，在内容上以服务和服从于临床需要为最高宗旨，尽量贴近国家执业资格考试内容和满足学生岗位职业能力培养的需要。为扩展读者的视野，增强本书的知识性和趣味性，本书每章增设了"知识链接"，各章后的"本章小结"和"能力检测"使学生能够在学完一章后对重要内容和知识点有个明确的认识和理解。为突出高素质技能型特色，本书每章的能力测试中尽可能地配置临床案例分析题，以培养学生的医学思维能力。

　　本书由生物化学理论知识和实验指导两部分组成。理论部分共分十八章，第一章至第十四章介绍了生物化学的基本理论，第十五章至第十八章介绍了临床生化的相关内容。实验部分介绍了电泳、血糖测定及常规酶学实验等。在教学过程中，各学校可根据自己的具体课时对教材内容作适当调整。

　　参与本书编写的人员众多，均来自各高等职业学院和高等医学专科学校或医学院，都有丰富的一线教学经验。本书在编写过程中得到了华中科技大学出版社领导和编辑的大力支持与协助，以及各校领导的重视和同仁的热心帮助，在此表示衷心感谢。

　　由于编者水平有限，加上时间紧迫，书中疏漏和错误在所难免，敬请同行专家和使用本书的师生提出宝贵意见。

孔晓朵　唐吉斌　张淑芳

# 目 录

MULU

# 第一章 绪 论

## 学习目标

掌握：人体的物质组成。

熟悉：生物化学的概念，生物化学的研究内容。

了解：生物化学与医药学的关系。

 ## 第一节 生物化学研究的主要内容

生物化学即生命的化学，简称生化，是研究生命现象的学科。生物化学主要应用化学的原理和方法，在分子水平上研究生物体的物质组成、物质结构与功能的关系、物质代谢及其调节、遗传信息传递等内容，进而研究生命活动过程中的化学变化及其规律。根据研究对象，生物化学可分为植物生化、动物生化、微生物生化和人体生化。医学生物化学的主要研究对象是人体，同时也充分利用动物生化、微生物生化等领域的研究成果，从分子水平上揭示人体生命现象本质及疾病发病机制，是医学专业的重要医学基础学科。

### 一、人体的物质组成

人体的基本结构单位是细胞，而细胞又是由许多种化学物质组成的。构成人体的主要物质包括水、蛋白质、脂类、糖类、核酸、维生素、激素、无机盐等多种化合物。其中蛋白质、核酸、多糖及复合脂类等都属于大分子有机化合物，其结构较为复杂，简称生物分子。生物体不仅含有各种生物分子，也由生物学活性的小分子所组成，生物体在组成上呈现多样性和复杂性，大而复杂的生物分子在体内可分解为构成它们的基本结构单位，如蛋白质可分解为氨基酸，核酸可分解为核苷酸，脂类可分解为脂肪酸和甘油，糖类可分解为单糖。这些小而简单的分子可以看作生物分子的构件，或称作"构件分子"。组成一个生物分子的构件分子数目越多，它的分子就越大；构件分子排列顺序及立体结构越多样，形成的生物分子的结构就越复杂。构件分子在新陈代谢中，按一定的组织规律，互相连接，依次形成生物分子、亚细胞结构、细胞组织及器官，最后在神经及体液的调节下形成一个有生命的整体。

### 二、生物分子的结构与功能

人体是由生物分子按照一定的布局和严格的规律组合而成的。对生物分子的研究，重点是对生物大分子的研究，除了确定其一级结构外，更重要的是研究其空间结构及结构与功能的关系。结构是功能的基础，而功能则是结构的体现。如蛋白质的主要功能有催化功能、运输功能、机械支持功能、运动功能、免疫防护功能、接受和传递信息功能、调节代谢和基因表达功能等。蛋白质分子的结构可分四个层次，其中二级和三级结构间还可有超二级结构，三、四级结构之间可有结构域，连接各结构域之间的肽链允许各结构域之间有某种程度的相对运动，蛋白质的侧链也在快速运动之中，蛋白质分子内部的运动性是执行各种功能的重要基础。此外，生物分子间的相互识别和相互作用也是执行生物分子功能的有效途径。

### 三、物质代谢及其调节

生物体的基本特征之一是新陈代谢,新陈代谢不仅是生物体内一切化学变化的总称,也是生物体表现其生命活动的重要特征之一。新陈代谢是由酶催化的一连串的化学反应所组成的各条代谢途径来共同完成的。代谢过程中的酶促产物称为代谢中间产物,代谢过程中的个别步骤、个别环节称为中间代谢。新陈代谢以物质代谢为核心,包括分解代谢和合成代谢两个方面。分解代谢是指生物体内复杂大分子分解成简单分子的物质代谢过程。合成代谢是指由小的构件分子(如氨基酸和核苷酸)合成较大分子(如蛋白质和核酸)的过程,多数合成反应需要消耗自由能,能量通常由腺苷三磷酸(ATP)直接提供。同一种物质的分解代谢和合成代谢途径往往不是完全可逆的。在物质代谢的过程中,同时伴有能量的释放、储存、转移和利用,此过程称为能量代谢。物质代谢中的绝大部分化学反应由酶来催化,酶结构和酶含量的变化对物质代谢的调节起着重要作用。此外,物质代谢也受到神经和激素调节。

### 四、基因信息的传递与表达

遗传和繁殖是生命的又一基本特征。遗传的主要物质基础是 DNA,DNA 分子的功能片段称为基因。按照遗传信息传递的中心法则,DNA 通过复制将亲代的遗传信息传递给子代 DNA,DNA 再经转录生成信使 RNA,从而将遗传信息传递给信使 RNA,信使 RNA 通过指导相应种类和数量氨基酸的排列与连接,将遗传信息翻译成相应的蛋白质分子。基因信息传递涉及遗传、变异、生长、分化等生命过程,也与遗传性疾病、恶性肿瘤、代谢异常性疾病、免疫缺陷性疾病、心血管病等多种疾病的发病机制有关。随着基因工程技术的发展,更多的基因工程产品将应用于人类疾病的预防、诊断和治疗。所以,基因信息传递的研究在生命科学特别是医药学中,越来越显示出其重要意义。而分子生物学除进一步研究 DNA 的结构与功能外,更重要的是研究 DNA 复制、RNA 转录、蛋白质翻译等基因信息传递过程的机制及基因表达时调控的规律。DNA 重组、转基因、基因剔除、新基因克隆、人类基因组计划及功能基因组计划等的发展,将大大推动这一领域的研究进程。

# 第二节　生物化学的发展简史

### 一、生物化学的研究历程

生物化学的出现大约在 19 世纪末、20 世纪初,但直到 1903 年才由德国人卡尔·纽伯格(Carl Neuberg)提出“生物化学”这个名称而成为一门独立的学科。

18 世纪中叶至 19 世纪末是生物化学的初始阶段,这段时期主要研究的是生物体的化学组成,称为静态生物化学阶段。该时期的成果:对糖类、脂类及氨基酸的性质进行了系统研究;发现了核酸;从血液中分离出了血红蛋白;酵母发酵过程中存在“可溶性催化剂”,认识到酶的基本特性,奠定了酶学基础。

20 世纪上叶,生物化学的研究进入了蓬勃发展阶段,这段时期生物化学的发展突飞猛进,主要成果:发现了人类必需氨基酸、必需脂肪酸、维生素和激素等物质,并且能够将其分离与合成;认识到酶的化学本质是蛋白质,并成功制备了酶晶体;基本确定了生物体内主要物质的代谢途径,如糖代谢、脂肪酸的 β 氧化、尿素的合成途径以及三羧酸循环等;确定了 DNA 是遗传的物质基础。因此,这一时期又称为动态生物化学阶段。

20 世纪下半叶,以沃森(J. D. Watson)和克里克(F. H. Crick)于 1953 年提出的 DNA 双螺旋结构模型为重要标志,生物化学进入了崭新的时代——分子生物学时代。该时期除继续深入研究物质代谢的途径外,重点进入代谢调节及合成代谢的研究,尤其是对两类生物大分子——蛋白质与核酸的研究。该时期的成果很多;20 世纪 50 年代初期发现了蛋白质的 α-螺旋二级结构,提出了 DNA 双螺旋结构模型,为揭示遗传信息传递的规律奠定了分子基础;60 年代,确定了遗传信息传递的中心法则,破译了遗传密码;70

年代,建立了重组 DNA 技术,促进了对基因表达调控机制的研究;80 年代,核酶的发现,拓展了人们对生物催化剂的认识,发明了聚合酶链反应(PCR)技术,极大地促进了分子生物学技术的发展和应用;90 年代初开始的人类基因组计划(HGP),确定了人类基因组的全部序列,以及人类全部基因的一级结构,并公布了人类基因组草图。

进入 21 世纪,随着人类基因组计划的完成,生物化学进入到了后基因组研究时期,它的研究将为人们深入理解人类基因组遗传语言的逻辑构架,基因结构与功能的关系,个体发育、生长、衰老和死亡机理,信息传递和作用机理,疾病发生、发展的基因及基因后机理(如发病机理、病理过程)以及各种生命科学问题提供共同的科学基础,该领域的研究成果必将进一步加深人们对生命的认识,同时也为人类的健康和疾病的研究带来根本性的变革,也势必会大大推动医药学的发展。

## 二、我国生物化学的发展概况

我国人民对生物化学的认识早于西方生物化学的诞生。公元前 21 世纪我国人民就利用曲霉、酵母的代谢作用制曲,最后将曲料进行发酵酿酒。公元前 12 世纪前,人们能利用豆、谷、麦等为原料,制成酱、饴和醋,饴是淀粉酶催化淀粉水解的产物。汉代淮南王刘安制作豆腐的方法与近代生物化学及胶体化学的方法相吻合。公元 7 世纪,孙思邈用猪肝治疗雀目,实际上是用富含维生素 A 的猪肝治疗夜盲症。北宋沈括记载的"秋石阴炼法",就是采用皂角汁沉淀等方法从尿中提取性激素制剂。我国近代生物化学家吴宪创立了血液滤液的制备和血糖测定法,提出了蛋白质变性学说。1965 年我国首先人工合成了结晶牛胰岛素,1981 年合成了酵母丙氨酰 tRNA。近年来,我国在基因工程、蛋白质工程、新基因的克隆与功能、疾病相关基因的克隆及其功能研究等方面均已经取得了重要成果,人类基因组草图的完成也有我国科学家的一份贡献。

 **第三节 生物化学与医药学的关系**

### 一、生物化学与基础医学的关系

健康科学涉及两大关键问题。一是维持人体的正常功能。正常的生化反应和过程是维持人体正常功能的基础,人体必须不断地与外环境进行物质交换,摄入必需的营养成分,适应外环境的变化,以维持体内环境的稳定。二是有效防治疾病。代谢的紊乱可导致疾病,所以了解紊乱的环节并加以纠正,是有效预防、治疗疾病的基础。例如糖类代谢紊乱导致的糖尿病,脂类代谢紊乱可导致动脉粥样硬化,氨代谢异常与肝性脑病,胆色素代谢异常与黄疸,维生素缺乏与夜盲症和佝偻病等。充分了解物质代谢及其调节的规律,能为预防和治疗疾病制定有效的方案,也为疾病的诊断和预防提供依据。

### 二、生物化学与临床医学的关系

生物化学的研究为临床医学对疾病的诊治提供了理论根据。通过体液中各种无机离子、有机化合物和酶类等物质的检测,可帮助疾病的诊断,如血清中肌酸激酶同工酶的电泳图谱用于冠心病诊断、转氨酶用于肝病诊断、淀粉酶用于胰腺炎诊断等。反过来,临床实践也为生物化学的研究提供丰富的源泉,例如恶性肿瘤,使生物化学和分子生物学深入到癌基因的研究,证明癌基因在正常情况下并不引起细胞癌变,只有在某些理化因素或病毒以及情感等因素的作用下,才能被激活而导致细胞癌变,通过对癌基因的深入研究,又揭开了对正常细胞生长、分化的规律和信号转导途径的研究和了解;对动脉粥样硬化症的研究,促进了对胆固醇、脂蛋白、受体乃至相关基因等的生物化学研究。

分子病是指因基因突变,引起蛋白质一级结构异常而导致功能障碍的疾病,如镰刀形红细胞性贫血。由于基因突变,导致遗传性酶缺陷或酶结构和酶活性异常而造成代谢障碍或紊乱的疾病,称为先天性代谢缺陷病,如缺乏葡萄糖-6-磷酸酶所致的Ⅰ型糖原累积病,缺乏苯丙氨酸羟化酶所致的苯丙酮尿症。目前已发现 2000 多种先天性代谢缺陷病和分子病。

随着生物化学的飞速发展,不仅许多疑难疾病的发病机制相继被揭示,而且诸多诊断检测技术和方法的不断创建,为许多疾病的预防和治疗提供了全新的手段。基因工程的发展,对临床医学起着极大的促进作用,随着基因芯片、蛋白质芯片、PCR 技术和重组蛋白试剂等应用于临床诊断,使疾病的诊断达到了前所未有的新高度。

### 三、生物化学与药学的关系

生物化学与药学的发展密切相关,磺胺药物的发现开辟了利用抗代谢物作为化疗药物的新领域,如 5-氟尿嘧啶用于治疗肿瘤。青霉素的发现开创了抗生素药物的新时代,再加上各种疫苗的普遍应用,使很多严重危害人类健康的传染病得到控制或基本被消灭。

近年来,依据生物化学原理,应用生物化学的方法和技术研究、制备、开发的生化药物得到了应用。靶向药物是随着当代分子生物学、细胞生物学的发展产生的高科技药物,是目前最先进的用于治疗癌症的药物,它通过与癌症发生、肿瘤生长所必需的特定分子靶点的作用来阻止癌细胞的生长。基因工程疫苗的生产为解决免疫学难题提供了新的手段。基因治疗目前已成为医学领域的研究热点,基因工程药物的研究开发和大量生产,必将对医药学领域产生重大影响。

张淑芳

# 第二章　蛋白质的结构与功能

## 学 习 目 标

**掌握**：氨基酸的结构特点；蛋白质的一级结构和空间结构的概念和特点。

**熟悉**：氨基酸的分类，蛋白质的理化性质。

**了解**：蛋白质的分类，蛋白质结构与功能的关系。

蛋白质是组成生物体组织和细胞的重要成分，也是人体含量最丰富的生物大分子，约占人体固体成分的45％，占细胞干重的70％以上。蛋白质与所有的生命活动密切联系，是生命活动的主要载体，也是生理功能执行者。例如：机体新陈代谢过程中的一系列化学反应几乎都依赖于生物催化剂——酶的作用，而酶的本质就是蛋白质；调节物质代谢的激素有许多也是蛋白质及其衍生物；其他诸如肌肉的收缩，血液的凝固，免疫功能，组织修复以及生长、繁殖等主要功能无一不与蛋白质相关。近代分子生物学的研究表明，蛋白质在遗传信息的控制、细胞膜的通透性、神经冲动的发生和传导以及高等动物的记忆等方面都起着重要的作用。

### 知识链接

**蛋白质营养不良**

蛋白质营养不良又称水肿性营养不良或低蛋白血症。主要发生于断奶儿童，因蛋白质严重缺乏引起典型的皮肤和毛发变化、生长迟滞、智力发育障碍、低蛋白血症、肌肉消瘦、水肿、脂肪肝和腹部膨隆等症状。蛋白质缺乏可因饮食中供给不足引起，或因胃肠道、胰腺和肝病造成蛋白质消化、吸收和合成障碍引起。蛋白质缺乏的预防和治疗在于供给充足的营养，增加供给动物蛋白、植物蛋白和新鲜蔬菜。其他手段如监测和纠正水、电解质紊乱，皮肤护理等为对症处理。

## 第一节　蛋白质分子的组成

### 一、蛋白质的元素组成

尽管蛋白质的种类繁多，结构各异，但元素组成相似，主要由碳（50％～55％）、氢（6％～8％）、氧（19％～24％）、氮（13％～19％）、硫（0～4％）等元素组成。有些蛋白质还含有少量磷或铁、铜、锌、锰、钴、钼等金属元素，个别蛋白质含有碘。

各种蛋白质的含氮量十分接近且恒定，平均约为16％，即100 g蛋白质中约含16 g氮，而每克氮相当于6.25 g蛋白质。由于蛋白质是动植物体内的主要含氮化合物，因此，只要测定生物样品中的氮含量就可以按公式推算出蛋白质大致含量。

**三聚氰胺奶粉**

凯氏定氮法被食品行业认定为蛋白质含量测定的经典方法。首先通过凯氏定氮法测定生物样品中的含氮量,利用公式:生物样品中蛋白质含量(g)=生物样品中蛋白质的含氮量(g)×6.25,通过计算即可得到蛋白质含量。一些不法商人利用此漏洞,将含氮化合物三聚氰胺($C_3N_6H_6$,也称"蛋白精")掺在奶粉中,以提高奶粉检测中蛋白质含量的指标。医学研究发现,婴幼儿大量摄入三聚氰胺会造成生殖、泌尿系统损害,导致膀胱、肾部结石等疾病。根据《食品安全法》及其实施条例规定,我国食品中三聚氰胺的限量值:婴儿配方食品中的三聚氰胺的限量值为 1 mg/kg,其他食品中三聚氰胺的限量值为 2.5 mg/kg,高于此限量的食品一律不得销售。

## 二、蛋白质的基本单位氨基酸

蛋白质可受酸、碱或酶的作用而水解,最终产物都是氨基酸,因此,氨基酸是蛋白质的基本组成单位。例如,一种单纯蛋白质用 6 mol/L 盐酸在真空下 110 ℃水解约 16 h,可达到完全水解(酸性条件下的水解,色氨酸、酪氨酸易被破坏),利用层析等手段分析水解液,可以证明组成蛋白质分子的基本单位是氨基酸。

### (一)氨基酸的结构特点

存在于自然界的氨基酸有 300 余种,但构成人体蛋白质的氨基酸仅有 20 种,都具有特异的遗传密码,能被密码子编码,故称为编码氨基酸。这 20 种氨基酸的结构特点,可用下列通式(R 为氨基酸的侧链基团)表示。

$$
\begin{array}{cc}
\text{COOH} & \text{COOH} \\
\text{H}_2\text{N—C—H} & \text{H—C—NH}_2 \\
\text{R} & \text{R} \\
\text{L-}\alpha\text{-氨基酸} & \text{D-}\alpha\text{-氨基酸}
\end{array}
$$

(1)按照氨基酸中氨基与羧基的位置,可将氨基酸分为 $\alpha$、$\beta$、$\gamma$、$\delta$ 氨基酸。参与蛋白质合成的 20 种氨基酸的氨基都连接在羧基相邻的 $\alpha$ 碳原子上,因此称为 $\alpha$-氨基酸(脯氨酸为 $\alpha$-亚氨基酸)。

(2)不同 $\alpha$-氨基酸的侧链 R 基团不同,它对蛋白质的空间结构和理化性质有重要的影响。

(3)除甘氨酸的 R 基团为 H 外,其余氨基酸中 $\alpha$-碳原子所连接的四个基团各不相同,是手性碳原子(不对称碳原子),具有旋光性,四个原子或基团在 $\alpha$-碳原子周围有两种不同的空间排布方式,构成 D-型和 L-型两种异构体。组成人体蛋白质的氨基酸均为 L-型。

### (二)氨基酸的分类

根据侧链 R 基团的结构和性质不同,可将 20 种氨基酸分为四类(表 2-1)。

**1. 非极性疏水性氨基酸** 这类氨基酸在水中溶解度小,具有一定的疏水性。其侧链为脂肪烃基、芳香烃基、杂环等非极性疏水基团。

**2. 极性中性氨基酸** 这类氨基酸的特征是侧链上有羟基、巯基、酰胺基等极性基团,具有亲水性,但在中性条件下不解离。除色氨酸微溶于水外,此类氨基酸均易溶于水。

**3. 酸性氨基酸** 这类氨基酸的侧链上含有羧基,在水溶液中能解离出 $H^+$ 而带负电荷。

**4. 碱性氨基酸** 这类氨基酸的侧链上有氨基、胍基、咪唑基,在水溶液中能接受 $H^+$ 而带正电荷。

表 2-1　氨基酸的分类

| 中文名 | 英文名 | 中文缩写 | 英文缩写 | 结构式 | 等电点(pI) |
|---|---|---|---|---|---|
| 非极性疏水性氨基酸 | | | | | |
| 甘氨酸 | Glycine | 甘 | Gly | G | | 5.97 |
| 丙氨酸 | Alanine | 丙 | Ala | A | | 6.00 |
| 亮氨酸 | Leucine | 亮 | Leu | L | | 5.98 |
| 异亮氨酸 | Isoleucine | 异亮 | Ile | I | | 6.02 |
| 缬氨酸 | Valine | 缬 | Val | V | | 5.96 |
| 脯氨酸 | Proline | 脯 | Pro | P | | 6.30 |
| 苯丙氨酸 | Phenylalanine | 苯丙 | Phe | F | | 5.48 |
| 极性中性氨基酸 | | | | | |
| 丝氨酸 | Serine | 丝 | Ser | S | | 5.68 |
| 甲硫(蛋)氨酸 | Methionine | 蛋 | Met | M | | 5.74 |

(注:结构式列内含各氨基酸结构图)

| 中文名 | 英文名 | 中文缩写 | 英文缩写 | 结构式 | 等电点(pI) |
|---|---|---|---|---|---|
| 色氨酸 | Tryptophan | 色 | Trp | W | 5.89 |
| 谷氨酰胺 | Glutamine | 谷胺 | Gln | Q | 5.65 |
| 苏氨酸 | Threonine | 苏 | Thr | T | 5.60 |
| 半胱氨酸 | Cysteine | 半胱 | Cys | C | 5.07 |
| 天冬酰胺 | Asparagine | 天胺 | Asn | N | 5.41 |
| 酪氨酸 | Tyrosine | 酪 | Tyr | Y | 5.66 |
| **酸性氨基酸** | | | | | |
| 天冬氨酸 | Aspartic acid | 天 | Asp | D | 2.97 |
| 谷氨酸 | Glutamic acid | 谷 | Glu | E | 3.22 |
| **碱性氨基酸** | | | | | |
| 赖氨酸 | Lysine | 赖 | Lys | K | 9.74 |

续表

| 中文名 | 英文名 | 中文缩写 | 英文缩写 | | 结构式 | 等电点(pI) |
|--------|--------|----------|----------|---|--------|-----------|
| 精氨酸 | Arginine | 精 | Arg | R | 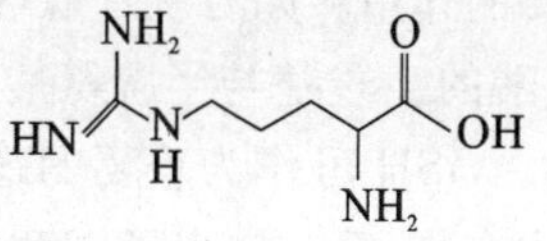 | 10.76 |
| 组氨酸 | Histidine | 组 | His | H | 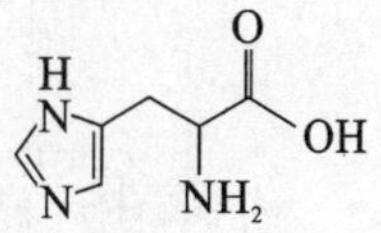 | 7.59 |

除上述 20 种氨基酸外,蛋白质分子中还有一些修饰氨基酸,如胶原蛋白中 4-羟基脯氨酸和 5-羟基赖氨酸、肌球蛋白中的 6-N-甲基赖氨酸、染色体上组蛋白中被甲基化、乙酰化或磷酸化的氨基酸等,它们都是在蛋白质合成过程中或合成后从相应的编码氨基酸经酶促加工、修饰而成的,这些氨基酸在生物体内都没有相应的遗传密码。蛋白质修饰氨基酸的存在,可以影响蛋白质的溶解性、稳定性以及与其他蛋白质的相互作用,从而赋予蛋白质更丰富的功能。

### 三、肽链中氨基酸的连接方式

#### (一)肽键和肽

一分子氨基酸的 α 羧基和另一分子氨基酸的 α 氨基脱水缩合形成的酰胺键($-CO-NH-$)称为肽键(图 2-1)。肽键属于共价键,是维持蛋白质分子结构的主要化学键。

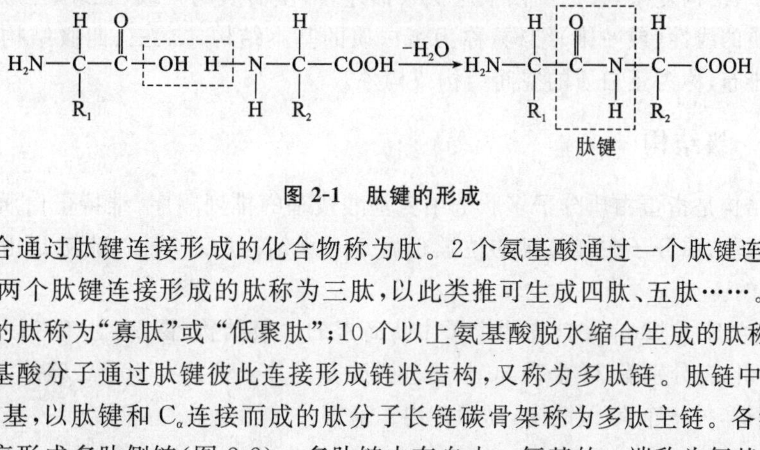

图 2-1 肽键的形成

氨基酸脱水缩合通过肽键连接形成的化合物称为肽。2 个氨基酸通过一个肽键连接形成的肽称为二肽,3 个氨基酸通过两个肽键连接形成的肽称为三肽,以此类推可生成四肽、五肽⋯⋯。通常将 10 个以内的氨基酸脱水生成的肽称为"寡肽"或"低聚肽";10 个以上氨基酸脱水缩合生成的肽称为多肽。

多肽中各个氨基酸分子通过肽键彼此连接形成链状结构,又称为多肽链。肽链中的氨基酸结构已不完整,称为氨基酸残基,以肽键和 $C_\alpha$ 连接而成的肽分子长链碳骨架称为多肽主链。各氨基酸残基中 R 基团依主链的排列顺序形成多肽侧链(图 2-2)。多肽链中有自由 α 氨基的一端称为氨基末端,简称 N 端;含自由 α 羧基的一端称为羧基末端,简称 C 端。体内多肽和蛋白质在生物合成时是以氨基端开始、羧基端终止的,因此,N 端为多肽链的"头",C 端为多肽链的"尾"。在书写肽链时,N 端写在左侧,C 端写在右侧。多肽链中氨基酸的排列顺序和书写顺序均是从 N 端到 C 端,各氨基酸的名称则依次从左至右用中文或英文符号列出,如谷-丙-甘⋯⋯组-苏或 Glu-Ala-Gly⋯⋯His-Thr。肽链较短时可以按"氨基酰氨基酰⋯⋯氨基酸"的方式来命名,较长时则根据功能或化学组成特点命名。

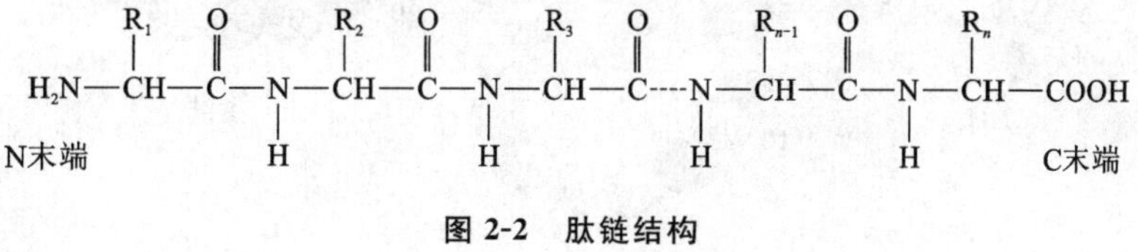

图 2-2 肽链结构

（二）生物活性肽

生物体内存在许多具有生物活性的低相对分子质量的肽，称为生物活性肽，它们在神经传导、代谢调节等方面起着重要的作用。如谷胱甘肽（GSH），即 γ-谷氨酰半胱氨酰甘氨酸，它的第一个肽键与一般的肽键不同，由谷氨酸的 γ-羧基与半胱氨酸的氨基组成（图 2-3）。GSH 分子中半胱氨酸的巯基是主要功能基团，具有还原性。GSH 可作为重要的还原剂，保护体内含巯基的蛋白质和酶不被氧化；同时 GSH 能与进入人体的有毒化合物、重金属离子或致癌物质等相结合，并促使其排出体外，起到中和毒素的作用。

$$2GSH \rightleftharpoons GS—SG$$

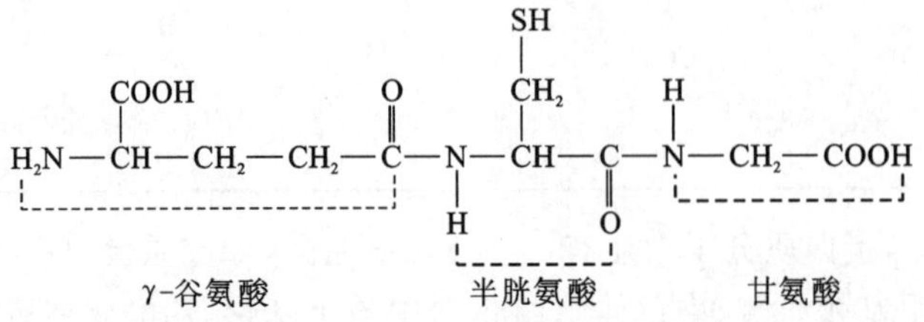

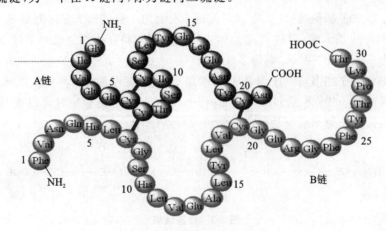

图 2-3 谷胱甘肽（GSH）的结构

体内有许多激素属寡肽或多肽，如催产素（9 肽）、促肾上腺皮质激素（39 肽）、促甲状腺激素（3 肽）等。神经肽是在神经传导过程中起信号转导作用的肽类，如脑啡肽（5 肽）、β-内啡肽（31 肽）等。随着生物科学的发展，相信更多的在神经系统中起着重要作用的生物活性肽或蛋白质将被发现。

# 第二节　蛋白质的分子结构

蛋白质种类繁多、结构复杂，人们用四个层次来描述，即蛋白质的一级、二级、三级和四级结构。一级结构描述的是蛋白质的线性（或一维）结构，称为蛋白质的基本结构，二、三、四级结构是蛋白质的原子或基团在三维空间的排布，称为蛋白质的空间结构或构象。

## 一、蛋白质的一级结构

蛋白质的一级结构是指蛋白质分子多肽链中氨基酸残基的排列顺序，维持蛋白质一级结构的主要化学键是肽键。此外，蛋白质分子中二硫键的位置也属于一级结构的范畴，二硫键是由两个半胱氨酸的巯基（—SH）脱氢形成的。

1953 年，英国科学家 F. Sanger 首先测定了牛胰岛素的一级结构（图 2-4），有 51 个氨基酸残基，由一条 A 链和一条 B 链组成，分别有 21 个和 30 个氨基酸残基。分子中共有 3 个二硫键，其中两个在 A、B 链之间，称为链间二硫键，另一个在 A 链内，称为链内二硫键。

图 2-4 牛胰岛素的一级结构

目前,国际互联网蛋白质数据库已有3千多种蛋白质的一级结构。蛋白质一级结构是空间结构和特异生物学功能的基础,对蛋白质结构的研究,是在分子水平上阐述蛋白质结构和功能关系的基础。

## 二、蛋白质的空间结构

蛋白质分子的多肽链并非呈线形伸展,而是在三维空间折叠和盘曲构成特有的空间结构。蛋白质的空间结构又称为构象,是以一级结构为基础,是实现蛋白质生物学功能或活性的结构基础。蛋白质构象是分子中原子的空间排列,但这些原子的排列取决于它们绕键的旋转,一个蛋白质的构象在不破坏共价键情况下是可以改变的。各种蛋白质的分子形状、理化性质和生物学活性主要取决于它特定的空间结构。

### (一)蛋白质的二级结构

蛋白质的二级结构是指蛋白质分子中多肽链主链沿长轴方向折叠或盘曲所形成的空间结构,也就是该肽段主链骨架原子的相对空间位置,并不涉及氨基酸残基侧链的构象。

**1. 肽键平面** 20世纪30年代末,L Panling 和 RB Corey 研究发现,形成蛋白质主链空间构象的基本单位是肽键平面。肽键中 C—N 键的键长在 C—N 单键和 C=N 双键的键长之间,所以肽键具有部分双键的性质,即肽键不能自由旋转,又因 C 和 N 原子周围的角度和都为 360°,因此参与肽键形成的 $C_{\alpha 1}$、C、O、N、H、$C_{\alpha 2}$ 六个原子共处于同一平面上,$C_{\alpha 1}$ 和 $C_{\alpha 2}$ 在平面上所处的位置为反式构型,该平面称为肽键平面或肽单元(图 2-5)。肽键平面上各原子呈顺反异构关系,肽键平面上的 O、H 以及 2 个 α 碳原子为反式构型。

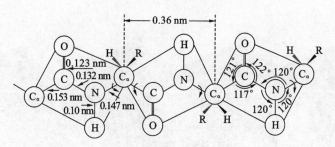

**图 2-5 肽键平面(肽单元)**

蛋白质的主链骨架由许多肽键平面连接而成,主链中的 $C_\alpha$—C 和 $C_\alpha$—N 单键可以旋转,其旋转角决定了两个相邻的肽键平面相对关系。肽键平面的相对旋转,同时受主链上很多侧链 R 基团的影响,使主链呈现不同的构象。

**2. 蛋白质二级结构的形式** 蛋白质二级结构的基本形式有 α-螺旋、β-折叠、β-转角和无规则卷曲四种。

(1)α-螺旋 α-螺旋是肽键平面通过 α-碳原子的相对旋转形成的一种紧密螺旋盘绕,是一种有周期的主链构象(图 2-6)。

α-螺旋结构特点:①多肽链主链以肽键平面为单位,以 α-碳原子为转折点,形成右手螺旋结构;②螺旋每圈含 3.6 个氨基酸残基,两个氨基酸残基之间的距离为 0.15 nm,螺旋上升一圈的高度为 0.15 nm × 3.6 = 0.54 nm,故螺距为 0.54 nm;③每个氨基酸残基(第 $n$ 个)的羰基氧与多肽链 C 端方向的第 4 个氨基酸残基(第 $n+4$ 个)的酰胺氮形成氢键,氢键的方向与螺旋长轴基本平行,肽链中的全部肽键都可形成氢键,以保持 α-螺旋结构的稳固;④各氨基酸残基的 R 基团伸向螺旋外侧,其空间形状、大小及电荷都可以影响 α-螺旋的形成和稳定性。

(2)β-折叠 β-折叠是一种肽链相当伸展的周期性结构,是蛋白质中的常见的二级结构(图 2-7)。β-折叠的结构特点:①在 β-折叠结构中,多肽链几乎是完全伸展的。相邻两个肽单元之间折叠成锯齿状的结构,两平面的夹角为 110°,侧链 R 基团交替地分布在片层的上方和下方,以避免相邻侧链 R 之间的空间障碍;②在 β-折叠结构中,相邻肽链主链上的 C=O 与 N—H 之间形成氢键,氢键与肽链的长轴近于垂直,所有的肽键都参与了链间氢键的形成,因此维持了 β-折叠结构的稳定;③相邻肽链的走向可以是顺向平行和逆向平行两种。在顺向平行的 β-折叠结构中，相邻肽链的走向相同，氢键不平行。在逆向平行的β-折叠结构中，相邻肽链的走向相反，但氢键近于平行。从能量角度考虑，逆向平行更为稳定。

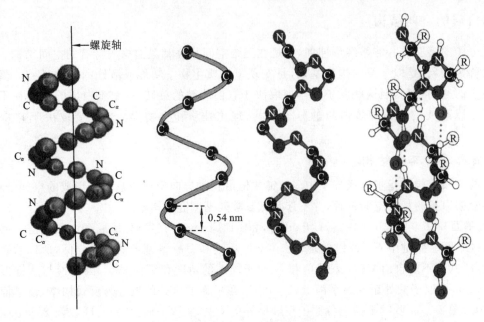

图 2-6   α-螺旋

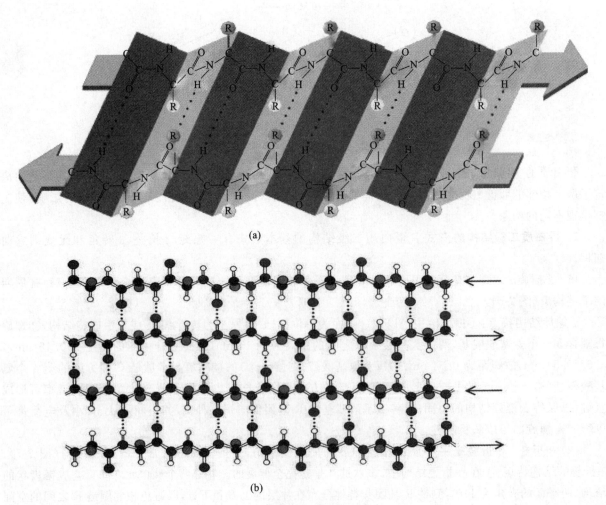

(a)

(b)

图 2-7   β-折叠

（3）β-转角　在球状蛋白质分子中，多肽主链常会出现180°回折，形成发夹或β-转角。β-转角处由4个连续的氨基酸残基构成，常有甘氨酸和脯氨酸存在，稳定β-转角的作用力是第一个氨基酸残基的羧基氧（O）与第四个氨基酸残基的氨基氢（H）之间形成的氢键（图2-8）。β-转角常见于连接逆向平行β-折叠片的端头。

（4）无规则卷曲　多肽链的主链呈现无确定规则的卷曲。典型的球蛋白大约有一半多肽链是这样的构象。研究表明，一种蛋白质的二级结构并非单纯的α-螺旋或β-折叠结构，而是这些不同类型构象的组合，只是不同蛋白质所占多少不同而已。

**3. 超二级结构**　超二级结构又称模块或模序，它是指在多肽链内顺序上相互邻近的二级结构在空间折叠中靠近，彼此相互作用，形成规则的二级结构聚集体。目前发现的超二级结构有多种形式，主要的三种基本形式是，α-螺旋组合（αα）、β-折叠组合（βββ）和α-螺旋 β-折叠组合（βαβ），其中以βαβ组合最为常见（图2-9）。它们可直接作为三级结构的"建筑块"或结构域的组成单位，是蛋白质构象中二级结构与三级结构之间的一个层次，故称超二级结构。

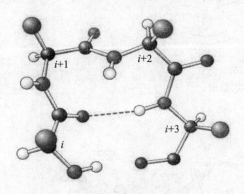

图 2-8　β-转角

图 2-9　蛋白质中三种基本的超二级结构

（二）蛋白质的三级结构

**1. 蛋白质的三级结构**　蛋白质的三级结构是指一条多肽链中所有原子的整体排布，包括主链和侧链的构象。蛋白质的三级结构是在二级结构的基础上，由于侧链R基团的相互作用，多肽链进一步卷曲、折叠而形成的结构。由一条多肽链构成的蛋白质，具有三级结构才能发挥生物学活性。维系三级结构的作用力主要是各种次级键（图2-10），如二硫键、疏水键、氢键、盐键、范德华引力等，其中以疏水键最为重要，其次是二硫键。

形成三级结构的蛋白质通常是球状蛋白，序列中相隔较远的氨基酸疏水侧链相互靠近，形成"洞穴"或"口袋"状结构，结合蛋白质的辅基往往镶嵌其内，形成功能活性部位，而亲水基团则在外，这也是球状蛋白质易溶于水的原因。1963年Kendrew等用X射线衍射图谱测定了鲸肌红蛋白（Mb）的三级结构（153个氨基酸残基和一个血红素辅基，相对分子质量为17800）。由A→H 8段α-螺旋盘绕折叠成球状，氨基酸残基上的疏水侧链大都在分子内部形成一个袋形空穴，血红素居其中，富有极性及电荷的基团则在分子表面形成亲水的球状蛋白（图2-11）。

**2. 结构域**　结构域是在蛋白质三级结构内的独立折叠单元。它通常是几个超二级结构单元的组合。相对分子质量较大的蛋白质在形成三级结构时，肽链中某些局部的二级结构汇聚在一起，进一步卷曲折叠成几个相对独立的近似球形的组装体，形成能发挥生物学功能的特定区域。一般每个结构域由100～200个氨基酸残基组成，各有独特的空间结构，并承担不同的生物学功能。

（三）蛋白质的四级结构

蛋白质的四级结构是指由2条或2条以上具有独立三级结构的多肽链通过非共价键相互结合而形成的寡聚体，构成四级结构的每条多肽链称为亚基。亚基单独存在时一般无生物学功能，构成四级结构的几个亚基可以相同或不同。如血红蛋白（Hb）是由两个α亚基和两个β亚基形成的四聚体（$\alpha_2\beta_2$），这些亚基可分别与氧结合，从而在血红蛋白中运输氧气（图2-12）。

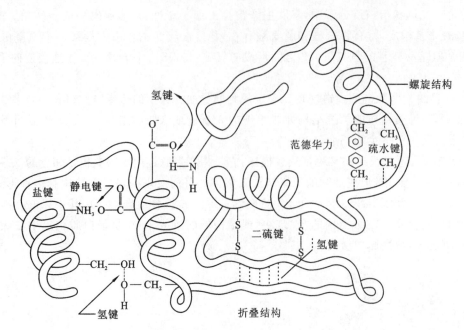

图 2-10　蛋白质分子中的次级键

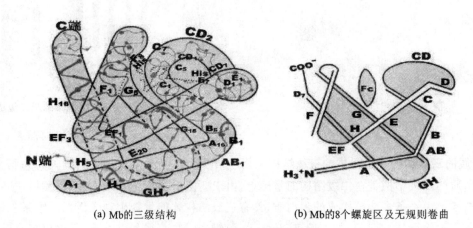

(a) Mb的三级结构　　　　　(b) Mb的8个螺旋区及无规则卷曲

图 2-11　肌红蛋白的三级结构

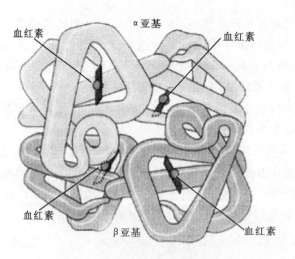

图 2-12　血红蛋白四级结构

# 第三节 蛋白质结构与功能的关系

蛋白质的一级结构是蛋白质功能的基础，空间结构是蛋白质功能的关键，都与功能活性密切相关。体内存在种类众多的蛋白质，每一种蛋白质都执行各自特异的生物学功能。

## 一、蛋白质一级结构与功能的关系

### （一）一级结构是空间构象的基础

20 世纪 60 年代初，美国科学家 C Anfinsen 在牛胰核糖核酸酶的变性和复性实验中发现，该酶的三级结构是在一级结构的基础上形成的。核糖核酸酶由 124 个氨基酸残基组成，有 4 对二硫键。用尿素和 β-巯基乙醇处理该酶溶液，分别破坏次级键和二硫键，肽链完全伸展，变性的酶失去催化活性；当用透析方法去除变性剂后，酶活性几乎完全恢复，理化性质也与天然的酶一样(图 2-13)。

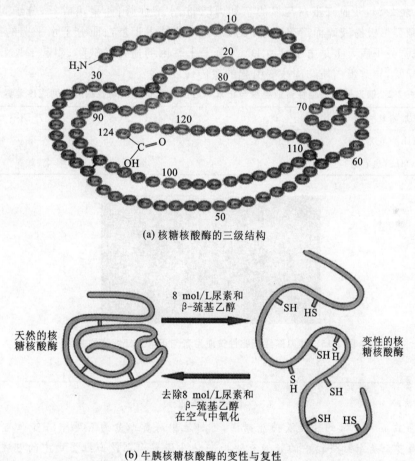

(a) 核糖核酸酶的三级结构

(b) 牛胰核糖核酸酶的变性与复性

图 2-13　牛胰核糖核酸酶一级结构与空间结构的关系

概率计算表明，8 个半胱氨酸残基结合成 4 对二硫键，可随机组合成 105 种配对方式，而事实上只形成了天然酶的构象，这说明蛋白质的一级结构不破坏，保持了氨基酸的排列顺序就可能回复到原来的三级结构，功能依然存在。

### （二）一级结构是蛋白质功能的基础

**1. 一级结构相似的蛋白质具有相似的空间构象和生理功能**　大量实验结果证明，一级结构相似的多肽或蛋白质，其空间结构和功能也相似。例如哺乳动物的胰岛素分子都由 A、B 两条链组成多肽链，其一级结构仅有个别氨基酸差异（A 链 5、6、10 位，B 链 30 位），二硫键的位置和分子的空间结构也极相似，因此，它们都具有降低血糖的生理功能。

**2. 一级结构中关键活性部位的氨基酸残基不同,蛋白质的生理功能不同** 哺乳动物的催产素与抗利尿激素都是9肽,二者的一级结构中只有两个氨基酸残基不同,一级结构很相似(图2-14),因此,催产素兼有抗利尿激素的作用,抗利尿激素也兼有催产素的作用;但是这两个氨基酸残基的差异,致使二者生理功能截然不同,催产素对子宫平滑肌的收缩作用远比抗利尿激素强,而对血管壁的加压效应和抗利尿作用则只有抗利尿激素的1‰左右。

催产素:$NH_2$—甘—亮—脯—半胱—天胺—谷胺—异亮—酪—半胱—COOH

抗利尿激素:$NH_2$—甘—精—脯—半胱—天胺—谷胺—苯丙—酪—半胱—COOH

图2-14 催产素与抗利尿激素的一级结构

### (三)分子病

蛋白质分子中起关键作用的氨基酸残基缺失或被替代,会造成蛋白质空间结构乃至生理功能异常,甚至导致疾病。例如镰刀形红细胞性贫血是一种由于血红蛋白的一级结构变异引起的一种遗传性疾病。与正常人血红蛋白(HbA)相比,患者血红蛋白(HbS)β亚基第6位上亲水性的谷氨酸残基被疏水性的缬氨酸残基所取代(表2-2),使血红蛋白与氧的亲和力减弱、水溶性降低,聚集成丝,分子间互相黏着,导致红细胞变形成为镰刀形极易破碎而产生贫血(图2-15)。这种由于蛋白质分子水平上的微观差异而导致的疾病称为分子病,分子病大多是由于机体DNA分子上基因的遗传性缺陷,引起mRNA分子异常和蛋白质生物合成的异常,导致蛋白质结构改变引起的遗传病。

表2-2 镰刀形红细胞性贫血患者与正常人血红蛋白β链N端氨基酸排列顺序差异

| β链N端氨基酸排列顺序 | 1 2 3 4 5 6 7 8… |
|---|---|
| HbA(正常人) | 缬-组-亮-苏-脯-谷-谷-赖… |
| HbS(患者) | 缬-组-亮-苏-脯-缬-谷-赖… |

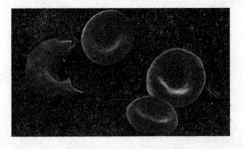

图2-15 镰刀形红细胞性贫血患者与正常人红细胞的差异

### ▌知识链接▐

#### 地中海贫血

根据血红蛋白α和β链的缺失或功能错误,可将地中海贫血分为α地中海贫血与β地中海贫血两类。α地中海贫血是血红蛋白中的α链有缺损,β地中海贫血则是血红蛋白中的β链有缺损。

由于地中海贫血患者缺少正常的红血蛋白,导致携氧功能差,体内主要造血器官骨髓与次要造血器官肝脏、脾脏均会进行旺盛的造血作用,但造出的红细胞也多半品质不佳,容易被破坏,成为恶性循环。骨髓增生会侵犯周围的皮质骨,使骨骼较脆弱。旺盛的造血作用会消耗极多的养分与能量,使身体其他部位的养分供需失调。不断的输血可以改善贫血的症状,也可避免过度的造血作用,但血红素中的铁质会过度存在身体中,并堆积至各重要器官造成器官病变。

地中海贫血患者因血红蛋白携氧量不足而影响患者的体力;患者不适宜进行太激烈的运动,患者需要去除体内多余的铁质。另外,由于血红蛋白不足,患者有头晕、头痛甚至腰痛的症状,β地中海贫血可能会死亡,有的可能只能活到十几岁。

### 二、蛋白质空间结构与功能的关系

空间结构是蛋白质生理功能的基础,体内各种蛋白质都有特殊的生物学功能,这与其空间构象密切相关,空间结构变化,其功能也随之改变。

#### (一)肌红蛋白和血红蛋白的空间结构与功能的关系

肌红蛋白(Mb)和血红蛋白(Hb)都是含有血红素辅基的蛋白质,都能与 $O_2$ 可逆结合,这表明空间构象是蛋白质功能的基础,相似的空间结构有相似的功能。由于 Mb 和 Hb 空间结构的不同,二者与 $O_2$ 结合的特性是有差异的。Hb 四聚体分子,每个亚基都含有一个血红素辅基,可以通过血红素的铁离子( $Fe^{2+}$ )结合一个 $O_2$ ,功能是运输氧;Mb 是单体,可以储存氧,并且可以使 $O_2$ 在肌肉内很容易地扩散。Mb 和 Hb 的氧合曲线不同,Mb 为一条双曲线,Hb 是一条 S 形曲线(图 2-16)。在氧分压 $PO_2$ 低时,肌红蛋白比血红蛋白对 $O_2$ 的亲和性高很多,$PO_2$ 为 28 torr(1torr≈1333Pa)时,肌红蛋白处于半饱和状态,血红蛋白很难与 $O_2$ 结合;在 $PO_2$ 高时,如在肺部(大约 100 torr)时,两者几乎都被饱和。其差异形成一个有效的将氧从肺转运到肌肉的氧转运系统。

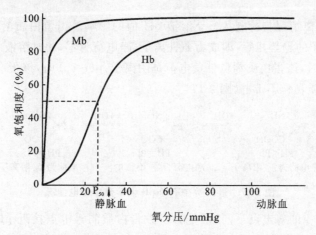

**图 2-16 肌红蛋白(Mb)与血红蛋白(Hb)与氧结合的曲线**

未与氧结合时,Hb 的空间结构呈紧密的构象(紧张态,T 型),T 型 Hb 与氧的亲和力小。只要有一个亚基与氧结合,就能使 4 个亚基羧基末端间的盐键断裂,变成松弛的构象(松弛态,R 型),R 型 Hb 与氧的亲和力大。T 型和 R 型的相互转换对调节 Hb 运氧的功能有重要作用。这种由于 $O_2$ 与 Hb 的亚基结合后引起亚基构象变化称为变构效应,小分子 $O_2$ 称为变构剂,Hb 是别构蛋白,Hb 的第一个亚基与 $O_2$ 结合后,发生构象变化,促进第二、第三、第四个亚基与 $O_2$ 的结合称为正协同效应。

#### (二)蛋白质空间构象改变可导致构象病

若蛋白质的折叠发生错误,尽管其一级结构不变,但是蛋白质的构象发生改变可影响其功能,严重时可导致疾病发生,有人将此类疾病称为蛋白质构象病。

**▌知识链接▐**

**朊病毒蛋白与疯牛病**

疯牛病是朊病毒蛋白(PrP)引起的一组人和动物神经退行性病变,具有传染性、遗传性或散在发病的特点。朊病毒蛋白是染色体基因编码的蛋白质,正常的朊病毒蛋白富含多个 α-螺旋,水溶性强,对蛋白酶敏感,称为 $PrP^c$ 。在未知蛋白质的作用下,$PrP^c$ 的 α-螺旋可转变为 β-折叠的 PrP,称为 $PrP^{sc}$ 。虽然 $PrP^{sc}$ 与 $PrP^c$ 的一级结构相同,但是 $PrP^{sc}$ 对蛋白酶不敏感,对热稳定,水溶性差可以相互聚集,最终形成淀粉样纤维沉淀而致病。

有些蛋白质由于折叠错误而相互聚集,形成抗蛋白水解酶的淀粉样纤维沉淀,产生毒性而致病,表现为蛋白质淀粉样纤维沉淀的病理改变,这类疾病包括人类纹状体脊髓变性病、阿尔茨海默病(又称老年痴

呆症)、亨廷顿舞蹈症、疯牛病等。

# 第四节 蛋白质的理化性质

蛋白质的理化性质和氨基酸相似,例如两性解离及等电点、紫外吸收和呈色反应等。作为生物大分子,蛋白质还有胶体性质、沉淀、变性和凝固等特点。

## 一、蛋白质的两性解离与等电点

蛋白质的多肽链中除了两个末端可解离的氨基和羧基外,氨基酸残基侧链上还有可解离的基团,如谷氨酸残基的 γ-羧基和天冬氨酸残基的 β-羧基;赖氨酸残基的 ε-氨基、精氨酸残基的胍基和组氨酸残基的咪唑基等,这些酸性或碱性基团在一定的 pH 值溶液中都可解离成带正电荷或带负电荷的基团。由于蛋白质分子中既含有能解离出 $H^+$ 的酸性基团,又含有能结合 $H^+$ 的碱性基团,因此蛋白质是两性电解质,可发生两性解离。

蛋白质在溶液中的解离情况与荷电状态受溶液 pH 值的影响。当蛋白质溶液处于某一 pH 值时,蛋白质分子解离成正、负离子的趋势相等,即成为兼性离子,净电荷为零,此时溶液的 pH 值称为该蛋白质的等电点(pI)。当 pH>pI 时,该蛋白质颗粒带负电荷是阴离子;pH<pI 时,该蛋白质颗粒带正电荷是阳离子;pH=pI 时,该蛋白质颗粒不带电(图 2-17)。

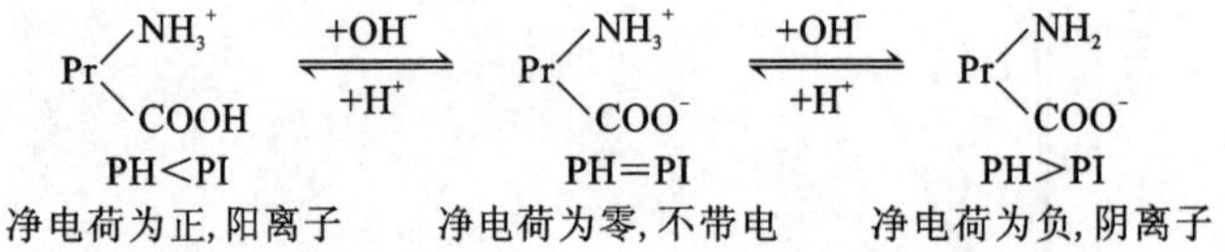

$$Pr\begin{matrix} NH_3^+ \\ COOH \end{matrix} \underset{+H^-}{\overset{+OH^-}{\rightleftharpoons}} Pr\begin{matrix} NH_3^+ \\ COO^- \end{matrix} \underset{+H^-}{\overset{+OH^-}{\rightleftharpoons}} Pr\begin{matrix} NH_2 \\ COO^- \end{matrix}$$

PH<PI　　　　　　　　PH=PI　　　　　　　　PH>PI

净电荷为正,阳离子　　净电荷为零,不带电　　净电荷为负,阴离子

**图 2-17　蛋白质在不同 pH 值溶液中带电情况**

人体体液中各种蛋白质的等电点不同,但是大多数蛋白质的等电点接近 pH 5.05,所以在生理环境(pH 7.4)下,多数蛋白质解离成阴离子。少数蛋白质,如鱼精蛋白、组蛋白含有较多的碱性氨基酸,等电点 pI 偏于碱性,称为碱性蛋白质;而胃蛋白酶和丝蛋白含有较多的酸性氨基酸,等电点 pI 偏于酸性,称为酸性蛋白质。

电泳是指带电颗粒在电场作用下发生定向泳动的现象。由于各种蛋白质的氨基酸种类、数量、性质不同,等电点也各不相同,在同一 pH 值条件下,不同蛋白质所带净电荷的数量和性质不同,在电场中移动的方向和速率也不同,利用这一性质可分离纯化蛋白质。

血清蛋白电泳是临床生化检验分析中最常用的项目之一。利用醋酸纤维素薄膜电泳作为血清蛋白质支持物,让血清蛋白质在电场中缓慢移动,可将血清蛋白分为五条区带:血清蛋白(A)及 $\alpha_1$-、$\alpha_2$-、$\beta$-、$\gamma$-球蛋白(图 2-18)。对血清蛋白电泳各区带进行分析,有助于疾病诊断。如肝功能严重损伤者,血浆中的清蛋白明显减少,属于清蛋白的区带会在电泳图谱中变窄。

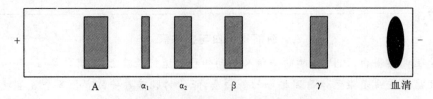

$+$　　A　　$\alpha_1$　　$\alpha_2$　　$\beta$　　$\gamma$　　血清　　$-$

**图 2-18　血清蛋白的醋酸纤维素薄膜电泳**

## 二、蛋白质的高分子性质

蛋白质属于生物大分子,相对分子质量在 1 万～100 万,其颗粒平均直径约为 43 nm,已达到胶体颗粒大小范围(1～100 nm),所以蛋白质具有胶体性质。蛋白质形成的胶体颗粒在溶液中非常稳定,主要取

决于两个稳定因素:蛋白质溶液是一种亲水胶体,蛋白质颗粒表面大多为亲水基团,在水溶液中这些基团可吸引水分子,使蛋白质颗粒表面形成一个水化膜阻止蛋白质颗粒间的相互聚集,防止蛋白质从溶液中沉淀析出;在非等电点状态下,蛋白质颗粒表面带有一定量的同性电荷,由于同性电荷相互排斥,也使得蛋白质颗粒不能聚集沉淀。若中和电荷(调节 pH 值至相应蛋白质的 pI 值)或去掉水化膜(加脱水剂等),蛋白质即可从溶液中沉淀出来。

蛋白质颗粒很大,不易透过半透膜,当蛋白质中混有小分子物质时,可选用不同孔径的半透膜(透析袋)分离蛋白质。将混有小分子物质的蛋白质溶液放入透析袋里置于蒸馏水或适宜的缓冲溶液中,小分子物质从透析袋逸出使蛋白质得以纯化。这种利用半透膜把大分子蛋白质与小分子物质分离,纯化蛋白质的方法称为透析法。人体细胞膜、线粒体膜和微血管壁等都具有半透膜的性质,有助于体内各种蛋白质有规律地分布于膜内外,对维持细胞内外的水和电解质平衡以及血管内外的水平衡具有重要的生理意义。大小不同的蛋白质分子可以通过凝胶过滤分离,称为分子筛层析。

蛋白质溶液在超速离心时,可发生沉降,沉降系数($s$)与蛋白质相对分子质量的大小、分子形状、密度及溶剂密度的大小有关。相对分子质量大、颗粒紧密的蛋白质沉降系数大,故可以利用超速离心法分离蛋白质。

### 三、蛋白质的变性、沉淀和凝固

#### (一) 蛋白质的变性

在某些理化因素的作用下,蛋白质特有的空间结构被破坏,导致其理化性质改变,生物学活性丧失,这种现象称为蛋白质的变性。蛋白质变性的本质是破坏了维持空间结构的次级键(非共价键和二硫键),多肽链从卷曲到伸展改变了空间结构,不涉及一级结构的改变,即肽键未断裂。如果变性程度较小,及时去除变性因素,有些蛋白质原有的构象和功能可部分恢复或完全恢复,称为蛋白质的复性。变性后的蛋白质不能复性称为不可逆变性。

引起蛋白质变性的物理因素有高温、高压、振荡或搅拌、紫外线照射、超声波及 X 射线等,化学因素有强酸、强碱、重金属离子、有机溶剂(尿素、乙醇、丙酮等)。蛋白质变性的主要表现是失去生物学活性,如酶失去催化能力、血红蛋白失去运输氧的功能、胰岛素失去调节血糖的生理功能等。变性蛋白溶解度降低,黏度增加,易沉淀析出,易被蛋白水解酶消化。

#### (二) 蛋白质的沉淀和凝固

蛋白质颗粒在溶液中聚集析出的现象称为蛋白质的沉淀。使蛋白质沉淀的方法有盐析法、有机溶剂沉淀法、重金属盐沉淀法、生物碱试剂沉淀法。

**1. 盐析法** 在蛋白质溶液中加入一定浓度的中性盐溶液,使蛋白质沉淀析出的现象称为盐析。常用的中性盐有氯化钠、硫酸铵、硫酸钠等。不变性是分离制备蛋白质的常用方法。如血浆中的清蛋白在饱和的硫酸铵溶液中可沉淀,而球蛋白则在半饱和硫酸铵溶液中发生沉淀。

**2. 有机溶剂沉淀法** 乙醇、丙酮均为脱水剂,可破坏水化膜,降低水的介电常数,使蛋白质的解离程度降低,表面电荷减少,从而使蛋白质沉淀析出。低温时,用丙酮沉淀蛋白质,可保留原有的生物学活性。但用乙醇,时间较长则会导致变性。

**3. 重金属盐沉淀法** pH>pI 时,带负电荷的蛋白质颗粒能与重金属盐($Hg^{2+}$、$Cu^{2+}$、$Ag^+$)结合,使蛋白质变性而沉淀。因此临床上利用蛋白质溶液(如牛奶、蛋清等)解救重金属盐中毒的患者,患者服用的蛋白质与进入消化道的重金属离子结合而沉淀,阻止重金属离子与人体蛋白质结合,然后再服用催吐剂使其排出体外。

**4. 生物碱试剂沉淀法** pH<pI 时,带正电荷的蛋白质颗粒与生物碱试剂(如三氯乙酸、苦味酸、鞣酸等)的酸根负离子结合使不溶性的蛋白盐从溶液中沉淀析出,临床上常用苦味酸、磺基水杨酸等检验尿中的蛋白质,或者利用生物碱试剂沉淀血液中蛋白质制备无蛋白血滤液。

蛋白质变性不一定沉淀,如强酸、强碱作用变性后仍然能溶解于强酸、强碱溶液中,将 pH 调至等电点,出现絮状物,仍可溶解于强酸、强碱溶液,加热则变成凝块,不再溶解。凝固是蛋白质变性发展的不可逆的结果。沉淀的蛋白质不一定变性(如盐析)。

### 四、蛋白质的紫外吸收和呈色反应

蛋白质分子中的酪氨酸和色氨酸残基的侧链基团具有紫外吸收能力,在紫外光区 280 nm 处有特征性的最大吸收峰。蛋白质溶液的浓度与 280 nm 处蛋白质的吸光度($A_{280}$)成正比,常用于蛋白质含量的测定。

蛋白质分子中的多种化学基团与某些试剂产生颜色反应,可用于定性、定量分析。

**1. 茚三酮反应** 在 pH 5~7 的溶液中,蛋白质分子中游离的 α-氨基能与茚三酮反应生成蓝紫色化合物,产物的颜色深浅与蛋白质含量成正比,常用于蛋白质的定量分析。

**2. 双缩脲反应** 在 NaOH 等碱性溶液中,双缩脲($H_2NOC—NH—CONH_2$)能与铜离子($Cu^{2+}$)反应生成紫色配合物,该反应称为双缩脲反应。蛋白质或多肽分子中的肽键与双缩脲相似,在碱性溶液与硫酸铜发生双缩脲反应产生红紫色配合物,肽键越多反应颜色越深,常用于蛋白质的定量和定性分析。氨基酸不发生双缩脲反应,随着蛋白质水解程度的增大,双缩脲呈色深度逐渐降低,通过溶液颜色变化可以检查蛋白质的水解程度。

**3. 酚试剂反应** 在碱性条件下,蛋白质分子中的酪氨酸残基可与酚试剂(磷钨酸-磷钼酸化合物)生成蓝色化合物,540 nm 处此蓝色化合物的吸光度大小与蛋白质的含量成正比。此反应的灵敏度比双缩脲反应高 100 倍,比紫外分光光度法高 10~20 倍。临床上常用此法来测定血清黏蛋白、脑脊液中的蛋白质等微量蛋白质的含量。

# 第五节　蛋白质的分类

### 一、按蛋白质的形状分类

根据蛋白质的形状不同,可将蛋白质分为球状蛋白质和纤维状蛋白质两类。

**1. 球状蛋白质** 蛋白质分子的长短轴之比小于 10,外形近似球形或椭球形,一般可溶于水,有特异的生物活性,如酶、免疫球蛋白等。

**2. 纤维状蛋白质** 蛋白质分子长短轴之比大于 10,形似纤维,纤维状蛋白质一般难溶于水,多为结构蛋白作为细胞坚实的支架或连接各细胞、组织和器官,如毛发中的角蛋白、结缔组织的胶原蛋白和弹性蛋白、蚕丝的丝心蛋白等。

### 二、按蛋白质的组成分类

根据蛋白质分子的组成特点,可将蛋白质分为单纯蛋白质和结合蛋白质。

**1. 单纯蛋白质** 不含其他成分,仅由氨基酸组成的蛋白质,按照溶解性质的不同可分为清蛋白、球蛋白、谷蛋白、组蛋白、糖蛋白、硬蛋白等。

**2. 结合蛋白质** 由蛋白质部分和非蛋白质部分(称为辅助因子)组成的蛋白质。按照辅助因子的不同可分为表 2-3 所示的七类。

表 2-3　结合蛋白质的分类

| 分　类 | 辅　助　因　子 | 实　例 |
|---|---|---|
| 核蛋白类 | DNA 或 RNA | 病毒、脱氧核糖核蛋白 |
| 糖蛋白类 | 糖类 | 免疫球蛋白、血型糖蛋白 |
| 脂蛋白类 | 脂类 | 血细胞凝集素 |
| 磷蛋白类 | 磷酸基 | 乳酪蛋白 |

续表

| 分　类 | 辅　助　因　子 | 实　例 |
|---|---|---|
| 黄素蛋白类 | 黄素腺嘌呤二核苷酸或黄素单核苷酸 | 氨基酸氧化酶、琥珀酸脱氢酶 |
| 色蛋白类 | 血红素或叶绿素 | 血红蛋白、叶绿素蛋白 |
| 金属蛋白 | 金属离子,如 Fe、Mo、Cu、Zn 等 | 固氮酶、铁蛋白、胰岛素 |

### 三、按蛋白质的功能分类

根据蛋白质在生命活动中的作用不同,可将蛋白质分为功能蛋白质和结构蛋白质两类。

**1. 功能蛋白质**　在生命活动中发挥调节、控制作用,参与机体的生理活动,并随生命活动的变化而被激活或被抑制的一大类蛋白质,多属于球状蛋白质,例如有催化功能的酶、有调节功能的激素、有运动、防御、接受和传递信息功能的蛋白质以及毒蛋白、膜蛋白等。

**2. 结构蛋白质**　参与生物细胞或组织器官的构成,起支持或保护作用的蛋白质。例如胶原蛋白、角蛋白、弹性蛋白、丝心蛋白等。

## 本章小结

氮元素是蛋白质的特征元素,每克氮相当于 6.25 g 蛋白质。氨基酸是蛋白质的基本单位,组成蛋白质的 20 种氨基酸可分为非极性疏水性氨基酸、极性中性氨基酸、酸性氨基酸和碱性氨基酸四类;维系蛋白质一级结构的化学键是肽键和二硫键,蛋白质的空间结构包括二、三、四级结构,维持空间结构的作用力统称为次级键,包括氢键、盐键、疏水键、范德华力等非共价键和二硫键;二级结构的稳定性靠氢键维持,主要有 α-螺旋、β-折叠、β-转角和无规则卷曲四种形式;三级结构的稳定性主要靠疏水键维持,是整条多肽链包括多肽链主链及侧链所有原子的构象;四级结构主要靠非共价键维持稳定,是多肽链蛋白质特有的构象;蛋白质可发生两性解离,具有特定的等电点(pI);蛋白质颗粒表面的水化膜和同种电荷是蛋白质溶液稳定的主要因素,利用透析法、电泳法可以分离蛋白质;蛋白质变性的本质是断裂了某些次级键,破坏了蛋白质特有的空间结构;盐析、重金属离子、有机溶剂、生物碱试剂等可引起蛋白质沉淀,其中只有盐析沉淀出的蛋白质不变性。蛋白质在 280 nm 处有特征吸收峰,可发生双缩脲反应、茚三酮反应、酚试剂反应。

## 能力检测

### 一、名词解释

1. 等电点　2. 肽键　3. 蛋白质的二级结构　4. 蛋白质的变性　5. 电泳

### 二、填空题

1. 蛋白质中氮的含量是_____。

2. 蛋白质的基本结构单位是_____。

3. 蛋白质多肽链中的肽键是通过一个氨基酸的_____基和另一个氨基酸的_____基连接而形成的。

4. 蛋白质变性主要是破坏了_____键,使其_____结构遭到破坏,使其_____性质改变,使其_____丧失。

5. 由于氨基酸既含有碱性的氨基和酸性的羧基,可以在酸性溶液中带_____电荷,在碱性溶液中带_____电荷,所以,氨基酸是_____电解质。

### 三、单项选择题

1. 蛋白质的空间结构是指(　　)。

A. 一、二、三级结构　　　　　　　B. 一、二、四级结构　　　　　　C. 一、二、三、四级结构

D. 二、三、四级结构　　　　　　　　E. 一、二级结构

2. 蛋白质功能的基础是(　　)。

A. 一级结构　　B. 二级结构　　C. 三级结构　　D. 四级结构　　E. 空间结构

3. 蛋白质的等电点是指(　　)。

A. 蛋白质带正电荷时溶液的 pH 值　　　　　　B. 蛋白质带负电荷时溶液的 pH 值

C. 蛋白质净电荷为零时溶液的 pH 值　　　　　D. 呈电中性时蛋白质的状态

E. 蛋白质在电泳场中会发生移动时的状态

4. 当溶液的 pH<pI 时,蛋白质(　　)。

A. 正电荷　　　　　　　B. 负电荷　　　　　　　C. 呈电中性

D. 以上情况都可能　　　E. 电泳时会向正极移动

5. 蛋白质变性的实质是(　　)。

A. 一级结构和空间结构都破坏　　　　　　B. 一级结构破坏,空间结构完整

C. 一级结构完整,空间结构破坏　　　　　　D. 结构改变,生物学功能不变

E. 结构和生物学功能都不破坏

6. 下列哪个氨基酸不属于必需氨基酸?(　　)

A. 亮氨酸　　B. 苯丙氨酸　　C. 苏氨酸　　D. 甘氨酸　　E. 缬氨酸

7. 一个生物样品的含氮量为 5%,它的蛋白质含量为(　　)。

A.8.80%　　B.12.50%　　C.3.80%　　D.31.25%　　E.10.21%

8. 蛋白质二级结构的存在形式是(　　)。

A. α-螺旋　　B. β-折叠　　C. β-转角　　D. 无规则卷曲　　E. 以上都是

9. 以下哪一种氨基酸不具备不对称碳原子?(　　)

A. 甘氨酸　　B. 丝氨酸　　C. 半胱氨酸　　D. 苏氨酸　　E. 异亮氨酸

10. 天然蛋白质中不存在的氨基酸是(　　)。

A. 丝氨酸　　B. 瓜氨酸　　C. 色氨酸　　D. 异亮氨酸　　E. 甘氨酸

**四、临床案例分析**

患者,男,30 岁,临床表现:黄疸、贫血、肝脾肿大、骨关节及胸腹疼痛,同时出现红细胞镰变。请说出该病属于哪类病,其发病机制是什么?

李　凤

# 第三章　核酸的结构与功能

## 学习目标

**掌握**：DNA、RNA 的基本单位，核苷酸的连接方式；DNA 的一级结构及二级结构；mRNA、tRNA 的结构特点；DNA 的变性与复性。

**熟悉**：核酸的元素组成；核酸的分类及功能；三种 RNA 的结构特点以及结构与功能的关系，核酸的紫外吸收。

**了解**：体内某些重要的核苷酸；DNA 的三级结构；核酸的紫外吸收性质；核酸的分子杂交及应用。

1869 年瑞士化学家 F. Miescher 从脓细胞核中提取到一种富含氮和磷元素的沉淀物，命名为核素，由于这类物质是从细胞核内提取出来的，都呈酸性，所以后来改称为核酸。核酸是生命遗传的物质基础，具有复杂结构和重要功能，广泛存在于动植物细胞和微生物体内。

核酸分为脱氧核糖核酸（DNA）和核糖核酸（RNA）两大类。DNA 是遗传信息的载体，主要存在于细胞核的染色体中，线粒体、植物的叶绿体中也含有少量环状 DNA；RNA 主要存在于细胞质中，参与遗传信息的传递和表达，也可作为某些病毒遗传信息的载体。

# 第一节　核酸分子组成

## 一、核酸的元素组成

核酸由碳、氢、氧、氮、磷等元素组成，磷的含量在各种核酸中变化范围不大，平均含量为 9%～10%，可通过测定核酸样品的含磷量进行核酸的定量测定。

## 二、核酸的基本结构单位——核苷酸

在核酸酶的作用下核酸水解可得到核苷酸，核苷酸继续水解可得到核苷和磷酸，核苷再水解生成含氮碱基和戊糖。即核酸的基本组成单位是核苷酸，而核苷酸又由碱基、戊糖和磷酸组成（图 3-1）。

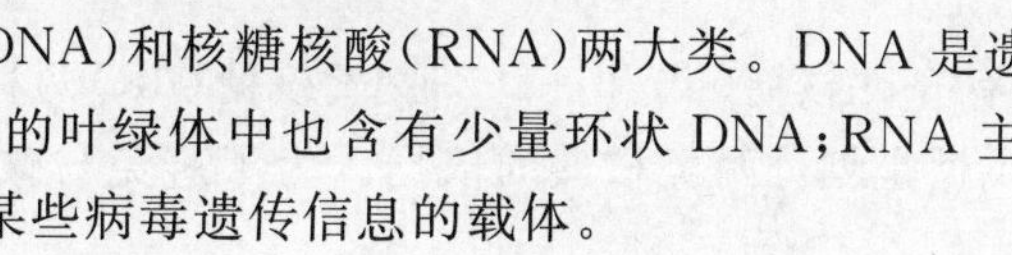

核酸 →（水解）→ 核苷酸 →（水解）→ { 核苷 →（水解）→ { 戊糖 / 碱基 } / 磷酸 }

**图 3-1　核酸水解及水解产物**

### （一）核苷酸的基本组成成分

**1. 碱基**　核酸中的碱基分为嘌呤和嘧啶两类，均为含氮杂环化合物，因具有弱碱性，故称为碱基。常见的嘌呤碱基有腺嘌呤（A）和鸟嘌呤（G），是嘌呤的衍生物；嘧啶碱基主要有胞嘧啶（C）、尿嘧啶（U）和胸腺嘧啶(T),是嘧啶的衍生物。A、G、C 为 RNA 和 DNA 共有的碱基,U 只存在于 RNA 中,而 T 只存在于
DNA 中,结构见图 3-2。

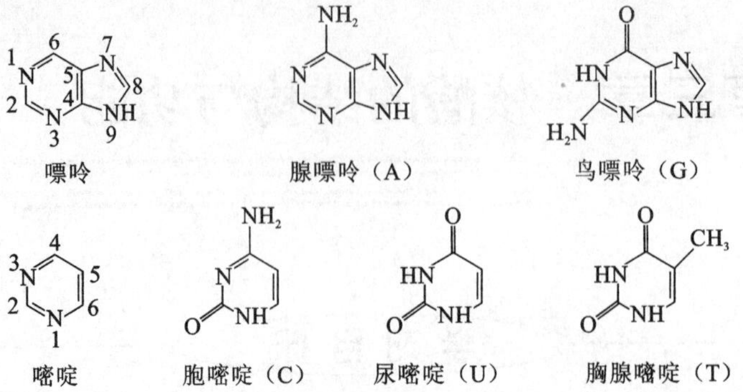

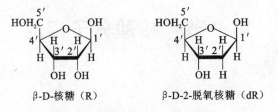

图 3-2　核酸中的主要碱基

除上述碱基外,核酸中还有一些含量甚少的碱基,称为稀有碱基。稀有碱基种类很多,它们是常见碱
基的衍生物,如黄嘌呤、次黄嘌呤、二氢尿嘧啶、假尿嘧啶及各种甲基化碱基等。几种稀有碱基的结构见
图 3-3。

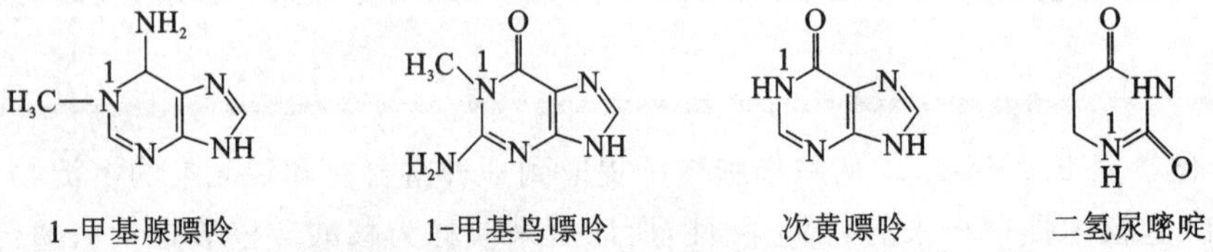

图 3-3　几种稀有碱基的化学结构式

**2. 戊糖**　构成核酸的戊糖有 β-D-核糖(R)和 β-D-2-脱氧核糖(dR)两种,均为呋喃结构(图 3-4)。前
者构成 RNA,后者构成 DNA,戊糖是划分两类核酸的依据。为了避免与碱基中的原子编号混淆,戊糖的
C 原子编号都加上一撇(′)。

图 3-4　核酸中戊糖的化学结构式

**3. 磷酸**　DNA 与 RNA 中均含有磷酸($H_3PO_4$),磷酸为三元中强酸,它使核酸呈酸性。在一定条件
下,通过酯键同时连接相邻两个核苷酸的戊糖,使多个核苷酸聚合成为长链。两类核酸的基本化学组成
见表 3-1。

表 3-1　DNA 和 RNA 的基本化学组成

| 化学组成 ＼ 核酸类型 | DNA | RNA |
|---|---|---|
| 碱基 | A、G、C、T | A、G、C、U |
| 戊糖 | 脱氧核糖 | 核糖 |
| 磷酸 | 有 | 有 |

**(二) 核苷酸**

**1. 核苷**　戊糖第 1 位碳原子($C_1'$)上的羟基与嘌呤碱基第 9 位氮原子($N_9$)或嘧啶碱基第 1 位氮原子
($N_1$)上的氢脱水缩合以糖苷键(图 3-5)结合形成的化合物称为核苷。核苷可分为核糖核苷和脱氧核糖核

苷,核糖与碱基通过糖苷键连接形成核糖核苷,简称核苷;脱氧核糖与碱基通过糖苷键连接形成脱氧核糖核苷,简称脱氧核苷。RNA 中含有腺苷(A),鸟苷(G),胞苷(C),尿苷(U)。DNA 中含有脱氧腺苷(dA),脱氧鸟苷(dG),脱氧胞苷(dC),脱氧胸苷(dT),核苷和脱氧核苷的结构式见图 3-5。

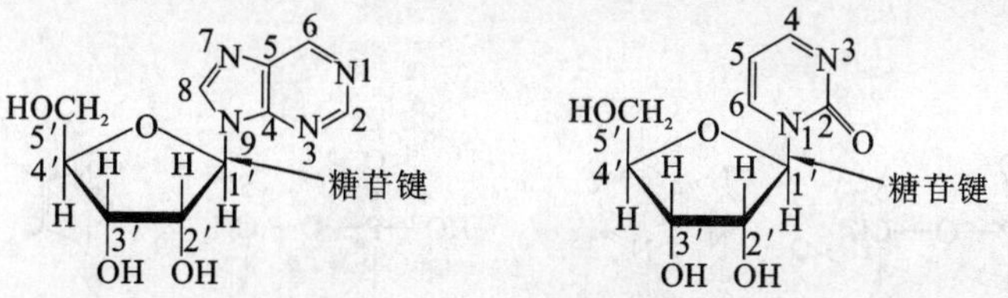

腺嘌呤核糖核苷(腺苷) 　　　　胞嘧啶脱氧核糖核苷(脱氧胞苷)

图 3-5 核苷和脱氧核苷

**2. 核苷酸** 核苷或脱氧核苷 $C_5'$ 原子上的羟基可以与磷酸脱水缩合形成磷酸酯键而生成核苷酸或脱氧核苷酸。生物体中游离的核苷酸大多数都是 5'-核苷酸,RNA 中含有腺苷酸(AMP)、鸟苷酸(GMP)、胞苷酸(CMP)和尿苷酸(UMP),它们是 RNA 的基本组成单位;DNA 中含有脱氧腺苷酸(dAMP)、脱氧鸟苷酸(dGMP)、脱氧胞苷酸(dCMP)和脱氧胸苷酸(dTMP),它们是 DNA 的基本组成单位。两类核酸的主要碱基、核苷及核苷酸组成见表 3-2。

表 3-2 DNA 和 RNA 的主要碱基、核苷及核苷酸组成

| 核酸类型 | 碱 基 | 核 苷 | 核 苷 酸 |
| --- | --- | --- | --- |
| DNA | 腺嘌呤(A) | 脱氧腺苷(dA) | 脱氧腺苷酸(dAMP) |
| | 鸟嘌呤(G) | 脱氧鸟苷(dG) | 脱氧鸟苷酸(dGMP) |
| | 胞嘧啶(C) | 脱氧胞苷(dC) | 脱氧胞苷酸(dCMP) |
| | 胸腺嘧啶(T) | 脱氧胸苷(dT) | 脱氧胸苷酸(dTMP) |
| RNA | 腺嘌呤(A) | 腺苷(A) | 腺苷(AMP) |
| | 鸟嘌呤(G) | 鸟苷(G) | 鸟苷(GMP) |
| | 胞嘧啶(C) | 胞苷(C) | 胞苷(CMP) |
| | 尿嘧啶(U) | 尿苷(U) | 尿苷(UMP) |

### 三、某些重要的核苷酸

#### (一)多磷酸核苷酸

含有多个磷酸的核苷酸称为多磷酸核苷酸,含有两个磷酸的核苷二磷酸包括核糖核苷二磷酸(NDP)和脱氧核糖核苷二磷酸(dNDP);含有三个磷酸的核苷三磷酸包括核糖核苷三磷酸(NTP)和脱氧核糖核苷三磷酸(dNTP)。多磷酸核苷酸中磷酸与磷酸之间的酸苷键属于高能磷酸键,用~P 表示,含有高能键的化合物称为高能化合物。常见的高能化合物有 NDP、NTP、dNDP、dNTP、磷酸烯醇式丙酮酸、1,3-二磷酸甘油酸和乙酰 CoA、琥珀酰 CoA、脂酰 CoA 等。其中三磷酸腺苷 ATP(图 3-6)是体内多数合成反应能量的直接来源,在能量代谢中起重要作用。ATP、GTP、CTP、UTP 是 RNA 的合成原料,dATP、dGTP、dCTP、dTTP 是 DNA 的合成原料;其他的三磷酸核苷酸也可作为供能物质参与合成代谢,如 UTP 参与糖原合成,CTP 参与磷脂合成,GTP 参与蛋白质的生物合成。

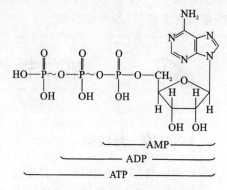

图 3-6 核苷酸的化学结构

## （二）环化核苷酸

体内重要环化核苷酸有 3′,5′-环化腺苷酸（cAMP）和 3′,5′-环化鸟苷酸（cGMP），结构如图 3-7 所示，它们普遍存在于组织细胞中，是某些激素发挥作用的媒介物质，在细胞的信号转导中起重要作用，称为激素的第二信使。

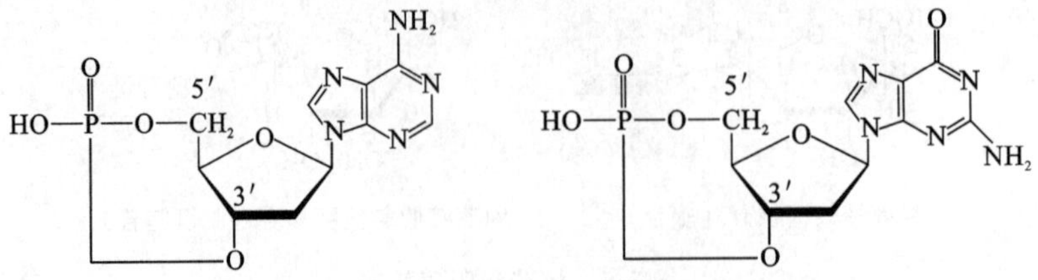

3′,5′-环腺苷酸（cAMP）    3′,5′-环鸟苷酸（cGMP）

图 3-7　cAMP 和 cGMP 结构示意图

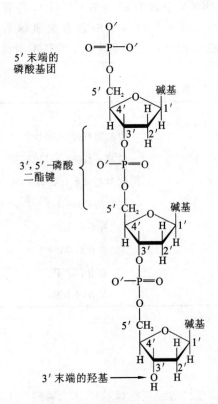

图 3-8　核苷酸的连接方式

将 5′-端写在左侧，3′-端写在右侧。

## （三）辅酶类核苷酸

腺苷酸还是几种重要辅酶的组成，如辅酶Ⅰ（尼克酰胺腺嘌呤二核苷酸，$NAD^+$）、辅酶Ⅱ（尼克酰胺腺嘌呤二核苷酸磷酸，$NADP^+$）、黄素腺嘌呤二核苷酸（FAD）中都含有腺苷酸。$NAD^+$ 及 FAD 是生物氧化体系的重要组成成分，在传递氢原子或电子中有重要作用。

## 四、核酸中核苷酸的连接方式

相邻核苷酸之间通过 3′,5′-磷酸二酯键彼此连接构成线性的核酸分子（图 3-8）。一个核苷酸 C3′ 的羟基与相邻核苷酸 C5′ 的磷酸基脱水形成的化学键称为 3′,5′-磷酸二酯键，许多个核苷酸之间通过磷酸二酯键相连形成的长链化合物称为多聚核苷酸链。

RNA 分子的基本结构是由核苷酸（NMP）以 3′,5′-磷酸二酯键相连而成的多聚核苷酸链；DNA 分子的基本结构是由脱氧核苷酸（dNMP）以 3′,5′-磷酸二酯键相连而成的多聚脱氧核苷酸链。每条多聚核苷酸链都具有两个不同的末端，带有游离磷酸基的一端为 5′-磷酸末端（P-端），是核酸的起始端；带有游离 3′-羟基的一端称为 3′-羟基末端（OH-端），是核酸的终止端。核酸分子是有方向性的，通常以 5′→3′ 方向为正方向，书写时

# 第二节　DNA 的结构和功能

## 一、DNA 的一级结构

DNA 的一级结构是指 DNA 分子中脱氧核苷酸从 5′-端到 3′-端的排列顺序（结构表示方式见图 3-9）。在 DNA 分子中脱氧核糖和磷酸交替以 3′,5′-磷酸二酯键连接构成的基本骨架称为主链，4 种碱基 A、G、C、T 排列在骨架的内侧，称为侧链，由于脱氧核苷酸之间的差别仅在于碱基排列的不同，所以 DNA 的一级结构即是它的碱基排列顺序（图 3-9）。遗传信息就存在于 DNA 的不同碱基排列顺序中，DNA 分子的碱基序列特征代表其一级结构特征，同时记录有相应的遗传信息。

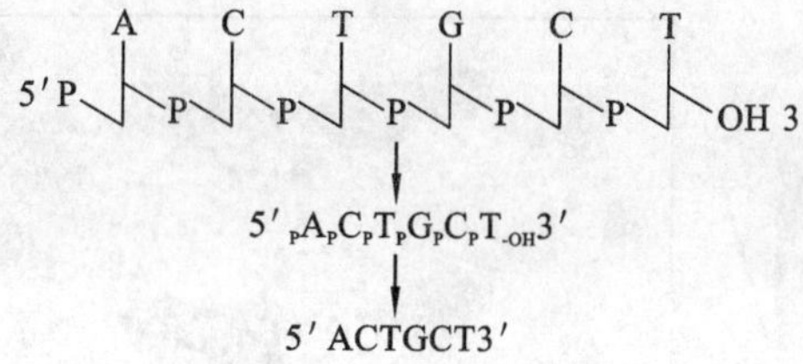

A C T G C T
5′P P P P P P OH 3′
5′ pApCpTpGpCpT-OH 3′
5′ ACTGCT3′

图 3-9 DNA 一级结构表示方式

**知识链接**

**核酸为什么是遗传物质**

1944 年，Avery 等为了寻找导致细菌转化的原因，他们发现从 S 型（菌落表面光滑）肺炎球菌中提取的 DNA 与 R 型（菌落外观粗糙）肺炎球菌混合后，能使某些 R 型细菌转化为 S 型细菌，且转化率与 DNA 纯度呈正相关，若将 DNA 预先用 DNA 酶降解，转化就不发生。结论是 S 型细菌的 DNA 将其遗传特性传给了 R 型细菌，DNA 就是遗传物质。从此核酸是遗传物质的重要地位才被确立，人们才把对遗传物质的注意力从蛋白质转移到了核酸上。

## 二、DNA 的双螺旋结构

1953 年，Watson 和 Crick 根据 DNA 的 X 衍射和碱基分析数据，提出了 DNA 的双螺旋结构模型（图 3-10），确立了 DNA 的二级结构。这个模型的提出为研究生物体内 DNA 的功能奠定了基础，它揭示生物界遗传性状世代相传的分子奥秘，是现代分子生物学划时代的里程碑。

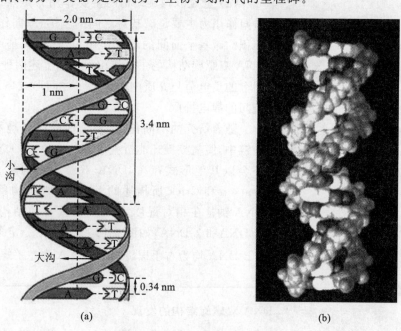

2.0 nm
1 nm
3.4 nm
小沟
大沟
0.34 nm
(a)
(b)

图 3-10 DNA 双螺旋结构的模型

DNA 双螺旋结构模型的要点如下。

（1）DNA 分子是由两条反向平行的多聚脱氧核苷酸链围绕同一个中心轴，以右手螺旋的方式所形成的双螺旋结构。其中一条链走向为 5′→3′，另一条链则为 3′→5′。多聚核苷酸链的方向取决于核苷酸间的磷酸二酯键的走向。

（2）主链（磷酸和脱氧核糖）位于双螺旋外侧，侧链（碱基）位于双螺旋内侧，两条链的碱基之间通过氢键相互作用形成碱基配对关系。两条链的碱基严格遵循碱基互补配对（图 3-11）原则，即 A 与 T 配对形成两个氢键（A＝T），G 与 C 配对形成三个氢键（G≡C）。配对的两个碱基称为互补碱基，通过互补碱基而结合的两条链彼此称为互补链。配对碱基所处的平面称为碱基对平面，碱基对平面相互平行，并与中

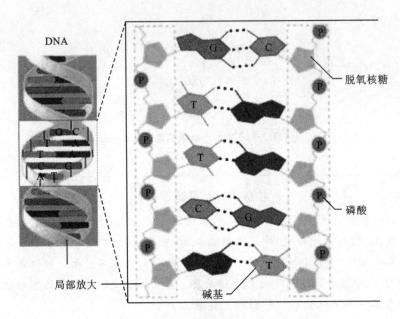

图 3-11　DNA 碱基互补配对示意图

心轴垂直。

　　(3) 双螺旋每旋转一圈含 10 个碱基对(bp),每个碱基对之间的距离为 0.34 nm,故螺距为 3.4 nm,双螺旋的直径为 2 nm。双螺旋表面有凹陷,分别称为大沟和小沟。大沟处在上下两个螺旋之间,小沟则处在平行的两条链之间(图 3-10)。这些沟状结构与蛋白质识别 DNA 的碱基序列有关。

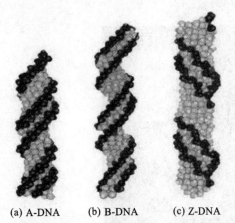

(a) A-DNA　(b) B-DNA　(c) Z-DNA

图 3-12　三种不同构象的 DNA 双螺旋

　　(4) 稳定双螺旋结构的主要作用力是氢键和碱基堆砌力。横向作用力主要是碱基对之间的氢键,纵向作用力主要是层叠堆积的碱基平面间的疏水作用力,称为碱基堆砌力,它是稳定 DNA 双螺旋结构的主要作用力。除上述两种作用力外,磷酸基团上的负电荷与介质中的阳离子之间形成离子键,也能减少双链间的静电排斥。

　　随着研究的不断深入,由于所处的环境不同,在多聚核苷酸链中,脱氧核糖还能折叠成多种构象,即 DNA 的双螺旋结构还会以其他形式存在,DNA 双螺旋在构象上表现出多态性。Watson 和 Crick 所描述的 DNA 双螺旋构象称为 B-DNA,是 DNA 钠盐在相对湿度为 92% 时具有的结构状态。另外还有 A-DNA 和 Z-DNA,如图 3-12 所示。在一定条件下 B-DNA 可转变为 A-DNA 或 Z-DNA,其中 A-DNA 和 B-DNA 均为右手螺旋,而 Z-DNA 为左手螺旋。

## █ 知识链接 █

### DNA 双螺旋结构的发现

　　1951 年,科学家在实验室里得到了 DNA 结晶;1952 年,得到 DNA X 射线衍射图谱,发现病毒 DNA 进入细菌细胞后,可以复制出病毒颗粒。在此期间,有两件事情对 DNA 双螺旋结构的发现起了直接的"催生"作用:一是美国加州大学森格尔教授发现了蛋白质分子的螺旋结构,给人以重要启示;另一个是 X 射线衍射技术在生物大分子结构研究中得到有效应用,为 DNA 的结构研究提供了决定性的实验依据。在这样的科学背景和研究条件下,美国科学家 Watson 来到英国剑桥大学,与英国科学家 Crick 合作,一同致力于 DNA 结构的研究,他们通过大量 X 射线衍射材料的分析研究,于 1953 年提出了 DNA 的双螺旋结构模型,由此揭开了分子生物学发展的序幕,成为生物学发展史上的里程碑。

### 三、DNA 的超螺旋结构

DNA 的超螺旋结构是指 DNA 在双螺旋结构基础上进一步扭曲盘旋形成的空间构象。超螺旋是 DNA 三级结构的主要形式(图 3-13)。有些 DNA 是以双链环状 DNA 形式存在的,如细菌染色体 DNA、某些病毒 DNA、线粒体 DNA 和叶绿体 DNA 等;但多数 DNA 是以双链线状 DNA 形式存在的。不论是哪种形式都可形成超螺旋,根据螺旋的方向可分为正超螺旋和负超螺旋。天然 DNA 一般都是负超螺旋,是由右手螺旋的 DNA 进一步扭曲形成的左手螺旋。负超螺旋易于解链,有利于 DNA 的复制、重组和转录等过程的进行。

真核生物的双链线状 DNA 通常与蛋白质结合形成染色体。细胞核内 DNA 分子巨大,通常在螺旋上形成螺旋,再形成螺旋,以染色体形式存在于细胞核中。染色体的基本结构单位是核小体(图 3-14)。核小体是由 DNA 双螺旋缠绕在组蛋白八聚体上形成的。每个核小体分为核心颗粒和连接区两部分,核心颗粒是 146 bp 的双螺旋 DNA 以左手螺旋缠绕在组蛋白八聚体上 1.75 圈,其中组蛋白八聚体由组蛋白 $H_2A$、$H_2B$、$H_3$ 和 $H_4$ 各两分子组成;连接区由约 60 bp 的双螺旋 DNA 和 1 分子组蛋白 $H_1$ 构成;平均每个核小体内的 DNA 约为 200 bp。多个核小体形成串珠样结构,并进

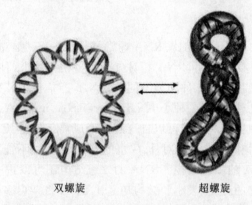

双螺旋　　　　　　超螺旋

**图 3-13　DNA 的超螺旋结构**

一步盘绕形成每圈六个核小体的螺线管,其直径为 30 nm,染色质纤丝再组装成螺旋圈,再由螺旋圈进一步卷曲组装成棒状染色单体。

在人体细胞中,双螺旋的 DNA 分子可以依次压缩组装成核小体、核小体纤维、染色体等结构(图 3-15)。人类体细胞中 46 条染色体的 DNA 总长可达 168 m,经过螺旋化压缩,实际总长只有 200 $\mu$m,压缩了大约 8400 倍。

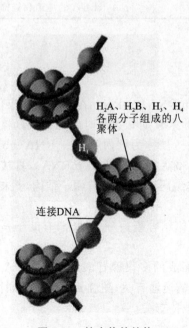

**图 3-14　核小体的结构**

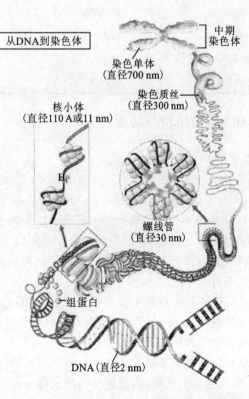

**图 3-15　染色体装配模式**

### 四、DNA 的功能

DNA 是生物遗传的物质基础,也是个体生命活动的信息基础,其基本功能是以基因的形式携带生物遗传信息,并作为基因复制和转录的模板。DNA 利用四种脱氧核苷酸的不同顺序编码生物的遗传信息,经过复制可以传递给子代,经过转录和翻译可以指导相应的各种 RNA 和参与各种生命活动的蛋白质的有序合成,决定不同蛋白质分子中氨基酸的排列顺序。

# 第三节　RNA 的结构与功能

与 DNA 相比,RNA 通常是由一条多核苷酸链构成的单链分子,其核苷酸排列顺序代表了其一级结构。研究表明,RNA 相对分子质量相对较小,种类繁多,其功能也具有多样性,在动物、植物和微生物细胞中主要有三种功能不同的 RNA,即信使 RNA(mRNA)、转运 RNA(tRNA)、核糖体 RNA(rRNA),除此之外,还有多种小 RNA(microRNA、hnRNA、snRNA 等)。RNA 是单链线状分子,但是有的 RNA 分子中的某些区域可以自身回折形成局部双螺旋结构,RNA 双螺旋中的碱基配对并不严格,除了 A 与 U 配对和 G 与 C 配对外,G 也能与 U 配对。不能形成双螺旋的部分则形成突环,被称为发夹结构,它也是 RNA 的二级结构。RNA 的二级结构还可以进一步折叠形成三级结构。此外,RNA 比 DNA 小得多,但是它的种类、大小和结构却远比 DNA 复杂得多(表 3-3),这与它的功能多样化密切相关。

表 3-3　动物细胞内主要的 RNA 种类及其功能

| RNA 种类 | 英文缩写 | 细胞内位置 | 功　能 |
| --- | --- | --- | --- |
| 信使 RNA | mRNA | 细胞质 | 蛋白质合成模板 |
| 转运 RNA | tRNA | 细胞质 | 转运氨基酸 |
| 核蛋白体 RNA | rRNA | 细胞质 | 核蛋白体组成成分 |
| 胞质小 RNA | scRNA | 细胞质 | 信号肽识别体的组成成分 |
| 微 RNA | microRNA | 细胞质 | 翻译调控 |
| 不均一核 RNA | hnRNA | 细胞核 | 成熟信使 RNA 的前体 |
| 核小 RNA | snRNA | 细胞核 | 参与 hnRNA 的剪接、转运 |
| 核仁小 RNA | snoRNA | 核仁 | rRNA 的加工和修饰 |

### 一、mRNA 的结构与功能

#### (一)mRNA 的结构

mRNA 占总 RNA 的 3%～5%,种类很多,有几万种不同的 mRNA。mRNA 在体内代谢很快,原核生物的 mRNA 半衰期较短,只有 1～3 min,而真核生物 mRNA 的半衰期有数小时或几天。真核生物在细胞核内初合成的 RNA 比成熟的 mRNA 大很多,分子大小不一,被称为核内不均一 RNA(hnRNA)。hnRNA 是 mRNA 的前体,在细胞核内存在时间极短,经剪接和修饰后形成成熟的 mRNA。真核生物成熟 mRNA 的结构(图 3-16)都有共同的特点:在编码区的两端是非编码区,5′末端有帽子结构,3′末端有多聚腺苷酸尾巴(polyA)。

5′末端的帽子结构是 7-甲基鸟苷三磷酸($m^7GpppN$),可以与帽结合蛋白分子结合,有助于核糖体对mRNA 的识别和结合,并保护 mRNA 不被核酸外切酶水解。

3′末端的 polyA 尾巴是由数十个到一百几十个腺苷酸连接而成的多聚腺苷酸结构。polyA 尾巴与polyA 结合蛋白相结合形成复合物,与 mRNA 从细胞核到细胞质的运输有关;随着 mRNA 存在时间的延长,polyA 尾巴会慢慢变短,因此这种结构也与 mRNA 稳定性的维持有关。

#### (二)mRNA 的功能

mRNA 按照碱基互补原则抄录细胞核内 DNA 的碱基顺序并转移到细胞质中,在细胞质中作为直接

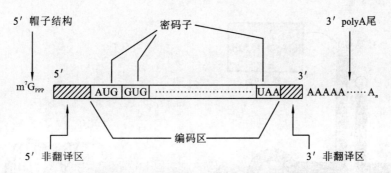

图 3-16 真核生物 mRNA 的结构示意图

模板指导蛋白质的合成,决定蛋白质分子中氨基酸的排列顺序。mRNA 中蕴藏遗传信息的碱基顺序称为遗传密码,从 5′-端开始,每三个核苷酸为一组,构成一个密码子(共有 64 种),每个密码子决定肽链上的一种氨基酸。

### 二、tRNA 的结构与功能

#### (一) tRNA 的结构

tRNA 约占总 RNA 的 15%,是细胞内相对分子质量较小的 RNA,一般由 74～95 个核苷酸组成。tRNA 链中含有大量的稀有碱基,占碱基总量的 10%～20%,如假尿嘧啶(ψ)、二氢尿嘧啶(DHU)、胸腺嘧啶(T)、次黄嘌呤(I)以及甲基化的嘌呤($^mA$、$^mG$)等,它们都是转录后修饰而成的。

tRNA 的二级结构呈三叶草形(图 3-17)。三叶草形结构是由氨基酸臂、二氢尿嘧啶环(DHU 环)、反密码子环、TψC 环和可变区等五部分组成。

**1. 氨基酸臂** 位于三叶草的柄部,是接受氨基酸的部位,它含有 5～7 个碱基对和部分未配对的核苷酸,其末端是-CCA—OH 结构,最后一个羟基可与氨基酸的羧基脱水缩合连在一起,因此氨基酸臂能携带一个氨基酸。

**2. 反密码子环** 位于三叶草的顶部,即氨基酸臂对面的单链环,由 7 个核苷酸组成,环中间的三个核苷酸称为反密码子,在合成蛋白质过程中,tRNA 通过反密码子识别 mRNA 上的密码子,使其携带的氨基酸"对号入座",参与多肽链合成。

**3. DHU 环** 环内有两个二氢尿嘧啶,环的一端有一个双螺旋区即二氢尿嘧啶臂。

**4. TψC 环** 环中含有假尿嘧啶(ψ)和胸腺嘧啶(T)并且形成 TψC 序列,环的一端形成一个双螺旋区即 TψC 臂。

**5. 可变区** 在反密码子环和 TψC 环之间,由 3～21 个核苷酸组成。各种 tRNA 核苷酸残基数目不等,主要是因可变环的大小不同。因此,可变环是 tRNA 分类的重要指标。

tRNA 三级结构是在"三叶草"的基础上折叠而成的,呈倒 L 形(图 3-18)。三级结构是 tRNA 的有效形式。氨基酸臂和反密码子环分别位于倒 L 形分子的两端,DHU 环和 TψC 环位于拐角上。倒 L 形的 3′末端-CCA—OH 是结合氨基酸的部位;另一端的反密码子环能与 mRNA 上对应的密码子配对结合。tRNA 三级结构的稳定主要靠氢键和碱基堆积力来维持。

#### (二) tRNA 的功能

在蛋白质生物合成过程中,tRNA 作为各种氨基酸的载体携带并转运氨基酸到核糖体上,并按照 mRNA 上遗传密码的顺序将氨基酸"对号入座"。一种氨基酸有一种或一种以上的 tRNA,但每一种 tRNA 只能携带一种氨基酸。

### 三、rRNA 的结构与功能

#### (一) rRNA 的结构

rRNA 占细胞总 RNA 的 80% 以上,是细胞内含量最多的 RNA。原核生物的 rRNA 有三种,分别为 5S rRNA、16S rRNA 和 23S rRNA,而真核生物有四种,分别为 5S rRNA、5.8S rRNA、18S rRNA 和 28S

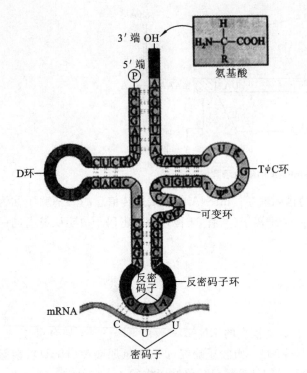

图 3-17 tRNA 二级结构结构(三叶草形)

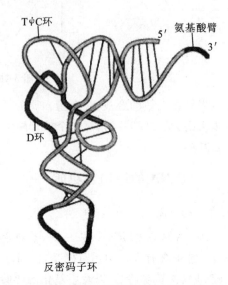

图 3-18 tRNA 的三级结构(倒 L 形)

rRNA。这些 rRNA 分子与蛋白质结合组装成核糖体(又称核蛋白体),核糖体(图 3-19)有两个亚基,分别称为大亚基和小亚基。原核生物 70S 的核糖体由 30S 小亚基和 50S 大亚基构成,而大亚基和小亚基由 23S rRNA 和 16S rRNA 分别与多种蛋白质组装而成;真核生物的 80S 核糖体由 40S 小亚基和 60S 大亚

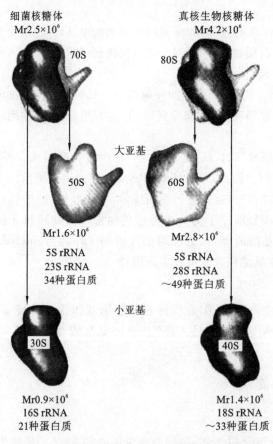

图 3-19 原核生物和真核生物核糖体结构示意图

基构成,其中大亚基由 28S rRNA、5.8S rRNA 和 5S rRNA 及多种蛋白质组成,小亚基则由 18S rRNA 与多种蛋白质结合组成。

（二）rRNA 的功能

rRNA 与蛋白质结合形成的核糖体是蛋白质生物合成的场所,rRNA 上有 tRNA 和 mRNA 的结合位点,在合成多肽链的过程中核糖体主要靠 rRNA 来发挥作用,而核糖体蛋白质可维持 rRNA 的构象,起着辅助的作用。

### 四、小分子核内 RNA

真核细胞内存在一类碱基数在 100～300 之间的小分子 RNA,称为核内小 RNA（snRNA）。它的主要作用是参与真核生物细胞核中 RNA 的修饰加工。snRNA 不单独存在,常与多种特异的蛋白质结合在一起,形成小分子核内核蛋白颗粒,在信使 RNA 前体的剪接过程中发挥作用,有助于成熟 mRNA 的形成。

## 第四节　核酸的理化性质及应用

### 一、核酸的一般性质

（一）核酸溶液的高分子性质

DNA 是白色纤维状固体,RNA 是白色粉末状固体,两者都微溶于水,不溶于乙醇,因此常用乙醇来沉淀 DNA。DNA 难溶于 0.14 mol/L 的 NaCl 溶液,可溶于 1～2 mol/L 的 NaCl 溶液,RNA 则相反,据此可分离 DNA 和 RNA。DNA 分子由于直径小而长度大,因此溶液黏度极高,RNA 分子黏度则小得多。溶液中的核酸在引力场中可以下沉,沉降速度与相对分子质量和分子构象有关,可用超速离心技术测定沉降常数和相对分子质量。当分子颗粒以恒定速度在溶剂中移动时,即净离心力与摩擦力处于平衡时,单位离心力场的沉降速度为定值,称为沉降常数($s$)。

（二）核酸的酸碱性

核酸含酸性的磷酸基团,又含弱碱性的碱基,为两性电解质,可发生两性解离;因磷酸的酸性强,常表现为酸性。由于核酸分子在一定酸度的缓冲液中带有电荷,因此可利用电泳进行分离和研究其特性,最常用的是凝胶电泳。由于核酸分子中的磷酸是一个中等强度的酸,而碱性（氨基）是一个弱碱,所以核酸的等电点比较低。如 DNA 的等电点为 4～4.5,RNA 的等电点为 2～2.5。

### 二、核酸的紫外吸收

核酸分子中嘌呤碱和嘧啶碱都含有共轭双键,具有强烈的紫外吸收,而且最大吸收峰是 260 nm（图 3-20）。利用这一特性可以对核酸进行定性检测和定量分析,也可作为核酸变性和复性的指标。蛋白质的紫外吸收峰在 280 nm,可利用溶液在 260 nm 和 280 nm 处的吸光度比值（$OD_{260}/OD_{280}$）来估计核酸的纯度,纯 DNA 的 $OD_{260}/OD_{280}=1.8$;纯 RNA 的 $OD_{260}/OD_{280}=2.0$;当 $OD_{260}/OD_{280}>1.8$,样品混有 RNA;当 $OD_{260}/OD_{280}<1.8$ 时,样品含有蛋白质和苯酚。

### 三、核酸的变性、复性与杂交

（一）DNA 变性

DNA 变性是指在某些理化因素的作用下,DNA 双链互补碱基对之间的氢键断裂,双螺旋结构解开形成单链的过程（图 3-21）。引起 DNA 变性的因素有物理因素如加热,化学因素如有机溶剂、酸、碱、尿素、甲酰胺等。DNA 变性的实质是维持双螺旋稳定的氢键断裂,但一级结构不变。DNA 的变性可使其

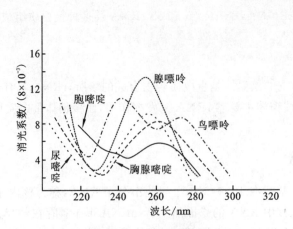

图 3-20　五种碱基的紫外吸收光谱(pH 7.0)

理化性质发生一系列改变,如黏度下降和紫外吸收增加等。DNA 发生变性后,随着双螺旋结构的不断解开,更多的碱基暴露在外,使之在 260 nm 处的紫外吸收增强,这种现象称为增色效应或高色效应。

实验室内常用加热法使 DNA 变性,称为热变性。热变性是爆发式的,只在很狭窄的温度范围内发生,以温度对紫外吸光度作图可得到一条曲线,称为熔解曲线或解链曲线(图 3-22),通常将熔解曲线的中点,即 50％DNA 变性时的温度称为熔点或解链温度($T_m$)。$T_m$ 是指双链 DNA 分子被解开一半时的温度,或者说达到最大吸光度一半时的温度。DNA 分子的 $T_m$ 一般在 80 ℃以上,不同的 DNA 其 $T_m$ 不同。

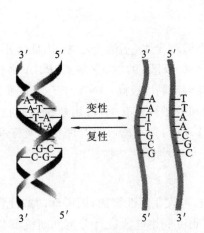

图 3-21　DNA 的变性与复性示意图

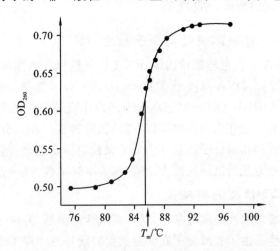

图 3-22　DNA 熔解曲线、解链温度示意图

$T_m$ 与下列因素有关:①$T_m$ 与核酸的均一程度有关。均一性愈高的样品,变性过程的温度范围愈小。②$T_m$ 与碱基组成有关,GC 碱基对含量越多,$T_m$ 就越高;AT 碱基对含量越多,$T_m$ 就越低。这是因为 G 与 C 之间有 3 个氢键,而 A 与 T 之间只有 2 个氢键,因而要解开 G 与 C 之间的氢键要消耗更多的能量。③$T_m$ 与介质离子强度成正比,溶液离子强度高时,$T_m$ 增大。

**(二) DNA 的复性**

核酸的变性是可逆的,在适当条件下,变性 DNA 的两条互补链可重新配对,恢复原来的双螺旋结构的构象,这一过程称为复性(图 3-21)。热变性的 DNA 缓慢冷却后的复性又称为退火,最适宜的复性温度比 $T_m$ 低 25 ℃,此温度称为退火温度。DNA 的复性使双螺旋结构得到恢复,因而在 260 nm 处紫外吸收减弱,这种现象称为减色效应。将热变性的 DNA 骤然冷却至低温时,DNA 不可能复性。DNA 复性后,一系列性质将得到恢复,但是生物活性一般只能得到部分的恢复。DNA 复性的程度、速率与复性过程的条件有关:相对分子质量越大,复性越难;浓度越大,复性越容易。

**(三) 核酸的分子杂交**

在 DNA 变性后的复性过程中,不同种类的 DNA 单链分子或 RNA 分子在同一溶液中,只要两种单链分子之间存在着一定程度的碱基配对关系,就可以在不同的分子间形成杂化双链,这种杂化双链可以在不同的 DNA 与 DNA 之间,也可以在 DNA 和 RNA,或 RNA 与 RNA 分子之间形成,这种现象称为分子杂交(图 3-23)。这一原理可以用来研究 DNA 分子中某一基因的位置、鉴定两种核酸分子间的序列相似性、检测某些专一序列在待测样品中的存在与否等。分子杂交在核酸研究中是一个重要工具。基因芯片等现代检测手段的最基本原理就是核酸分子杂交。

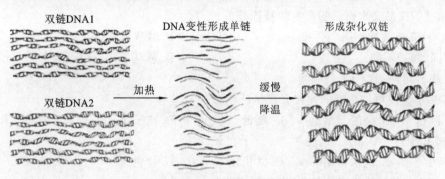

**图 3-23　核酸分子复性和杂交示意图**

---

## 知识链接

### DNA 指纹技术

　　生物个体间的差异本质上是 DNA 分子序列的差异,人类不同的个体(同卵双生除外)的 DNA 各不相同。如人类 DNA 分子中存在着高度重复的序列,不同个体重复单位的数目不同,差异很大,但重复序列两侧的碱基组成高度保守,且重复单位有共同的核心序列。因此,针对保守序列选择同一种限制性核酸内切酶,针对重复单位的核心序列设计探针,将人基因组 DNA 经酶切、电泳、分子杂交及放射自显影等处理,可获得检测的杂交图谱,杂交图谱上的杂交带数目和相对分子质量具有个体差异性,这如同一个人的指纹图形一样各不相同。因此,把这种杂交带图谱称为 DNA 指纹。DNA 指纹技术已被广泛应用于法医学(如物证检测、亲子鉴定)、疾病诊断、肿瘤研究等领域。结合 DNA 体外扩增技术,法医可以对现场检材(如一根毛发、一滴血、少许唾液等)的 DNA 指纹进行检测分析,与嫌疑对象进行比对,确定二者关系,对刑事侦查具有非常重要的意义。

---

## 本章小结

　　核酸的基本单位是核苷酸,核苷酸由碱基、戊糖、磷酸三部分组成;核苷酸间通过 $3'$,$5'$-磷酸二酯键连接形成 DNA 或 RNA;DNA 一级结构是四种脱氧核苷酸的排列顺序,碱基组成符合 chargaff 规则,二级结构是双螺旋,主要作用力是氢键(横向)和碱基堆积力(纵向),三级结构是超螺旋,染色体的基本单位是核小体;tRNA 的二级结构为三叶草形,三级结构为倒 L 形;真核生物 mRNA 的结构特征是 $5'$-端有甲基化的帽子,$3'$-端有 polyA 尾巴;rRNA 与相应蛋白质一起构成核糖体作为蛋白质合成的场所;核酸紫外吸收的最大峰在 260 nm 处;DNA 变性伴随增色效应,$T_m$ 是 DNA 解链 50% 时对应的温度;核酸复性伴随减色效应,热变性的 DNA 复性称为退火;核酸的分子杂交是不同来源的 DNA 分子放在一起热变性后慢慢冷却让其复性。

---

## 能力检测

### 一、名词解释

1. DNA 变性　2. DNA 复性　3. DNA 的一级结构　4. 核酸分子杂交　5. $T_m$　6. 增色效应

## 二、单项选择题

1. 组成核酸的基本结构单位是( )。

A. 碱基　　　　　B. 核苷　　　　　C. 核苷酸　　　　D. 多核苷酸　　　　E. DNA 和 RNA

2. 下列哪种碱基只存在于 RNA 而不存在于 DNA?( )

A. 腺嘌呤　　　B. 胞嘧啶　　　C. 胸腺嘧啶　　　D. 尿嘧啶　　　E. 鸟嘌呤

3. RNA 和 DNA 彻底水解后的产物的特征是( )。

A. 核糖相同,部分碱基不同　　　　　　　B. 碱基相同,核糖不同

C. 碱基不同,核糖不同　　　　　　　　　D. 碱基不同,核糖相同

E. 部分碱基不同,核糖不同

4. 核酸各基本组成单位之间的连接方式是( )。

A. 磷酸一酯键　　B. 磷酸二酯键　　C. 氢键　　　D. 离子键　　　E. 碱基堆积力

5. DNA 碱基配对主要靠( )。

A. 范德华力　　　B. 疏水作用　　　C. 共价键　　　D. 盐键　　　E. 氢键

6. 下列关于 DNA 分子组成的叙述,哪项是正确的?( )

A. A＝T,G＝C　　　　　　　B. A＋T＝G＋C　　　　　　　C. G＝T,A＝C

D. 2A＝C＋T　　　　　　　　E. G＝A,C＝T

7. 在一个 DNA 分子中,若 A 所占的比例为 32.8%,则 G 所占的比例为( )。

A. 67.2%　　　B. 32.8%　　　C. 17.2%　　　D. 65.6%　　　E. 16.4%

8. 核酸的最大紫外光吸光度一般在哪一波长附近?( )

A. 280 nm　　　B. 260 nm　　　C. 240 nm　　　D. 220 nm　　　E. 210 nm

9. 下列几种 DNA 分子的碱基组成比例各不相同,哪一种 DNA 的 $T_m$ 最低?( )

A. A＋T 含量占 15%　　　　　B. G＋C 含量占 25%　　　　　C. G＋C 含量占 40%

D. A＋T 含量占 70%　　　　　E. G＋C 含量占 70%

10. DNA 变性后下列哪项性质是正确的?( )

A. 是一个循序渐进的过程　　　　　　　B. 260 nm 波长处的吸光度增加

C. 形成三股链螺旋　　　　　　　　　　D. 溶液黏度增大

E. 变性是不可逆的

## 三、填空题

1. 核酸可分为_____和_____两大类,其最基本的结构单位是_____。

2. 核酸完全水解生成的产物有_____、_____和_____,其中糖基有____、_____,碱基有_____和_____两大类。

3. DNA 的二级结构是_____结构。

4. DNA 双螺旋结构的维系力主要有_____和_____。

5. RNA 主要有三类,即_____、_____和_____,它们的生物功能分别是_____、_____和_____。

6. 在生物细胞中主要有三种 RNA,其中含量最多的是_____、种类最多的是_____、含有稀有碱基最多的是_____。

## 四、简答题

1. DNA 与 RNA 一级结构和二级结构有何异同?

2. 叙述 DNA 双螺旋结构模式的要点。

3. 真核细胞中 RNA 的种类主要有哪些,简述其功能。

## 五、临床案例

一位 15 岁的美籍非洲妇女到急诊室就诊,主诉双侧大腿和臀部疼痛一天,并且不断加重,服用布洛芬不能解除其疼痛症状。患者否认最近有外伤和剧烈运动史。但她最近感觉疲劳和小便时尿道经常有灼烧感。患者既往有症状,有时需要住院。检查发现,体温正常,没有急性疼痛。其家族其他成员没有类

似的表现。患者结膜和口腔稍微苍白，双侧大腿外观正常，但有非特异性的大腿前部疼痛，其他体征正常。患者的白细胞计数升高，为 $17000/mm^3$，而其血红蛋白含量低，为 71 g/L。尿液分析显示有大量的白细胞。医生初步诊断为镰刀形红细胞性贫血。

（1）镰刀形红细胞性贫血是一种什么疾病？发病的根本原因是什么？

（2）镰刀形红细胞性贫血的分子基础是什么？请从基因和蛋白质的角度分析。

马　强

# 第四章 维 生 素

 ## 第一节 维生素概述

### 一、维生素的定义

维生素又称维他命，是维持机体正常生命活动所必需的一类小分子有机化合物。通常情况下，人体内不能合成或合成量很少，必须由食物提供。维生素既不是机体组织和细胞的组成成分，也不是供能物质，主要是参与机体内的酶促反应，在调节人体物质代谢、维持正常生理功能及促进生长发育等方面发挥着极其重要的作用，长期缺乏某种维生素可导致物质代谢障碍，并出现相应的维生素缺乏症。

### 二、维生素的命名与分类

#### （一）维生素的命名

**1. 根据发现的先后顺序命名** 按维生素发现的先后顺序在维生素后加上英文字母，如维生素 A、维生素 $B_1$、维生素 C、维生素 D、维生素 K 等。

**2. 根据生理功能命名** 抗干眼病维生素、抗坏血酸、生育酚和凝血维生素等。

**3. 按化学结构命名** 如视黄醇、硫胺素和核黄素等。

#### （二）维生素的分类

目前已知的维生素有几十种，其化学结构、理化性质和生理功能各不相同。这些维生素按其溶解性的不同，可分为脂溶性维生素和水溶性维生素两大类。脂溶性维生素包括维生素 A、维生素 D、维生素 E、维生素 K 等。水溶性维生素包括维生素 C 和 B 族维生素，B 族维生素包括维生素 $B_1$、维生素 $B_2$、维生素 PP、维生素 $B_6$、泛酸、生物素、叶酸和维生素 $B_{12}$。

### 三、维生素的需要量

人体对维生素的需求量很小，每天只需几毫克或几微克，但必须由食物供给。不同人群也因性别、年龄、生理状况、职业等因素而有所差异。当维生素摄取不足、吸收受阻或机体需求量增加时，会导致维生素缺乏症，从而引起疾病。而维生素的各类制剂主要是用于此类疾病的预防和治疗；过量服用维生素会引起中毒。

#### 四、维生素的缺乏与中毒

##### （一）维生素缺乏的原因

脂溶性维生素和水溶性维生素在人体内的代谢特点不同。脂溶性维生素在人体内大部分储存于肝及脂肪组织，代谢后可通过胆汁代谢排出体外；水溶性维生素在人体内只有少量储存，且易随尿液排出体外。因此，每天必须通过膳食提供足够数量以满足机体的需要。当膳食供给不足时，易导致人体出现相应的缺乏症。引起维生素缺乏的常见原因如下。

**1. 维生素的摄入量不足**　膳食构成或膳食调配不合理、严重偏食、食物加工烹调或储存方法不当均可造成维生素的大量破坏丢失，从而导致机体某些维生素的摄入不足。例如淘米过度、煮稀饭时加碱、米面加工过细等都可造成维生素 $B_1$ 缺乏；新鲜蔬菜、水果储存过久或炒菜时先切后洗，可造成维生素 C 的丢失和破坏。

**2. 机体吸收障碍**　某些原因造成的消化系统吸收功能障碍，如长期腹泻、消化道或胆道梗阻、胃酸分泌减少等均可造成维生素的吸收利用减少；胆汁分泌受限影响脂类的消化吸收，使脂溶性维生素的吸收大大降低；维生素 $B_{12}$ 的吸收与胃黏膜细胞分泌的内因子有关，所以一些胃部疾病的患者维生素 $B_{12}$ 的吸收会减少以致缺乏。

**3. 维生素的需要量相对增加**　某些生理或病理条件下，机体对某些维生素的需要量会相对增加，如孕妇、乳母、生长发育期的儿童、某些疾病（长期高热、慢性消耗性疾病等）均可使机体对维生素的需要量相对增加，如不及时补充可引起维生素的相对缺乏。

**4. 某些药物作用**　长期服用抗生素可抑制肠道正常菌群的生长，从而影响某些维生素例如维生素 K、维生素 $B_6$、叶酸、维生素 PP、泛酸、生物素、维生素 $B_{12}$ 等在肠道的产生。另外，长期服用异烟肼抗结核治疗时可引起维生素 $B_6$、维生素 PP 的相对不足。

##### （二）维生素过量或中毒

维生素中毒是指服用过量的维生素后所发生的中毒性病症。脂溶性维生素由于排出量较少，一般长期摄入 5～10 倍推荐摄入量（RNIs 值）以上时可因体内积存过多（主要是肝脏）出现中毒症状。如维生素 D 在所有维生素中是最容易使人中毒的一种，其中毒症状和体征主要有高钙血、肌无力、感情淡漠、厌食等。日常生活中蔬果中的维生素则不会引起维生素中毒。

水溶性维生素常以原形从尿中排出体外，几乎无毒性，不易引起机体中毒，但非生理剂量时仍可能有不良作用。如孕妇服用大剂量维生素 C 后，可使婴儿出现坏血病；服用大剂量维生素 C 还可降低口服抗凝剂的效果。

##  第二节　脂溶性维生素

脂溶性维生素包括维生素 A、维生素 D、维生素 E、维生素 K 四种。它们的主要特点如下：①难溶于水，易溶于脂类及脂肪性溶剂；②当脂类吸收发生障碍时，常导致脂溶性维生素缺乏；③体内储存量较多，主要在肝脏，长期过量摄入可蓄积引起中毒。

### 一、维生素 A

##### （一）化学结构与性质

维生素 A（图 4-1）又叫抗干眼病维生素，是由 β-白芷酮环和两分子异戊二烯构成的多烯化合物，呈淡黄色。天然的维生素 A 有 $A_1$（视黄醇）和 $A_2$（3-脱氢视黄醇）两种形式。维生素 A 在体内的活性形式有视黄醇、视黄醛和视黄酸三种，其分子结构主要有全反式和 11-顺式两种异构体。维生素 A 化学性质活泼，在空气中易被氧化，或受紫外线照射而破坏，故维生素 A 制剂应在棕色瓶内避光保存。

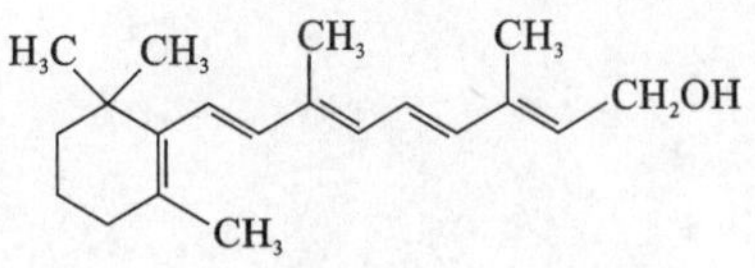

图 4-1  维生素 A$_1$ 和维生素 A$_2$ 分子结构

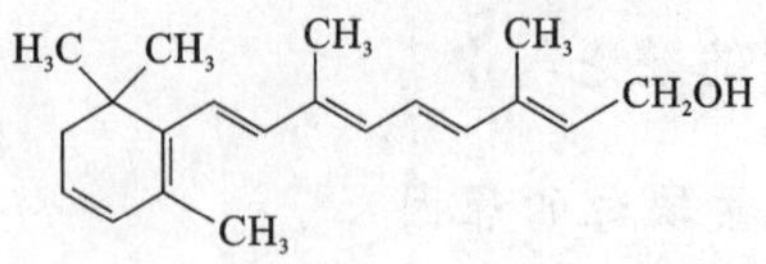

**(二) 来源**

维生素 A 主要来源于动物性食物,如鱼类、肝、肉类、蛋黄、乳制品、鱼肝油等。其中,维生素 A$_1$ 主要存在于动物肝脏、血液和眼球的视网膜中,是天然维生素 A 的主要存在形式。维生素 A$_2$ 主在存在于淡水鱼的肝脏中。植物性食物不含维生素 A,但红色、橙色、深绿色植物中含有丰富的 β-胡萝卜素(图 4-2),能在动物体内肠壁及肝中转变成维生素 A,称为维生素 A 原。在小肠黏膜细胞的 β-胡萝卜素加氧酶的作用下,1 分子 β-胡萝卜素加氧断裂,可生成 2 分子维生素 A$_1$。

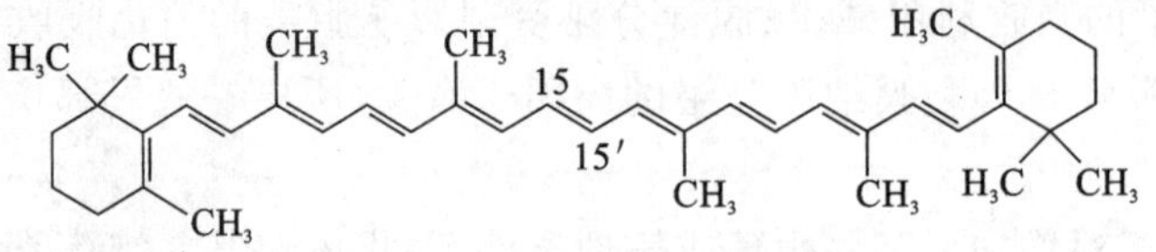

图 4-2  β-胡萝卜素的分子结构

**(三) 生理功能与缺乏症**

**1. 构成视觉细胞内感光物质**  维生素 A 是视杆细胞的感光物质视紫红质的组成成分,视紫红质由视蛋白和 11-顺-视黄醛组成,可保证视杆细胞持续感光,出现暗视觉。维生素 A 缺乏时,可导致 11-顺-视黄醛补充不足,视杆细胞中视紫红质合成减少,感受弱光困难,使暗适应时间延长,严重时会出现夜盲症。

**2. 维持上皮组织结构的完整和健全**  维生素 A 能促进组织发育和分化所必需的糖蛋白的合成。维生素 A 缺乏可引起上皮组织干燥、增生和角化等,主要以眼、呼吸道、消化道等的黏膜上皮受影响最为显著。眼部病变表现为泪腺上皮角化,泪液分泌受阻,以致角膜、结合膜干燥产生干眼病,结膜干燥斑(毕脱斑),角膜软化症,失明。皮脂腺及汗腺角化时,皮肤干燥、脱屑、毛囊周围角化过度,发生毛囊丘疹与毛发脱落。

**3. 促进生长、发育及繁殖**  维生素 A 参与类固醇合成,影响细胞分化,从而影响生长发育。维生素 A 缺乏可造成儿童生长发育迟缓,骨骼成长不良,生殖功能减退,味觉、嗅觉下降,食欲不振。

**4. 防癌作用**  实验证明,缺乏维生素 A 的动物对化学致癌物更敏感,易诱发肿瘤。此外,β-胡萝卜素能直接消灭自由基,是机体有效的抗氧化剂,对于防止脂质过氧化,预防心血管疾病、肿瘤及延缓衰老等方面均有重要意义。

过多摄入维生素 A 会导致中毒,临床表现为毛发易脱、皮肤干燥、瘙痒、烦躁、厌食、肝大及易出血等。

## 二、维生素 D

**(一) 化学结构与性质**

维生素 D 又叫抗佝偻病维生素或钙化醇,是类固醇的衍生物。主要包括维生素 D$_2$(麦角钙化醇)和维生素 D$_3$(胆钙化醇)两种,其中以 D$_3$ 最为重要,其化学结构如图 4-3 所示。

维生素 D 为无色针状结晶,除对光敏感外,性质稳定,不易被热、酸、碱和氧破坏,故通常烹调方法不会使其损失。含维生素 D 的药剂均应保存在棕色瓶中。

**(二) 来源**

维生素 D$_2$ 来自于植物性食物,植物油和酵母中含有的麦角固醇经日光或紫外线照射,转变为可被人体吸收的维生素 D$_2$,因此麦角固醇被称为维生素 D$_2$ 原。人体皮肤中的 7-脱氢胆固醇经日光或紫外线照射后可转化为维生素 D$_3$,被称为维生素 D$_3$ 原。一般情况下,成年人暴露于日光下的面部和手臂皮肤光照

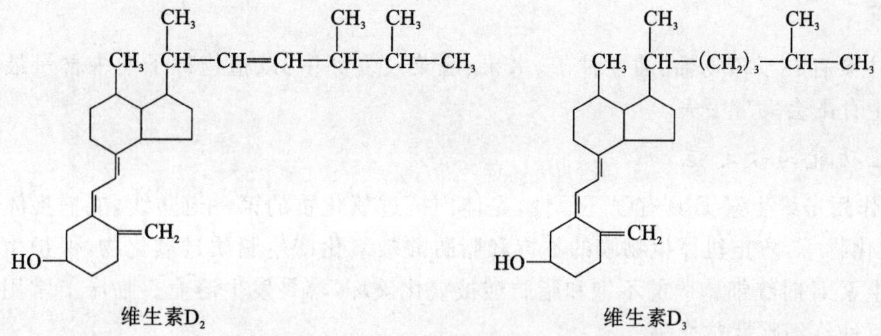

维生素D₂                           维生素D₃

图4-3 维生素 D₂ 与维生素 D₃ 分子结构

10 min,所合成的维生素 D₃ 足够维持机体需要,因此多晒太阳是预防维生素 D 缺乏的主要方法之一。

（三）生理功能与缺乏症

**1. 维生素 D 的生理功能**　维生素 D 自身没有生物活性,食物中的维生素 D 进入人体后,先以乳糜微粒的形式入血,在血液中与其特殊的载体蛋白结合后被运输到肝脏,经 25-羟化酶催化生成 25-OH-D₃,然后在肾脏 1-羟化酶的催化下,转化成 1,25-(OH)₂-D₃(骨化三醇)才具有生物活性。1,25-(OH)₂-D₃ 的靶组织主要是小肠黏膜、肾小管和骨骼,主要功能:调节钙、磷代谢,促进肾小管对钙、磷的重吸收;促进骨骼的钙化,可健全骨骼及牙齿,有效地预防佝偻病和骨质疏松的发生。

**2. 维生素 D 缺乏症**　婴幼儿、儿童、青少年体内维生素 D 不足,肠道钙和磷吸收不足,使血液中钙、磷含量下降,骨骼、牙齿不能正常发育,临床表现为手足抽搐,严重时可导致佝偻病;成人缺乏维生素 D 可引起骨质软化症(亦称软骨病),长期缺乏户外活动、日照不足及周围环境污染严重的工业城市居民中本病多见,女性高于男性;血钙水平降低时可引起骨质疏松症,临床表现为肌肉痉挛、小腿抽筋、惊厥等。

**知识链接**

**维生素 A、维生素 D 补充剂——鱼肝油**

　　鱼肝油是由鱼类肝脏炼制的油脂,也包括鲸、海豹等海兽的肝油,常温下呈黄色透明的液体,稍有鱼腥味。主要成分是维生素 A 和维生素 D。常用于防治夜盲症、角膜软化、佝偻病和骨软化症等。若补充过量,可致鱼肝油中毒。

**三、维生素 E**

（一）化学结构与性质

维生素 E 包括生育酚和生育三烯酚两大类(图4-4),都是 6-羟基苯骈二氢吡喃的衍生物。根据环上甲基的数目和位置不同,每一类又分为 α、β、γ、δ 四种。自然界中以 α-生育酚活性最强、分布最广。维生素 E 为微带黏性的淡黄色油状物,无氧条件下对热稳定,加热至 200 ℃也不被破坏,但在空气中极易被氧化,可保护其他物质不被氧化,具有抗氧化作用。

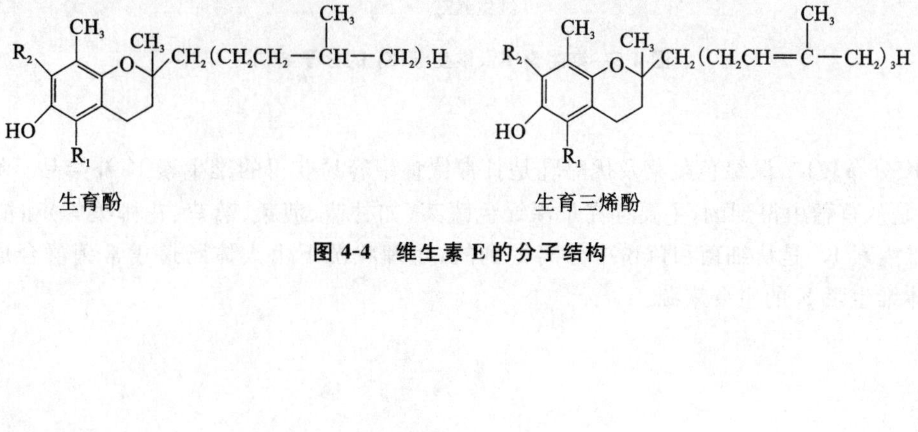

生育酚                           生育三烯酚

图4-4 维生素 E 的分子结构

（二）来源

维生素 E 主要存在于植物油、油性种子、水果、蔬菜及麦芽中,以植物种子油中含量最为丰富。冷冻储存的食物中生育酚会大量丢失。

（三）生理功能与缺乏症

**1. 抗氧化作用** 维生素 E 具有强还原性,是体内抗过氧化物的第一道防线,能捕捉体内的自由基如超氧离子、过氧化物等,防止机体生物膜的不饱和脂肪酸被氧化产生脂质过氧化物,保护生物膜的结构与功能。缺乏维生素 E 时红细胞膜的不饱和脂肪酸被氧化破坏,容易发生溶血。临床上常用于防治心肌梗死、动脉硬化、巨幼红细胞性贫血等。

**2. 与动物生殖功能有关** 缺乏维生素 E 的动物可导致生殖器官受损而不育。雌性动物因胚胎和胎盘萎缩引起流产,雄性动物睾丸萎缩不产生精子。维生素 E 对人类生殖功能的影响尚不明确,至今未发现因维生素 E 缺乏导致的不育症,但临床上常用于防治先兆流产和习惯性流产。

**3. 促进血红素合成** 维生素 E 能提高血红素合成过程中的关键酶 $\delta$-氨基-$\gamma$-酮戊酸（ALA）合酶和 ALA 脱水酶的活性,从而促进血红素的合成。新生儿缺乏维生素 E 可引起贫血,可能与血红蛋白合成减少及红细胞寿命缩短有关。

**4. 抗衰老作用** 动物实验发现,在衰老组织的细胞内会出现色素颗粒,且随着年龄增长色素颗粒增加。这种颗粒是不饱和脂肪酸氧化生成的过氧化物与蛋白质结合的复合物,不易受酶分解或排出而在细胞内蓄积的结果。给予维生素 E 治疗后,既可以减少衰老细胞中的色素颗粒,还可以减轻性腺萎缩、改善皮肤弹性等。因此维生素 E 在抗衰老方面具有重要意义。

人类尚未发现维生素 E 缺乏症,与维生素 A 和维生素 D 不同,即使一次性服用高出常用剂量 50 倍的维生素 E,也未发现中毒现象。

## 四、维生素 K

（一）化学结构与性质

维生素 K 又叫凝血维生素,天然维生素 K 有维生素 $K_1$ 和维生素 $K_2$ 两种（图 4-5）,都是 2-甲基-1,4-萘醌的衍生物;维生素 $K_3$、维生素 $K_4$ 是人工合成的,能溶于水,可口服及注射,已应用于临床。维生素 $K_1$ 是黄色油状物,维生素 $K_2$ 是淡黄色结晶,化学性质较稳定,不溶于水,能溶于醚等有机溶剂,耐热和酸,但易被紫外线和碱分解,故应保存在棕色瓶内。

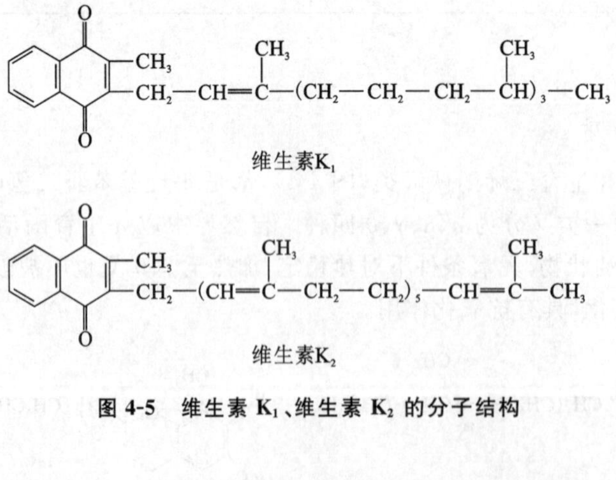

图 4-5 维生素 $K_1$、维生素 $K_2$ 的分子结构

（二）来源

维生素 K 分布较广,深绿色蔬菜及优酪乳是日常饮食中容易获得的维生素 K 补给品。维生素 $K_1$ 又叫绿醌,最初是从苜蓿中得到的,主要存在于深绿色蔬菜（如甘蓝、菠菜、莴苣、花椰菜等）和植物油中。动物性来源的维生素 $K_2$ 是从细菌和鱼粉中分离得到的,生理状况下由人体肠道正常菌群合成（占 50%～60%）,是人体维生素 K 的主要来源。

（三）生理功能与缺乏症

**1. 促进凝血因子从无活性到有活性的转化**　凝血因子Ⅱ、Ⅶ、Ⅸ、Ⅹ在肝中初合成时是无活性的前体，这些无活性的前体需要在 $\gamma$-谷氨酰羧化酶的催化下才能转变为活性形式，而维生素K是 $\gamma$-谷氨酰羧化酶的辅酶，能促进这些凝血因子的合成而加速血液凝固，是目前常用的止血剂之一。

**2. 促进骨代谢及减少动脉硬化**　骨中的骨钙蛋白和骨基质 $\gamma$-羧基谷氨酸蛋白（骨Gla蛋白，骨钙素）都是维生素K依赖蛋白。研究表明，服用低剂量维生素K的妇女，其骨盐密度明显低于服用大剂量维生素K时的骨盐密度。此外，大剂量的维生素K可以降低动脉硬化的危险。

维生素K广泛分布于动植物组织中，体内肠道细菌也能合成，一般不易缺乏。由于维生素K不能通过胎盘，新生儿出生时肠道内又无细菌，故新生儿特别是早产儿有可能因维生素K缺乏而具有出血倾向，尤其是颅内出血，应当注意补充；胰腺疾病、肠道疾病、小肠黏膜萎缩、脂肪便、长期服用抗生素及肠道灭菌药均可能引起维生素K缺乏。维生素K缺乏时，凝血因子合成障碍，可导致凝血迟缓，易引起皮下、肌肉、胃肠道出血。

#  第三节　水溶性维生素

水溶性维生素包括B族维生素和维生素C，其主要特点：①都有较好的水溶性；②水溶性维生素都能迅速被机体吸收；③除维生素 $B_{12}$ 和大部分叶酸与蛋白质结合转运外，其余的水溶性维生素都可在体液中自由转运；④多数体内储存不多，机体摄入过多可由尿中排出，必须经常补充（维生素 $B_{12}$ 除外，比维生素K更易储存于体内），不会因体内蓄积而中毒。

B族维生素的主要生理功能是构成酶的辅助因子直接影响某些酶促反应；维生素C既作为某些酶的辅助因子，又是体内重要的还原剂，参与体内的催化反应和氧化还原反应。

## 一、维生素 $B_1$

（一）化学结构与性质

维生素 $B_1$ 也叫抗脚气病维生素，分子由含硫的噻唑环和含氨基的嘧啶环通过甲烯基连接而成，属于胺类，故称为硫胺素。纯品为白色结晶，极易溶于水，耐酸，在中性或碱性环境中不稳定，遇光和热效价下降，故应置于避光、阴凉处保存，不宜久贮。

维生素 $B_1$ 易被小肠吸收，入血后主要在肝及脑组织中经硫胺素焦磷酸激酶催化生成焦磷酸硫胺素（TPP）才能发挥作用，TPP是维生素 $B_1$ 在体内的活性形式（图4-6）。

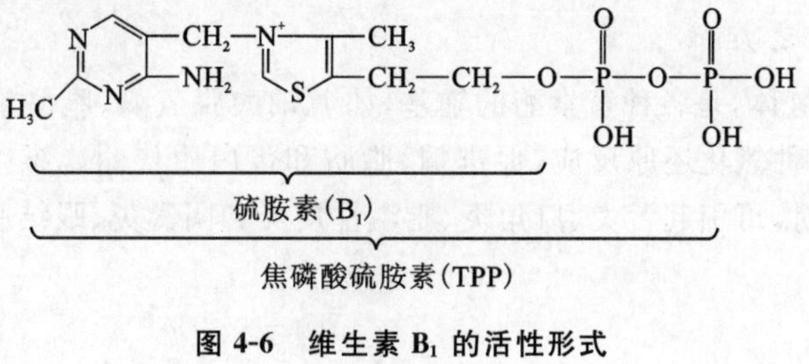

硫胺素（$B_1$）

焦磷酸硫胺素（TPP）

**图4-6　维生素 $B_1$ 的活性形式**

（二）来源

维生素 $B_1$ 在粮谷类、豆类、干果、酵母、硬壳果类和绿叶蔬菜中含量丰富，动物的肝、肾、脑、瘦肉及蛋类含量也较高。过度碾磨会造成粮谷类表皮中的维生素 $B_1$ 流失，所以精白米和精白面粉中维生素 $B_1$ 的含量远不及标准米、标准面粉含量高。某些鱼类及软体动物体内，含有硫胺素酶，生吃可以造成其他食物中维生素 $B_1$ 的破坏，故"生吃鱼、活吃虾"的说法没有科学依据。

（三）生理功能与缺乏症

（1）TPP 是 α-酮酸脱氢酶复合体的辅酶，参与糖代谢　TPP 是 α-酮酸脱氢酶复合体的辅酶，催化糖代谢中间产物丙酮酸等的氧化脱羧。缺乏维生素 $B_1$ 时，糖有氧氧化代谢受阻，机体能量供应减少，一方面影响神经细胞膜髓鞘磷脂合成，另一方面糖代谢中间产物丙酮酸和乳酸等在神经组织周围堆积，刺激神经末梢，可出现手脚麻木、四肢无力、肌肉萎缩等末梢神经炎症状，严重时心肌能量供应也减少，影响心肌功能，引起心跳加快、心力衰竭、下肢水肿等症状，临床上统称为"脚气病"。

（2）TPP 是磷酸戊糖途径中转酮醇酶的辅酶　磷酸戊糖途径是机体合成 5-磷酸核糖的唯一途径，5-磷酸核糖是合成核苷酸的原料，当维生素 $B_1$ 缺乏时，核苷酸合成及神经髓鞘中磷酸戊糖途径受到影响，可导致末梢神经炎和其他病变。此外，磷酸戊糖途径的另一产物 $NADPH + H^+$ 是体内脂肪酸、胆固醇等物质合成代谢中的供氢体，当维生素 $B_1$ 缺乏时必然会使脂肪酸、胆固醇等物质合成发生障碍。

（3）维生素 $B_1$ 可抑制胆碱酯酶的活性　乙酰胆碱是一种神经递质，具有促进消化液分泌、增强胃肠蠕动等作用。体内的乙酰胆碱是乙酰辅酶 A 和胆碱合成的，乙酰辅酶 A 主要来自丙酮酸的氧化脱羧；胆碱酯酶催化乙酰胆碱水解生成胆碱和乙酸。维生素 $B_1$ 缺乏时，胆碱酯酶活性增高，乙酰胆碱分解加快；另一方面，TPP 减少可使丙酮酸的氧化脱羧受阻，乙酰辅酶 A 生成不足，导致乙酰胆碱合成减少，结果是神经细胞内乙酰胆碱含量减少，引起神经冲动传导受阻，造成胃肠道蠕动缓慢、消化道分泌减少、食欲不振、消化不良、心肌炎、神经炎等。

## 二、维生素 $B_2$

### （一）化学结构与性质

维生素 $B_2$ 是 D-核醇与 7,8-二甲基异咯嗪（黄素）的缩合物，故又称核黄素（图 4-7），在异咯嗪环上 1、10 位的氮原子能可逆地加氢或脱氢，因而具有可逆的氧化还原性。维生素 $B_2$ 是橙黄色针状晶体，碱性条件下极易分解，烹饪时不宜加碱；酸性条件下稳定，且不受空气中氧的影响。维生素 $B_2$ 异咯嗪环的共轭双键对光敏感，故应在棕色瓶避光保存。维生素 $B_2$ 的吸收主要在肠道，吸收的核黄素在小肠黏膜细胞黄素激酶的催化下转变为黄素单核苷酸（FMN），FMN 在焦磷酸化酶的催化下进一步转化为黄素腺嘌呤二核苷酸（FAD）。FMN 和 FAD 是维生素 $B_2$ 在体内的活性形式。

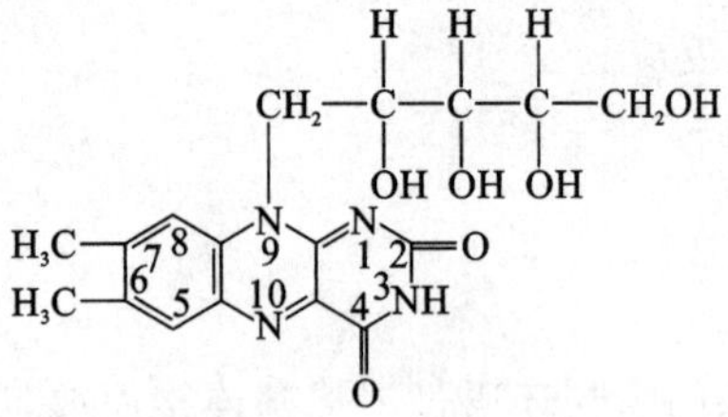

图 4-7　维生素 $B_2$ 的分子结构

### （二）来源

维生素 $B_2$ 分布广泛，动物肝脏、奶与奶制品、蛋类、豆类等都是维生素 $B_2$ 的丰富来源。

### （三）生理功能与缺乏症

FMN 和 FAD 作为递氢体，是各种黄素酶的辅基，如琥珀酸脱氢酶、脂酰辅酶 A 脱氢酶、L-氨基酸氧化酶等，广泛参与体内的各种氧化还原反应，促进糖、脂肪和蛋白质代谢。维生素 $B_2$ 能维持皮肤和黏膜的完整性，缺乏维生素 $B_2$ 时，可引起舌炎、口角炎、脂溢性皮炎和阴囊炎、眼结膜炎、畏光等。

## 三、维生素 PP

### （一）化学结构与性质

维生素 PP 又叫抗癞皮病维生素，包括烟酸（尼克酸）及烟酰胺（尼克酰胺）（图 4-8），二者均属吡啶衍生物，在体内可相互转化。维生素 PP 是白色结晶，性质稳定，不易被酸、碱、氧、光、热破坏，烟酸微溶于水，烟酰胺则易溶于水。维生素 PP 的活性形式是烟酰胺腺嘌呤二核苷酸（$NAD^+$ 或辅酶 I）和烟酰胺腺嘌呤二核苷酸磷酸（$NADP^+$ 或辅酶 II）。

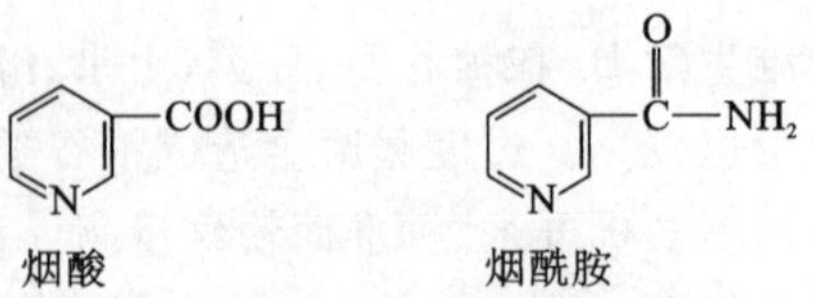

烟酸　　　　　烟酰胺

图 4-8　烟酸和烟酰胺的分子结构

（二）来源

维生素 PP 分布广泛,尤以肉类、酵母、马铃薯、谷类、花生中含量丰富。人体利用色氨酸可少量合成,但转化率极低不能满足机体需要,故人体所需维生素 PP 主要从食物摄取。

（三）生理功能与缺乏症

（1）$NAD^+$、$NADP^+$ 是多种不需氧脱氢酶的辅酶 $NAD^+$、$NADP^+$ 在生物氧化中是重要的递氢体,广泛参与体内糖、蛋白质、脂肪的代谢。维生素 PP 缺乏时,代谢物中的氢无法传递,可引起癞皮病。

（2）抑制脂肪分解、保护心血管 大剂量烟酸能降低血浆胆固醇、甘油三酯及 β-脂蛋白浓度和扩张血管,对复发性非致命的心肌梗死也有一定程度的保护作用,但烟酰胺无此作用。

（3）维生素 PP 缺乏会导致癞皮病（糙皮病） 癞皮病的典型症状是皮炎、腹泻、痴呆（三 D 症状）,初起时食欲不振、全身乏力、消化不良、头痛、体重减轻等,以后在皮肤裸露部位出现对称性皮炎,最后致严重腹泻和痴呆。此病多发生在以玉米为主食的地方。另外,抗结核病药物（如异烟肼）的结构与维生素 PP 十分相似,二者有拮抗作用,长期服用可能会引起维生素 PP 缺乏。

## 四、维生素 $B_6$

（一）化学结构与性质

维生素 $B_6$ 也称为吡哆素,包括吡哆醇、吡哆醛和吡哆胺三种物质（图 4-9）。维生素 $B_6$ 为无色晶体,易溶于水和乙醇,对酸稳定,遇光和碱易被破坏,不耐高温;与三氯化铁作用呈红色,与对-氨基苯磺酸作用生成橘红色产物。维生素 $B_6$ 在体内的活性形式是磷酸吡哆醛和磷酸吡哆胺。

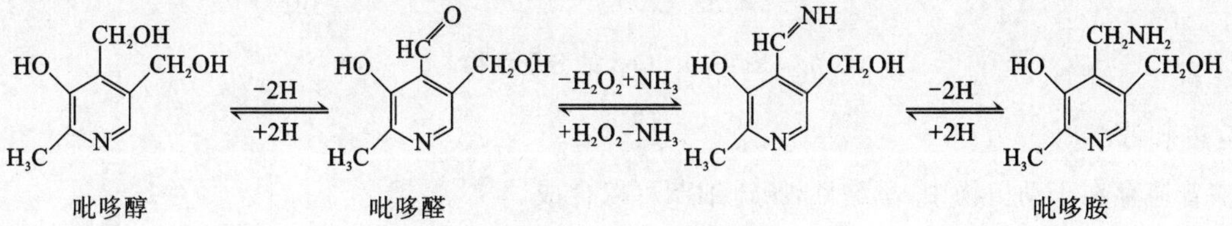

图 4-9 维生素 $B_6$ 各形式的相互转化

（二）来源

维生素 $B_6$ 广泛存在于动植物性食品中,肝、鱼、肉、全麦、米糠、坚果、酵母、蛋、黄豆、花生等都是维生素 $B_6$ 的丰富来源。

（三）生理功能与缺乏症

（1）磷酸吡哆醛和磷酸吡哆胺是氨基酸氨基转移酶的辅酶 作为氨基传递体,在体内氨基酸氨基转移过程中发挥转氨基作用。

（2）磷酸吡哆醛是某些氨基酸脱羧酶的辅酶 某些氨基酸及其衍生物经脱羧反应可生成重要的胺（多为神经递质）,对中枢神经有抑制作用。临床上常用维生素 $B_6$ 治疗小儿惊厥、妊娠呕吐和精神焦虑等。

（3）磷酸吡哆醛是 ALA 合酶的辅酶 ALA 合酶是血红素合成的限速酶,所以维生素 $B_6$ 缺乏可影响血红蛋白中血红素的合成,可能造成低血色素小细胞贫血和血清铁升高。

（4）磷酸吡哆醛可终止类固醇激素的作用 磷酸吡哆醛可将类固醇激素-受体复合物从 DNA 中移去而终止这些激素的作用。维生素 $B_6$ 缺乏时可增加人体对雌激素、雄激素、皮质激素和维生素 D 的敏感性。

维生素 $B_6$ 缺乏的典型病例尚未发现,但服用过量可引起中毒,日摄入量超过 200 mg 可引起神经损伤,主要表现为周围感觉神经病。抗结核药异烟肼能与磷酸吡哆醛结合使其失去辅酶作用,故服用异烟肼时要注意及时补充维生素 $B_6$。

### 五、泛酸

#### (一)化学结构与性质

泛酸又叫遍多酸,由 $\alpha,\gamma$-二羟基-$\beta,\beta$-二甲基羟丁酸和 $\beta$-丙氨酸借助于肽键缩合而成。泛酸在常温下为浅黄色黏稠油状物,不溶于脂性溶剂,能溶于水和乙醇,中性溶液中对氧化剂、还原剂和热稳定,碱性或酸性溶液中加热易被破坏。

泛酸在肠内被吸收后经磷酸化并与半胱氨酸反应生成的 4-磷酸泛酰巯基乙胺,参与辅酶 A(CoA 或 HS-CoA)和酰基载体蛋白(ACP)的合成。CoA(图 4-10)和 ACP 是泛酸的活性形式。

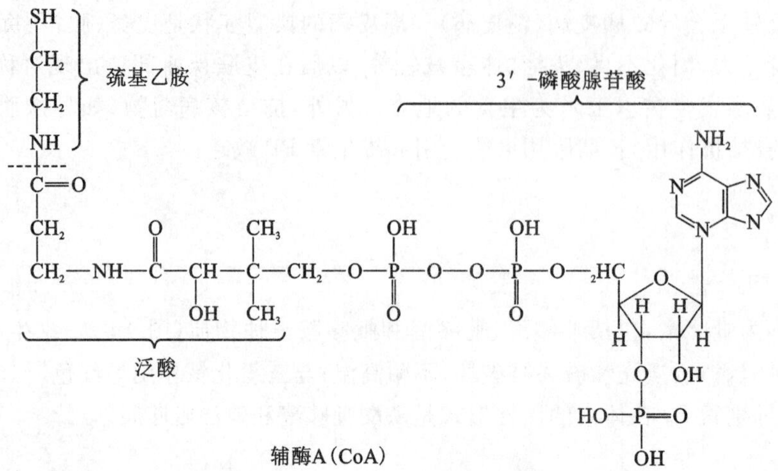

**图 4-10　CoA 的分子结构**

#### (二)来源

泛酸普遍存在于动植物中,呈酸性,肠道细菌可以合成。

#### (三)生理功能与缺乏症

在体内 CoA、ACP 是构成酰基转移酶的辅酶,具有转移酰基的作用,参与糖、脂类、蛋白质代谢及肝的生物转化。具有制造及更新身体组织、辅助毛发形成、帮助伤口愈合、制造抗体抵抗传染病、防止疲劳、帮助抗压等作用。

泛酸在食物中含量充足,人类很少出现泛酸缺乏症。缺乏者主要症状为低血糖症、血液及皮肤异常、疲倦、忧郁、失眠、食欲不振、消化不良,易患十二指肠溃疡。

---

**█ 知识链接 █**

**维生素的科学用法**

　　如果在空腹时服用维生素,会在人体还来不及吸收利用之前即从粪便中排出,服用维生素 A 时需要忌酒,因乙醇在代谢过程中会抑制视黄醛的生成,严重影响视循环和男性精子的生成功能;蛤蜊和鱼类中含有一种能破坏维生素 $B_1$ 的硫胺类物质,因此服用维生素 $B_1$ 时应忌食鱼类和蛤蜊;高纤维类食物能增加肠蠕动,并加快肠内容物通过的速度,从而降低维生素 $B_2$ 的吸收率;高脂膳食会提高维生素 $B_2$ 的需要量,从而加重维生素 $B_2$ 的缺乏,因此,服用维生素 $B_2$ 时应忌食高脂膳食和高纤维膳食。

---

### 六、生物素

#### (一)化学结构与性质

生物素又称维生素 H、维生素 $B_7$、辅酶 R(图 4-11)等,具有尿素与噻吩相结合的骈环,并带有戊酸侧链。生物素是无色长针状结晶,微溶于水和乙醇,不溶于其他常见的有机溶剂,耐酸不耐碱,在常温下相当稳定,高温和氧化剂可使其丧失活性。

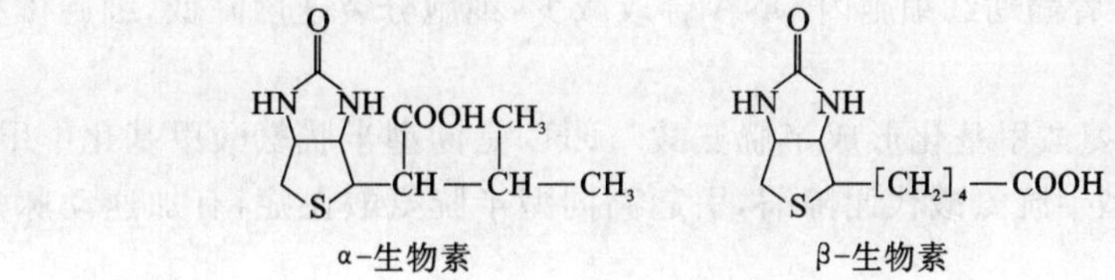

图 4-11 生物素的分子结构

### (二)来源

生物素来源广泛,在肝、肾、酵母(啤酒)、牛乳中含量较多,人体肠道细菌能合成。生物素与维生素 A、维生素 $B_2$、维生素 $B_6$、烟酸一同使用,相辅相成,作用更佳。影响生物素吸收的因素有生蛋白、水、磺胺类药物、雌激素、酒精等。

### (三)生理功能与缺乏症

生物素是丙酮酸羧化酶、乙酰辅酶 A 羧化酶等多种羧化酶的辅酶,参与体内 $CO_2$ 的固定和羧化过程。

生物素缺乏症罕见。长期使用抗生素可抑制肠道细菌生长,可能造成生物素的缺乏,引起疲乏、恶心、呕吐、食欲不振、皮炎及脱屑性红皮病。鸡蛋清中有一种抗生物素蛋白,它能与生物素结合使其失去活性而难以吸收,故大量食用生鸡蛋可导致生物素缺乏,加热处理后蛋清蛋白便被破坏,不再防碍生物素的吸收。

## 七、叶酸

### (一)化学结构与性质

叶酸(F)又名维生素 M,最初从菠菜叶子中提取纯化,因富含于蔬菜绿叶中而得名。叶酸由蝶呤啶、对氨基苯甲酸(PABA)和谷氨酸三部分组成,又称蝶酰谷氨酸(PGA)。叶酸为黄色结晶,微溶于水,在酸性溶液中不稳定,中性或碱性溶液中耐热,对光照敏感。食物在室温下储存,其所含叶酸也易损失。

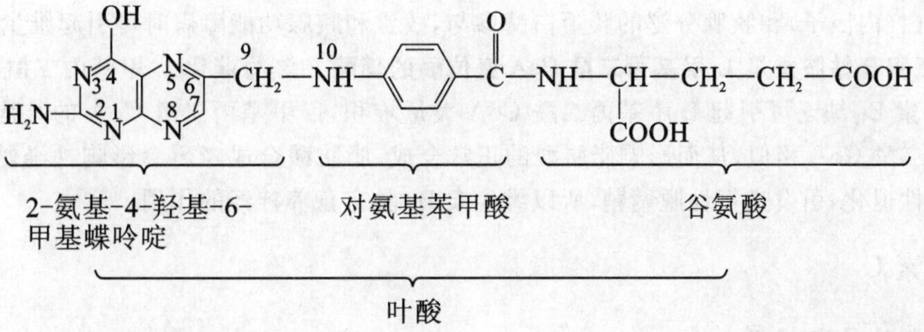

食物中的叶酸在小肠黏膜上皮细胞叶酸还原酶、二氢叶酸还原酶催化下转化为活性形式四氢叶酸($FH_4$)。

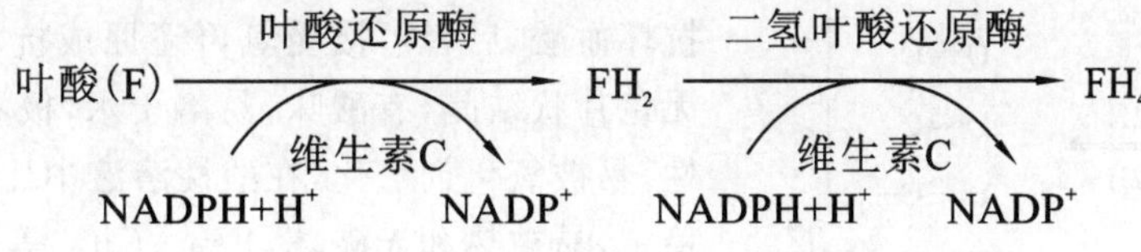

### (二)来源

叶酸分布于绿叶蔬菜、水果、酵母、动物肝或肾中,人体肠道细菌可合成。

### (三)生理功能与缺乏症

(1) $FH_4$ 是一碳转移酶的辅酶,参与一碳单位的转移 $FH_4$ 的 $N_5$ 和 $N_{10}$ 是携带一碳单位的部位,而一碳单位参与体内嘧啶、嘌呤、胆碱等多种重要物质的合成,所以叶酸在核酸的生物合成中起重要作用。叶酸缺乏时 DNA 合成受阻,骨髓幼红细胞内 DNA 合成减少,细胞分裂速度降低,细胞体积变大,造成巨幼红细胞性贫血。

(2)FH₄ 促进同型半胱氨酸甲基化形成半胱氨酸　FH₄ 是同型半胱氨酸甲基化中甲基(一碳单位)的载体,叶酸缺乏时致使同型半胱氨酸代谢障碍,引起高同型半胱氨酸血症,有加速动脉粥样硬化、血栓生成和高血压的危险。

研究发现:叶酸可引起癌细胞凋亡,对癌细胞的基因表达有一定影响,是一种天然抗癌维生素。叶酸也用于治疗慢性萎缩性胃炎、抑制支气管鳞状转化等。孕妇如果在怀孕头 3 个月内缺乏叶酸,可引起胎儿神经管发育缺陷而导致唇腭裂、心脏缺陷等畸形。

### 八、维生素 B₁₂

#### (一)化学结构与性质

维生素 B₁₂ 因含有钴离子而被称钴胺素,是唯一含有金属元素的维生素。维生素 B₁₂ 是粉红色结晶,在 pH 4.5～5.5 的弱酸性水溶液中相当稳定,极易被强酸、强碱破坏,日光、氧化剂及还原剂均易破坏维生素 B₁₂,故应在棕色瓶中避光密闭保存。

#### (二)来源

自然界中的维生素 B₁₂ 都是微生物合成的,主要存在于肉类中,肠道细菌可以合成;植物性食物中不含维生素 B₁₂,绝对的素食者最容易缺乏。

#### (三)生理功能与缺乏症

**1. 维生素 B₁₂ 参与体内一碳单位代谢**　维生素 B₁₂ 是 $N^5$—$CH_3$—FH₄ 甲基转移酶(蛋氨酸合成酶)的辅酶,催化同型半胱氨酸甲基化生成蛋氨酸。维生素 B₁₂ 缺乏时,$N^5$—$CH_3$—FH₄ 的甲基不能转移出去:一方面引起蛋氨酸合成减少,同型半胱氨酸堆积,造成高同型半胱氨酸血症,加速动脉硬化、血栓生成和高血压的危险;另一方面影响 FH₄ 的再生,组织中游离的 FH₄ 含量减少,一碳单位代谢受阻,造成核酸合成障碍,产生巨幼红细胞性贫血(恶性贫血),因此,维生素 B₁₂ 又称为抗恶性贫血维生素。临床上常将维生素 B₁₂ 和叶酸合用治疗巨幼红细胞性贫血。维生素 B₁₂ 经胃肠道吸收时,需要一种由胃壁细胞分泌的高度特异的糖蛋白(内因子)和胰腺分泌的胰蛋白酶参与,故胃和胰腺功能障碍时可引起维生素 B₁₂ 缺乏。

**2. 5′-脱氧腺苷钴胺素是 L-甲基丙二酰 CoA 变位酶的辅酶**　该酶催化 L-甲基丙二酰 CoA 生成琥珀酰 CoA。维生素 B₁₂ 缺乏可引起 L-甲基丙二酰 CoA 大量堆积,L-甲基丙二酰 CoA 的结构与脂肪酸合成的中间产物丙二酰 CoA 相似,从而影响脂肪酸的正常合成,脂肪酸合成障碍会影响神经髓鞘质的转换而造成髓鞘质变性退化,引发进行性脱髓鞘,所以维生素 B₁₂ 具有营养神经的作用。

### 九、维生素 C

#### (一)化学结构与性质

维生素 C(图 4-12)是 L-己糖衍生物,以内酯形式存在,其水溶液呈酸性,可预防坏血病,又叫 L-抗坏血酸。维生素 C 的 C₂ 和 C₃ 位羟基氢可以脱去生成氧化型抗坏血酸,后者可接受氢再还原成抗坏血酸。维生素 C 为无色片状结晶,有酸味,易溶于水,极不稳定,有很强的还原性,易被氧化剂氧化,在酸性溶液中比在中性或碱性溶液中稳定,易被热和光破坏,$Fe^{2+}$、$Cu^{2+}$ 等金属离子也能促进维生素 C 的分解。

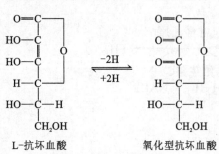

L-抗坏血酸　　氧化型抗坏血酸

**图 4-12　维生素 C 的结构**

#### (二)来源

人体不能合成维生素 C。维生素 C 在新鲜蔬菜和水果中含量丰富,尤其是橙子、鲜枣、山楂、柑橘、草莓、猕猴桃等水果,以及番茄、辣椒等蔬菜。植物中的抗坏血酸氧化酶可将维生素C氧化为无活性的二酮古洛糖酸,使维生素C失活,所以久存的水果、蔬菜中的维生素C含量会大量减少。烹饪不当也可引起维生素C的大量流失。

（三）生理功能与缺乏症

**1. 参与体内的羟化反应** 维生素C是羟化酶的辅酶,参与体内多种物质的羟化反应。

（1）促进胶原蛋白的合成 维生素C是胶原脯氨酸羟化酶及胶原赖氨酸羟化酶的辅酶,促进胶原转化为胶原蛋白。胶原蛋白是体内结缔组织、骨及毛细血管的重要构成成分,缺乏维生素C时胶原蛋白合成不足,微血管的通透性和脆性增加易破裂出血、牙龈肿胀与出血、牙齿松动脱落、伤口不易愈合、关节出血形成血肿、鼻出血等系列症状,称为坏血病。

（2）促进胆固醇转化为胆汁酸 肝细胞以胆固醇为原料合成胆汁酸的关键酶是 7-α 羟化酶,维生素C是该酶的辅酶。因此维生素C缺乏将导致胆汁酸合成障碍,引起体内胆固醇增多,成为动脉粥样硬化的危险因素。

（3）参与芳香族氨基酸代谢 苯丙氨酸羟化生成酪氨酸,酪氨酸再经羟化、脱羧生成对羟苯丙酮酸,最后生成尿黑酸的系列反应中均需要维生素C。

（4）促进生物转化 药物或毒物在内质网的羟化过程是生物转化的重要反应,维生素C能提高此类酶的活性,促进药物或毒物的代谢转化,因而维生素C有增强解毒的作用。

**2. 参与氧化还原反应** 维生素C有还原型和氧化型,作为递氢体,参与体内许多氧化还原反应。

（1）保护巯基酶的活性和细胞膜的完整性 维生素C作为供氢体使体内巯基酶的-SH保持还原状态,维持其活性;也能使氧化型谷胱甘肽（G-S-S-H）还原为还原型谷胱甘肽（G-SH）,G-SH能使细胞膜脂质过氧化物还原,从而起到保护细胞膜的作用。

（2）促进体内铁的吸收与利用 维生素C使肠道中难以吸收的 $Fe^{3+}$ 还原为易于吸收的 $Fe^{2+}$,促进铁的吸收;维生素C也可使红细胞中的高铁血红蛋白（MHb）还原为血红蛋白（Hb）,使其恢复携氧能力。

（3）促进四氢叶酸的生成 维生素C作为供氢体,使叶酸转变为活性形式 $FH_4$,临床上常用维生素C辅助治疗巨幼红细胞性贫血和缺铁性贫血。

**3. 抗癌作用** 维生素C具有良好的抗癌效果,这可能与维生素C所具有的阻断强致癌物亚硝胺的形成、促进透明质酸抑制物的合成、防止癌扩散、减轻抗癌药的副作用、抗自由基等功能有关。

# 本章小结

根据溶解性不同,维生素分为脂溶性维生素和水溶性维生素两大类;脂溶性维生素包括维生素A、维生素D、维生素E、维生素K,水溶性维生素包括B族维生素和维生素C;维生素A与视蛋白结合成感光物质视紫红质,维持上皮组织的健全与分化,缺乏时会引起夜盲症和干眼病;维生素D参与钙、磷代谢,儿童缺乏引起佝偻病,成人引起骨软化症;维生素E有抗氧化作用;维生素K促进血液凝固,缺乏时会引起凝血障碍;B族维生素多以辅酶因子的形式参与酶促反应,维生素 $B_1$ 又称硫胺素,缺乏时易产生脚气病;维生素 $B_2$ 又称核黄素,缺乏时可产生舌炎、口角炎及眼结膜炎等皮肤与黏膜的炎症和溃疡;维生素PP又称抗癞皮病维生素,缺乏时产生癞皮病;维生素 $B_{12}$ 及叶酸缺乏时出现巨幼红细胞性贫血;维生素C则参与羟化反应与氧化还原反应,缺乏时产生坏血病。

# 能力检测

**一、名词解释**

1. 维生素  2. 脂溶性维生素  3. 水溶性维生素  4. 维生素中毒  5. 维生素缺乏症

**二、单项选择题**

1. 下列关于维生素A叙述,错误的是（　　　）。

A.含共轭多烯醇侧链易被氧化为环氧化物　　　　　B.极易溶于三氯甲烷、乙醚

C.对紫外线不稳定,易被空气中的氧所氧化　　　　D.与维生素 E 共存时更易被氧化

E.应装于铝制或其他适宜的容器内,充氮气密封,在凉暗处保存

2. 维生素 $B_6$ 不具有下列哪个性质?(　　　)

A.为白色或类白色结晶性粉末　　　　　　　　　B.水溶液显碱性

C.含有酚羟基,遇三氯化铁呈红色　　　　　　　D.易溶于水

E.水溶液易被空气氧化而变色

3. 下列维生素中哪个自身不具有生物活性,须经体内代谢活化后,才有活性?(　　　)

A.维生素 K　　　B.B族维生素　　　C.维生素 A　　　D.维生素 C　　　E.维生素 D

4. 在维生素 E 异构体中活性最强的是(　　　)。

A.α-生育三烯酚　　B.β-生育三烯酚　　C.α-生育酚　　　D.β-生育酚　　　E.γ-生育酚

5. 下述维生素可用于水溶性药物抗氧化剂的是(　　　)。

A.维生素 A　　　B.B族维生素　　　C.维生素 C　　　D.维生素 K　　　E.维生素 E

6. 下述维生素可用于油溶性药物抗氧化剂的是(　　　)。

A.维生素 A　　　B.B族维生素　　　C.维生素 C　　　D.维生素 K　　　E.维生素 E

7. 下列对维生素 C 描述错误的是(　　　)。

A.水溶液中主要以酮式存在　　　　　　　　　B.其酸性来自 $C_3$ 位上的羟基

C.可与 $NaHCO_3$ 形成盐　　　　　　　　　　D.可被 $FeCl_3$ 等氧化剂氧化

E.在空气、光和热的作用下变色

### 三、简答题

1. 为使维生素 A 制剂不被破坏,可以采取什么方法?

2. 维生素 C 在储存中变色的主要原因是什么?

3. 维生素 $B_1$ 注射液能否与碳酸氢钠注射液配伍使用? 为什么?

### 四、临床案例

患儿,女,1 岁 7 个月,因生长发育迟缓伴多汗、惊厥发作而入院。体检有骨骼畸形改变,实验室检查见血钙浓度降低。

(1) 请判断该患儿患了何种疾病?

(2) 应采取什么治疗措施?

周先云

# 第五章 酶

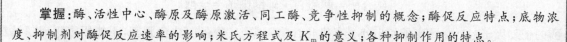

## 学习目标

**掌握:** 酶、活性中心、酶原及酶原激活、同工酶、竞争性抑制的概念;酶促反应特点;底物浓度、抑制剂对酶促反应速率的影响;米氏方程式及 $K_m$ 的意义;各种抑制作用的特点。

**熟悉:** 酶的化学组成及结构;酶原激活及同工酶的临床应用;温度、pH 值、激活剂等对酶促反应速率的影响。

**了解:** 酶的命名与分类;酶与疾病的诊断和治疗。

生命的基本特征是新陈代谢,而新陈代谢是一系列有序化学反应的总称,这些化学反应的进行有赖于高效、特异的生物催化剂的催化作用。现已发现生物体内有两大类催化剂:酶是具有高度选择性和高效催化作用的特殊蛋白质,是体内最主要的催化剂;核酶是具有高效特异催化作用的核酸,是近年来发现的一类新的生物催化剂,主要作用于核酸。

### ▌知识链接▐

#### 核酶的发现

20 世纪 70 年代,奥特曼(Sidney Altman)在研究 RNA 的催化功能时,发现四膜虫中存在一种较大的 tRNA,它在被"剪切"为较短的功能性 tRNA 过程中并没有蛋白质类型的酶参与,而是自我准确地切断它中间的核苷酸链,再将头尾两段接合成成熟的 tRNA。奥特曼首次提出了"RNA 具有独立催化活性"。

1981 年后切赫(Thomas R. Cech)也全力投入 RAN 分子的催化功能研究,他推广奥特曼的研究成果和学说,并提出分子层次上的化学理论来解释 RNA 分子的自我催化机理。因此,他们两人共同分享了 1989 年的诺贝尔化学奖。

 ## 第一节 概 述

酶(E)是活细胞产生的对其特异的底物具有高效催化作用的蛋白质,酶所催化的化学反应称为酶促反应,其中被酶催化的物质称为底物(S),催化反应所生成的物质称为产物(P),酶的催化能力称为酶活性,酶活性丧失称为酶失活。

### 一、酶的化学组成

#### (一) 单纯酶和结合酶

根据酶化学组成的不同,可将酶分为单纯酶和结合酶。

**1. 单纯酶** 仅由氨基酸构成的单纯蛋白质,通常是一条肽链,催化活性主要由蛋白质结构决定,如淀粉酶、脲酶、蛋白酶、核糖核酸酶等。

**2. 结合酶** 结合酶的化学本质是结合蛋白质,由蛋白质部分和非蛋白质部分组成,常见的结合酶如转氨酶、碳酸酐酶、乳酸脱氢酶等。结合酶中的蛋白质部分称为酶蛋白,非蛋白质部分称为辅助因子,两者结合后形成的复合物称为全酶。通常一种酶蛋白只能与一种辅助因子结合形成一种结合酶,但一种辅助因子常常可与多种不同的酶蛋白结合,形成不同的结合酶。在催化反应中,酶蛋白决定酶促反应的特异性,辅助因子主要传递电子、原子或某些化学基团,决定酶促反应的种类与性质。酶蛋白与辅助因子单独存在时均无催化活性,只有两者结合成全酶后才具有催化活性。

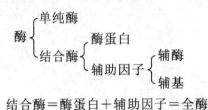

$$结合酶=酶蛋白+辅助因子=全酶$$

酶的辅助因子包括金属离子和小分子有机化合物两类,与酶蛋白结合紧密,不能用透析或超滤法除去,需要经过一定的化学处理才能将其与酶蛋白分开的辅助因子称为辅基;与酶蛋白结合疏松,可用透析或超滤法除去的辅助因子通常称为辅酶。作为辅助因子的金属离子主要包括 $K^+$、$Na^+$、$Mg^{2+}$、$Zn^{2+}$、$Fe^{2+}$($Fe^{3+}$)、$Cu^{2+}$($Cu^+$)、$Mn^{2+}$ 等,其中有些金属离子与酶蛋白结合紧密,这些酶称为金属酶,如羧基酞酶、黄嘌呤氧化酶等;有些金属离子与酶蛋白结合不甚紧密,但为酶的活性所必需,这类酶称为金属活化酶。如己糖激酶、丙酮酸羧化酶等。结合酶中金属离子的主要作用:①参与电子传递;②在酶与底物之间起连接作用;③稳定酶分子特有的空间构象;④中和阴离子,降低反应的静电斥力等。作为辅助因子的小分子有机化合物大多是含有维生素及其衍生物的一类化学性质稳定的物质(表 5-1),其主要作用是在结合酶的催化反应中传递电子、质子、原子或化学基团,如酰基、氨基、甲基等。

表 5-1　含 B 族维生素的辅酶或辅基在催化中的作用

| 辅酶或辅基 | 转移的基团 | 所含维生素 | 结合酶举例 |
| --- | --- | --- | --- |
| TPP | 醛基或酮基 | 维生素 $B_1$ | A-酮酸脱氢酶复合体 |
| FAD | 氢原子 | 维生素 $B_2$ | 琥珀酸脱氢酶 |
| FMN | 氢原子 | 维生素 $B_2$ | NADH+$H^+$ 脱氢酶 |
| $NAD^+$ | 氢原子 | 维生素 PP | 乳酸脱氢酶 |
| $NADP^+$ | 氢原子 | 维生素 PP | 6-磷酸葡萄糖脱氢酶 |
| HS~CoA | 酰基 | 泛酸 | 酰基转移酶 |
| 磷酸吡哆醛 | 氨基 | 维生素 $B_6$ | 丙氨酸氨基转移酶 |
| 生物素 | 二氧化碳 | 生物素 | 丙酮酸羧化酶 |
| $FH_4$ | 一碳单位 | 叶酸 | 一碳单位转移酶 |
| 甲基钴胺素 | 甲基 | 维生素 $B_{12}$ | $N^5$—$CH_3$—$FH_4$ 转移酶 |

**(二) 单体酶、寡聚酶、多酶复合体**

根据酶蛋白分子结构的特点,可将酶分为单体酶、寡聚酶和多酶复合体三类。

**1. 单体酶** 单体酶是指只有一条肽链组成的酶。这类酶种类较少,大多是水解酶,如溶菌酶、羧肽酶 A、牛胰核糖核酸酶等。

**2. 寡聚酶** 寡聚酶是指由两个或两个以上亚基组成的酶。构成寡聚酶的亚基可以相同也可以不同,亚基间以非共价键结合,彼此容易分开。如苹果酸脱氢酶、醛缩酶、琥珀酸脱氢酶等。

**3. 多酶复合体** 多酶复合体是指由几种酶靠非共价键彼此嵌合而成的酶。多酶复合体有利于细胞中一系列反应的连续进行,以提高酶的催化效率,同时便于机体对酶的调控。其相对分子质量都很高,在几百万以上,如丙酮酸脱氢酶复合体、脂肪酸合成酶复合体等。例如丙酮酸脱氢酶复合体(大肠杆菌)是由丙酮酸脱氢酶(E1)、二氢硫辛酸转乙酰基酶(E2)和二氢硫辛酸脱氢酶(E3)三种酶嵌合而成的复合体。

### 二、酶的命名和分类

#### (一)酶的命名

现行的酶的命名方法有习惯命名法和系统命名法两种。

**1. 酶的习惯命名法** ①根据酶所催化的底物名称命名,例如淀粉酶、蛋白酶、脂肪酶等;②根据酶所催化的反应类型命名,例如转移酶、脱氢酶、加氧酶等;③根据底物名称和反应性质来命名,例如乳酸脱氢酶、丙氨酸氨基转移酶等;④根据底物名称和反应性质以及酶的来源或酶的其他特点来命名,例如胃蛋白酶、碱性磷酸酯酶等。习惯用名的特点是简单易记,使用方便,但缺乏系统性,常导致一个酶有数个习惯名称。

**2. 系统命名法** 1961 年国际生化协会酶命名委员会提出了系统命名法。系统命名法规定每一个酶都有一个系统名称,它标明了酶的所有底物及催化反应的性质,各底物名称间用“:”隔开,如 L-天冬氨酸:α-酮戊二酸氨基转移酶。因为大多数酶促反应不只一个底物,这使许多酶的系统名称太长太复杂,使用起来很不方便,于是又从酶的习惯名称中选定一个作为推荐名称,如上例推荐名称为天冬氨酸氨基转移酶。

#### (二)酶的分类

国际酶学委员会(EC)根据酶促反应的类型将酶分为六大类。

**1. 氧化还原酶类** 催化底物发生氧化还原反应的酶类,通常参与电子、氢、氧的转移反应。包括脱氢酶、氧化酶、还原酶、过氧化物酶等,以脱氢酶最多。

**2. 转移酶类** 催化底物分子间某些基团(如乙酰基、氨基、甲基等)转移或交换的酶类。如乙酰基转移酶、氨基转移酶、甲基转移酶等。

**3. 水解酶类** 催化底物发生水解反应的酶类。如蛋白酶、淀粉酶、脂肪酶等。

**4. 合酶类** 催化从底物分子中移去一个基团并形成双键的非水解性反应及其逆反应的酶类,又称为裂解酶。如脱羧酶、醛缩酶、柠檬酸合酶等。

**5. 异构酶类** 催化各种同分异构体、几何异构体或光学异构体之间相互转化的酶类。如异构酶、变位酶、消旋酶等。

**6. 连接酶类(合成酶类)** 催化由两种物质合成一种物质的反应,同时偶联有三磷酸腺苷(ATP)磷酸键断裂释能的酶类。如 DNA 连接酶、谷氨酰胺合成酶等。

# 第二节 酶促反应的特点

酶具有一般化学催化剂的共性:①在化学反应前后没有质和量的改变,微量的酶即可发挥巨大作用;②只能催化热力学允许的化学反应;③通过降低反应的活化能加速可逆反应的进程,但不改变反应的平衡常数。酶作为体内的生物催化剂,还具有一般化学催化剂没有的特点,其中酶作用的高效性和特异性是酶最重要的特点,也是与一般催化剂最主要的区别。

## 一、高度的催化效率

酶具有极高的催化效率,同一化学反应,通常酶的催化效率比非催化反应高 $10^8 \sim 10^{20}$ 倍,比一般的化学催化剂催化效率高 $10^7 \sim 10^{13}$ 倍。例如脲酶催化尿素水解的速率是 $H^+$ 催化速率的 $7 \times 10^{12}$ 倍。酶极高的催化效率依赖于酶蛋白与底物分子之间独特的作用机制。

## 二、高度的特异性

一般的化学催化剂可催化同一类型的多种化学反应,例如 $H^+$ 可催化蛋白质、脂肪、淀粉等不同物质水解,而酶对其所催化的底物和反应类型具有严格的选择性,这种现象称为酶的特异性或专一性。酶的特异性实际上是酶对底物分子的识别,这种识别使酶分子能区分很相似的底物分子,保证生物体内复杂的新陈代谢得以有条不紊地定向进行。根据酶对底物选择性的严格程度不同,将特异性分为三种类型。

**1. 绝对特异性**　一种酶只能催化一种特定结构的底物发生一定的反应并生成一定的产物,称为酶的绝对特异性。如脲酶仅能催化尿素水解生成 $CO_2$ 和 $NH_3$,而不能催化甲基尿素等尿素衍生物水解;琥珀酸脱氢酶仅能催化琥珀酸与延胡索酸之间的氧化还原反应。

**2. 相对特异性**　一种酶可催化一类化合物或一种化学键发生同一类型的化学反应,这种对底物不太严格的选择性称为酶的相对特异性。如各种蛋白酶可催化多种蛋白质分子中的肽键水解,对其催化的蛋白质种类无严格要求;磷酸酶对一般的磷酸酯键都有催化作用,无论是甘油还是一元醇或酚与磷酸形成的酯键都可以被磷酸酶水解。

**3. 立体异构特异性**　一种酶只对底物分子的某种立体异构体起催化作用或其催化结果只能生成一种立体异构体,这种选择性称为立体异构特异性。如 L-谷氨酸脱氢酶只能催化 L-谷氨酸脱氢,而对 D-谷氨酸无催化作用;糖代谢中的酶类只催化 D-葡萄糖及其衍生物,而对 L-葡萄糖及其衍生物无催化作用;蛋白质代谢的酶类仅作用于 L-氨基酸而对 D-氨基酸无作用。

### 三、酶催化活性的可调节性

酶是活细胞分泌的生物大分子,其催化活性受到许多因素的影响。在一定条件下,可通过酶的合成与降解速度调节酶含量;另外,代谢物浓度与产物浓度、酶共价修饰、神经与激素的调节也能改变酶活性。

### 四、酶活性的不稳定性

酶促反应的快慢取决于催化该反应的酶活性高低。酶活性受机体内多种因素的调节控制,有的可提高酶活性,有的抑制酶活性,这种调控作用使机体的生命活动表现出它内部化学反应历程的有序性以及对环境变化的适应性。一旦破坏了这种有序性和适应性,就会导致相应的代谢紊乱,产生疾病甚至死亡。

# 第三节　酶的结构与功能

### 一、酶的活性中心

酶是具有一定空间结构的蛋白质,酶分子的体积比大多数底物分子的体积大得多,因此酶催化底物

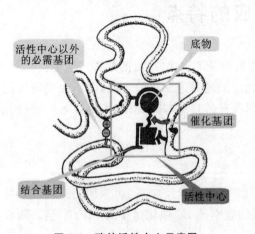

图 5-1　酶的活性中心示意图

进行反应时,底物分子只结合在酶分子表面上一个很小的部位。在酶分子表面能与底物特异结合并将底物转化为产物的特定的空间区域称为酶的活性中心或活性部位(图 5-1)。活性中心开口于酶分子表面,深入到酶分子内部,或裂缝,或凹陷,且多为氨基酸残基的疏水基团组成的疏水"口袋"。如果酶活性中心的空间结构遭到破坏,酶就丧失了活性,因此,没有活性中心酶就没有活性。

酶分子中与酶活性密切相关的化学基团称为必需基团,常见的必需基团有丝氨酸的羟基、组氨酸的咪唑基、半胱氨酸的巯基、谷氨酸残基的 γ-羧基等。酶的必需基团在一级结构上可能相距较远,甚至不在同一条多肽链上,但是通过多肽链的折叠、盘曲或四级结构中亚基的聚合,得以彼此靠近构成酶的活性中心。酶分子中必需基团大量分布于活性中心内,根据功能不同分为结合基团和催化基团。结合基团识别并结合底物与辅酶,使之与酶形成复合物,决定酶的特异性;催化基团则影响底物中某些化学键的稳定性,催化底物发生化学反应并使之转化成产物,决定酶促反应的性质或

类型。活性中心内的必需基团可同时具备这两方面的功能。在酶活性中心外也有必需基团,它们主要用于维持酶活性中心的空间构象,不直接参与酶的催化作用。可见酶催化活性取决于它的天然蛋白质空间构象的完整性。

## 二、酶原与酶原的激活

有些酶在细胞内合成或初分泌时并没有催化活性,这种没有催化活性的酶前体称为酶原。酶原在特定条件下转变为有活性的酶的过程称为酶原的激活。酶原激活的本质是酶活性中心的形成或者暴露过程。例如,胰蛋白酶在胰腺细胞内合成和初分泌时以酶原方式存在,当它随着胰液进入肠道后,在 $Ca^{2+}$ 存在下受肠激酶作用,从多肽链 N-端水解下一个六肽片段,使余下肽链的空间构象发生改变形成活性中心,变为有活性的胰蛋白酶(图 5-2)。

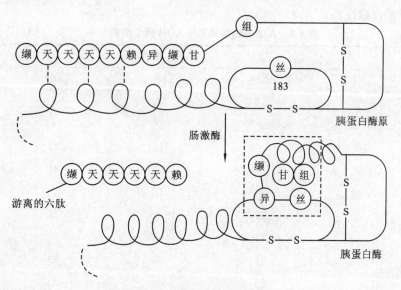

图 5-2 胰蛋白酶原的激活

此外,胃蛋白酶、胰凝乳蛋白酶、羧基肽酶、弹性蛋白酶等在分泌时也以酶原方式存在,在一定条件下水解掉一个或几个短肽后转化成相应的活性酶。血液中有关凝血和纤维蛋白溶解的酶类,也都以酶原的形式存在,既有效避免了血管中血液的凝固,也可在受伤时通过级联放大式的激活,迅速止血保证了血液循环的安全。

酶原是体内某些酶暂不表现催化活性的一种特殊存在形式,视为酶的储存形式,一旦需要,可被大量激活,保证体内正常代谢。酶原只能在特定的部位、环境和条件下被激活,才表现出酶的活性,这一特点具有重要的生理意义,不仅可以保护分泌酶原的组织细胞自身不被水解破坏,而且可使酶在特定的部位和环境中发挥作用。

**▌知识链接▐**

### 急性胰腺炎

急性胰腺炎是一种常见病,是多种病因导致胰酶在胰腺内被激活后引起胰腺组织自身消化、水肿、出血甚至坏死的炎症反应。正常胰腺能分泌胰蛋白酶、糜蛋白酶、胰淀粉酶、胰脂肪酶、磷脂酶、核糖核酸酶等十几种消化酶类,除胰淀粉酶、脂肪酶、磷脂酶、核糖核酸酶外,多数酶以无活性的酶原形式存在于胰腺细胞内。在胆石症、酗酒、暴饮暴食等致病因素作用下,胰腺自身的保护作用被破坏,胰蛋白酶原、糜蛋白酶原等在胰腺内被过早激活,导致胰腺自身消化,被激活的酶还可通过血液和淋巴达到全身,引起多器官损伤,并成为胰腺炎致死和各种并发症的原因。

## 三、同工酶

同工酶是指能催化相同的化学反应,但酶蛋白质的分子结构、理化性质和免疫学性质均不相同的一组酶。它们是不同基因编码的多肽链,或者是由同一基因转录生成的不同 mRNA 所翻译的不同多肽链组成的蛋白质,同工酶存在于同一种属或同一个体的不同组织中,或同一细胞的不同亚细胞结构中。现已发现百余种同工酶,临床上常进行测定的同工酶有乳酸脱氢酶(LDH)、肌酸激酶(CK)、丙氨酸氨基转移酶、天冬氨酸氨基转移酶、酸性磷酸酶和碱性磷酸酶等。现以乳酸脱氢酶、肌酸激酶为例来说明同工酶检测在某些临床疾病诊断中的作用。

乳酸脱氢酶是四聚体酶,酶蛋白由 H 亚基(心肌型)和 M 亚基(骨骼肌型)以不同比例组成五种同工酶:$H_4$($LDH_1$)、$H_3M$($LDH_2$)、$H_2M_2$($LDH_3$)、$HM_3$($LDH_4$)、$M_4$($LDH_5$),五种同工酶都能催化乳酸与丙酮酸之间的氧化还原反应。任一种乳酸脱氢酶单个亚基均无酶的催化活性,由于酶蛋白分子结构的差异,五种同工酶所带的电荷不同,可通过电泳法将其分离,其电泳速率由 $LDH_1$ 至 $LDH_5$ 依次递减。LDH同工酶在不同组织器官中的含量与分布比例不同(表 5-2),从而形成各组织特有的同工酶谱,使不同的组织与细胞具有不同的代谢特点。

表 5-2 人体各组织器官中 LDH 同工酶的分布 单位:占总活性的百分率(%)

| 组织器官 | 同工酶百分比 | | | | |
|---|---|---|---|---|---|
| | $LDH_1$ | $LDH_2$ | $LDH_3$ | $LDH_4$ | $LDH_5$ |
| 心肌 | 67 | 29 | 4 | <1 | <1 |
| 肾 | 52 | 28 | 16 | 4 | <1 |
| 肝 | 2 | 4 | 11 | 27 | 56 |
| 骨骼肌 | 4 | 7 | 21 | 27 | 41 |
| 红细胞 | 42 | 36 | 15 | 5 | 2 |
| 肺 | 10 | 20 | 30 | 25 | 15 |
| 胰腺 | 30 | 15 | 50 | — | 5 |
| 脾 | 10 | 25 | 40 | 25 | 5 |
| 子宫 | 5 | 25 | 44 | 22 | 4 |
| 血清 | 27 | 38 | 22 | 8 | 4 |

肌酸激酶(CK)是二聚体酶,M 亚基(骨骼肌型)、B 亚基(脑型)以不同的比例组合构成了脑中的 $CK_1$($CK-BB$)、心肌中的 $CK_2$($CK-MB$)和骨骼肌中的 $CK_3$($CK-MM$)三种亚型,$CK_2$ 仅见于心肌,主要用于心肌梗死的早期诊断。

**▌知识链接▐**

**心肌酶谱与心肌梗死的诊断指标**

心肌酶谱是一组与心肌损伤相关的酶,包括天冬氨酸氨基转移酶(AST)、乳酸脱氢酶(LDH)、α-羟丁酸脱氢酶(α-HBDH)和肌酸激酶(CK)及同工酶($CK_2$)等,对诊断心肌梗死有一定的价值。当急性心肌梗死发生时,由于大量心肌细胞损伤,使血清中各种酶因病程的不同出现不同程度增高:AST在发病 6～12 h 明显升高,48 h 达到高峰,3～5 天恢复正常;LDH 及 α-HBDH 在发病 4～24 h 开始升高,持续增高可达 7～12 天;CK 在发病 2～4 h 开始升高,可达正常上限 10～12 倍,12～24 h 达到高峰,2～4 天恢复正常;$CK_2$ 在发病 3～6 h 开始升高,12～24 h 达到峰值,3 天内恢复正常水平。健康成人血清 LDH/HBDH 为 13～16,但心肌梗死患者血清 HBDH 活性升高,LDH/HBDH 下降至0.8～12。

$CK_2$ 是心肌酶谱的核心,是临床上诊断早期心肌梗死的金标准。但是因 $CK_2$ 生物半衰期较短,对于一些临床症状不明显的患者,可能错过捕获期,而 LDH 在血液中持续时间长,因此与 $CK_2$ 配合更能提高诊断效率。

由于同工酶分布具有脏器特异性,测定血清同工酶能准确地反映出疾病的部位、性质和程度,因此,同工酶的分析与鉴定具有十分重要的临床诊断价值。同工酶是研究肿瘤发生的重要手段,肿瘤组织的同工酶谱常发生胚胎化现象,即合成过多的胎儿型同工酶,这些现象可反映到血清中,因此可利用血清同工酶谱的改变来诊断肿瘤。当某一器官发生病变时,存在于该组织的同工酶释放入血,导致血清同工酶谱的改变,已广泛应用于临床实践对疾病的诊断。例如正常生理情况下,人体血浆中 $LDH_2$ 的活性高于 $LDH_1$,当急性心肌梗死或心肌细胞损伤时,血清 $LDH_1$ 活性明显增高,甚至大于 $LDH_2$;肝病患者血清 $LDH_5$ 含量明显增高。血清同工酶谱分析有助于器官疾病的早期诊断和定位诊断。例如血清中 $LDH_1$ 和 $CK_2$ 活性增加是诊断心肌梗死较特异的指标,比测定血清 LDH 或 CK 总活力更为可靠。

### 四、酶活性的调节

为保证机体内环境的稳定、有序,酶及其催化作用必然要受到调控,这种调控被证明是在多种因素的影响下以不同方式进行的。

**（一）酶的含量调节**

**1. 酶的合成**　酶是蛋白质,是基因表达的产物,可通过诱导或阻遏基因表达,调节酶蛋白合成,改变酶的合成量。但因为涉及的程序复杂,酶的诱导或阻遏作用是对代谢缓慢而长效的调节。

**2. 酶的降解**　酶是机体的组成成分,可被蛋白水解酶分解为氨基酸,从而实现自我更新。酶在机体中的降解方式有溶酶体和非溶酶体两种途径,其降解速率与酶的结构、机体的营养和激素调节有关。

**（二）酶的活性调节**

**1. 变构调节**　某些小分子化合物能够与一些酶的活性中心外某个部位发生可逆的非共价结合,使酶分子构象发生改变而改变其催化活性,这种调节酶活性的方式称为变构调节。代谢物结合的部位称为变构部位或调节部位,受变构调节的酶称为变构酶,使酶发生变构的物质称为变构效应剂。使酶活性增强的效应剂称变构激活剂,使酶活性减弱的效应剂称变构抑制剂。如磷酸果糖激酶是糖分解代谢过程中重要的变构酶,ATP 是其变构抑制剂,而 ADP、AMP 为其变构激活剂。当 ATP 过多时,通过变构调节酶的活性,可限制葡萄糖的分解,而 ADP、AMP 增多时,则可促进糖的分解。调节 ATP/ADP 的水平,可维持细胞内能量的正常供应。酶的变构调节是体内代谢快速调节的重要方式之一。

**2. 化学修饰调节**　酶分子肽链上的一些基团可与某种化学基团（如磷酸、乙酰基等）进行可逆的共价结合,使酶发生无活性(低活性)与有活性(高活性)的互变,这种调节酶活性的方式称为化学修饰或共价修饰调节。常见的化学修饰调节包括磷酸化与脱磷酸化、乙酰化与脱乙酰化、甲基化与脱甲基化、腺苷化与脱腺苷化、-SH 与-S-S-互变等。其中以磷酸化与脱磷酸化在代谢调节中最为重要和常见。酶的化学修饰是体内代谢快速调节的另一种重要方式,通常在另一种酶的催化下完成。

### 五、酶促作用机制

酶之所以具有高效性和特异性,主要是在酶促反应中,底物与酶形成中间产物,大幅降低底物分子活化所需的活化能,从而使反应高效进行。

**（一）活化分子与活化能**

酶与一般催化剂一样,都是通过降低化学反应的活化能来加速化学反应的,其实质是改变反应的能阈,能阈是指在化学反应中底物分子必须具有的最低能量水平。在化学反应体系中,底物分子(基态)所含能量的平均水平较低,在反应的任一瞬间,只有那些能量较高,达到或超过能阈水平能量的底物分子(即活化分子,过渡态),才有可能发生化学反应。活化分子具有的达到或超过能阈水平的能量称为活化能,即底物分子从基态转变为过渡态所需要的能量。可见,反应的活化能越低,底物分子由基态进入过渡态需要的能量越少,体系的活化分子越多,反应速率就越快。酶通过其特有的作用机制,比一般催化剂能更有效地降低反应所需要的活化能(图 5-3),使底物分子只需要较少的能量就可转变为活化分子,从而加速反应速率。例如 $H_2O_2$ 分解成 $H_2O$ 和 $O_2$ 的过程,无催化剂时活化能为 75.36 kJ/mol,用胶态钯作催化剂时,活化能降至 48.99 kJ/mol,如用过氧化氢酶催化时,活化能只需 7.12 kJ/mol,反应速度加快 $10^{11}$ 倍以上。

**（二）酶-底物复合物的形成与诱导契合作用**

酶在发挥催化作用前,必须先与底物密切结合,形成酶-底物复合物(即中间产物),中间产物很不稳

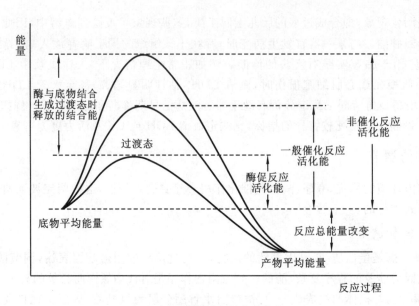

图 5-3　酶促反应活化能的改变

定,很快分解成产物和游离的酶,此理论称为中间产物学说。反应过程可表示为

$$E+S \Longleftrightarrow ES \longrightarrow E+P$$

　　Koshland 提出的"诱导契合学说"认为,在酶与底物相互靠近时,酶分子的构型与底物原来的结构并不吻合,二者相互诱导结构变形彼此适应进而相互结合生成酶-底物复合物,进一步使底物转变为不稳定的过渡态,易受酶的催化攻击而转化为产物。酶与底物彼此诱导相互结合形成酶-底物复合物的过程称为诱导契合(图 5-4)。受底物的诱导,酶的构象改变有利于与底物结合;底物在酶的诱导下也发生变形,处于不稳定的活化态,活化态的底物与酶的活性中心结构相吻合,易受酶的催化攻击。

　　另外,在酶促反应中,酶对底物的"临近定位效应"、"张力和形变"影响、"酸碱催化"及共价催化都大大提高了反应的速率。

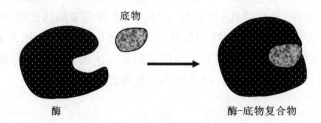

图 5-4　酶与底物的诱导契合

 ## 第四节　影响酶促反应速率的因素

　　酶促反应动力学是研究底物浓度、酶浓度、温度、pH 值、激活剂和抑制剂等因素对酶促反应速率及其影响的科学。在研究某因素对酶促反应速率的影响时,应保持其他因素不变,单独改变待研究的因素。此外,酶促反应速率是指初速率,即酶促反应开始时(初始底物浓度被消耗 5% 以内)的速率,此刻的时间与反应进程成直线关系。酶促反应速率是酶活性强弱的衡量标准,可用单位时间内底物的消耗量或产物的生成量来表示。

### 一、底物浓度对酶促反应速率的影响

　　当其他条件不变时,将底物浓度的变化对酶促反应速率的影响作图呈矩形双曲线(图 5-5)。

　　从图 5-5 可知,在底物浓度[S]很低时,反应速度 $v$ 随[S]的增加而急剧上升,两者呈正比关系,此时酶

的活性中心远未被饱和,反应速率取决于底物的浓度,表现为一级反应;随着[S]的继续增高,酶的活性中心逐渐被饱和,反应速率的增加和底物浓度不再呈正比关系,增加的幅度不断下降,表现为混合级反应;当[S]增大到一定限度时,所有酶的活性中心都已被饱和,酶促反应速率达到最大值,此时即使继续增加底物浓度,反应速率也不再升高,表现为零级反应。解释上述现象的最合理理论是中间产物学说

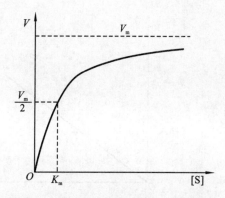

图 5-5 底物浓度对酶促反应速率的影响

$$E+S \underset{K_2}{\overset{K_1}{\rightleftharpoons}} ES \overset{K_3}{\longrightarrow} E+P$$

## (一)米·曼氏方程式

1913 年,化学家 Leonor Michaelis 和 Maud L. Menten 根据中间产物学说进行数学推导,提出了酶促反应速率和反应底物浓度之间变化关系的数学表达式,即米·曼氏方程。

$$v=\frac{V_{\max}[S]}{K_m+[S]}$$

式中:[S]为底物浓度;$v$ 为不同[S]时的酶促反应速率;$V_{\max}$ 为最大反应速率;$K_m$ 为米氏常数。

当底物浓度很低时,$[S] \ll K_m$,$v \equiv \frac{V_{\max}}{K_m}[S]$,$v$ 和[S]呈正比;当底物浓度很大时,$v \equiv V_{\max}$,达到最大速率。

## (二)$K_m$ 的意义

(1)$K_m$ 在数值上等于酶反应速率达到最大反应速率一半时的底物浓度 当酶促反应速率为最大反应速率一半时,代入米·曼氏方程式:

$$v=\frac{V_{\max}}{2}=\frac{V_{\max}[S]}{K_m+[S]}$$

整理得 $K_m=[S]$,单位为 mol/L。

(2)$K_m$ 是酶的特征性常数 $K_m$ 通常只与酶的结构、底物和反应环境(如温度、pH 值、离子强度等)有关,而与酶浓度无关。不同的酶作用于同一底物,则 $K_m$ 不同,同样,一个酶作用于不同底物时 $K_m$ 也不同。

(3)$K_m$ 可以近似地表示酶与底物的亲和力 $K_m$ 愈小,则酶与底物之间的亲和力愈大,表示不需很高的底物浓度就可达到最大反应速率,反之亦然,也就是说 $K_m$ 和酶与底物间的亲和力成反比。

(4)选择酶的最适底物或天然底物 如果一种酶有几种底物,则对每一种底物都各有一个特定的 $K_m$,其中 $K_m$ 最小的底物一般认为是该酶的最适底物或天然底物。

(5)计算不同底物浓度时的反应程度 当 $K_m$ 已知时,可计算某一底物浓度时的反应速率 $v$ 与最大反应速率 $V_{\max}$ 的比值。

## 二、酶浓度对酶促反应速率的影响

其他条件不变时,当底物浓度远远大于酶浓度时,酶浓度的变化量可以忽略不计,酶促反应速率与酶浓度成正比(图 5-6)。所以通过改变酶浓度来调节酶促反应速率,是细胞内代谢调节的一种方式。

## 三、温度对酶促反应速率的影响

温度对酶促反应速率具有双重的影响。①在酶可耐受的温度范围内,随着温度升高,活化分子的数目增加,酶促反应速率加快,温度每升高 10 ℃,反应速率增加到原来的 1～2 倍;②温度升高到超出酶的可耐受范围,酶蛋白变性逐步失活,酶促反应速率反而减慢(图 5-7),温度升高到 60 ℃以上时,大多数酶开始变性,80 ℃时,多数酶的变性已不可逆转。

酶促反应速率最快时反应体系的温度称为酶的最适温度。酶的最适温度对于细胞而言,相当于细胞生存的最适温度,温血动物组织中酶的最适温度大多在 35～40 ℃之间,植物细胞中酶的最适温度通常为

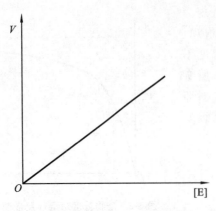

图 5-6　酶浓度对酶促反应速率影响

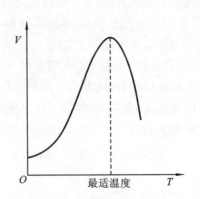

图 5-7　温度对酶促反应速率的影响

40～50 ℃，微生物中酶的最适温度差别较大，生活在温泉或深海中细菌的酶的最适温度甚至可达到水的沸点。例如，聚合酶链技术中所需的具有热稳定性的 DNA 聚合酶即是从生活在 70～80 ℃的栖热水生菌中提取的，该酶可耐受 100 ℃的高温。

　　酶的最适温度不是酶的特征性常数，它与酶促反应进行的时间有关。酶可在短时间内耐受较高温度，例如胰蛋白酶在加热到 100 ℃后再恢复至室温仍有活性。相反，延长反应时间，酶的最适温度相应降低。酶的活性随温度下降而降低，酶促反应速率也会减慢，但低温一般不使酶变性失活，当温度回升时酶可以重新恢复活性。

　　酶活性与温度的关系在临床上具有重要意义，例如，高温灭菌、低温麻醉、亚冬眠疗法（抢救危重症患者）、菌种和生物制剂低温保存等就是酶活性与温度关系的应用。

### 四、pH 值对酶促反应速率的影响

　　pH 值对酶促反应速率影响的曲线略呈抛物线状，与温度的影响类似。环境 pH 值的改变可影响包括酶活性中心在内的空间构象、酶活性中心某些必需基团的解离状态、具有解离基团的底物和辅酶的电荷状态，从而影响酶的活性和酶对底物的亲和力。因此，只有在一定的 pH 值范围内酶才有活性，环境 pH 值过高或过低均会使酶的活性下降甚至失活，从而影响酶促反应速率。酶催化活性最大时的环境 pH 值称为该酶的最适 pH 值。高于或低于最适 pH 值时，酶活性会下降，偏离最适 pH 值越远，酶的活性就越低，甚至失活（图 5-8）。因此在测定酶促反应速率时，应选用适宜的缓冲溶液以保持酶活性相对恒定。

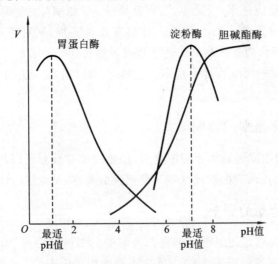

图 5-8　pH 值对酶促反应速率的影响

　　最适 pH 值不是酶的特征常数，它受底物浓度、酶的纯度、缓冲溶液的种类和浓度等因素影响。虽然各种酶的最适 pH 值不同，但动物体内大多数酶的最适 pH 值在 5～8 之间，接近中性。但也有例外，如胃蛋白酶的最适 pH 值为 1.5，肝中精氨酸酶的最适 pH 值为 9.8，胰蛋白酶的最适 pH 值为 8.1。此外，同

一种酶催化不同底物时的最适 pH 值也不同。

### 五、激活剂对酶促反应速率的影响

使酶由无活性状态变为有活性状态或能提高酶活性的物质统称为激活剂。激活剂大多数为无机离子或小分子有机化合物，如 $K^+$、$Na^+$、$Ca^{2+}$、$Mg^{2+}$、$Cl^-$、胆汁酸盐等。

大多数金属离子激活剂对酶促反应是必不可少的，缺少时酶活性会丧失的激活剂称为必需激活剂，如 $Mg^{2+}$ 是大多数激酶的必需激活剂。有些激活剂不存在时，酶也有一定的活性，但是催化效率很低，加入激活剂后，酶的催化活性显著提高，这类激活剂称为非必需激活剂，如 $Cl^-$ 为唾液淀粉酶的非必需激活剂，大多数小分子有机化合物激活剂属于此类激活剂。

### 六、抑制剂对酶促反应速率的影响

能够选择性地使酶的活性降低或失活但并不引起酶蛋白变性的物质称为酶的抑制剂（I）。无选择性地引起酶蛋白变性使酶丧失活性的理化因素不属于抑制剂范畴。抑制剂通过与酶活性中心内、外的必需基团结合，直接或间接地影响酶的活性中心，使酶-底物复合物减少或无法转变为产物，从而抑制酶的催化活性，将抑制剂除去，酶仍可表现其原有活性。根据抑制剂与酶的结合方式，可把抑制作用分为不可逆性抑制和可逆性抑制两大类。

#### （一）不可逆性抑制作用

抑制剂（I）通常与酶活性中心的必需基团以共价键结合使酶失活。这类抑制剂不能用透析、超滤等物理方法去除，只能利用某些药物才能解除抑制作用使酶恢复活性。乐果、敌百虫、敌敌畏等有机磷农药能特异性地与胆碱酯酶（CE）活性中心内丝氨酸残基的羟基（—OH）结合使其失活，引起胆碱能神经末梢分泌的神经递质乙酰胆碱不能及时分解而积蓄，导致迷走神经过度兴奋，表现出一系列中毒症状。这类抑制剂作用专一，常被称为专一性抑制剂。有机磷农药使胆碱酯酶失活的反应式为

解磷定（PAM）、氯磷定等可解除有机磷化合物对胆碱酯酶的抑制作用。

低浓度的重金属离子（如 $Hg^+$、$Ag^+$ 等）及路易士气（含砷化合物）可与酶分子的活性巯基结合，能抑制体内的巯基酶活性，引起多器官病变和代谢功能紊乱，使人畜中毒或死亡。由于结合的巯基并不仅限于酶的必需基团，不具有专一性，又称为非专一性抑制剂。

重金属离子或砷化物中毒，可用二巯基丙醇（BAL）或二巯基丁二酸钠解毒，二者分子中含有 2 个巯

基,在体内达到一定浓度后,可与毒剂结合恢复巯基酶活性。

$$E\big\langle {}^S_S As-CH=CHCl + {}^{CH_2-SH}_{CH-SH}_{\phantom{CH}CH_2OH} \longrightarrow E\big\langle {}^{SH}_{SH} + {}^{CH_2-S}_{CH-S}_{\phantom{CH}CH_2OH}\big\rangle As-CH=CHCl$$

失活的酶　　　　　　BAL　　　　　　复活的酶

### （二）可逆性抑制作用

抑制剂(I)通过非共价键与酶或酶-底物复合物结合使酶活性降低或丧失,这种抑制作用可采用透析或超滤等物理方法将抑制剂除去恢复酶的活性,这种抑制作用称为可逆抑制作用。

**1. 竞争性抑制作用**　抑制剂(I)与底物的结构相似,能与底物竞争酶的活性中心,阻碍酶与底物结合形成酶-底物复合物,从而使酶的活性降低,这种抑制作用称为竞争性抑制作用(如图5-9)。

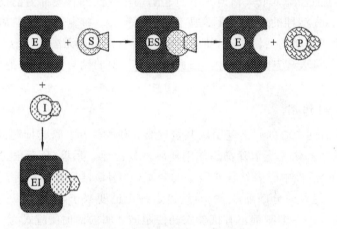

图 5-9　竞争性抑制作用示意图

竞争性抑制作用的特点:①抑制剂的化学结构与底物分子结构相似,两者竞相争夺同一酶的活性中心;②抑制剂与酶的活性中心结合后,酶失去催化活性;③竞争性抑制作用的强弱取决于抑制剂与底物的相对浓度和酶与底物、抑制剂亲和力的相对大小,抑制剂浓度不变时,增加底物浓度可减弱甚至解除抑制剂对酶的抑制作用;④$K_m$增大,$V_{max}$不变,底物浓度足够大,抑制作用可完全解除。

丙二酸对琥珀酸脱氢酶的抑制作用是竞争性抑制作用的典型实例。琥珀酸和丙二酸结构相似,竞相争夺琥珀酸脱氢酶的活性中心,而且丙二酸与琥珀酸脱氢酶的亲和力远大于琥珀酸与琥珀酸脱氢酶的亲和力,当丙二酸浓度仅为琥珀酸浓度的 1/50 时,酶活性便被抑制 50%,若增大琥珀酸浓度,则此抑制作用可被减弱。

$$\begin{array}{ccc} COOH & COOH & COOH \\ | & | & | \\ CH_2 & C=O & CHOH \\ | & | & | \\ COOH & CH_2 & CH_2 \\ & | & | \\ & COOH & COOH \\ 丙二酸 & 草酰乙酸 & 苹果酸 \end{array}$$

竞争性抑制剂

$$\begin{array}{ccc} COOH & & COOH \\ | & & | \\ CH_2 & \xrightarrow{\quad 琥珀酸脱氢酶\quad} & CH \\ | & FAD\quad FADH_2 & \| \\ CH_2 & & CH \\ | & & | \\ COOH & & COOH \\ 琥珀酸 & & 延胡索酸 \end{array}$$

竞争性抑制作用的原理可用于阐明某些药物（如磺胺类药物）的作用机制。对磺胺类药物敏感的细菌在生长繁殖时，不能直接利用环境中的叶酸，只能在菌体内二氢叶酸合成酶的催化下，以对-氨基苯甲酸（PABA）为底物来合成二氢叶酸，后者再经二氢叶酸还原酶催化合成四氢叶酸，四氢叶酸是细菌合成核酸不可缺少的辅酶。磺胺类药物的化学结构与对-氨基苯甲酸的结构相似，是二氢叶酸合成酶的竞争性抑制剂，可抑制二氢叶酸的合成，而影响四氢叶酸的合成，使细菌因核酸合成障碍而抑制其生长繁殖，达到杀菌治病的效果。

$$H_2N-\!\!\!\!\bigcirc\!\!\!\!-COOH \qquad H_2N-\!\!\!\!\bigcirc\!\!\!\!-SO_2NHR$$

对-氨基苯甲酸      磺胺类药物

人体能直接利用食物中的叶酸，核酸合成代谢不受磺胺类药物的干扰（长期大量服用磺胺类药物时应注意补充叶酸）。根据竞争性抑制的特点，服用磺胺类药物时必须保持血液中药物的高浓度，以发挥其有效的竞争性抑制作用。

许多抗代谢类的抗癌药物，如氨甲蝶呤（MTX）、5-氟尿嘧啶（5-FU）、6-巯基嘌呤（6-MP）等，几乎都是相应酶的竞争性抑制剂，它们分别抑制四氢叶酸、脱氧胸苷酸及嘌呤核苷酸的合成，达到抑制肿瘤生长的目的。

**2. 非竞争性抑制作用** 非竞争性抑制剂与底物的结构不相似，能与酶活性中心之外的必需基团可逆结合使酶活性降低的抑制作用称为非竞争性抑制作用。抑制剂与酶的结合不影响酶对底物的结合，即抑制剂和底物之间没有竞争性，酶与抑制剂结合后，还可与底物结合，或者酶和底物结合形成的酶-底物复合物还可再与抑制剂结合，形成酶-底物-抑制剂的三元复合物（ESI），但 ESI 不能进一步释放出产物（P），因此使酶促反应速率减慢（如图 5-10）。

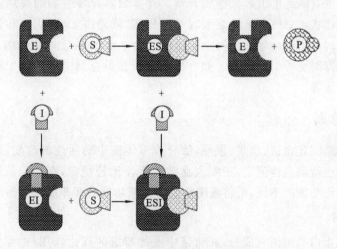

**图 5-10 非竞争性抑制作用示意图**

非竞争性抑制作用的特点是：①抑制剂的化学结构与底物分子的结构不相似，抑制剂结合在活性中心外的必需基团上，底物与抑制剂之间不存在竞争关系；②酶-底物-抑制剂复合物不能进一步释放产物；③非竞争性抑制作用的强弱完全取决于抑制剂浓度的大小，不能用增加底物浓度来减弱或解除抑制作用；④$K_m$ 不变，$V_{max}$ 减小。

 # 第五节 酶与医药学的关系

## 一、酶活性的测定

酶活性测定的目的是了解组织提取液、体液、纯化的酶液中酶存在与否及其量的多寡。酶在组织细胞中含量极低,且又多与其他蛋白质混合存在很难直接测定酶的绝对含量。而酶具有高度的催化效率,故在组织中酶的含量常用酶活性来表示。酶活性(酶活力)是指酶催化某一化学反应的能力,酶促反应速率是酶活性大小的衡量标准,酶促反应速率越快,酶活性越高,所以测定酶的活性就是测定酶促反应的速率。

酶的催化作用受测定环境的影响,因此测定酶活性要在最适条件下进行,即最适温度、最适 pH 值、最适底物浓度和最适缓冲液离子强度等,只有在最适条件下测定才能真实反映酶活性的大小。测定酶活性时,为了保证所测定的速率是初速率,通常以底物浓度的变化在起始浓度的 5％以内的速率为初速率。底物浓度太低时,浓度不易测准,所以在测定酶的活性时,往往使底物浓度足够大,这样测得的速率就能比较可靠地反映酶的活性。

酶活性单位是衡量酶活性强弱的尺度。国际生化学会(IUB)酶学委员会规定:在特定的条件下,每分钟催化 1 μmol 底物转化为产物所需酶量为 1 个国际单位(IU)。1979 年又推荐以 Katal(简写 Kat)来表示酶的活性。1 Kat 是指在特定的条件下,每秒催化 1 mol 底物转化为产物所需的酶量。1 IU＝1667×$10^{-9}$ Kat。

## 二、酶与疾病的发生

酶的催化作用是实现物质代谢维持生命活动的必要条件,当某种酶在体内的生成或作用发生障碍时,机体的代谢过程失常,结果表现为特定的疾病。临床研究表明,人类现已发现的 140 多种先天性代谢缺陷,多由酶先天性或遗传性缺陷所致。如酪氨酸酶缺乏引起白化病;人红细胞内缺乏葡萄糖-6-磷酸脱氢酶食用蚕豆诱发溶血的蚕豆病;肝细胞内缺乏葡萄糖-6-磷酸酶引起糖原累积病;苯丙氨酸羟化酶缺乏引起体内苯丙酮酸及其代谢产物的堆积,导致苯丙酮尿症等。

激素代谢障碍或维生素缺乏可引起某些酶异常。许多激素异常引起的疾病多是因激素对酶的调节异常而引发的各种临床症状。如胰岛素缺乏引起的糖尿病,就是由于糖、脂肪和蛋白质等代谢中多个酶的活性调节失控而引发的血糖升高等一系列临床症状。维生素 K 缺乏可造成患者血液凝固障碍。环境因素的影响使酶活性受抑制也可引起疾病。如有机磷农药和重金属中毒是由于这些毒物分别抑制人体内的羟基酶和巯基酶所致等。

## 三、酶与疾病的诊断

临床酶学检测一般是测定血清、血浆、尿液、脑脊液等体液中酶活性的改变,以帮助临床诊断和预后判断。目前临床上常用血清酶活性测定,正常人血清酶活性比较稳定,在一定范围内波动。根据酶的来源及其在血浆中发挥催化功能的不同,可将血清酶分为血浆功能酶和非血浆功能酶两大类。

### (一)血浆功能酶

血浆功能酶是血浆蛋白质的固有成分,在血浆中发挥特定的催化作用,也称为血浆固有酶。如凝血酶原、凝血因子(Ⅶ、Ⅸ、Ⅹ)、纤溶酶原等凝血因子和纤溶因子,还有胆碱酯酶、铜蓝蛋白、脂蛋白脂肪酶等。血浆功能酶大多由肝脏合成,多以酶原形式分泌入血,在一定条件下被激活,从而引起相应的生理或病理变化。这类酶在血浆中的含量较为固定,但肝功能减退时,血浆中这些酶的活性降低。测定血浆功能酶的活性有助于了解肝功能。

### (二)非血浆功能酶

非血浆功能酶在血浆中浓度很低,通常不发挥催化功能。又可将它们分为外分泌酶和细胞内酶两类。

**1. 外分泌酶** 由外分泌腺合成并分泌进入血浆的酶。如胰淀粉酶、胰脂肪酶、胰蛋白酶、胃蛋白酶、前列腺酸性磷酸酶等,外分泌酶在血液中的浓度与相应分泌腺体的功能有关。

**2. 细胞内酶** 存在于组织细胞内催化物质代谢的酶类。随着细胞的更新,可有少量释放入血,在血液中无重要的催化作用。按其来源可将其分为两种。①一般代谢酶:无器官特异性。②组织专一酶:有器官特异性。这类酶在组织细胞内、外浓度差异很大,病理情况下显著升高,常用于临床诊断。如转氨酶、乙醇脱氢酶、γ-谷氨酰转移酶等,主要存在于肝脏,当它们在血液中浓度异常时,则能特异性地反映肝细胞的病变。

　　许多疾病会引起血清酶活性发生较大的波动(表 5-3)。下列几种情况可以使血浆中酶活性改变。①细胞损伤或细胞膜通透性增高,使细胞内的酶释放入血,血清中一些酶活性相应增高。如急性胰腺炎时血清和尿中淀粉酶活性升高,急性肝炎或心肌炎时血清丙氨酸氨基转移酶(ALT)、天冬氨酸氨基转移酶(AST)活性升高。②体内某些细胞酶的合成或诱导增强,使入血的酶量增加,如:胆管阻塞时,肝细胞合成的碱性磷酸酶通过胆道排出受阻,使血液中该酶活性升高;恶性肿瘤广泛转移时,血清中乳酸脱氢酶活性增高;肝中 γ-谷氨酰转移酶可被巴比妥盐类或酒精等诱导而生成增加等。③细胞的转换率增高或细胞增殖过快,其特异的标志酶释放入血,如前列腺癌患者,会大量释放其标志酶——酸性磷酸酶。④酶合成障碍,导致血浆中酶活性降低,如肝功能严重障碍时,血中凝血酶原、凝血因子Ⅶ等含量明显降低。

表 5-3　一些疾病时血清酶水平的改变

| 血清酶 | 酶水平的改变 | | | | | | | |
|---|---|---|---|---|---|---|---|---|
| | 病毒性肝炎 | 胆管阻塞 | 肌营养障碍 | 急性心肌梗死 | 急性胰腺炎 | 肿瘤转移到肝 | 肿瘤转移到骨 | 其他 |
| CHE | ↓↓ | 一或↓ | 一 | 一 | 一 | ↓↓↓ | 一 | 有机磷中毒 |
| ALT | ↑↑↑ | ↑ | 一或↑ | 一或↑ | 一 | ↑ | 一 | |
| AST | ↑↑↑ | ↑ | ↑ | ↑↑ | 一 | ↑↑ | 一 | |
| ALP | ↑ | ↑↑↑ | 一 | 一 | 一 | ↑↑ | ↑↑↑ | 骨疾病,骨折 |
| ACP | | | | | | | 一或↑ | 前列腺癌 |
| LDH | ↑ | ↑ | ↑↑ | ↑↑ | 一 | ↑↑↑ | 一或↑ | 巨幼红细胞性贫血 |
| CK | 一 | 一 | ↑↑↑ | ↑↑ | 一 | 一 | 一 | |
| LPS | 一 | 一 | 一 | 一 | ↑↑↑ | 一 | 一 | 小肠穿孔 |
| AMY | | | | | ↑↑↑ | | | |
| γ-GT | ↑ | ↑↑↑ | 一 | 一 | 一 | ↑↑ | | |

#### 四、酶与疾病的治疗

　　酶常作为药物直接用于临床治疗。如:胃蛋白酶、淀粉酶、木瓜蛋白酶等用来帮助消化;胰蛋白酶、胰糜蛋白酶、链激酶等用于外科扩创、化脓伤口净化以及脑、腹膜粘连;链激酶、脲激酶等用于治疗血凝、血栓疾病。

　　此外,临床上还应用辅酶(辅酶 A、辅酶 Q 等)作为脑、心、肝、肾等疾病的辅助治疗,并常与细胞色素 C 和 ATP 等组成"能量合剂"使用。

　　药物也可通过抑制人体或病原体中酶的活性或酶分子合成,阻断某一代谢途径以达到治疗某种疾病的目的。例如:磺胺类药物的抗菌作用;氯霉素因抑制某些细菌的转肽酶活性,而抑制其蛋白质的生物合成;甲氨蝶呤、6-巯基嘌呤和 5-氟尿嘧啶根据竞争性抑制核酸合成的一些酶,干扰肿瘤增生(已经作为抗肿瘤药物应用于临床)。

#### 五、酶在医药学上的其他应用

　　在医学研究领域,常利用酶的高度特异性,以限制核酸内切酶和连接酶等为工具,在分子水平上对某些生物大分子进行定向的切割与连接,来阐述某些疾病的发展机制。酶标记测定法可代替同位素与某些物质结合,从而使该物质被酶标记。然后通过测定酶的活性来判断被标记的物质或与其定量结合的物质的存在和含量,以避免或减少应用同位素造成的污染。

## 本章小结

酶是具有高效催化作用的蛋白质；可分为单纯酶和结合酶，结合酶的酶蛋白决定酶促反应的特异性，辅助因子决定酶促反应的类型和性质；酶的活性中心是在酶分子表面由酶的必需基团在空间结构上相互靠近形成的，能与底物特异性结合并将底物转化为产物的空间区域；同工酶是指催化相同的化学反应，但酶蛋白的分子结构、理化性质乃至免疫学性质均不同的一组酶；酶原是无活性的酶的前体，酶原激活的实质是酶活性中心的形成或暴露过程；酶促反应的特点是高度的催化效率、高度的特异性、酶活性的可调节性和酶活性的不稳定性；酶通过诱导契合形成中间产物等机制降低反应的活化能加速反应速率；影响酶促反应速率的因素有底物浓度、酶的浓度、温度、pH 值、激活剂和抑制剂，$K_m$ 等于最大反应速率一半时的底物浓度，是酶的特征性常数，用于判断酶与底物的亲和力和酶的最适底物；抑制剂通过共价键与酶结合使酶活性降低但不引起酶蛋白变性的作用称为不可逆性抑制作用，抑制剂通过非共价键与酶或酶-底物复合物结合使酶活性降低的作用称为可逆性抑制作用，抑制剂的结构与底物相似时产生竞争性抑制作用。

## 能力检测

**一、名词解释**

1. 酶　2. 辅助因子　3. 同工酶　4. 酶的活性中心　5. 酶的特异性　6. 米氏常数

**二、填空题**

1. 同一种酶有不同的底物时，$K_m$ _____，其中 $K_m$ 最小的底物通常是_____。

2. 全酶由_____与_____组成。

3. 酶的专一性有_____、_____和_____三种。

4. 乳酸脱氢酶（LDH）是_____聚体，它由_____和_____亚基组成，有_____种同工酶，其中 LDH1 含量最丰富的是_____组织。

5. L-精氨酸酶只能催化 L-精氨酸的水解反应，对 D-精氨酸则无作用，这是因为该酶具有_____专一性。

6. 酶所催化的反应称_____，酶所具有的催化能力称_____。

**三、单项选择题**

1. $K_m$ 与底物亲和力大小的关系是（　　）。

A. $K_m$ 越小，亲和力越大　　　　　　　　B. $K_m$ 越大，亲和力越大

C. $K_m$ 的大小与亲和力无关　　　　　　　D. $K_m$ 越小，亲和力越小

E. 以上都不对

2. 酶能加速化学反应的进行是由于（　　）。

A. 向反应体系提供能量　　　　　　　　　B. 降低反应的活化能

C. 降低反应底物的能量水平　　　　　　　D. 提高反应底物的能量水平

E. 提高反应的活化能

3. 关于 pH 值对酶活性的影响，下列哪项不对？（　　）

A. 影响必需基团的解离状态　　　　　　　B. 影响底物的解离状态

C. 破坏酶蛋白的一级结构　　　　　　　　D. 影响酶与底物结合

E. 酶在一定 pH 值范围内发挥最高活性

4. 丙二酸对琥珀酸脱氢酶的影响属于（　　）。

A. 变构调节　　　　　　　B. 底物抑制　　　　　　　C. 反馈抑制

D. 非竞争性抑制　　　　　E. 竞争性抑制

5. 关于 $K_m$ 的叙述正确的是（　　）。

A. 与酶和底物的浓度有关      B. 是达到 $V_m$ 时的底物浓度

C. 与酶和底物的亲和力无关      D. 是 $V$ 达到 $1/2V_m$ 时的底物浓度

E. $K_m$ 与酶的结构无关

6. 酶在催化反应中决定酶专一性的部分是（　　）。

A. 辅酶　　　　　B. 辅基　　　　　C. 金属离子　　　　　D. 酶蛋白　　　　　E. 催化基团

7. 非竞争性抑制剂对酶促反应的影响是（　　）。

A. $K_m$ 减小，$V_m$ 增大      B. $K_m$ 不变，$V_m$ 减小

C. $K_m$ 增大，$V_m$ 减小      D. $K_m$ 增大，$V_m$ 不变

E. $K_m$ 减小，$V_{max}$ 减小

8. 酶蛋白变性后其活性丧失，这是因为（　　）。

A. 酶蛋白被完全降解为氨基酸      B. 酶蛋白的一级结构受破坏

C. 酶蛋白的空间结构受破坏      D. 酶蛋白不再溶于水

E. 失去了激活剂

9. 影响酶促反应速度的因素不包括（　　）。

A. 底物浓度　　　　　B. 酶的浓度　　　　　C. 反应环境的 pH 值

D. 反应环境的温度　　　　　E. 酶原的浓度

10. 关于酶原与酶原激活，正确的是（　　）。

A. 体内所有的酶在初合成时均以酶原的形式存在      B. 酶原的激活没有什么意义

C. 酶原的激活过程也就是酶被完全水解的过程      D. 酶原的激活是共价修饰过程

E. 酶原激活过程的实质是酶的活性中心形成或暴露的过程

### 四、问答题

1. 试述酶作为催化剂的优缺点。

2. 以磺胺药为例，说明竞争性抑制作用在临床上的应用。

### 五、临床案例

1. 患者，女，45 岁，已婚，汉族，农民。自服"敌百虫"（有机磷农药）约 100 mL。表现：头晕、恶心、呕吐、神志不清、刺激反应差。体格检查：体温 37.1 ℃，脉搏 85 次/分，呼吸 30 次/分，血压 115/65 mmHg，神智模糊，急性病容，光敏，唇无发绀，呼吸急促，口吐白沫，双肺湿性啰音，腹平软。经诊断及催吐洗胃，硫酸镁导泻，阿托品和解磷定静脉注射等治疗后不适症状解除。请根据酶的作用原理和机制分析发病原因和治疗依据。

2. 患儿，7 岁。病史：出生时未见异常，一周岁后发现生长发育迟缓，随着年龄增大，智力发育明显低于同龄人，生长迟缓，多动，毛发浅淡色，身上有特殊的发霉样气味。实验室检查：尿液用 10% 的 $FeCl_3$ 检测呈现绿色反应，二硝基苯肼试验呈黄色沉淀。诊断为 PKU。试从酶对生理代谢的影响方面分析该患儿的发病原因。

徐勇杰

# 第六章 生物氧化

**掌握**:生物氧化的概念与特点;水的生成方式;呼吸链的概念组成及其类型;底物水平磷酸化、氧化磷酸化的概念。

**熟悉**:生物氧化中 $CO_2$ 的生成方式;影响氧化磷酸化的因素;ATP 的生成方式、储存及利用;呼吸链抑制剂的作用机制。

**了解**:呼吸链的排列顺序;参与生物氧化的酶类;氧化磷酸化偶联部位。

生物体内进行的物质氧化统称为生物氧化。一般情况下,生物氧化是指糖、脂肪、蛋白质三大能源物质在生物体内氧化分解最终生成 $CO_2$ 和 $H_2O$,并逐步释放能量的过程(图 6-1)。此过程主要在组织细胞的线粒体内进行,以产生 ATP 为主要功能,本质上是需氧细胞呼吸作用中的一系列氧化还原反应,伴有 $O_2$ 的消耗和 $CO_2$ 的释放,与呼吸作用类似,又称为细胞氧化或细胞呼吸。生物氧化的意义在于部分能量(约 40%)储存在 ATP 分子中以供生命活动之需,而其他部分则以热能形式散失,以维持体温。

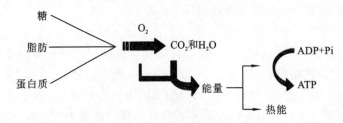

图 6-1 生物氧化示意图

# 第一节 概 述

## 一、生物氧化的方式与特点

### (一)生物氧化的方式

生物氧化中物质的氧化方式主要有脱氢、加氧和失电子三种类型。

**1. 脱氢氧化** 从底物分子中脱去一对氢原子(2H),氢原子与受氢体结合的反应。脱氢氧化是生物氧化最重要的氧化方式。

$$R-CH_2OH + \frac{1}{2}O_2 \xrightarrow{-2H} R-CHO$$

醇　　　　　　　　　醛

**2. 加氧氧化** 在底物分子中直接加入氧原子或氧分子的反应。

$$R-CHO + \frac{1}{2}O_2 \longrightarrow R-COOH$$

醛　　　　　　　　　酸

**3. 失电子氧化** 底物分子在反应中脱去电子使其原子或离子化合价升高的反应称为失电子氧化。电子在生物体内是流动的,若有某一物质失去电子,就会有另一物质得到电子。

$$Fe^{2+} \longrightarrow Fe^{3+} + e$$

### (二)生物氧化的特点

有机物在体内、外氧化分解有共同的特点,耗氧量、终产物($CO_2$ 和 $H_2O$)和释放的能量都相同。但生物氧化在表现形式和氧化条件上,又有其自身的特点。

**1. 反应条件温和** 生物氧化是在活细胞内温和的水环境中(温度约 37 ℃,pH 值接近中性的溶液)由酶催化逐步进行的。

**2. 能量生成** 反应逐步释放出能量,一部分能量(总能量的 40%)驱动 ADP 磷酸化生成 ATP,以供生命活动之需;一部分能量(总能量的 60%)以热能形式散发维持体温。

**3. $H_2O$ 的生成** 由代谢物脱氢(2H)经呼吸传递链与氧结合而生成。

**4. $CO_2$ 的生成** 来自于有机羧酸的脱羧反应。

**5. 调节因素** 生物氧化的速率受体内多种因素的调节,以适应机体内、外环境变化。

## 二、参与生物氧化的酶类

参与线粒体内生物氧化的酶可分为氧化酶类、需氧脱氢酶类、不需氧脱氢酶类。

### (一)氧化酶类

氧化酶催化底物脱氢,以氧分子作为直接受氢体,产物是水。氧化酶均为结合酶,辅基常含有 $Fe^{2+}$、$Cu^{2+}$ 等金属离子。抗坏血酸氧化酶、细胞色素氧化酶、酪氨酸氧化酶等属于此类酶。氧化酶类的作用方式如下。

SH$_2$:底物  S:产物

### (二)需氧脱氢酶类

需氧脱氢酶催化底物脱氢,以氧分子为直接受氢体,产物是过氧化氢($H_2O_2$)。需氧脱氢酶是以 FAD 或 FMN 为辅基的黄素蛋白,故又称为黄素酶或黄酶,醛脱氢酶、L-氨基酸脱氢酶属于这类酶。由于氧是这类酶的直接受氢体,习惯上也称为氧化酶,如胺氧化酶、黄嘌呤氧化酶等。需氧脱氢酶的作用方式如下。

### (三)不需氧脱氢酶类

不需氧脱氢酶是体内最重要的脱氢酶类。该类酶催化底物脱氢,脱下的氢经呼吸链各传递体的传递,最终将氢原子传递给 $O_2$ 生成 $H_2O$。根据辅助因子的不同这类酶可分为两类。

**1. 以 $NAD^+$、$NADP^+$ 为辅酶的不需要脱氢酶类** 如苹果酸脱氢酶、乳酸脱氢酶等催化底物脱氢生成的 NADH 进入呼吸链发生氧化磷酸化;6-磷酸葡萄糖脱氢酶等催化底物脱氢生成的 $NADPH + H^+$ 可作为脂肪酸、胆固醇等生物合成的原料。

**2. 以 FAD、FMN 为辅基的不需要脱氢酶类** 如琥珀酸脱氢酶、脂酰 CoA 脱氢酶。此类酶的作用方式如下。

$$
SH_2 \diagup NAD^+（或 NADP^+）
$$
$$
S \diagdown NADH+H^+（或 NADPH+H^+）
$$

$$
SH_2 \diagup FMN（或 FAD）
$$
$$
S \diagdown FMNH_2（或 FADH_2）
$$

### 三、生物氧化过程中 CO₂ 的生成

生物氧化中 $CO_2$ 通过有机酸脱羧产生,根据脱羧过程是否伴有氧化反应,可将脱羧反应分为单纯脱羧和氧化脱羧两种类型;又根据脱下的羧基在有机酸分子中所处位置不同,可分为 α-脱羧和 β-脱羧两种类型。

**1. α-单纯脱羧** 氨基酸脱羧生成胺和 $CO_2$。

$$
R—CHNH_2—COOH \xrightarrow{\text{氨基酸脱羧酶}} R—CH_2NH_2 + CO_2
$$

**2. α-氧化脱羧** 如丙酮酸氧化脱羧生成乙酰 CoA 和 $CO_2$ 等。

$$
\begin{array}{c} CH_3 \\ \alpha\ C=O \\ COOH \end{array} + CoA—SH \xrightarrow[NAD^+ \quad NADH+H^+]{\text{丙酮酸脱氢酶复合体}} CH_3CO\sim SCoA + CO_2
$$

**3. β-单纯脱羧** 如草酰乙酸脱羧生成丙酮酸和 $CO_2$。

$$
\begin{array}{c} \beta\ CH_2COOH \\ | \\ \alpha\ COCOOH \end{array} \xrightarrow{\text{草酰乙酸脱羧酶}} \begin{array}{c} \beta\ CH_3 \\ \alpha\ C=O \\ COOH \end{array} + CO_2
$$

**4. β-氧化脱羧** 如苹果酸氧化脱羧生成丙酮酸和 $CO_2$ 等。

$$
\begin{array}{c} \beta\ CH_2COOH \\ | \\ \alpha\ CH(OH)COOH \end{array} \xrightarrow[NADP^+ \quad NADPH+H^+]{\text{苹果酸酶}} \begin{array}{c} \beta\ CH_3 \\ \alpha\ C=O \\ COOH \end{array} + CO_2
$$

## 第二节　生物氧化过程中水的生成

### 一、呼吸链的组成及作用

#### (一)呼吸链定义

代谢物经酶的催化脱下的成对氢原子以 $NADH+H^+$ 或 $FADH_2$ 的形式,通过线粒体内膜上由多种酶和辅助因子所组成的连锁反应体系有序传递,最终传递给氧结合生成水并逐步释放出能量,该体系进行的一系列连锁反应与细胞摄取氧的呼吸过程密切相关,因此称为呼吸链。在呼吸链中,酶和辅助因子按照一定顺序排列,起着传递氢和电子的作用,分别称为递氢体和递电子体,由于递氢体在传递氢原子的同时也传递电子,也是递电子体,所以呼吸链也称为电子传递链。

#### (二)呼吸链的组成成分

**1. 递氢体** 呼吸链中接受并传递氢原子的酶或辅酶称作递氢体。

(1) $NAD^+$、$NADP^+$　维生素 PP 的活性形式 $NAD^+$(烟酰胺腺嘌呤二核苷酸)、$NADP^+$(烟酰胺腺

嘌呤二核苷酸磷酸)又称辅酶Ⅰ(CoⅠ)、辅酶Ⅱ(CoⅡ),作为辅酶可分别与不同的酶蛋白结合组成功能各异的脱氢酶。$NAD^+$($NADP^+$)分子中的氮能可逆地接受电子,而其对位的碳原子比较活泼,能可逆地加氢和脱氢(图6-2),因此该类酶主要作用是传递氢,$NAD^+$接受大部分代谢物脱下的2H还原为NADH+$H^+$进入呼吸链,$NADP^+$所接受2H生成NADPH+$H^+$通常用于脂肪酸、胆固醇等的合成代谢,而不进入呼吸链。

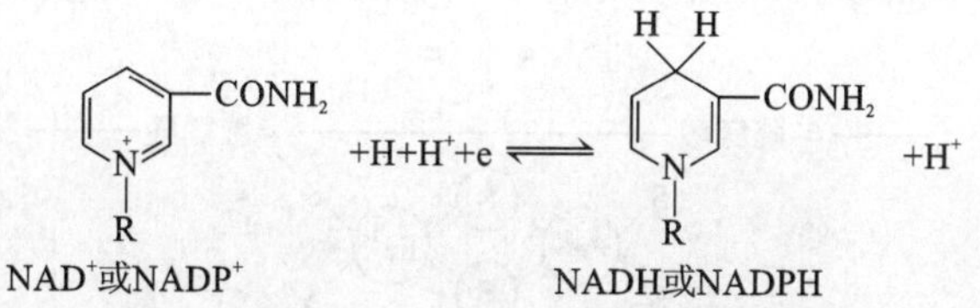

**图6-2 $NAD^+$、$NADP^+$的递氢作用示意图**

(2)FMN、FAD 黄素蛋白(FP)是一类氧化还原酶,其辅基是维生素$B_2$的活性形式FMN(黄素单核苷酸)和FAD(黄素腺嘌呤二核苷酸),也称为黄素酶。FMN、FAD分子中异咯嗪环上的$N_1$及$N_{10}$能进行可逆的加氢或脱氢反应,是递氢体,具有传递氢的能力。$FMNH_2$($FADH_2$)为FMN(FAD)的还原形式(图6-3)。

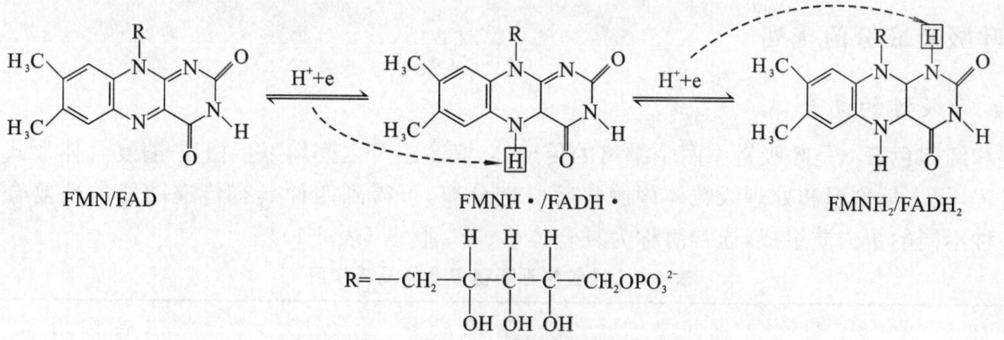

**图6-3 FMN/FAD的递氢作用示意图**

(3)泛醌 泛醌(UQ)又称辅酶Q(CoQ)是一种黄色的小分子脂溶性苯醌类化合物,因广泛分布于生物界而得名。泛醌是呼吸链中唯一的不与蛋白质紧密结合的递氢体,可在线粒体内膜中迅速移动,它接受各种黄素酶类脱下的氢,在电子传递链中处于中心地位。在呼吸链传递过程中,氧化型泛醌(UQ)先接受黄素蛋白与铁硫蛋白传递的1个电子(e)和1个质子($H^+$)还原成半醌中间物(UQH·),再接受1个电子(e)和1个质子($H^+$)还原成二氢泛醌($UQH_2$),之后将电子传递给细胞色素体系,而质子($H^+$)留在环境中(图6-4)。

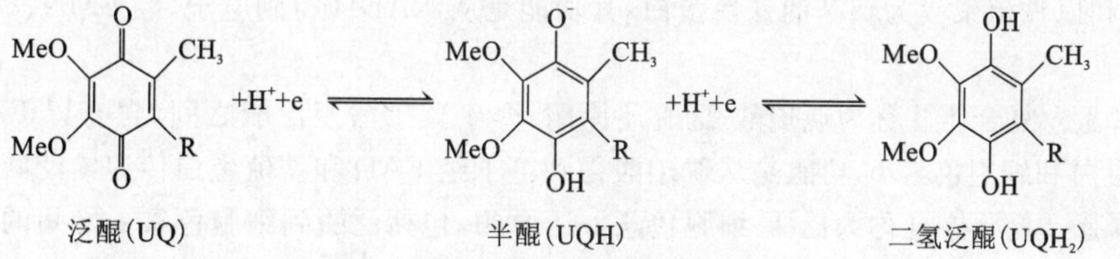

**图6-4 泛醌(UQ)递氢作用示意图**

**2. 递电子体** 呼吸链中可以接受并传递电子的酶或辅酶称作递电子体。

(1)铁硫蛋白(Fe-S) 铁硫蛋白的辅基是含有等量铁原子和硫原子($Fe_2S_2$,$Fe_4S_4$)的铁硫聚簇(又称铁硫中心),常与黄素蛋白或细胞色素构成复合物存在于线粒体内膜上。铁硫蛋白是呼吸链中的单电子传递体(图6-5),铁硫聚簇中的铁原子得失电子是可逆的,通过$Fe^{3+}+e \Longrightarrow Fe^{2+}$变化将电子从FMN(或FAD)上脱下传给泛醌(UQ)。

(2)细胞色素类(Cyt) 细胞色素是线粒体内膜上一类以铁卟啉为辅基的酶类,因具有特殊的吸收光谱呈现颜色而得名。细胞色素可通过辅基中的$Fe^{3+}+e \Longrightarrow Fe^{2+}$进行电子传递,是单电子传递体。

高等动物细胞的线粒体内膜上参与呼吸链组成的细胞色素有$Cytb$、$Cytc_1$、$Cytc$、$Cyta$、$Cyta_3$,由于细胞色素a、$a_3$紧密结合不易分离,合称为$Cytaa_3$,它们按照一定顺序排列构成细胞色素体系。电子在细胞

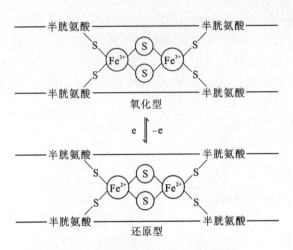

图 6-5 铁硫蛋白递电子作用示意图

色素体系中的传递顺序：Cytb→Cytc$_1$→Cytc→Cytaa$_3$→O$_2$。其中，Cytaa$_3$是呼吸链中直接与氧发生关系的最后一个电子传递体，能将电子直接传给氧，并激活氧(O$^{2-}$)生成水，因此又称细胞色素氧化酶。

## 二、呼吸链成分的排列

### (一) 呼吸链的复合体

泛醌和细胞色素 c 是呼吸链中两个游离的传递体，其余组分之间均以蛋白质-酶复合体形式来完成电子传递过程，用去垢剂温和处理线粒体内膜将呼吸链分离，可得到四种具有传递功能的酶复合体。酶复合体由多种不同的蛋白质组成，通常简称为复合体 I、II、III、IV (表 6-1)。

表 6-1 线粒体呼吸链复合体及其作用

| 复 合 体 | 酶 名 称 | 组成成分 | 主 要 作 用 |
|---|---|---|---|
| 复合体 I | NADH-泛醌还原酶 | FMN、Fe-S | 将 NADH 的氢传递给泛醌 |
| 复合体 II | 琥珀酸-泛醌还原酶 | FAD、Fe-S | 将琥珀酸脱下的氢传递给泛醌 |
| 复合体 III | 泛醌-细胞色素 c 还原酶 | Cytb、Cytc$_1$、Fe-S | 将电子从泛醌传递给细胞色素 c |
| 复合体 IV | 细胞色素 c 氧化酶 | Cytaa$_3$、Cu | 将电子从细胞色素 c 传递给氧 |

**1. 复合体 I** 复合体 I 称为 NADH-泛醌还原酶，是线粒体内膜上最大的复合体，包括以 FMN 为辅基的黄素蛋白和以铁硫聚簇为辅基的铁硫蛋白，其功能是从 NADH 得到电子，经 FMN、Fe-S 传递给泛醌 (UQ)。

**2. 复合体 II** 复合体 II 称为琥珀酸-泛醌还原酶，介于琥珀酸至泛醌之间，含有以 FAD 为辅基的黄素蛋白、铁硫蛋白和细胞色素 b，功能是从琥珀酸得到电子经 FAD 和铁硫蛋白传递给泛醌 (UQ)。

**3. 复合体 III** 复合体 III 称为泛醌-细胞色素 c 还原酶，包括泛醌到细胞色素 c 之间的组分，含有细胞色素 b、细胞色素 c$_1$ 和铁硫蛋白，功能是将电子从泛醌经铁硫蛋白传递给细胞色素 c。细胞色素 c 相对分子质量较小，与线粒体内膜结合疏松，可以在线粒体内膜外侧移动，有利于将电子从复合体 III 传递到复合体 IV。

**4. 复合体 IV** 复合体 IV 称为细胞色素氧化酶，含有 Cu 和细胞色素 aa$_3$，其主要功能是将电子从细胞色素 c 经细胞色素 aa$_3$ 传递给氧生成 O$^{2-}$。

以上四种复合体在线粒体内膜的存在位置也不相同，其中复合体 I、复合体 II、复合体 III 完全镶嵌在线粒体内膜上，而复合体 II 只镶嵌在内膜的基质一侧。

### (二) 呼吸链的排列顺序

目前认为线粒体内膜上主要存在两条呼吸链，即 NADH 氧化呼吸链和 FADH$_2$ 氧化呼吸链。呼吸链中各组分的排列顺序主要根据研究各组分的标准氧化还原电位、各组分特有吸收光谱、体外呼吸链拆开和重组、抑制剂阻断氧化还原过程等实验结果所确定(图6-6)。

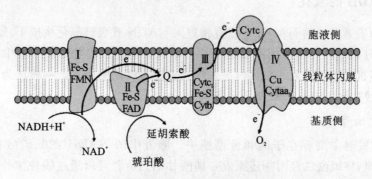

**图6-6　四种复合体在呼吸链中的排列位置示意图**

**1. NADH 氧化呼吸链**　生物氧化中大多数的脱氢酶(如苹果酸脱氢酶、丙酮酸脱氢酶等)的辅酶均为 $NAD^+$,这些酶催化代谢物脱氢交给 $NAD^+$ 生成 $NADH+H^+$,后者再将成对氢原子经复合体 I 传给泛醌生成 $UQH_2$。$UQH_2$ 脱下的 2 个质子游离于介质中,而 2 个电子经复合体 III 传递至 Cytc,然后经复合体 IV 传递给氧,最后与游离在基质中的 2 个质子结合生成 $H_2O$。NADH 氧化呼吸链是体内最重要的一条呼吸链,由 NADH、复合体 I、泛醌、复合体 III、细胞色素 c 及复合体 IV 组成(图6-7),每传递 2H 氧化生成水,释放的能量可生成 2.5 分子的 ATP。其电子传递顺序如下。

NADH→复合体 I→CoQ→复合体 III→Cytc→复合体 IV→$O_2$

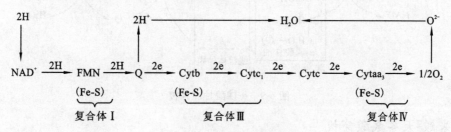

**图6-7　NADH 氧化呼吸链**

**2. $FADH_2$ 氧化呼吸链**　生物氧化中少部分的脱氢酶(如琥珀酸脱氢酶、脂酰 CoA 脱氢酶等)的辅基为 FAD。这些酶催化代谢物(如琥珀酸)脱氢交给 FAD 生成 $FADH_2$,经复合体 II 传递给泛醌生成 $UQH_2$,再往下的传递和 NADH 氧化呼吸链相同。$FADH_2$ 氧化呼吸链也称为琥珀酸氧化呼吸链,由复合体 II、泛醌、复合体 III、细胞色素 c 及复合体 IV 组成(图6-8),每传递 2H 氧化生成水,释放的能量可生成 1.5 分子的 ATP。其电子传递顺序如下。

琥珀酸→复合体 II→CoQ→复合体 III→Cytc→复合体 IV→$O_2$

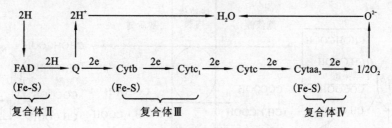

**图6-8　$FADH_2$ 氧化呼吸链**

综上可见,两条呼吸链的汇合点是 UQ,具有相同的电子传递体,有共同的电子传递路径,除消耗 2H 和 $O_2$ 外,其他物质均可循环使用。但是两条呼吸链一方面起始物质不同,分别为 NADH 和 $FADH_2$,NADH 氧化呼吸链较 $FADH_2$ 氧化呼吸链更普遍;另一方面产生能量不同,代谢物在线粒体内脱下的 2H 经 NADH 氧化呼吸链产生 2.5 分子 ATP,经 $FADH_2$ 氧化呼吸链产生 1.5 分子 ATP。

### 三、胞液中 NADH 的氧化

线粒体内代谢物脱氢产生的 NADH 可以直接进入 NADH 呼吸链氧化生成 $H_2O$,但是代谢物在胞液中脱氢生成的 NADH 因线粒体内膜的高度选择性而不能自由进入线粒体。胞液中 NADH 所携带的氢必须通过特殊的转运机制才能进入线粒体内进入呼吸链传递氧化生成水。一般认为胞液中 NADH 的转运机制有两种:α-磷酸甘油穿梭和苹果酸-天冬氨酸穿梭。

#### (一) α-磷酸甘油穿梭

α-磷酸甘油穿梭机制主要存在于脑和骨骼肌中。胞液中的 NADH 在 α-磷酸甘油脱氢酶(辅酶为 $NAD^+$)的催化下脱氢,将磷酸二羟丙酮还原成 α-磷酸甘油。后者可以通过线粒体外膜,再经位于线粒体内膜表面的 α-磷酸甘油脱氢酶(辅基为 FAD)催化,脱氢氧化生成磷酸二羟丙酮和 $FADH_2$。磷酸二羟丙酮可以穿出线粒体返回胞液,继续进行穿梭,而 $FADH_2$ 进入 $FADH_2$ 氧化呼吸链进行氧化生成水,并生成 1.5 分子 ATP(图 6-9)。

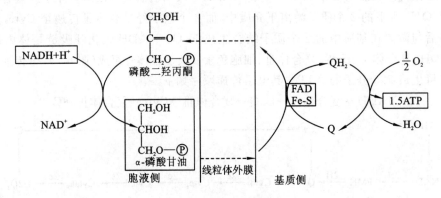

**图 6-9 α-磷酸甘油穿梭**

#### (二) 苹果酸-天冬氨酸穿梭

苹果酸-天冬氨酸穿梭机制主要存在于肝、肾和心肌中。胞液中的 NADH 在苹果酸脱氢酶(辅酶为 $NAD^+$)的催化下脱氢,将草酰乙酸还原成苹果酸。后者可以通过线粒体内膜上的 α-酮戊二酸转运蛋白进入线粒体,再在苹果酸脱氢酶(辅酶为 $NAD^+$)的作用下脱氢氧化重新生成草酰乙酸和 NADH。线粒体内的草酰乙酸在谷草转氨酶的协助下生成天冬氨酸,经天冬氨酸-谷氨酸转运蛋白转运出线粒体,再转变成草酰乙酸继续穿梭。而 NADH 则进入 NADH 氧化呼吸链氧化生成水,并生成 2.5 分子 ATP(见图 6-10)。

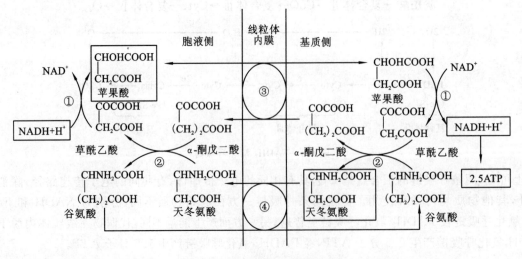

**图 6-10 苹果酸-天冬氨酸穿梭**

注:①苹果酸脱氢酶;②谷草转氨酶;③α-酮戊二酸转运蛋白;④天冬氨酸-谷氨酸转运蛋白

## 第三节　ATP 的生成

### 一、高能化合物

不同的化学键储存的能量不同，水解时释放的能量也各不相同，水解时释放的能量大于 21 kJ/mol 的化学键，称为高能键，用"～"表示，主要有高能磷酸键"～P"和高能硫酯键"～SCoA"两类。含有高能键的化合物称为高能化合物，人体内常见的高能化合物包括 ATP、UTP、CTP、GTP、磷酸肌酸(CK)、磷酸烯醇式丙酮酸、乙酰磷酸、乙酰 CoA 等(表 6-2)。

表 6-2　体内几种常见的高能化合物　　　　　　　　　　　　　　　　　单位：kJ/mol

| 通　式 | 举　例 | 释放能量(pH 7.0；25 ℃) |
| --- | --- | --- |
| $R{-}\overset{\displaystyle NH}{\underset{\displaystyle H}{C}}{-}N{\sim}PO_3H_2$ | 磷酸肌酸 | −43.90 |
| $R\overset{\displaystyle CH}{C}{-}O{\sim}PO_3H_2$ | 磷酸烯醇式丙酮酸 | −61.9 |
| $R\overset{\displaystyle O}{C}{-}O{\sim}PO_3H_2$ | 乙酰磷酸 | −41.8 |
| $-\overset{\displaystyle O}{\underset{\displaystyle OH}{P}}{-}O{\sim}\overset{\displaystyle O}{\underset{\displaystyle OH}{P}}{-}OH$ | ATP、GTP、UTP、CTP | −30.5 |
| $R\overset{\displaystyle O}{C}{\sim}SCoA$ | 乙酰 CoA | −31.4 |

### 二、ATP 的生成

机体能量代谢以 ATP 为中心，ATP 由 ADP 磷酸化生成，生成方式有底物水平磷酸化和氧化磷酸化两种，其中氧化磷酸化是生成 ATP 的主要方式。

（一）底物水平磷酸化

代谢物在氧化分解过程中因发生脱氢或脱水作用而引起分子结构改变、内部能量重新排布产生高能键，生成高能化合物。高能化合物将其高能键的能量直接转移给 ADP 或 GDP，生成 ATP 或 GTP 的过程称为底物水平磷酸化。例如在糖的分解代谢中，3-磷酸甘油醛脱氢并磷酸化生成高能化合物 1,3-二磷酸甘油酸；2-磷酸甘油酸脱水生成高能化合物磷酸烯醇式丙酮酸，在相应酶的催化下，它们均可将高能键的能量转给 ADP，生成 ATP。目前已知体内有三个底物水平磷酸化反应。

$$1,3-二磷酸甘油酸 + ADP \xrightleftharpoons{3-磷酸甘油酸激酶} 3-磷酸甘油酸 + ATP$$

$$磷酸烯醇式丙酮酸 + ADP \xrightarrow{丙酮酸激酶} 烯醇式丙酮酸 + ATP$$

$$琥珀酰 CoA + H_3PO_4 + GDP \xrightleftharpoons{琥珀酸硫激酶} 琥珀酸 + CoASH + GTP$$

### (二) 氧化磷酸化

氧化磷酸化是指代谢物脱下的氢,经线粒体呼吸链(NADH 或 $FADH_2$)传递给氧生成水,同时逐步释放能量使 ADP 磷酸化生成 ATP 的过程。由于呼吸链上的氧化反应与 ADP 磷酸化反应相偶联,因此又称为偶联磷酸化。体内 95% 的 ATP 都是通过氧化磷酸化产生的,因而它是 ATP 生成的主要方式。

**1. 氧化磷酸化的偶联部位** 通过测定呼吸链的 P/O 值和自由能变化可以确定氧化磷酸化的偶联部位。P/O 是指物质在氧化磷酸化过程中,每消耗 1/2 mol $O_2$ 生成 ATP 的数量(单位为 mol),或指一对电子通过氧化呼吸链传递给氧生成 ATP 的数量(单位为个)。近年来的实验结果证明:NADH 氧化呼吸链存在 3 个偶联部位(3 个 ATP 生成部位),P/O 是 2.5,偶联生成 2.5 分子 ATP;$FADH_2$ 氧化呼吸链存在两个偶联部位(2 个 ATP 生成部位),P/O 为 1.5,偶联生成 1.5 分子 ATP(图 6-11)。

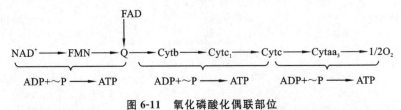

图 6-11 氧化磷酸化偶联部位

**2. 氧化磷酸化的偶联机制** 公认的氧化磷酸化偶联机制是化学渗透假说,其主要内容是电子经过氧化呼吸链传递时逐步释放的自由能,将 $H^+$ 从线粒体内膜的基质侧泵到内膜的胞浆侧,在膜内外产生质子电化学梯度差而储存能量;当质子顺浓度梯度回流时可以驱动 ADP 与 Pi 生成 ATP。目前认为复合体 Ⅰ、Ⅲ、Ⅳ均具有这种质子泵的功能,1 对电子经呼吸链传递可以向胞液侧分别泵出 $4H^+$、$4H^+$ 和 $2H^+$。ATP 的合成是通过 ATP 合酶催化完成的。该酶由疏水的 $F_0$ 和亲水的 $F_1$ 两部分组成。$F_0$ 镶嵌在线粒体内膜上,自身形成跨线粒体内膜的质子通道,$F_1$ 是位于线粒体内膜基质侧的颗粒状突起,主要功能是催化生成 ATP。当 $H^+$ 经 $F_0$ 顺浓度梯度回流时,$F_1$ 催化 ADP 磷酸化生成 ATP 并释放出来(图 6-12)。如果 ATP 合酶发生缺陷,则可能引起线粒体能量代谢障碍,造成中枢神经系统、肌肉、肝脏、肾脏等能量代谢旺盛的器官或组织出现损伤。

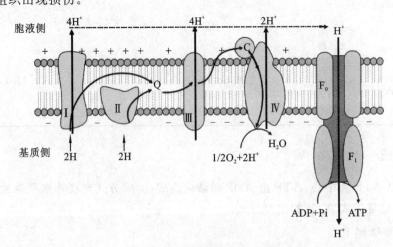

图 6-12 化学渗透假说示意图

**3. 影响氧化磷酸化的因素** 氧化磷酸化的正常进行依赖于电子传递的有序进行以及偶联的磷酸化反应发生。许多因素都能够影响氧化磷酸化的正常进行。

(1) ADP/ATP ADP/ATP 是影响氧化磷酸化速度的主要因素。当机体处于运动状态时,机体利用 ATP 增多,ADP 增加,ATP 减少,ADP 转运入线粒体增多,线粒体内 ADP/ATP 增高,使得氧化磷酸化速度加快;而当机体处于安静状态时,机体利用 ATP 减少,能量供应充足,ADP/ATP 降低,使得氧化磷酸化速度减慢。这种反馈调节可以使 ATP 的生成速度适应生理需要,合理利用并节约能源。

(2) 甲状腺激素　甲状腺激素是调节氧化磷酸化的重要激素。因为甲状腺激素可以通过诱导细胞膜上 $Na^+$-$K^+$-ATP 酶的生成,使 ATP 分解为 ADP 和 Pi 加速,ADP 增多从而导致氧化磷酸化增强,这样使得 ATP 的合成和分解都加速。同时甲状腺激素还能使解偶联蛋白基因表达增加,氧化磷酸化解偶联,从而使机体耗氧量和产热都增加,因此甲状腺功能亢进症患者基础代谢率提高,喜冷怕热。

(3) 呼吸链抑制剂　这类抑制剂主要作用于呼吸链上的特异部位阻断其电子传递,故又称电子传递抑制剂。如鱼藤酮、粉蝶霉素 A、异戊巴比妥等可作用于复合体 I 中的铁硫蛋白,阻断电子从铁硫中心向泛醌传递;抗霉素 A、二巯基丙醇可抑制电子在复合体 III 中从细胞色素 b 向细胞色素 $c_1$ 传递;CO、氰化物($CN^-$)及 $H_2S$ 可以紧密结合复合体 IV 中的细胞色素 c 氧化酶,使电子不能够传递给氧,从而使细胞内氧化呼吸链中断,氧化磷酸化无法进行,使得相关细胞的能源枯竭而停止生命活动,引起机体迅速死亡(图 6-13)。

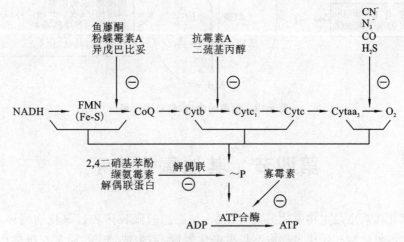

**图 6-13　各种抑制剂对呼吸链的抑制作用**

(4) 解偶联剂　该类抑制剂的作用机制是解偶联剂在线粒体内膜的自由通过,将大量 $H^+$ 运回至线粒体基质,而不经 ATP 合酶的 $F_0$ 通道回流,破坏线粒体内膜两侧的质子电化学梯度,使电化学梯度中储存的自由能转换成热能而不用于磷酸化产生 ATP,使得电子传递和 ADP 磷酸化分开,整个过程不影响呼吸链的电子传递(图 6-13)。常见的解偶联剂包括 2,4-二硝基苯酚、缬氨霉素、解偶联蛋白等。由于病毒或细菌可产生多种解偶联剂,故感冒或传染性疾病的患者,临床上常表现为体温升高的症状。棕色脂肪组织(褐色脂肪组织)是新生儿产热的主要来源。棕色脂肪组织中含有较多的细胞色素和线粒体,因此比白色脂肪组织更容易分解供应能量。在棕色脂肪组织的线粒体内膜上存在着一种名为解偶联蛋白(UCP)的物质,它可使氧化与磷酸化解偶联,即只产生热能而不产生 ATP,这种产热机制可以帮助新生儿抵御寒冷。

(5) ATP 合酶抑制剂　ATP 合酶抑制剂对电子传递和 ADP 磷酸化均有抑制作用。此类抑制剂直接作用于 ATP 合酶复合体,抑制 ATP 合成,从而间接抑制电子传递和氧的消耗(图 6-13)。如寡霉素和二环己基二亚胺(DCCD)通过阻止 $H^+$ 回流引起线粒体内膜两侧质子的化学梯度增高,影响氧化呼吸链的质子泵的功能,继而抑制电子传递和 ADP 的磷酸化过程。

### 三、能量的储存和利用

**1. 能量的转移**　ATP 是生物界最普遍、最直接的供能物质,但是体内有些物质的合成代谢不直接用 ATP 供能,如糖原、磷脂、蛋白质合成时需要 UTP、CTP、GTP 等供能,这时 ATP 就将其高能磷酸键转移到 UDP、CDP、GDP 上,生成 UTP、CTP、GTP。

$$ATP+UDP \Longleftrightarrow ADP+UTP$$
$$ATP+CDP \Longleftrightarrow ADP+CTP$$

$$ATP + GDP \rightleftharpoons ADP + GTP$$

**2. 能量的储存**　在脑组织、心肌和骨骼肌中,当 ATP 充足时,ATP 可在肌酸激酶的催化下,将高能磷酸键($\sim$P)转移给肌酸生成磷酸肌酸(C$\sim$P)而储存起来。当机体消耗 ATP 过多而导致 ADP 增多时,磷酸肌酸又可以将高能磷酸键转移给 ADP,生成 ATP 供生理活动需要。磷酸肌酸是脑组织、心肌和骨骼肌中能量的主要储存形式。

**3. 能量的利用**　糖、蛋白质、脂类氧化分解产生的相当一部分能量储存在 ATP 分子中,ATP 含有两个高能磷酸键,释放出的能量用于提供物质代谢和肌肉收缩、主动跨膜运输等各种生命活动。

ATP 是机体内最主要的高能化合物,是联系物质氧化放能和机体耗能之间的纽带,是生物体内的"能量货币",处于体内能量生成、储存和利用的中心(图 6-14)。

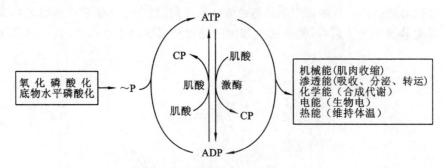

图 6-14　能量的生成、储存和利用

 # 第四节　其他氧化体系

线粒体外的氧化体系也是生物氧化的重要场所,如细胞的微粒体和过氧化物酶体,称为非线粒体氧化体系。这些部位的氧化酶在氧化过程中不与磷酸化偶联,不生成 ATP,通常与机体内代谢物、药物、毒物的清除和排泄(即生物转化作用)有关。

## 一、微粒体中的氧化酶

微粒体内的氧化酶在体内非营养物质(药物、毒物等)的生物转化方面具有不可替代的作用,它是机体清除废物的重要途径。微粒体中催化氧直接转移并结合到底物分子中的酶称为加氧酶,根据向底物分子中加入的氧原子数目的不同,分为加单氧酶和加双氧酶两类。

**1. 加单氧酶**　加单氧酶催化氧分子中的一个氧原子加到底物上使之羟基化,另一个氧原子与 NADPH+H$^+$ 的 2 个 H$^+$ 结合生成水,因此该酶又称为羟化酶(或混合功能氧化酶)。加单氧酶实际上是一种多酶复合体,它是由细胞色素 P$_{450}$ 和 NADPH-细胞色素 P$_{450}$ 还原酶组成的。其中细胞色素 P$_{450}$ 催化氧与底物直接结合,而 NADPH-细胞色素 P$_{450}$ 还原酶催化细胞色素 P$_{450}$ 和 NADPH 之间的电子传递。反应如下:

$$RH + NADH + H^+ + O_2 \longrightarrow ROH + NADP^+ + H_2O$$

此酶主要存在于肝脏和肾上腺的微粒体中,参与类固醇激素、胆色素的生成和某些药物、毒物的生物转化。

**2. 加双氧酶**　加双氧酶将 O$_2$ 中的两个氧原子分别加到底物分子中构成双键的 2 个 C 原子上,如胡萝卜素加双氧酶催化 β-胡萝卜素生成 2 分子视黄醇。

## 二、过氧化物酶体中的氧化酶类

呼吸链中的脱氢酶大多以某种辅酶(基)作为直接受氢体,属于不需氧脱氢酶,而有些代谢物经需氧脱氢酶类催化脱氢,以氧作为直接受氢体生成 H$_2$O$_2$。适量的 H$_2$O$_2$ 在体内有一定的生理作用,如中性粒细胞产生的 H$_2$O$_2$ 可用于杀死粒细胞和吞噬细胞内入侵的有害细菌;甲状腺细胞产生的 H$_2$O$_2$ 可使酪氨酸碘化生成甲状腺素等。但是 $H_2O_2$ 具有极强的氧化性,对于大多数细胞来说是一种毒物,过量时会氧化体内某些具有特殊生理活性的疏基酶和蛋白质使之丧失活性,还能将生物膜中的不饱和脂肪酸氧化生成过氧化脂质,造成磷脂结构异常,使生物膜受损失去正常功能。过氧化物酶体中的过氧化氢酶和过氧化物酶可能迅速分解 $H_2O_2$,使人体在正常情况下不会蓄积。

**1. 过氧化氢酶** 过氧化氢酶又称触酶,是一种含血红素的结合酶,可催化 $H_2O_2$ 分解为 $H_2O$ 和 $O_2$。细胞内过氧化氢酶的催化效率极高,人体一般不会发生 $H_2O_2$ 的蓄积中毒。

$$2H_2O_2 \longrightarrow 2H_2O + O_2$$

**2. 过氧化物酶** 过氧化物酶催化胺类或酚类物质脱氢,脱下的氢将 $H_2O_2$ 还原生成 $H_2O$。

$$R + H_2O_2 \longrightarrow RO + H_2O \quad \text{或} \quad RH_2 + H_2O_2 \longrightarrow R + 2H_2O$$

某些组织细胞(如红细胞)中含有一种含硒(Se)的谷胱甘肽过氧化物酶(图 6-15),此酶可催化 $H_2O_2$ 或过氧化物(ROOH)与还原型谷胱甘肽(G-SH)反应,以清除 $H_2O_2$(ROOH)的毒害作用(使其还原),保护细胞膜和血红蛋白。氧化型谷胱甘肽(GSSG)又可在其还原酶的作用下,由 $NADPH + H^+$ 提供氢重新生成还原型谷胱甘肽(G-SH)。

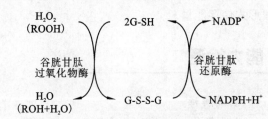

**图 6-15 谷胱甘肽过氧化物的作用机制**

### 三、超氧化物歧化酶

线粒体中的电子经呼吸链传递最后交给 $O_2$ 生成 $H_2O$,如果没有获得足够电子使得漏出电子与氧结合就产生超氧离子($O_2^-$),这是体内超氧阴离子的主要来源。超氧离子可以进一步生成 $H_2O_2$ 和羟自由基(·OH),统称为反应活性氧类。活性氧类化学性质活泼,氧化性强,可以引起蛋白质、核酸等各种生物大分子氧化造成损失,甚至破坏细胞的正常生理结构,如催化磷脂分子中不饱和脂肪酸氧化生成过氧化脂质,损伤细胞膜。因此,活性氧类造成的损伤常导致组织老化、心血管疾病及肿瘤等疾病。正常机体可通过超氧化物歧化酶、谷胱甘肽过氧化物酶等抗氧化酶体系及时清除活性氧类,防止其蓄积造成的损伤。

超氧化物歧化酶(SOD)几乎存在于所有细胞中,是人体防御内外环境中超氧离子损伤的重要酶。SOD 在真核细胞线粒体中以 $Mn^{2+}$ 为辅基,在细胞质中以 $Cu^{2+}$、$Zn^{2+}$ 为辅基,可以催化超氧离子($O_2^-$)歧化生成 $O_2$ 和 $H_2O_2$,生成的 $H_2O_2$ 再继续被活性极强的过氧化氢酶分解为 $H_2O$ 和 $O_2$。

$$2O_2^- + 2H^+ \xrightarrow{\text{SOD}} H_2O_2 + O_2$$

$$\downarrow \text{过氧化氢酶}$$

$$H_2O + O_2$$

$O_2^-$ 具有极强的氧化能力,对生物体具有毒害作用,如使 DNA 氧化、修饰甚至断裂;可使蛋白质氧化改变其功能;使膜磷脂分子氧化,造成生物膜损伤等。SOD 可对抗、阻断 $O_2^-$ 对细胞伤害,并及时修复受损细胞。由于 SOD 能够清除 $O_2^-$ 自由基,延缓衰老。因此 SOD 的水平高低是反映生物体衰老的直观指标。目前还证实,SOD 对预防心脑血管疾病及抑制肿瘤生长具有积极作用。

**▎知识链接▎**

**人体垃圾的清道夫——SOD**

SOD 被医学界誉为"人体垃圾的清道夫"。SOD 不仅应用于临床治疗多种疾病,而且广泛用于化妆品和食品添加剂等行业。①药物类,主要集中治疗炎症病患者,尤其是治疗类风湿关节炎、心肌梗死、心血管病、肿瘤患者以及放射性治疗炎症病患者;②作为一种生化酶制剂,具有极强的抗衰老、抗肿瘤作用;③SOD 因具有抗氧化、抗腐蚀的优良性能,还添加在化妆品中;④用作保健食品、饮料,如 SOD 口服液、SOD 糖、SOD 干啤等,食品中的 SOD 既可延长食品保质期,又可调节人体内分泌。

## 本章小结

　　生物氧化是指糖、脂肪、蛋白质在生物体内氧化分解并逐步释放能量,最终生成 $H_2O$ 和 $CO_2$ 的过程;$CO_2$ 通过有机羧酸的脱羧反应生成,水由代谢物脱氢经呼吸链传递给氧生成,呼吸链是线粒体内膜上由多种酶和辅助因子所组成的连锁反应体系,线粒体内的两条呼吸链是 NADH 氧化呼吸链和 $FADH_2$ 氧化呼吸链;ATP 是体内最重要的高能化合物,通过 ADP 磷酸化生成,生成方式有底物水平磷酸化和氧化磷酸化两种,以氧化磷酸化为主;ADP/ATP、甲状腺激素、呼吸链抑制剂、解偶联剂、氧化磷酸化抑制剂等多种因素均能影响氧化磷酸化;ATP 是体内能量利用和储存的中心,在肌肉、大脑和骨骼肌内 ATP 以磷酸肌酸形式储存能量。

## 能力检测

### 一、名词解释

1. 生物氧化　2. 高能化合物　3. 呼吸链　4. 底物水平磷酸化　5. 氧化磷酸化

### 二、填空题

1. 氧化磷酸化偶联部位存在于复合体＿＿＿＿＿＿＿＿。

2. ATP 的生成方式包括＿＿＿＿＿＿＿和＿＿＿＿＿＿＿。

3. 线粒体中重要的呼吸链有＿＿＿＿＿＿＿和＿＿＿＿＿＿＿。

### 三、单项选择题

1. 呼吸链的成分不包括以下哪种?(　　)

A. NADH　　　　B. 铁硫蛋白　　　　C. NADPH　　　　D. 黄素蛋白　　　　E. 泛醌

2. 体内两条呼吸链的交汇点是(　　)。

A. UQ(CoQ)　　　B. Cytb　　　　C. Cytaa₃　　　　D. 铁硫蛋白　　　　E. Cytc

3. 呼吸链中各种细胞色素的排列顺序是(　　)。

A. c→c₁→b→aa₃→O₂　　　　　　　　　B. c₁→b₁→c→aa₃→O₂

C. b→c→c₁→aa₃→O₂　　　　　　　　　D. b→c₁→c→aa₃→O₂

E. c₁→c→b→aa₃→O₂

4. 人体内各种生命活动和物质代谢所需能量主要来源是(　　)。

A. UTP　　　　B. GTP　　　　C. ATP　　　　D. C~P　　　　E. CTP

5. 脑组织和肌肉中能量储存的形式是(　　)。

A. CTP　　　　B. UTP　　　　C. GTP　　　　D. ATP　　　　E. C~P

6. 氧化磷酸化的速率主要受以下哪种因素影响?(　　)

A. ADP/ATP　　　　　　　B. 甲状腺激素　　　　　　　C. 解偶联剂

D. 呼吸链抑制剂　　　　　E. ATP 合酶抑制剂

7. 氰化物抑制呼吸链导致中毒,其作用位点是(　　)。

A. Cytb　　　　B. UQ　　　　C. Cytc　　　　D. Cytaa₃　　　　E. Cytc₁

8. 生物体内能量的储存和利用以哪种物质为中心?(　　)

A. UTP　　　　B. CTP　　　　C. ATP　　　　D. GTP　　　　E. C~P

9. 代谢物脱下来的 2H 通过 $FADH_2$ 氧化呼吸链可生成(　　)。

A. 1 分子 ATP　　　　　　　B. 1.5 分子 ATP　　　　　　　C. 2 分子 ATP

D. 2.5 分子 ATP　　　　　　E. 3 分子 ATP

10. 调节氧化磷酸化作用的重要激素是(　　)。

A. 肾上腺素　　　B. 去甲肾上腺素　　　C. 胰岛素　　　D. 甲状腺激素　　　E. 生长素

**四、临床案例**

1. 患者,女,63 岁,在家用蜂窝煤炉做饭时感觉头痛,饭后头痛加剧,伴有恶心、呕吐,四肢无力且视物不清,发生晕倒。入院时患者口唇黏膜呈樱桃红色,多汗、神志不清伴低热。请问该患者最可能发生什么中毒? 中毒机制是什么?

2. 患者,女,21 岁,因感情问题吞服 KCN,家属发现及时送入医院。入院时呼吸困难、意识丧失,皮肤黏膜呈樱桃红色。诊断为急性氢氰酸中毒,给予亚硝酸戊酯、1‰亚硝酸钠、25％硫代硫酸钠紧急解毒,经较长时间的住院治疗后渐趋康复。请问 KCN 中毒的生化机制是什么? 你能阐述 KCN 中毒的特效解毒药的作用机理及用药注意事项吗?

黄泓轲

# 第七章 糖 代 谢

## 学 习 目 标

掌握：糖酵解、有氧氧化和糖异生的概念、关键酶与限速酶；磷酸戊糖途径的生理意义；血糖的来源、去路及调节因素。

熟悉：各条糖代谢途径的基本过程、反应部位和特点；血糖异常及发病机制。

了解：糖的生理功能；糖耐量试验。

糖是多羟基醛或多羟基酮及其脱水缩合物，可分为单糖、寡聚糖和多糖。单糖是不能发生水解反应的糖，常见的单糖有葡萄糖、果糖、核糖等；寡聚糖是指十糖以下的聚糖，最常见的是二糖，如蔗糖、麦芽糖、乳糖等；多糖是十糖以上的聚糖，例如淀粉、纤维素、糖原等。糖占人体干重的 2%，在体内主要以葡萄糖和糖原两种形式存在，糖原是糖在体内的储存形式，葡萄糖是糖的功能和运输形式，是糖代谢中最重要的单糖。

 第一节 概 述

### 一、糖的消化、吸收与转运

人类食物中的糖类主要是淀粉、纤维素及少量二糖如蔗糖、麦芽糖和乳糖等，纤维素不能被人体消化，但能促进肠道蠕动；淀粉是葡萄糖以 α-糖苷键连接形成的大分子。食物中的糖类进入消化道，在消化酶的作用下水解成葡萄糖等单糖后才能被吸收。虽然唾液和胰液中都含有可水解淀粉的 α-淀粉酶，但是由于食物在口腔中停留的时间短，故淀粉的消化主要在小肠进行。食物淀粉在小肠内由胰液中的 α-淀粉酶催化水解生成麦芽糖，在小肠经麦芽糖酶进一步水解为葡萄糖。糖在小肠被消化成单糖后以主动转运方式被吸收，再经门静脉入肝，小肠黏膜细胞对葡萄糖的吸收依赖于特定载体，同时伴随有 $Na^+$ 转运，这类葡萄糖转运体被称为 $Na^+$ 依赖型葡萄糖转运体（SGLT），它们主要存在于小肠黏膜和肾小管细胞。葡萄糖吸收入血后，经葡萄糖转运体（GLUT）的转运进入细胞内进行代谢，现已发现有五种葡萄糖转运体（GLUT 1～5）分别存在于不同的组织细胞中，如 GLUT1 主要存在于红细胞中，其次存在于脑和肾；GLUT4 主要存在于心肌、骨骼肌和脂肪组织，且受胰岛素调节。

#### ▌知识链接▐

**食物中的糖类**

食物中除了淀粉之外，还含有大量的纤维素，是葡萄糖以 β-1,4 糖苷键相连聚合而成的大分子，由于人体内无 β-糖苷酶，故不能消化食物中的纤维素，但它可促进胃肠蠕动，对健康有益。肠黏膜细胞还存在蔗糖酶和乳糖酶等，分别水解蔗糖和乳糖。先天性缺乏乳糖酶的人，在食用牛奶后发生乳糖消化障碍，而引起腹胀、腹泻等症状，此时可改食酸牛奶以防止其发生。

## 二、糖的生理功能

**1. 氧化分解、供应能量** 糖是生命活动中最主要的能源物质。人体所需能量的 50%～70% 来自于糖的氧化分解。1 mol 葡萄糖彻底氧化可释放 2840 kJ 的能量,这些能量一部分以热能形式散发维持体温,一部分(约 40%)转化为高能化合物(如 ATP)供生命活动所需。

**2. 储存能量、维持血糖** 糖原是糖在体内的储存形式,是机体储存能源的重要方式。当机体需要时,糖原分解释放入血,可有效地维持正常血糖浓度,保证重要生命器官的能量供应。

**3. 提供碳源、合成其他物质** 糖分解代谢的中间产物可为体内其他含碳化合物的合成提供原料。例如糖在体内可转变为脂肪酸和甘油,进而合成脂肪;可转变为某些氨基酸参与机体蛋白质的合成;可转变为葡萄糖醛酸参与机体的生物转化等;因而糖是人体重要的碳源。

**4. 参与组织细胞的构造** 糖也是体内重要的结构物质,如核糖、脱氧核糖是核酸的组成成分;糖蛋白、糖脂不仅是生物膜的重要成分,其糖链部分还参与细胞间的识别、黏着及信息传递等过程。

**5. 其他功能** 糖能参与构成体内一些具有生理功能的物质,如免疫球蛋白、血型物质、部分激素及绝大部分凝血因子等。

## 三、糖代谢概况

细胞内糖代谢途径包括合成代谢和分解代谢两个方面。糖的合成代谢包括糖原合成和糖异生;糖的分解代谢方式因机体供氧情况的不同而有所不同,主要包括糖酵解(无氧氧化)、有氧氧化、磷酸戊糖途径、糖原分解等。糖的分解代谢主要用于能量供应,而糖的合成代谢主要用以协调糖的储存、利用及完成糖的构造作用。

# 第二节　糖的分解代谢

葡萄糖进入组织细胞后,根据机体生理需要在不同组织进行分解代谢,按其反应条件和反应途径的不同可分为三种:糖酵解(糖的无氧氧化)、糖的有氧氧化和磷酸戊糖途径。

## 一、糖酵解

### (一) 概念与部位

葡萄糖或糖原在机体缺氧或无氧条件下,分解生成乳酸的过程称为糖的无氧氧化。由于此过程与细菌分解葡萄糖生成乙醇的发酵过程相似,故糖的无氧氧化又称为糖酵解。糖酵解的全过程在各组织细胞的胞液中进行,尤以肌肉组织、红细胞、皮肤和肿瘤组织中旺盛。

### (二) 糖酵解的反应过程

糖酵解的反应过程可分为两个阶段:第一阶段是葡萄糖(或糖原)分解生成丙酮酸的糖酵解途径;第二阶段是丙酮酸还原生成乳酸的过程。

**1. 糖酵解途径** 葡萄糖分解生成丙酮酸。

(1)葡萄糖磷酸化生成 6-磷酸葡萄糖 进入细胞的葡萄糖首先在己糖激酶(HK)催化下进行磷酸化反应生成 6-磷酸葡萄糖(G-6-P),这是糖酵解的第一次磷酸化过程。该反应既能活化葡萄糖使之进一步代谢,又能阻止其逸出细胞。此反应是不可逆反应,需要 $Mg^{2+}$ 参与,由 ATP 提供能量和磷酸基团。

己糖激酶

$Mg^{2+}$

ATP　ADP

葡萄糖　　　　　　　　　6-磷酸葡萄糖

己糖激酶(HK)是糖酵解的关键酶之一,哺乳动物体内已发现有四种己糖激酶同工酶,分别称为Ⅰ型~Ⅳ型。Ⅰ、Ⅱ、Ⅲ型己糖激酶主要存在于肝外组织,特异性不强,可作用于葡萄糖、果糖等多种己糖,该酶对葡萄糖有较强的亲和力,在糖浓度较低时仍可发挥较强的催化作用,从而保证在饥饿、血糖浓度降低的情况下,脑等重要的生命器官有效地摄取利用葡萄糖以维持能量供应;Ⅳ型己糖激酶即葡萄糖激酶(GK),主要存在于肝脏,特异性强,只能催化葡萄糖磷酸化,但与葡萄糖的亲和力较小,只有当葡萄糖浓度较高时才能充分发挥催化活性。

糖原进行糖酵解时,则由糖原磷酸化酶催化糖原非还原末端的葡萄糖单元先发生磷酸化生成 1-磷酸葡萄糖,再经变位酶作用生成 6-磷酸葡萄糖,无需消耗 ATP。

(2) 6-磷酸葡萄糖异构化生成 6-磷酸果糖　6-磷酸葡萄糖在磷酸己糖异构酶(需要 $Mg^{2+}$ 参与)的催化下发生醛糖与酮糖的异构反应生成 6-磷酸果糖(G-6-F),该反应能可逆进行。

6-磷酸葡萄糖　　　　　　　　　　　　　6-磷酸果糖

(3) 6-磷酸果糖磷酸化生成 1,6-二磷酸果糖　6-磷酸果糖在磷酸果糖激酶-1(PFK-1)催化下发生糖酵解的第二次磷酸化生成 1,6-二磷酸果糖(F-1,6-BP),同样需要 ATP 和 $Mg^{2+}$ 参与,也是不可逆反应。磷酸果糖激酶-1 是糖酵解途径的主要关键酶,因其活性相对最低,又称为糖酵解的限速酶。

6-磷酸果糖　　　　　　　　　　　　　1,6-二磷酸果糖

(4) 1,6-二磷酸果糖裂解生成 2 分子磷酸丙糖　在醛缩酶的催化下,1,6-二磷酸果糖裂解生成 3-磷酸甘油醛和磷酸二羟丙酮,反应是可逆的。

1,6-二磷酸果糖　　　　　　3-磷酸甘油醛　　　磷酸二羟丙酮

(5) 磷酸丙糖的异构化　3-磷酸甘油醛和磷酸二羟丙酮互为同分异构体,在磷酸丙糖异构酶的作用下可以相互转变,当 3-磷酸甘油醛在下一步反应中被消耗时,磷酸二羟丙酮迅速转变为 3-磷酸甘油醛继续进行糖酵解。所以 1 分子 1,6-二磷酸果糖可生成 2 分子 3-磷酸甘油醛。

3-磷酸甘油醛　　　　　　　　　　　　磷酸二羟丙酮

上述五步是糖酵解途径中的耗能阶段,1 分子葡萄糖经过 2 次磷酸化消耗 2 分子 ATP(从糖原开始一个葡萄糖单元只消耗 1 分子 ATP),生成 2 分子 3-磷酸甘油醛。

(6) 3-磷酸甘油醛氧化生成 1,3-二磷酸甘油酸　由 3-磷酸甘油醛脱氢酶催化,3-磷酸甘油醛的醛基氧化为羧基,再磷酸化生成含有高能磷酸键的化合物 1,3-二磷酸甘油酸,这 1 分子磷酸是由体内的无机磷酸提供的。这是糖酵解途径中唯一的脱氢氧化反应,该酶的辅酶是 $NAD^+$,接受氢和电子生成

NADH+H$^+$,此反应可逆。

（7）1,3-二磷酸甘油酸转变为3-磷酸甘油酸　在磷酸甘油酸激酶的催化下,高能化合物1,3-二磷酸甘油酸发生第一次底物水平磷酸化,把高能磷酸键转移至ADP,促使ADP磷酸化为ATP,并生成3-磷酸甘油酸。

（8）3-磷酸甘油酸生成2-磷酸甘油酸　受磷酸甘油酸变位酶的催化,3-磷酸甘油酸的磷酸基转移到甘油酸的2位碳原子生成2-磷酸甘油酸,反应可逆。

（9）2-磷酸甘油酸生成磷酸烯醇式丙酮酸　烯醇化酶催化2-磷酸甘油酸脱水生成磷酸烯醇式丙酮酸,反应引起分子内部的电子重排和能量重新分布,形成了高能磷酸化合物——磷酸烯醇式丙酮酸（PEP）。

（10）丙酮酸的生成　该反应是由丙酮酸激酶（PK）催化的,需要K$^+$和Mg$^{2+}$参与,磷酸烯醇式丙酮酸将高能磷酸键转移至ADP生成ATP,同时生成不稳定的烯醇式丙酮酸,并立即自发转变为稳定的丙酮酸。这是糖酵解途径的第二次底物水平磷酸化产生ATP的步骤,也是第三个不可逆反应,丙酮酸激酶是糖酵解的第三个关键酶。

以上五步是糖酵解途径的产能阶段,2分子磷酸丙糖生成2分子丙酮酸,经过底物水平磷酸化共生成4分子ATP。

**2. 丙酮酸加氢还原生成乳酸**　机体缺氧时,丙酮酸在乳酸脱氢酶（LDH）的催化下,以其辅酶NADH+H$^+$为供氢体还原生成乳酸。NADH+H$^+$来自于糖酵解途径中3-磷酸甘油醛的脱氢氧化反应。机体在有氧条件下,NADH＋H⁺作为供氢体将进入线粒体发生氧化磷酸化。

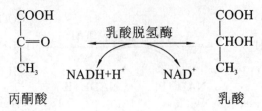

（三）糖酵解的反应特点

**1. 反应部位与终产物**　糖酵解的整个过程在组织细胞的胞液中进行,不需要氧的参与;3-磷酸甘油醛脱氢氧化与丙酮酸加氢还原两个反应使 NAD⁺ 和 NADH＋H⁺ 循环使用,促进糖酵解持续进行,糖酵解中没有 NADH＋H⁺ 净生成,其终产物是乳酸。

**2. 能量生成**　1分子葡萄糖经糖酵解净生成2分子 ATP;糖原糖酵解时,每氧化1分子葡萄糖基净生成3分子 ATP,底物水平磷酸化是糖酵解生成 ATP 的方式。

**3. 关键酶和限速酶**　己糖激酶、磷酸果糖激酶-1 和丙酮酸激酶是糖酵解途径的关键酶,其中磷酸果糖激酶-1 的催化活性最低,称为限速酶。糖酵解代谢途径归纳如图 7-1。

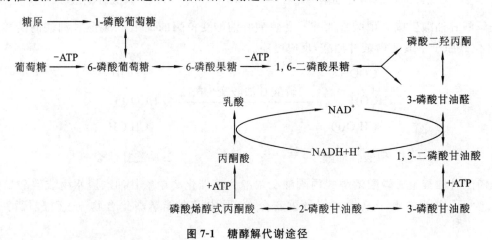

**图 7-1　糖酵解代谢途径**

（四）糖酵解的生理意义

**1. 糖酵解可快速提供能量**　在生理性缺氧情况下,如剧烈运动时,能量需求增加,肌肉处于相对缺氧状态,而肌肉 ATP 含量很低,仅为 5~7 μmol/g(新鲜组织),只要肌收缩几秒钟即可耗尽,此时必须通过糖酵解获得急需的能量。在病理性缺氧情况下,如心肺疾病、呼吸受阻、严重贫血、大量失血等造成机体缺氧时,也通过加强糖酵解来满足机体的能量需求。如机体相对缺氧时间较长而导致糖酵解产物乳酸堆积,可能引起代谢性酸中毒。

**2. 糖酵解是成熟红细胞的唯一供能途径**　成熟的红细胞没有线粒体,不能进行有氧氧化,完全依赖糖酵解供给能量。

**3. 糖酵解是某些组织生理情况下的供能途径**　视网膜、睾丸、神经髓质和皮肤等少数组织即使在机体供氧充足的情况下,仍以糖酵解为主要的供能途径。神经、白细胞、骨髓等代谢极为活跃,即使不缺氧也常由糖酵解提供部分能量,肿瘤细胞也以糖酵解作为主要的供能途径,并表现出无氧酵解抑制有氧氧化的现象。

（五）糖酵解代谢的调节

由己糖激酶、磷酸果糖激酶-1 和丙酮酸激酶催化的三步不可逆反应是糖酵解途径重要的调节点,分别受激素调节、代谢物变构调节和能荷调节。

**1. 激素调节**　胰岛素可诱导糖酵解途径中三个关键酶的合成,提高其催化活性,促使糖酵解加强。

**2. 代谢物变构调节**　磷酸果糖激酶-1 的活性调节是糖酵解途径中最重要的调节点,受多种变构效应剂影响。ATP、长链脂肪酸和柠檬酸是该酶的变构抑制剂,而 AMP、ADP、1,6-二磷酸果糖和 2,6-二磷酸果糖等则是其变构激活剂。1,6-二磷酸果糖是该酶的反应产物,这种产物的正反馈调节比较少见,有利于进一步加速糖的分解,2,6-二磷酸果糖是磷酸果糖激酶-1 最强的变构激活剂,极低浓度即可发挥激活效应。

**3. 能荷调节** 调节糖酵解的速率是为了适应骨骼肌等组织对能量的需求。耗能多时,细胞内 ATP/AMP降低,磷酸果糖激酶-1 和丙酮酸激酶均被激活,加速葡萄糖的分解;反之,细胞内 ATP 储备丰富时,通过糖无氧氧化分解的葡萄糖就少。

> **▌知识链接▐**
>
> **肝脏中的糖代谢**
>
> 肝脏利用糖供能的情况不同于骨骼肌等组织。正常进食时,肝脏也仅仅氧化少量葡萄糖,而主要依赖氧化脂肪酸来获得能量。进食后,胰高血糖素分泌减少,胰岛素分泌增加,2,6-二磷酸果糖合成增多,加强糖酵解途径和糖原合成补充肝糖原,并大量生成乙酰 CoA 合成脂肪酸;饥饿时胰高血糖素分泌增加,抑制 2,6-二磷酸果糖的合成和丙酮酸激酶的活性,即抑制糖酵解以便有效地进行糖异生,维持血糖水平。

## 二、糖的有氧氧化

### (一)概念和部位

葡萄糖或糖原在机体有氧条件下,彻底氧化分解生成 $CO_2$ 和 $H_2O$ 并释放大量能量的过程称为糖的有氧氧化。有氧氧化是糖的主要氧化方式,反应在细胞液和线粒体内进行,绝大多数组织细胞都通过有氧氧化获得能量。

### (二)有氧氧化的反应过程

有氧氧化反应过程可根据反应部位和反应特点分为三个阶段:①葡萄糖或糖原经糖酵解途径转变为丙酮酸;②丙酮酸进入线粒体氧化脱羧生成乙酰 CoA;③乙酰 CoA 经三羧酸循环和氧化磷酸化,彻底氧化生成 $CO_2$、$H_2O$ 和 ATP。

**1. 葡萄糖或糖原生成丙酮酸** 葡萄糖或糖原在胞液中经糖酵解途径转变为丙酮酸,与无氧氧化不同的是 3-磷酸甘油醛脱氢产生的 $NADH+H^+$,在有氧条件下不再还原丙酮酸使其生成乳酸,而是经呼吸链氧化生成水并释放能量。

**2. 丙酮酸氧化脱羧生成乙酰 CoA** 胞液中经糖酵解生成的丙酮酸进入线粒体内,在丙酮酸脱氢酶复合体催化下,发生氧化脱羧反应生成高能化合物乙酰 CoA,此为不可逆反应。总反应式为

丙酮酸脱氢酶复合体存在于线粒体内,是糖有氧氧化的关键酶,是由三种酶蛋白和五种辅酶、辅基组成的多酶复合体(表 7-1)。催化丙酮酸氧化脱羧的作用机制见图 7-2。

表 7-1 丙酮酸脱氢酶复合体的组成

| 酶 | 辅 酶 | 所含维生素 |
|---|---|---|
| 丙酮酸脱羧酶($E_1$) | TPP | 维生素 $B_1$ |
| 二氢硫辛酰胺转乙酰酶($E_2$) | 二氢硫辛酸、辅酶 A | 硫辛酸、泛酸 |
| 二氢硫辛酰胺脱氢酶($E_3$) | FAD、$NAD^+$ | 维生素 $B_2$、维生素 PP |

(1)丙酮酸脱羧酶($E_1$)催化丙酮酸脱羧,生成的羟乙基衍生物与 TPP 结合。

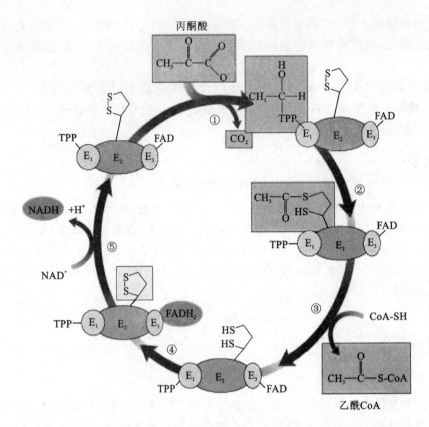

**图 7-2 丙酮酸脱氢酶复合体作用机制**

（2）羟乙基衍生物被氧化并与硫辛酸结合形成乙酰二氢硫辛酸。

（3）乙酰二氢硫辛酸的乙酰基转移给辅酶 A 生成乙酰辅酶 A。以上两步反应由二氢硫辛酰胺转乙酰酶（$E_2$）催化。

（4）二氢硫辛酸脱氢氧化，脱下的 2H 由 FAD 接受生成 $FADH_2$。

（5）$FADH_2$ 将 2H 交给 $NAD^+$ 使之生成 $NADH+H^+$。以上两步反应由二氢硫辛酰胺脱氢酶（$E_3$）催化。

**3. 乙酰 CoA 进入三羧酸循环** 三羧酸循环（TAC）在线粒体内进行，是乙酰 CoA 彻底氧化的途径，从乙酰 CoA 与草酰乙酸缩合生成三元羧酸——柠檬酸开始，经过一系列的反应，最终仍生成草酰乙酸而构成循环，故称三羧酸循环或柠檬酸循环，此循环是由德国科学家 Hans Krebs 提出的，故亦称为 Krebs 循环。反应过程如下。

（1）柠檬酸的生成：在柠檬酸合酶催化下，乙酰 CoA 与草酰乙酸缩合生成含有三个羧基的柠檬酸，此反应是三羧酸循环的第一个不可逆反应，柠檬酸合酶是三羧酸循环的关键酶。

（2）柠檬酸异构化生成异柠檬酸：顺乌头酸酶催化柠檬酸与异柠檬酸发生异构互变，柠檬酸先脱水生成顺乌头酸，再加水生成异柠檬酸。

（3）异柠檬酸氧化脱羧生成 α-酮戊二酸：在异柠檬酸脱氢酶作用下，异柠檬酸脱氢脱羧转变成 α-酮戊二酸，这是三羧酸循环的第一次氧化脱羧，生成 1 分子 $CO_2$，反应脱下的氢由 $NAD^+$ 接受生成 $NADH+H^+$。异柠檬酸脱氢酶是三羧酸循环的限速酶，其活性受 ADP 的变构激活，受 ATP 的变构抑制。

（4）α-酮戊二酸氧化脱羧生成琥珀酰 CoA：这是三羧酸循环的第二次氧化脱羧，反应由 α-酮戊二酸脱氢酶复合体催化。α-酮戊二酸脱氢酶复合体是三羧酸循环的关键酶，其结构、功能和催化机制与丙酮酸脱氢酶复合体极为相似，它由 α-酮戊二酸脱羧酶、二氢硫辛酰胺琥珀酰转移酶和二氢硫辛酰胺脱氢酶组合而成，需要 TPP、硫辛酸、辅酶 A、FAD、$NAD^+$ 五种辅酶或辅基参与。

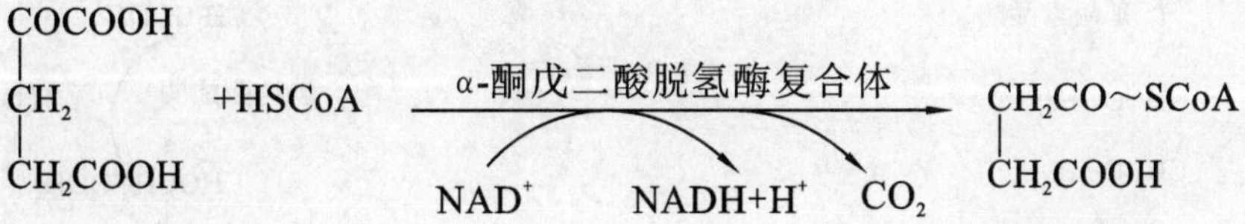

（以下为 α-酮戊二酸 + HSCoA → 琥珀酰CoA 反应式，经 α-酮戊二酸脱氢酶复合体催化，$NAD^+$ → $NADH+H^+$ + $CO_2$）

（5）琥珀酸的生成：琥珀酰 CoA 是高能化合物，含有高能硫酯键，受琥珀酰硫激酶（又称琥珀酰 CoA 合成酶）催化，琥珀酰 CoA 将高能键转移给 GDP 生成 GTP，自身转变成琥珀酸，这是三羧酸循环中唯一的底物水平磷酸化反应。生成的 GTP 可直接利用，也可将高能磷酸键转移给 ADP 生成 ATP。

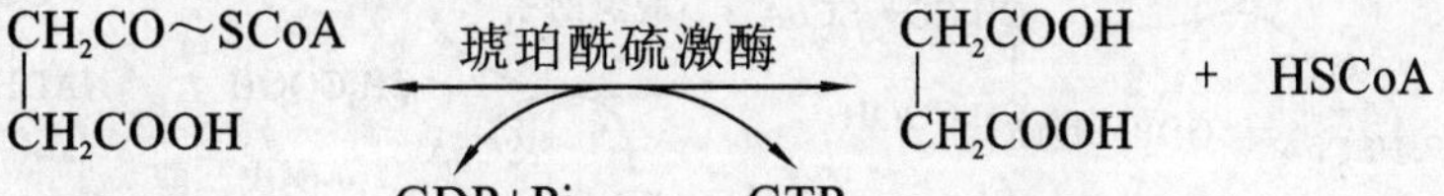

（琥珀酰CoA 经琥珀酰硫激酶催化，GDP+Pi → GTP，生成琥珀酸 + HSCoA）

（6）琥珀酸氧化生成延胡索酸：由琥珀酸脱氢酶催化，琥珀酸脱氢氧化生成延胡索酸，反应脱下的氢由 FAD 接受，生成 $FADH_2$。

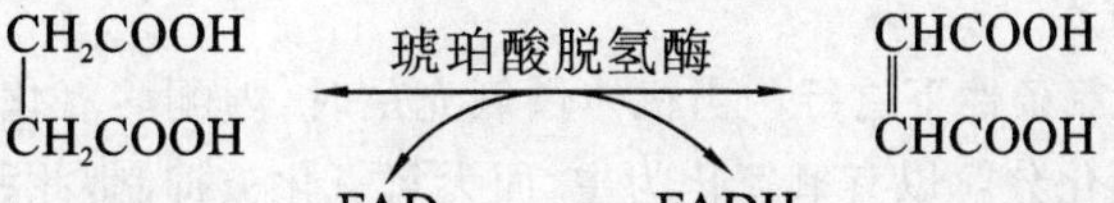

（琥珀酸 经琥珀酸脱氢酶催化，FAD → $FADH_2$，生成延胡索酸）

（7）苹果酸的生成：延胡索酸酶催化延胡索酸加水生成苹果酸，反应能可逆进行。

（延胡索酸 + $H_2O$ 经延胡索酸酶催化生成苹果酸）

（8）草酰乙酸的再生：在苹果酸脱氢酶催化下，苹果酸脱氢氧化生成草酰乙酸，脱下的氢由 $NAD^+$ 接受生成 $NADH+H^+$，再生的草酰乙酸可进入下一轮三羧酸循环。

三羧酸循环从 2 个碳原子的乙酰 CoA 与 4 个碳原子的草酰乙酸缩合生成 6 个碳原子的柠檬酸开始，经历两次脱羧反应生成 2 分子 $CO_2$，这是体内 $CO_2$ 的主要来源；经历四次脱氢反应，生成 3 分子 $NADH+H^+$ 和 1 分子 $FADH_2$；经历 1 次底物水平磷酸化反应生成 1 分子 GTP，反应过程可归纳如图 7-3 所示。三羧

酸循环的总反应为

$$CH_3CO\sim SCoA + 3NAD^+ + FAD + GDP + Pi + H_2O$$
$$\longrightarrow 2CO_2 + 3NADH + 3H^+ + FADH_2 + HSCoA + GTP$$

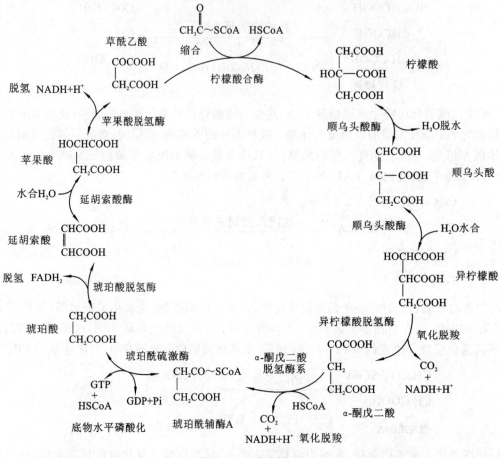

图 7-3 三羧酸循环

### （三）三羧酸循环的特点

**1. 三羧酸循环必须在有氧条件下进行** 当机体供氧充足时,丙酮酸氧化脱羧生成乙酰 CoA,进入三羧酸循环彻底氧化,故糖的氧化分解以有氧氧化为主,而无氧氧化被抑制,此种现象被称为巴斯德效应。

**2. 三羧酸循环是机体主要的产能途径** 三羧酸循环一周经历四次脱氢反应,共生成 3 分子 NADH+H$^+$ 和 1 分子 FADH$_2$,经氧化磷酸化生成水并释放能量。每对氢经 NADH 氧化呼吸链传递产生 2.5 分子 ATP,而经 FADH$_2$ 氧化呼吸链传递产生 1.5 分子 ATP,循环中还经历 1 次底物水平磷酸化反应生成 1 分子 ATP,所以 1 分子乙酰 CoA 经三羧酸循环彻底氧化共产生 10 分子 ATP。

**3. 三羧酸循环是单向反应体系** 三羧酸循环的关键酶柠檬酸合酶、α-酮戊二酸脱氢酶复合体和异柠檬酸脱氢酶(限速酶)催化的反应是不可逆反应,故整个三羧酸循环不能逆转。

**4. 三羧酸循环必须不断补充中间产物** 三羧酸循环的中间产物(包括草酰乙酸)在反应过程中起着催化剂作用,本身并没有量的变化。从理论上讲,三羧酸循环的中间产物可以循环使用而不被消耗,但由于体内各代谢途径的相互交汇和转化,这些中间产物常移出循环体系参与其他代谢反应而被消耗,例如草酰乙酸可转变为天冬氨酸、α-酮戊二酸可转变为谷氨酸参与蛋白质的合成、琥珀酰辅酶 A 可参与血红素的合成等。因此必须不断补充被消耗的中间产物,以维持三羧酸循环的正常进行。由其他物质转变为三羧酸循环中间产物的反应称为回补反应。草酰乙酸是三羧酸循环的重要启动物质,是乙酰基进入三羧酸循环的重要载体,因而草酰乙酸的回补反应最为重要,三羧酸循环中的草酰乙酸主要由丙酮酸在线粒体内羧化形成,其次可通过苹果酸脱氢获得。

（四）糖有氧氧化的生理意义

**1. 糖的有氧氧化是机体获得能量的主要方式** 1 分子葡萄糖经有氧氧化可生成 32 分子（或 30 分子）ATP（表 7-2）；若从糖原开始，一个葡萄糖残基进行有氧氧化净生成 33 分子（或 31 分子）ATP。脑组织几乎以葡萄糖为唯一能源物质，每天约消耗 100 g 葡萄糖以有氧氧化方式供能，故有氧氧化对维持脑功能有重要意义。

表 7-2 葡萄糖有氧氧化生成的 ATP

| 阶 段 | 反 应 | 辅 酶 | ATP 数 |
|---|---|---|---|
| 第一阶段<br>糖酵解途径 | 葡萄糖 → 6-磷酸葡萄糖 | | −1 |
| | 6-磷酸果糖 → 1,6-二磷酸果糖 | | −1 |
| | 2×3-磷酸甘油醛 → 2×1,3-二磷酸甘油酸 | $NAD^+$ | 2×2.5（或 2×1.5）* |
| | 2×1,3-二磷酸甘油酸 → 2×3-磷酸甘油酸 | | 2×1 |
| | 2×磷酸烯醇式丙酮酸 → 2×丙酮酸 | | 2×1 |
| 第二阶段 | 2×丙酮酸 → 2×乙酰 CoA | $NAD^+$ | 2×2.5 |
| | 2×异柠檬酸 → 2×α-酮戊二酸 | $NAD^+$ | 2×2.5 |
| 第三阶段<br>三羧酸循环 | 2×α-酮戊二酸 → 2×琥珀酰 CoA | $NAD^+$ | 2×2.5 |
| | 2×琥珀酰 CoA → 2×琥珀酸 | | 2×1 |
| | 2×琥珀酸 → 2×延胡索酸 | FAD | 2×1.5 |
| | 2×苹果酸 → 2×草酰乙酸 | $NAD^+$ | 2×2.5 |
| 合计 | 净生成 ATP 数 | | 32（或 30） |

注*：胞液中的 $NADH+H^+$ 经苹果酸-天冬氨酸穿梭进入线粒体产生 2.5 个 ATP；经 α-磷酸甘油穿梭进入线粒体，则产生 1.5 个 ATP。

**2. 三羧酸循环是体内三大营养物质彻底氧化的共同途径** 糖、脂肪、蛋白质经各自的分解代谢途径后均生成乙酰 CoA，然后进入三羧酸循环和氧化磷酸化彻底氧化生成 $CO_2$、$H_2O$，并释放出大量 ATP 供生命活动需要。

**3. 三羧酸循环是三大营养物质代谢联系的枢纽** 三羧酸循环是一个开放系统，它的许多中间产物与其他代谢途径相沟通，使糖、脂肪、氨基酸相互转化。如某些氨基酸的糖异生作用依赖于三羧酸循环；转氨基作用中所需要的 α-酮戊二酸也由三羧酸循环提供，脂肪酸、胆固醇、氨基酸、血红素等的合成也需要三羧酸循环协助提供前提物质。

（五）糖有氧氧化的调节

丙酮酸脱氢酶复合体及三羧酸循环中的柠檬酸合酶、异柠檬酸脱氢酶和 α-酮戊二酸脱氢酶复合体是糖有氧氧化的 4 个关键酶。

**1. 丙酮酸脱氢酶复合体的调节** 丙酮酸脱氢酶复合体可通过变构调节和共价修饰调节快速处理。该酶的产物乙酰 CoA、NADH 以及 ATP、长链脂肪酸是其变构抑制剂，而 CoASH、$NAD^+$、AMP 是其变构激活剂。例如饥饿、脂肪动员加强、脂肪酸氧化加强时，乙酰 CoA/CoASH 和 NADH/$NAD^+$ 升高，糖的有氧氧化被抑制，多数组织器官利用脂肪酸作为能量来源，以确保脑等重要器官对葡萄糖的需要。丙酮酸脱氢酶复合体还受到共价修饰调节，在丙酮酸脱氢酶复合体激酶作用下，该酶的丝氨酸残基可被磷酸化，使酶蛋白变构而失去活性；丙酮酸脱氢酶复合体磷酸酶使之去磷酸化而恢复活性。另外，胰岛素和 $Ca^{2+}$ 可促进该酶的去磷酸化使之转变为活性形式。

**2. 三羧酸循环的调节** 三羧酸循环的速率和流量受多种因素调控。在三个关键酶中，异柠檬酸脱氢酶和 α-酮戊二酸脱氢酶复合体是两个重要的调节点，它们不仅受到代谢物浓度的变构调节，还受到细胞内能量状态影响。二者在 NADH/$NAD^+$、ATP/ADP（AMP）升高时均被反馈抑制，使三羧酸循环速度减慢。ADP 是异柠檬酸脱氢酶的变构激活剂，可加速三羧酸循环进行。

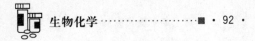

### 三、磷酸戊糖途径

#### （一）概念与部位

磷酸戊糖途径是以 6-磷酸葡萄糖为起始物，生成具有重要生理功能的 5-磷酸核糖（R-5-P）和 NADPH 的过程。磷酸戊糖途径主要在红细胞、肝、脂肪组织、哺乳期的乳腺、肾上腺皮质、性腺、骨髓等组织细胞的胞液中进行。

#### （二）磷酸戊糖途径的反应过程

磷酸戊糖途径可人为地分为两个阶段：第一阶段是不可逆的脱氢氧化反应，生成磷酸戊糖、NADPH和 $CO_2$；第二阶段是可逆的非氧化反应，包括一系列的基团转移反应生成糖酵解的中间产物而汇入糖酵解途径。

**1. 6-磷酸葡萄糖氧化生成磷酸戊糖**　在 6-磷酸葡萄糖脱氢酶催化下，6-磷酸葡萄糖首先加水脱氢生成 6-磷酸葡萄糖酸，后者由 6-磷酸葡萄糖酸脱氢酶催化发生氧化脱羧生成 5-磷酸核酮糖。生成的 5-磷酸核酮糖经异构化生成 5-磷酸核糖（R-5-P），也可在差向异构酶催化下转化成 5-磷酸木酮糖。1 分子 6-磷酸葡萄糖生成 5-磷酸核糖经历 2 次脱氢反应生成 2 分子 $NADPH+H^+$，一次脱羧反应生成 1 分子 $CO_2$，6-磷酸葡萄糖脱氢酶是该途径的限速酶。

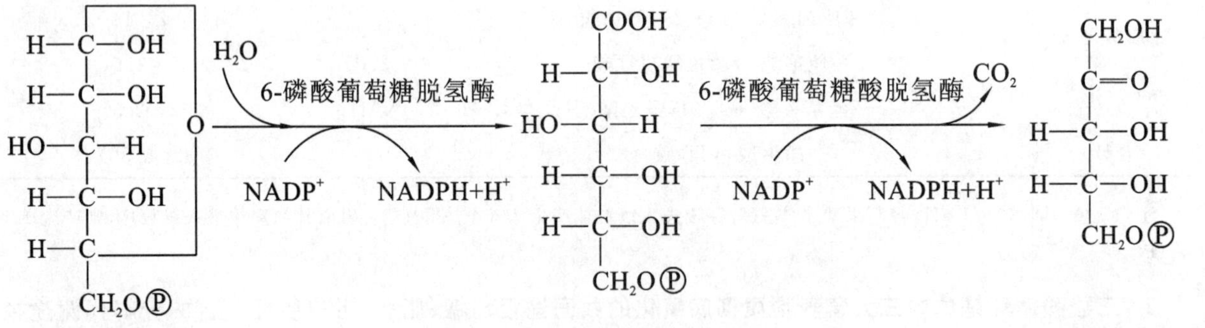

6-磷酸葡萄糖 → （6-磷酸葡萄糖脱氢酶，$H_2O$，$NADP^+$ → $NADPH+H^+$）→ 6-磷酸葡萄糖酸 → （6-磷酸葡萄糖酸脱氢酶，$NADP^+$ → $NADPH+H^+$，$CO_2$）→ 5-磷酸核酮糖

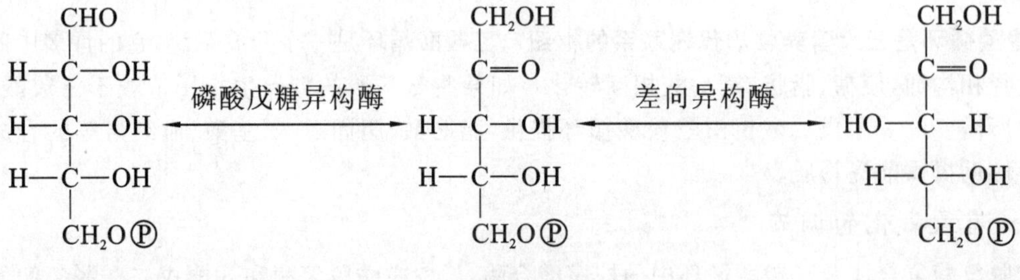

5-磷酸核糖 ←（磷酸戊糖异构酶）→ 5-磷酸核酮糖 ←（差向异构酶）→ 5-磷酸木酮糖

**2. 基团转移反应**　此阶段在各单糖之间通过一系列可逆的基团转移反应，进行醛基和酮基的转移，最终生成 6-磷酸果糖和 3-磷酸甘油醛汇入糖酵解途径进行分解代谢，因此磷酸戊糖途径又称为磷酸己糖旁路。磷酸戊糖途径全过程如图 7-4 所示。

#### （三）磷酸戊糖途径的生理意义

磷酸戊糖途径的主要功能不是生成 ATP 供能，而是生成对细胞生命活动具有重要意义的 5-磷酸核糖（R-5-P）和 NADPH。

**1. 提供磷酸核糖作为核苷酸合成的原料**　磷酸戊糖途径是葡萄糖在体内生成 5-磷酸核糖的唯一途径。5-磷酸核糖是合成核苷酸及其衍生物的重要原料，故受伤后修复再生的组织、更新旺盛的组织，如肾上腺皮质、梗死后的心肌、部分切除后的肝等，此代谢途径都比较活跃。

**2. 提供 NADPH 作为供氢体参与多种代谢反应**　NADPH 作为供氢体参与体内胆固醇、脂肪酸、皮质激素、性激素等物质的合成反应；NADPH 作为供氢体还参与体内的羟化反应，与药物、毒物及激素的

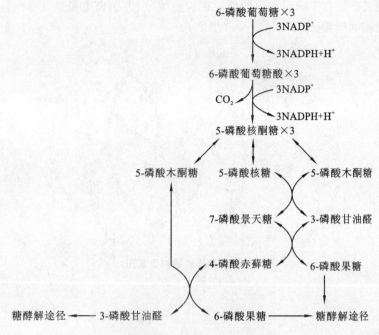

图 7-4　磷酸戊糖途径

生物转化作用有关;NADPH 作为供氢体又是谷胱甘肽(GSH)还原酶的辅酶,维持体内还原性谷胱甘肽的正常含量,还原型谷胱甘肽是体内重要的抗氧化剂,可保护一些含巯基(-SH)的蛋白质和酶类而免受氧化剂的破坏,在红细胞中还原型谷胱甘肽更具有重要作用,它可以保护红细胞膜上含巯基的蛋白质或酶免遭氧化而丧失正常结构和功能,此外 GSH 对维持红细胞中血红蛋白的亚铁状态也十分重要。

**▌知识链接▌**

<h3 style="text-align:center">蚕 豆 病</h3>

6-磷酸葡萄糖脱氢酶是磷酸戊糖途径的限速酶,如果先天性缺乏此酶,进食蚕豆或服用氯喹、磺胺等药物后易发生溶血性黄疸及贫血,临床上称之为蚕豆病。发病机制是,遗传性缺乏 6-磷酸葡萄糖脱氢酶,可导致机体不能经磷酸戊糖途径得到充足的 NADPH 来维持还原型谷胱甘肽的正常含量,造成红细胞膜易于损伤,发生破裂造成溶血性黄疸及贫血。

### (四) 磷酸戊糖途径的调节

磷酸戊糖途径的代谢速度主要受细胞内 $NADPH+H^+$ 需求量的调节。6-磷酸葡萄糖脱氢酶的活性受 $NADP^+/NADPH+H^+$ 浓度的影响。浓度高的 $NADPH+H^+$ 抑制该酶的活性,磷酸戊糖途径减弱,而 $NADP^+$ 浓度高于 $NADPH+H^+$ 时该酶被激活,磷酸戊糖途径加强,从而保证还原性生物合成所需的 $NADPH+H^+$ 及时地得到补充。

 ## 第三节　糖原的合成与分解

### 一、糖原的结构与分类

糖原是葡萄糖在动物体内的储存形式,由 α-葡萄糖聚合形成分支状大分子化合物(图 7-5),糖原分子中的葡萄糖单位以 α-1,4 糖苷键连接形成直链,以 α-1,6 糖苷键连接形成支链。食物中的糖类大部分转变为脂肪(甘油三酯)后储存于脂肪组织内,只有少部分以糖原形式储存在肝脏和肌组织中。储存于肝脏中的糖原称为肝糖原,占肝重的 5%,总量 100 g 左右,是血糖的重要来源,这对依赖于葡萄糖供能的脑组织及红细胞有重要意义。储存于肌组织中的糖原称为肌糖原，占肌肉重量的 $1\%\sim2\%$，总量约 $300\,g$，主要提供肌组织收缩所需的能量。

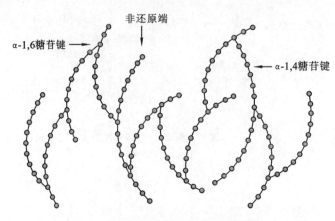

图 7-5 糖原的结构示意图

## 二、糖原合成

（一）概念与部位

由葡萄糖合成糖原的过程称为糖原合成，整个反应过程在肝脏、肌组织细胞的胞液进行。

（二）反应过程

**1. 葡萄糖磷酸化** 在己糖激酶（肌组织）或葡萄糖激酶（肝脏）催化下，利用 ATP 供能葡萄糖磷酸化生成 6-磷酸葡萄糖（G-6-P）。

$$葡萄糖 \xrightarrow[\text{ATP} \quad \text{ADP}]{\substack{\text{葡萄糖激酶(肝)}\\ \text{己糖激酶(肌)}\\ Mg^{2+}}} 6\text{-磷酸葡萄糖}$$

**2. 生成 1-磷酸葡萄糖** 6-磷酸葡萄糖在磷酸葡萄糖变位酶催化下，异构化生成 1-磷酸葡萄糖（G-1-P）。

$$6\text{-磷酸葡萄糖} \underset{\text{磷酸葡萄糖变位酶}}{\rightleftharpoons} 1\text{-磷酸葡萄糖}$$

**3. 生成尿苷二磷酸葡萄糖** 由尿苷二磷酸葡萄糖焦磷酸化酶催化，1-磷酸葡萄糖与 UTP 作用生成尿苷二磷酸葡萄糖（UDPG）。

$$1\text{-磷酸葡萄糖} + Ⓟ\sim Ⓟ\sim Ⓟ—尿苷 \xrightarrow[\text{PPi}]{\text{尿苷二磷酸葡萄糖焦磷酸化酶}} 尿苷二磷酸葡萄糖（UDPG）$$

反应能可逆进行，但由于焦磷酸（PPi）在细胞内迅速被焦磷酸酶水解成 2 分子磷酸，使反应向右进行。UDPG 可以看作是"活性葡萄糖"，它是糖原合成中葡萄糖基的供体。

**4. 合成糖原** 在糖原合酶催化下，UDPG 将葡萄糖基转移到糖原引物上形成 α-1,4 糖苷键，反复进行使糖链不断延长。

$$\text{尿苷二磷酸葡萄糖} + \text{糖原引物}(G_n) \xrightarrow{\text{糖原合酶}} \text{尿苷二磷酸} + \text{糖原}(G_{n+1})$$
$$\qquad\text{UDPG} \qquad\qquad\qquad\qquad\qquad\qquad\qquad \text{UDP}$$

注：$n$ 为糖原引物中的葡萄糖基数。

糖原合酶只能催化葡萄糖基以 α-1,4 糖苷键连接使糖链延长,不能形成分支,当糖链长度达到 12～18 个葡萄糖基时,需要分支酶将 6～7 个葡萄糖基转移到邻近糖链上,并以 α-1,6 糖苷键连接形成糖原的支链,分支酶的作用见图 7-6 所示。在糖原合酶与分支酶的交替作用下,糖原分子的糖链变长、分支变多、分子变大。分支的形成不仅可增加糖原的水溶性,更重要的是可增加糖原非还原末端的数目,以便多个糖原磷酸化酶同时作用迅速使其分解。

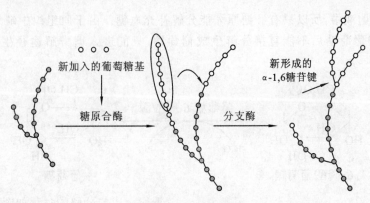

图 7-6  分支酶的作用

### （三）糖原合成的特点

葡萄糖合成糖原是一个耗能过程,在糖链上每增加 1 分子葡萄糖基需要消耗 2 分子 ATP:1 分子 ATP 用于葡萄糖磷酸化,另 1 分子高能键用于焦磷酸水解。糖原合酶是糖原合成的限速酶,6-磷酸葡萄糖是其变构激活剂。

## 三、糖原分解

### （一）概念与部位

肝糖原分解为葡萄糖的过程称为糖原分解,反应在细胞的胞液中进行。

### （二）反应过程

**1. 糖原分解为 1-磷酸葡萄糖**  糖原磷酸化酶是糖原分解的限速酶,从糖链的非还原末端开始,逐个催化 α-1,4 糖苷键断裂并使葡萄糖基磷酸化生成 1-磷酸葡萄糖。

$$\text{糖原}(G_n) + Pi \xrightarrow{\text{糖原磷酸化酶}} \text{糖原}(G_{n-1}) + \text{1-磷酸葡萄糖}$$

该酶只能催化 α-1,4 糖苷键断裂使糖链缩短,但对 α-1,6 糖苷键无作用,当糖链上的葡萄糖基逐个磷酸化至分支点 4 个葡萄糖基时,须由脱支酶将 3 个葡萄糖基转移到邻近糖链的末端并以 α-1,4 糖苷键连接,剩下的以 α-1,6 糖苷键连接的 1 个葡萄糖基由脱支酶催化水解生成游离葡萄糖,脱支酶作用如图 7-7 所示。

**2. 6-磷酸葡萄糖的生成**  磷酸葡萄糖变位酶催化 1-磷酸葡萄糖变位生成 6-磷酸葡萄糖。

1-磷酸葡萄糖 $\xrightarrow{\text{磷酸葡萄糖变位酶}}$ 6-磷酸葡萄糖

**3. 葡萄糖的生成**  在葡萄糖-6-磷酸酶的作用下,6-磷酸葡萄糖水解生成葡萄糖释放入血,该酶主要

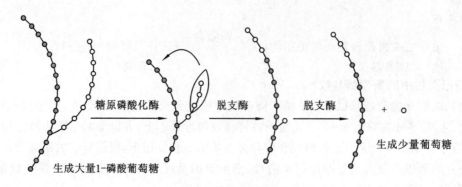

图 7-7　脱支酶的作用

存在于肝和肾细胞的胞液中,所以只有肝糖原才能分解补充血糖。由于肌组织中缺乏葡萄糖-6-磷酸酶,肌糖原分解为 6-磷酸葡萄糖后不能直接分解生成葡萄糖,只能进入糖酵解途径生成乳酸或进入有氧氧化。

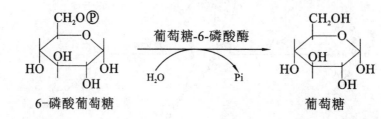

糖原合成与分解的过程如图 7-8 所示。

## 四、糖原代谢的生理意义与调节

### (一)糖原代谢的生理意义

糖原是机体储存葡萄糖的形式,也是储存糖类能量的一种方式。糖原代谢对维持血糖浓度的恒定有主要作用,当机体糖供应丰富(例如饱食)或供能充足时,机体即进行糖原合成储存能量,避免血糖浓度过度升高;当机体糖供应不足(例如空腹)或能量需求增加时,肝糖原即分解为葡萄糖,维持血糖浓度恒定。

### (二)糖原代谢的调节

糖原合酶和糖原磷酸化酶的活性强弱,直接影响糖原代谢的方向和速度,这两种酶在体内都有活性型和无活性型两种形式,均受到共价修饰调节和变构调节的双重调节。

图 7-8　糖原合成与分解

### ▌知识链接▐

#### 糖原累积症

糖原累积症(GSD)是一类遗传性代谢疾病,特点是体内某些组织器官中有大量糖原堆积。糖原累积症的病因是患者先天性缺乏与糖原代谢特别是糖原分解有关的酶类。根据所缺陷的酶在糖原代谢中的作用,受累的器官不同,糖原的结构亦有差异,对健康或生命的影响程度也不同。例如,缺乏肝糖原磷酸化酶时,婴儿仍可成长,肝糖原堆积导致肝肿大,并无严重后果;当肝内缺乏葡萄糖-6-磷酸酶而不能动用糖原维持血糖时,引起的严重后果是最常见的糖原累积症;溶酶体的 α-葡萄糖苷酶可分解为 α-1,4 糖苷键和 α-1,6 糖苷键,缺乏此酶,所有组织均受损,常因心肌受损而突然死亡。

**1. 共价修饰调节**　通过激素、cAMP-蛋白激酶 A 途径可调节糖原合酶和糖原磷酸化酶的活性,实现对糖原代谢的调节。例如,空腹或饥饿引起血糖含量下降时,可促进胰高血糖素或肾上腺素分泌,激活

cAMP-蛋白激酶 A，使糖原合酶发生磷酸化，从有活性的糖原合酶 a 转变为无活性的糖原合成停止；同时糖原磷酸化酶在磷酸化 b 激酶催化下发生磷酸化，从无活性的糖原磷酸化酶 b 转变为有活性的糖原磷酸化酶 a，糖原分解加强，如此可使血糖水平升高维持血糖浓度相对恒定。糖原代谢的共价修饰调节如图 7-9 所示。

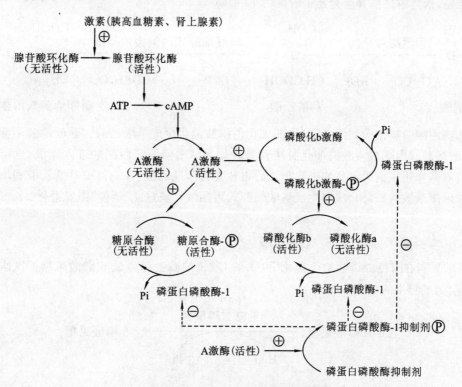

图 7-9 糖原代谢的共价修饰示意图

**2. 变构调节** 糖原合酶与糖原磷酸化酶都是变构酶，受到代谢物的变构调节。6-磷酸葡萄糖是糖原合酶的变构激活剂，当血糖浓度高时，进入组织细胞的葡萄糖增多，6-磷酸葡萄糖生成增加，可激活糖原合酶 b 转变为有活性的糖原合酶 a，加速糖原合成。AMP 是糖原磷酸化酶 b 的变构激活剂，当细胞内能量供应不足时，AMP 浓度升高，使糖原磷酸化酶 b 发生变构而易受到糖原磷酸化酶 b 激酶的催化，进行磷酸化修饰形成有活性的糖原磷酸化酶 a，加速糖原分解。反之，ATP 是糖原磷酸化酶 a 的变构抑制剂，可使糖原分解减弱。

 ## 第四节 糖 异 生

### 一、糖异生概念与部位

由非糖物质转变为葡萄糖或糖原的过程称为糖异生。能进行糖异生的物质主要有乳酸、丙酮酸及三羧酸循环中的有机酸、甘油、生糖氨基酸等。肝脏是体内进行糖异生的主要器官，长期饥饿或酸中毒时，肾脏的糖异生作用可大大加强。

### 二、糖异生的途径

由丙酮酸生成葡萄糖的过程称为糖异生途径。该途径基本上是糖酵解途径的逆反应，其他非糖物质可先转变为丙酮酸或糖酵解途径的中间产物再进行糖异生，糖酵解途径中由己糖激酶（HK）、磷酸果糖激酶-1（PFK-1）和丙酮酸激酶（PK）催化的三个不可逆反应，都有很大的能量变化，这些反应的逆过程均需要通过其他酶的作用消耗一定的能量，常称之为糖异生的"能障"。实现糖异生绕过这三个"能障"所需的

酶即为糖异生的关键酶。

（一）丙酮酸生成磷酸烯醇式丙酮酸

由丙酮酸羧化酶和磷酸烯醇式丙酮酸羧激酶催化丙酮酸逆向转变为磷酸烯醇式丙酮酸的过程称为丙酮酸羧化支路，借此越过糖异生途径中的第一个"能障"。

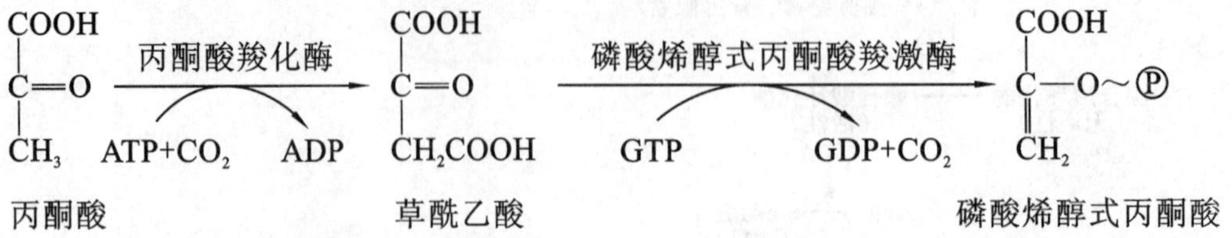

$$\underset{\text{丙酮酸}}{\overset{\text{COOH}}{\underset{\text{CH}_3}{\overset{|}{\underset{|}{C=O}}}}} \xrightarrow[\text{ATP+CO}_2 \quad \text{ADP}]{\text{丙酮酸羧化酶}} \underset{\text{草酰乙酸}}{\overset{\text{COOH}}{\underset{\text{CH}_2\text{COOH}}{\overset{|}{\underset{|}{C=O}}}}} \xrightarrow[\text{GTP} \quad \text{GDP+CO}_2]{\text{磷酸烯醇式丙酮酸羧激酶}} \underset{\text{磷酸烯醇式丙酮酸}}{\overset{\text{COOH}}{\underset{\text{CH}_2}{\overset{|}{\underset{\|}{C-O\sim\text{\textcircled{P}}}}}}}$$

在线粒体内丙酮酸羧化酶利用 ATP 供能催化丙酮酸羧化生成草酰乙酸。草酰乙酸不能通过线粒体膜，可以由磷酸烯醇式丙酮酸羧激酶催化脱羧直接转化为磷酸烯醇式丙酮酸进入胞液；也可以先转化为苹果酸或经转氨基作用生成天冬氨酸进入胞液后再转变为草酰乙酸，在胞液中草酰乙酸利用 GTP 供能，由磷酸烯醇式丙酮酸羧激酶催化脱羧生成磷酸烯醇式丙酮酸。绕过此"能障"需要消耗 2 分子 ATP，整个反应不可逆。

（二）1,6-二磷酸果糖生成 6-磷酸果糖

1,6-二磷酸果糖在果糖二磷酸酶-1 催化下，水解 $C_1$ 位的磷酸基生成 6-磷酸果糖。该水解反应是释放能量的反应，为糖异生的关键步骤。

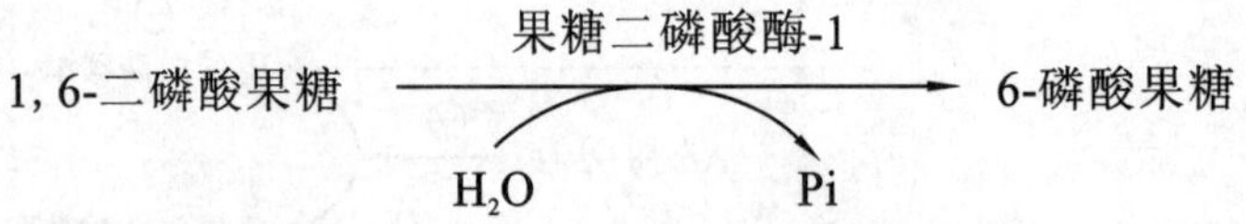

$$\text{1,6-二磷酸果糖} \xrightarrow[\text{H}_2\text{O} \quad \text{Pi}]{\text{果糖二磷酸酶-1}} \text{6-磷酸果糖}$$

（三）6-磷酸葡萄糖生成葡萄糖

在葡萄糖-6-磷酸酶催化下，6-磷酸葡萄糖水解生成葡萄糖，完成己糖激酶催化的逆反应，生成的葡萄糖释放入血可补充血糖。葡萄糖-6-磷酸酶仅存在于肝和肾细胞中，肌肉组织中不含此酶，故糖异生只能在肝、肾组织中进行。

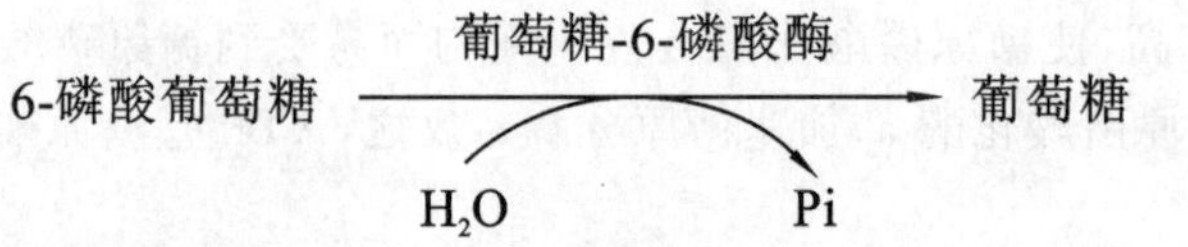

$$\text{6-磷酸葡萄糖} \xrightarrow[\text{H}_2\text{O} \quad \text{Pi}]{\text{葡萄糖-6-磷酸酶}} \text{葡萄糖}$$

丙酮酸羧化酶、磷酸烯醇式丙酮酸羧激酶、果糖二磷酸酶-1 和葡萄糖-6-磷酸酶是糖异生途径的关键酶，某些非糖物质通过这些酶催化能越过"能障"，转变为葡萄糖或糖原。例如乳酸脱氢生成丙酮酸后遵循糖异生途径生成糖；甘油磷酸化为 α-磷酸甘油，再脱氢生成磷酸二羟丙酮汇入糖异生途径生成糖；生糖氨基酸经三羧酸循环转化成糖有氧氧化的中间产物进入糖异生途径生成糖。糖异生途径如图 7-10 所示。

### 三、糖异生的生理意义

（一）饥饿情况下维持血糖浓度恒定

糖异生最主要的生理意义就是在饥饿情况下，当机体糖来源不足时，利用非糖物质转变为葡萄糖以维持血糖浓度。人体储存糖原的能力有限，在空腹时，由肝糖原分解产生的葡萄糖仅能维持 8～12 h，糖异生作用恰恰是在饥饿或长期饥饿状态下补充血糖的重要来源，相对恒定的血糖浓度对于维持脑、红细胞等重要器官的能量供应十分必要。

（二）调节酸碱平衡

长期饥饿时，肾脏的糖异生作用增强，可促进肾小管细胞分泌氨，使 $NH_3$ 与 $H^+$ 结合生成 $NH_4Cl$ 排出体外，加速肾脏的排氢保钠作用，有利于维持酸碱平衡，对防止酸中毒有重要意义。

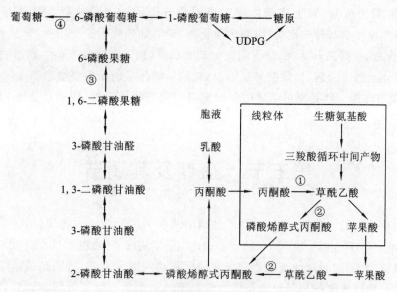

**图 7-10 糖异生途径示意图**

注:①丙酮酸羧化酶;②磷酸烯醇式丙酮酸羧激酶;③果糖二磷酸酶-1;④葡萄糖-6-磷酸酶

### (三) 有利于乳酸利用

乳酸是糖异生的重要原料,当肌肉在缺氧或剧烈运动时,肌糖原酵解产生大量乳酸,由于肌组织内不能进行糖异生,乳酸经血液循环运输至肝,在肝内异生为葡萄糖,释放入血的葡萄糖又被肌组织细胞摄取利用,这样构成的循环称为乳酸循环,也称为 Cori 循环(图 7-11)。乳酸循环的生理意义在于:①乳酸循环有利于肌肉中乳酸的回收利用,防止和改善因乳酸堆积引起的代谢性酸中毒;②乳酸经糖异生作用生成葡萄糖或肝糖原,不仅有利于糖原的更新和补充,而且使不能直接分解为葡萄糖的肌糖原间接变成血糖。

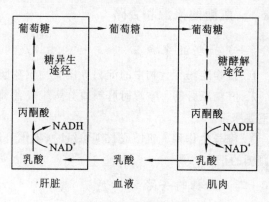

**图 7-11 乳酸循环示意图**

### 四、糖异生作用的调节

糖异生与糖酵解是两条方向相反、互相制约的代谢途径,加速糖异生途径,糖酵解途径就会受到抑制,糖异生途径受代谢物的变构调节和激素调节。

#### (一) 代谢物的变构调节

**1. ATP/AMP、ADP 的调节作用** ATP 是糖异生途径中丙酮酸羧化酶和果糖二磷酸酶-1 的变构激活剂,同时又是糖酵解途径中丙酮酸激酶和磷酸果糖激酶-1 的变构抑制剂。因此当细胞内 ATP 含量较高时,促进糖异生作用而抑制糖酵解途径,使糖的氧化分解减弱。反之,AMP、ADP 是丙酮酸羧化酶和果糖二磷酸酶-1 的变构抑制剂,同时又是丙酮酸激酶和磷酸果糖激酶-1 的变构激活剂,可抑制糖异生作用而促进糖的氧化分解。

**2. 其他代谢物的调节作用** 柠檬酸是果糖二磷酸酶-1 的变构激活剂,乙酰 CoA 是丙酮酸羧化酶的变构激活剂,促进糖异生作用而抑制糖的分解。2,6-二磷酸果糖是果糖二磷酸酶-1 的变构抑制剂,同时又是磷酸果糖激酶-1 的变构激活剂,目前认为 2,6-二磷酸果糖水平是肝内调节糖分解与糖异生方向的主要信号。

#### (二) 激素的调节作用

激素主要通过调节糖异生途径关键酶的活性和糖异生原料供应,实现对糖异生的调节作用。最主要的调节激素有胰高血糖素、肾上腺素、肾上腺糖皮质激素和胰岛素。

**1. 胰高血糖素、肾上腺素、肾上腺糖皮质激素的调节作用** 这三种激素都具有促进糖异生作用。①它们可诱导糖异生途径中四种关键酶(丙酮酸羧化酶、磷酸烯醇式丙酮酸羧激酶、果糖二磷酸酶-1 和葡萄糖-6-磷酸酶)的合成,并提高其活性;②它们促进脂肪动员,加强脂肪酸氧化生成乙酰 CoA;③肾上腺糖皮质激素还促进肝外蛋白质分解,提供糖异生原料,是调节糖异生的最重要激素。

**2. 胰岛素的调节作用** 胰岛素可诱导糖酵解途径中关键酶的活性,促进组织利用葡萄糖,抑制脂肪动员,抑制糖异生作用。

# 第五节 血糖及其调节

血糖主要是指血液中的葡萄糖,是体内糖的运输形式和利用形式。用葡萄糖氧化酶法测得正常人空腹血糖浓度为 3.89~6.11 mmol/L(70~110 mg/dL)。正常情况下,血糖浓度保持相对恒定,有利于组织细胞摄取葡萄糖氧化供能,这对保证组织器官正常的生理功能极为重要,特别是脑组织和红细胞,因为它们主要靠血糖供能。血糖浓度的相对恒定是机体对血糖的来源和去路进行精细调节,使之维持动态平衡的结果。

## 一、血糖的来源和去路

### (一)血糖的来源

**1. 食物淀粉** 食物中的淀粉等糖类物质在肠道分解并吸收入血,这是血糖的主要来源。

**2. 肝糖原分解** 空腹时肝糖原分解生成葡萄糖释放入血,补充血糖浓度。肝糖原分解是空腹时血糖的重要来源。

**3. 糖异生作用** 饥饿或长期饥饿时,机体可通过糖异生作用将大量非糖物质转变为葡萄糖,继续维持血糖的正常水平。

### (二)血糖的去路

**1. 氧化供能** 被组织细胞摄取氧化分解供应能量,这是血糖最主要的去路。

**2. 合成糖原** 饱食后部分血糖被肝脏、肌组织摄取合成肝糖原和肌糖原。

**3. 转变为其他物质** 血糖被组织摄取后可转变为脂肪、非必需氨基酸、其他糖及其衍生物,如核糖、氨基糖、葡萄糖醛酸等。

**4. 随尿排出** 当血糖浓度高于 8.89~10.0 mmol/L(肾糖阈值)时,超过肾小管对糖的重吸收能力,糖可随尿排出体外而出现糖尿现象,尿排糖是血糖的异常去路。

## 二、血糖的调节

血糖浓度维持在恒定范围内不仅是糖、脂肪、氨基酸代谢协调的结果,而且也是肝、肌、肾、脂肪组织等器官代谢协调的结果。正常情况下,机体通过神经系统、激素和组织器官的调节,保持着血糖来源与去路的动态平衡。

### (一)神经系统调节

神经系统对血糖的调节属于整体调节,通过调节各种促激素或激素的分泌,影响各代谢中的酶活性而完成调节作用。如情绪激动时,交感神经兴奋,使肾上腺素分泌增加,促进肝糖原分解、肌糖原酵解和糖异生作用,从而使血糖水平升高;当处于静息状态时,迷走神经兴奋,使胰岛素分泌增加,血糖水平降低。

### (二)激素调节

调节血糖的激素有两类:一类是降低血糖的激素,即胰岛素,它是体内唯一能降低血糖的激素;另一类是升高血糖的激素,如肾上腺素、胰高血糖素、肾上腺糖皮质激素和生长素等。这两类激素的作用相互拮抗、相互制约,它们通过调节各条糖代谢途径的关键酶或限速酶的活性或含量来调节血糖浓度恒定。各种激素对血糖的调节机制见表7-3。

表 7-3　激素对血糖的调节机制

| 激　　素 | 调 节 机 制 |
| --- | --- |
| 降低血糖的激素 | |
| 胰岛素 | 促进细胞膜葡萄糖载体转运血糖进入细胞;促进糖原合成;促进糖的有氧氧化;抑制糖原分解;抑制糖异生;抑制脂肪动员 |
| 升高血糖的激素 | |
| 胰高血糖素 | 促进肝糖原分解;加速脂肪分解,促进糖异生;抑制糖原合成;抑制糖酵解 |
| 肾上腺素 | 促进肝糖原分解;促进糖异生;促进脂肪动员;抑制糖酵解 |
| 肾上腺糖皮质激素 | 加速糖原分解;促进蛋白质和脂肪分解,为糖异生提供原料;抑制肝外组织细胞摄取利用葡萄糖 |
| 生长素 | 与胰岛素作用相拮抗 |

### (三)器官调节

**1. 肝脏调节**　肝脏是调节血糖水平的最重要器官,这不仅是因为肝内糖代谢的途径很多,而且关键还在于有些代谢途径为肝脏所特有。肝脏主要通过肝糖原的合成、分解和糖异生作用来维持血糖浓度的相对恒定。进餐后血糖浓度增高,肝糖原合成作用增加,使血糖水平不过度升高;空腹时血糖浓度降低,肝糖原能直接分解为葡萄糖入血补充血糖;饥饿或禁食情况下肝糖原耗尽,肝脏糖异生作用加强,将非糖物质(如甘油、丙酮酸、乳酸、生糖氨基酸等)转变为糖,进而维持血糖浓度的相对恒定。

**2. 肾脏调节**　肾小管对葡萄糖具有很强的重吸收能力,它犹如一个阀门控制葡萄糖的重吸收和排出。当血糖浓度介于肾糖阈值 8.89~10.0 mmol/L 时,滤入肾小管管腔内的葡萄糖几乎完全被重吸收入血而重新利用,因此正常人尿液中一般检测不出葡萄糖;当血糖浓度大于 8.89 mmol/L,即超过肾小管重吸收能力时,葡萄糖随尿液排出而出现糖尿。此外,当长期饥饿时,肾脏糖异生作用大大增强,成为糖异生的重要器官。

## 三、临床常见的糖代谢异常

糖代谢紊乱通常表现为血糖浓度异常,主要是低血糖和高血糖。

### (一)低血糖

临床上将空腹血糖浓度低于 3.89 mmol/L(70 mg/dL)称为低血糖。脑组织对低血糖极为敏感,因为脑细胞主要靠摄取血糖氧化供能,常表现为头晕、心悸、出冷汗等虚脱症状。如果血糖浓度持续下降,低于 2.5 mmol/L(45 mg/dL)时,可发生低血糖昏迷(低血糖昏迷),此时如果能及时给患者静脉点滴葡萄糖,症状即可得到缓解。引起低血糖的原因如下。

(1)胰岛 β 细胞器质性病变,如 β 细胞肿瘤可导致胰岛素分泌过多。

(2)肾上腺皮质机能性减退,使糖皮质激素分泌不足,临床称为阿狄森病。

(3)严重肝疾病,使肝糖原的储存能力降低及糖异生作用减弱,肝脏不能有效调节血糖。

(4)饥饿时间过长或持续剧烈运动。

### (二)高血糖与糖尿病

临床上将空腹血糖浓度超过 6.9 mmol/L(或 124 mg/dL)时称为高血糖。当血糖浓度超过 8.89 mmol/L(或 160 mg/dL),即超过肾小管重吸收能力时,尿液中可检测出葡萄糖,此现象称为糖尿。

高血糖分为生理性和病理性两类。

**1. 生理性高血糖**　在生理条件下,机体因糖来源增加引起的一过性高血糖,称为生理性高血糖。例如正常人一次性进食或静脉输入大量葡萄糖(每小时每公斤体重超过 22 mmol/L)时,使血糖浓度急剧增高,称为饮食性高血糖;由于情绪激动,交感神经兴奋引起肾上腺素分泌增加,肝糖原分解为葡萄糖释放入血,使血糖浓度升高,称为情感性高血糖。

**2. 病理性高血糖** 在病理情况下,如升高血糖激素分泌亢进或胰岛素分泌障碍均可导致高血糖,甚至出现糖尿,临床上将因胰岛素分泌障碍所引起的高血糖和糖尿称为糖尿病(DM)。糖尿病患者,因胰岛素缺乏使机体糖代谢功能低下,糖的氧化分解减少造成机体能量缺乏,又引起脂肪大量动员,进而导致脂代谢紊乱,表现出多饮、多食、多尿、体重减少的"三多一少"症状,并诱发酮症酸中毒等多种并发症。

除高血糖引起糖尿外,由于肾机能先天不足或肾疾病引起的肾糖阈值降低,也可引起糖尿,称为肾性糖尿。肾性糖尿病患者的血糖浓度可以升高,也可以在正常范围,糖代谢并未发生紊乱,而是由于肾小管的重吸收功能减退所致。

> ▌**知识链接** ▌
>
> ### 胰岛素与糖尿病
>
> 糖尿病的致病原因可能是胰岛素相对或绝对缺乏,或胰岛素受体与胰岛素的亲和力降低或受体数目减少所致。糖尿病时可出现多方面的糖代谢紊乱:血糖不易进入组织细胞;糖原合成减少而分解增加;组织细胞氧化利用葡萄糖的能力减弱;糖异生作用加强。总之使血糖的来源增加,去路减少,出现持续性的高血糖和糖尿。临床上将糖尿病分为胰岛素依赖型(1型)和非胰岛素依赖型(2型),其中1型糖尿病多发生于青少年,因胰岛素分泌缺乏,依赖外源性胰岛素补充以维持生命。2型糖尿病也称成人发病型糖尿病,多在35~40岁之后发病,2型糖尿病患者体内产生胰岛素的能力并非完全丧失,有的患者体内胰岛素甚至产生过多,但胰岛素的作用效果却大打折扣,因此患者体内的胰岛素可能处于一种相对缺乏的状态,可以通过某些口服药物刺激体内胰岛素的分泌。但到后期仍有部分患者需要像1型糖尿病那样进行胰岛素治疗。我国糖尿病以成人多发的2型糖尿病为主,占糖尿病患者的90%以上。

(三)糖耐量与糖耐量试验

人处理摄入葡萄糖的能力称为葡萄糖耐量或耐糖现象。正常人即使一次性摄入大量葡萄糖,其血糖浓度也只是暂时升高,不久即可恢复到正常水平,这是正常的耐糖现象;如果摄取葡萄糖后血糖上升但恢复缓慢,或者血糖升高不明显甚至不升高,说明机体血糖调节障碍,称为耐糖失常。

临床上常用糖耐量试验检测人体血糖水平,辅助诊断糖代谢紊乱的相关疾病。测定方法是首先测定受试者清晨空腹血糖浓度,然后一次性进食100 g葡萄糖(或按1.5~1.75 g/kg体重计算),在进食后0.5、1、2、3、4 h时分别测一次血糖。以时间为横坐标,血糖浓度为纵坐标绘制糖耐量曲线(图7-12)。

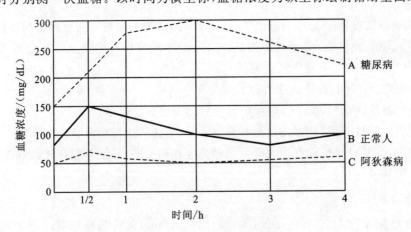

**图7-12 糖耐量曲线示意图**

正常人糖耐量曲线的特点:空腹血糖浓度正常;进食后血糖浓度升高,0.5 h达到高峰,一般不超过8.89 mmol/L(160 mg/dL);此后血糖浓度迅速降低,在2 h内降至正常水平。

糖尿病患者因胰岛素分泌不足或机体对胰岛素的敏感性降低,其糖耐量曲线表现为:空腹血糖浓度高于正常值,进食后血糖浓度迅速升高,并可超过肾糖阈值;在 2 h 内不能恢复至空腹血糖水平。

阿狄森综合征患者由于肾上腺皮质功能低下,其糖耐量曲线表现为:空腹血糖浓度低于正常值;进食后血糖浓度升高不明显;短时间就恢复到原有的血糖水平。

## 本章小结

糖酵解(无氧氧化)在胞液进行,终产物是乳酸,1 分子葡萄糖(或糖原)经酵解净生成 2(或 3)分子 ATP,关键酶是己糖激酶、磷酸果糖激酶-1 和丙酮酸激酶,磷酸果糖激酶-1 是限速酶;糖的有氧氧化在胞液和线粒体进行,终产物是 $CO_2$ 和 $H_2O$,1 分子葡萄糖彻底氧化分解生成 32 分子或 30 分子 ATP,关键酶是丙酮酸脱氢酶复合体、柠檬酸合酶、异柠檬酸脱氢酶和 α-酮戊二酸脱氢酶复合体;三羧酸循环一周共生成 10 分子 ATP,关键酶是柠檬酸合酶、异柠檬酸脱氢酶和 α-酮戊二酸脱氢酶复合体,异柠檬酸脱氢酶是限速酶;磷酸戊糖途径在胞液中进行,限速酶是 6-磷酸葡萄糖脱氢酶,主要产物是 NADPH 和 5-磷酸核糖,先天缺乏此酶导致蚕豆病;糖原合成在肝和肌细胞的胞液中进行,限速酶是糖原合酶;肝糖原分解的限速酶是糖原磷酸化酶;肝和肾是糖异生的场所,关键酶是丙酮酸羧化酶、磷酸烯醇式丙酮酸羧激酶、果糖二磷酸酶-1 和葡萄糖-6-磷酸酶;正常人空腹血糖浓度为 3.89~6.11 mmol/L,胰岛素是降低血糖的激素,升高血糖的激素有胰高血糖素、肾上腺素、肾上腺糖皮质激素和生长素;肝脏、肾脏是调节血糖的主要器官;糖代谢紊乱有低血糖(空腹血糖低于 3.89 mmol/L)和高血糖(空腹血糖高于 6.9 mmol/L)。

## 能力检测

### 一、名词解释

1. 糖酵解  2. 糖的有氧氧化  3. 磷酸戊糖途径  4. 糖原合成  5. 糖原分解
6. 糖异生  7. 乳酸循环  8. 血糖

### 二、填空题

1. 糖酵解在细胞的_____中进行,反应条件为_____,终产物是_____。

2. 糖酵解的关键酶是_____、_____、_____。

3. 糖的有氧氧化在细胞的_____和_____进行,反应条件为_____,终产物是_____。

4. 糖的有氧氧化大致可分为_____、_____、_____三个阶段。

5. 三羧酸循环在细胞_____内进行,每循环一次消耗 1 分子_____基,经历____次脱氢反应,_____次脱羧反应,_____次氧化磷酸化,关键酶为_____、_____、_____。

6. 1 分子葡萄糖经糖酵解净得_____分子 ATP,糖原中的一个葡萄糖残基经糖酵解可净得_____分子 ATP,1 分子葡萄糖经有氧氧化可净得_____分子 ATP。

7. 磷酸戊糖途径在_____进行,限速酶是_____。

8. 糖原合成的关键酶是_____;糖原分解的关键酶是_____。

9. 肝糖原可以补充血糖,是因为肝脏有_____酶;肌肉中因缺乏此酶,故不能进行_____和_____两种糖代谢途径。

10. 糖异生主要在_____进行,其次在_____进行;糖异生途径中绕过三个"能障"的酶是_____、_____和_____。

11. 正常空腹血糖水平为_____;若高于_____称高血糖;若低于_____称低血糖。

12. 降低血糖的激素是_____,升高血糖的激素有_____、_____、_____、_____。

13. 肝脏通过_____、_____和_____维持血糖浓度。

14. 糖的运输形式是_____;糖的储存形式是_____。

15. 6-磷酸葡萄糖在磷酸葡萄糖变位酶催化下进入_____途径;在葡萄糖-6-磷酸酶作用下进入_____途径;在 6-磷酸葡萄糖脱氢酶催化下进入_____途径;经磷酸葡萄糖异构酶催化下进入_____途径。

三、单项选择题

1. 下列哪个组织器官在有氧条件下从糖酵解获得能量?(    )

A. 肝    B. 肾    C. 肌肉    D. 成熟红细胞    E. 脑组织

2. 关于糖酵解下列叙述正确的是(    )。

A. 所有反应均可逆    B. 终产物是丙酮酸    C. 不消耗 ATP

D. 通过氧化磷酸化生成 ATP    E. 途径中催化各反应的酶都存在于胞液中

3. 糖原分子中的一个葡萄糖残基经糖酵解可净产生 ATP 数为(    )。

A. 2    B. 3    C. 4    D. 5    E. 6

4. 休息状态下,人体血糖大部分消耗于(    )。

A. 肌    B. 肾    C. 肝    D. 脑    E. 脂肪组织

5. 糖酵解与糖的有氧氧化共同经历了下列哪一阶段的反应?(    )

A. 糖酵解途径    B. 丙酮酸还原为乳酸

C. 丙酮酸氧化脱羧为乙酰 CoA    D. 乙酰 CoA 氧化为 $CO_2$ 和水

E. 乳酸脱氢氧化为丙酮酸

6. 三羧酸循环在何处进行?(    )

A. 胞液    B. 细胞核    C. 内质网    D. 微粒体    E. 线粒体

7. 6-磷酸葡萄糖脱氢酶催化的反应中,直接的受氢体是(    )。

A. FMN    B. FAD    C. $NAD^+$    D. $NADP^+$    E. CoQ

8. 下列哪种酶缺乏引起红细胞中 GSH 不足导致溶血?(    )

A. 葡萄糖-6-磷酸酶    B. 果糖二磷酸酶    C. 6-磷酸葡萄糖脱氢酶

D. 磷酸果糖激酶    E. 异柠檬酸脱氢酶

9. 调控三羧酸循环的限速酶是(    )。

A. 异柠檬酸脱氢酶    B. 琥珀酸硫激酶    C. 琥珀酸脱氢酶

D. 延胡索酸酶    E. 苹果酸脱氢酶

10. 能够释放葡萄糖的器官是(    )。

A. 肌肉    B. 肝    C. 脂肪组织    D. 脑组织    E. 肺

11. 下列哪个代谢过程不能补充血糖?(    )

A. 肝糖原的分解    B. 肌糖原的分解    C. 糖异生作用

D. 食物糖类消化吸收    E. 乳酸循环

12. 丙酮酸脱氢酶复合体是哪条代谢途径的关键酶?(    )

A. 糖异生    B. 糖酵解    C. 糖原合成    D. 糖的有氧氧化    E. 磷酸戊糖途径

13. 除肝外,体内还能进行糖异生的脏器是(    )。

A. 脑    B. 脾    C. 肾    D. 心    E. 肺

14. 三羧酸循环中通过底物水平磷酸化直接生成的高能化合物是(    )。

A. ATP    B. GTP    C. UTP    D. CTP    E. TTP

15. 剧烈运动后发生肌肉酸痛的主要原因是(    )。

A. 局部乳酸堆积    B. 局部丙酮酸堆积    C. 局部 $CO_2$ 堆积

D. 局部 ATP 堆积    E. 局部乙酰 CoA 堆积

16. 正常人空腹血糖的水平是(    )。

A. 3.89~6.11 mmol/L    B. 4.42~6.71 mmol/L    C. 5.81~7.89 mmol/L

D. 3.30~4.46 mmol/L    E. 8.89~10.0 mmol/L

**四、临床案例**

1. 患儿，男，2岁，因面色苍白伴2天血尿入院。2天前患儿食新鲜蚕豆后，次日出现发热、恶心、呕吐，排浓茶状尿，其母曾有类似病史。体格检查：体温38℃，脉搏每分钟148次，血压正常，呼吸急促，神情萎靡，皮肤及巩膜黄染，肝肿大。实验室检查：红细胞、血红蛋白及结合胆红素值偏低，未结合胆红素高，镜下未见红细胞。问：该患儿发病的生化机制是什么？

2. 患者，男，40岁，因视力下降，全身乏力，易疲倦而就诊。体格检查：体温36.5℃，身高185 cm，体重108.5 kg，超重35％，空腹血糖16.8 mmol/L，甘油三酯11.5 mmol/L，眼底检查提示视网膜病变，胰岛素水平正常。临床医生诊断为糖尿病合并视网膜病变。问：

（1）糖尿病的发病机制如何？

（2）患者为何会超重？

孔晓朵

# 第八章　脂类代谢

**学习目标**

　　**掌握**：血浆脂蛋白的分类及代谢；脂肪动员的概念和限速酶；脂肪酸的 β-氧化步骤及产物；酮体的概念、生成和利用；胆固醇的生物合成及转化。

　　**熟悉**：必需脂肪酸及其衍生物；脂肪酸合成的原料和限速酶；载脂蛋白的功能、血浆脂蛋白代谢；胆固醇合成的基本过程及调节。

　　**了解**：脂类的消化、吸收；组成、分布及生理功能；高脂血症的分型和特点；甘油磷脂的分解过程。甘油磷脂的种类、合成原料、基本过程。

　　脂类是构成机体的重要生命物质，包括脂肪、类脂两大类。脂肪由 1 分子甘油和 3 分子脂肪酸通过酯键连接而成，故称为甘油三酯(TG)或三脂酰甘油；类脂包括磷脂(PL)、糖脂(GL)、胆固醇(Ch)及胆固醇酯(CE)等。脂肪和类脂的化学组成差异较大，但都难溶于水，易溶于乙醚、氯仿、丙酮等有机溶剂，这种性质称脂溶性。脂类代谢障碍常导致肥胖、高脂血症、动脉粥样硬化、冠心病等多种疾病。

# 第一节　概　　述

## 一、脂类的主要生理功能

### (一)脂肪的主要生理功能

**1. 供能和储能**　脂肪的主要生理功能是储能和供能。1 g 脂肪彻底氧化分解时可产生 38.9 kJ 能量，比 1 g 糖或蛋白质氧化释放的能量 17 kJ 多 1 倍以上。人体正常活动时，所需能量的 20%～30% 由脂肪氧化分解提供；空腹和饥饿时脂肪供能占主导地位。脂肪为疏水性物质，以无水形式存储，所占体积小，储存 1 g 脂肪仅占同等质量糖原体积的 1/4。因此，脂肪是人体能量浓缩高效的储存形式，通过脂肪动员，为机体在饥饿时提供能量，正常人体内的脂肪可抵抗 2～3 个月的饥饿。

**2. 促进脂溶性维生素的吸收**　食物脂肪在肠道内可促进脂溶性维生素的吸收，胆道梗阻的患者不仅脂类消化吸收障碍，还常伴有脂溶性维生素的吸收障碍。

**3. 维持体温，保护内脏**　皮下脂肪能防止热量散失，使体温维持恒定；内脏周围的脂肪组织较为柔软，可缓冲外界的机械撞击，减少摩擦，具有保护内脏器官的作用。

### (二)类脂的主要生理功能

**1. 构成生物膜**　类脂是生物膜的重要构成成分。生物膜包括细胞膜、线粒体膜、核膜、内质网膜及神经髓鞘等，是镶嵌有蛋白质的脂类双分子层，起着分隔胞液和细胞器的作用，也是能量转化和细胞内信号传导的重要部位。类脂尤其是磷脂和胆固醇占生物膜总量的 50%，磷脂分子的亲水头部和疏水尾部相互聚集、自动排列构成生物膜脂质双分子层的基本骨架；胆固醇的亲水羟基存在于磷脂的亲水头部之间，疏水部分与磷脂的疏水尾部共存，是细胞膜双分子层的主要结构成分；磷脂中的不饱和脂肪酸赋予膜的流动性,而胆固醇使流动性下降,因此,磷脂和胆固醇含量的变化会影响到膜的功能。

**2. 转变为重要的生理活性物质**　细胞膜上的磷脂酰肌醇在激素等刺激下可分解为甘油二酯(DG)和三磷酸肌醇($IP_3$),两者是激素作用的第二信使,在细胞内传递细胞信号;胆固醇在体内可转变为胆汁酸、维生素 $D_3$、多种类固醇激素等物质。

**3. 参与脂类运输**　类脂还参与形成脂蛋白,协助脂类在血液中运输。

（三）脂肪酸的主要生理功能

脂肪和类脂分子中的饱和脂肪酸、多数不饱和脂肪酸主要靠自身合成,称为非必需脂肪酸;但亚油酸、亚麻酸、花生四烯酸(ARA)人体不能合成,二十碳五烯酸(EPA)和二十二碳六烯酸(DHA)虽然可由花生四烯酸生成,但是合成量不足,不能满足机体需要,需要食物供给,称为必需脂肪酸。

**1. 营养作用**　必需脂肪酸是磷脂的重要组成成分,与生物膜的合成有关;二十碳五烯酸和二十二碳六烯酸具有抗血脂、抗血栓形成、抗炎、抗氧化及增强机体免疫力等重要作用,临床上常用于降血脂、降低血胆固醇,预防动脉粥样硬化等。缺乏这些必需脂肪酸时,可导致生长发育缓慢、上皮细胞的结构与功能异常,出现皮炎、毛发稀疏等症状。

**2. 转变成多种重要的生物活性物质**　花生四烯酸可衍变成前列腺素(PG)、血栓噁烷(TX)、白三烯(LT)等生理活性物质,参与多种细胞的代谢调控,并与炎症、超敏反应、心血管疾病等重要病理过程有关。

## 二、脂类在体内的分布

（一）脂肪的分布

体内的脂肪主要存在于脂肪组织,如皮下、大网膜、肠系膜、肌纤维间及肾周围等处,这些部位称为脂库。脂肪组织中含有较多的脂肪细胞,脂肪以油滴状的微粒储存于脂肪细胞的胞液中,这部分脂肪是体内储存能量的主要形式,称为储存脂。脂肪含量受营养状况、年龄、性别、劳动强度等多种因素影响而有所变化,故又称为可变脂。成年男性的脂肪含量一般占体重的 10%～20%,女性略高,超过体重的 30% 时即为肥胖。

（二）类脂的分布

类脂是生物膜的基本成分,主要存在于细胞的各种膜性结构中,以神经组织中含量最多,约占体重的 5%,其含量不受营养状况及机体活动的影响,故称为固定脂或恒定脂。

## 三、脂类的消化吸收

膳食中的脂类主要是甘油三酯(约占 90%),还有少量胆固醇、磷脂等。脂类的消化主要在小肠上段进行,肝脏分泌的胆汁和胰腺分泌的胰液均汇集于此。胆汁中胆汁酸盐有乳化作用,能将脂肪、胆固醇酯等疏水性的脂类分散成细小微团,提高脂类物质的溶解度,有利于消化酶的作用。胰液含有胰脂酶、辅脂酶、磷脂酶 $A_2$、胆固醇酯酶等,胰脂酶水解甘油三酯生成 2-甘油一酯和脂肪酸;辅脂酶本身并无活性,主要作用是促进胰脂酶和甘油三酯的结合并增强胰脂酶的活性;磷脂酶 $A_2$ 水解甘油磷脂生成脂肪酸和溶血磷脂;胆固醇酯酶水解胆固醇酯生成胆固醇和脂肪酸。

脂类的消化产物主要在十二指肠下段和空肠上段被吸收。2-甘油一酯、长链脂肪酸(12～26C)、溶血磷脂、胆固醇等与胆汁酸盐进一步乳化,形成体积更小、极性更大的混合微团,经被动扩散穿过小肠黏膜细胞表面的水屏障而被吸收,然后在肠黏膜细胞内再合成甘油三酯、磷脂和胆固醇酯,并与载脂蛋白结合形成乳糜微粒(CM),经淋巴进入血液循环;短链脂肪酸(2～4C)和中链脂肪酸(6～10C)构成的甘油三酯,经胆汁酸乳化后直接被肠黏膜细胞吸收,在细胞内脂肪酶作用下水解为脂肪酸和甘油,经门静脉入血进入血液循环。

# 第二节　血脂与血浆脂蛋白

## 一、血脂的种类和含量

血浆中的脂类物质统称血脂,包括甘油三酯、磷脂、胆固醇、胆固醇酯和游离脂肪酸等。外源性和内源性脂类物质需经血液转运于各个组织之间,因此,血脂的含量可反映机体内脂类代谢的情况。正常成人血脂的含量见表 8-1,从表中数据可看出,正常成人血脂波动范围较大,这是因为血脂水平受到年龄、性别、遗传以及代谢等因素影响,也因生活方式、饮食习惯、职业、劳动强度不同而不同。

表 8-1　正常成人空腹血脂的组成及含量

| 组　成 | 血浆含量 | | 空腹时 |
|---|---|---|---|
| | mg/dL | mmol/L | 主要来源 |
| 总脂 | 400~700 | 6.7~12.2 | |
| 甘油三酯 | 10~150 | 0.11~1.69 | 肝 |
| 总胆固醇 | 100~250 | 2.59~6.47 | 肝 |
| 胆固醇酯 | 70~250 | 1.81~5.17 | |
| 游离胆固醇 | 40~70 | 1.03~1.81 | |
| 总磷脂 | 150~250 | 48.44~80.73 | 肝 |
| 卵磷脂 | 50~200 | 16.1~64.58 | 肝 |
| 神经磷脂 | 50~130 | 16.1~42.0 | 肝 |
| 脑磷脂 | 15~35 | 4.8~13.0 | 肝 |
| 游离脂肪酸 | 5~20 | 0.5~0.7 | 脂肪组织 |

血脂来源有三类:一是外源性脂类,即肠道中食物脂类消化吸收入血;二是内源性脂类,由肝细胞、脂肪细胞及其他组织细胞合成后释放入血;三是脂库中脂肪动员释放入血。血脂的主要去路有四条:进入脂肪组织储存;氧化供能;构成生物膜;转变为其他物质。正常情况下,血浆脂类的来源与去路处于平衡状态,但有时这种平衡容易偏离。例如高脂肪饮食后,血脂含量会有较大升高,但这种膳食影响只是暂时的,通常在 12 h 内可逐渐趋于正常。因此,临床上测定空腹血脂以了解机体内脂类代谢的情况及帮助疾病诊断。

## 二、血浆脂蛋白的分类、组成与结构

体内的脂类通过血液循环运输,但脂类难溶于水,在血浆中不能以自由状态存在,要通过与蛋白质结合形成脂蛋白才能在血浆中运输。因此,血浆脂蛋白(LP)是脂类在血液中的运输形式。

### (一)血浆脂蛋白的分类

血浆脂蛋白因所含脂类和蛋白质的成分和比例不同,其密度、颗粒大小、表面电荷和理化性质均有所不同,通常采用电泳法和超速离心法将血浆脂蛋白分为四种。

**1. 电泳法**　根据各类脂蛋白的表面电荷数目及颗粒大小不同,在电场中电泳的迁移率不同而将血浆脂蛋白分离。分离血浆脂蛋白常用的电泳方法有琼脂糖凝胶电泳和醋酸纤维素薄膜电泳,用脂类染色剂染色后都可将血浆脂蛋白分为四个区带,按迁移率由快至慢的次序分别为 α-脂蛋白、前 β-脂蛋白、β-脂蛋白和乳糜微粒(图 8-1)。

**2. 超速离心法(密度分类法)**　该方法是根据各类血浆脂蛋白中蛋白质与脂类的比例不同,其密度也各不相同(脂类含量比较高的密度相对较小)加以分离的。离心时需要一定密度的盐溶液作为介质,血浆样品在超速离心时因密度大小不同,会在离心管的不同部位沉降,将血浆脂蛋白分成四类(图 8-2),按密度从低到高的次序分别为乳糜微粒(CM)、极低密度脂蛋白(VLDL)、低密度脂蛋白(LDL)和高密度脂蛋白(HDL)。脂肪动员释放入血的游离脂肪酸在血浆中与清蛋白结合独立运输,不列入血浆脂蛋白。

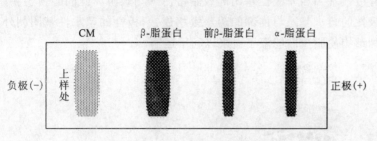

图 8-1 血浆脂蛋白电泳图谱

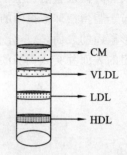

图 8-2 超速离心法分离血浆
脂蛋白示意图

### (二) 血浆脂蛋白的组成

各种血浆脂蛋白都是由蛋白质和脂类(甘油三酯、磷脂、胆固醇和胆固醇酯)组成的,但各种血浆脂蛋白所含蛋白质的种类和数量不相同,脂类的比例和数量也不相同(表 8-2)。CM 的颗粒最大,密度最小,主要成分是甘油三酯,占总量的 80%～95%,含蛋白质最少,占总量的 0.5%～2%。VLDL 的甘油三酯(50%～70%)仅次于 CM,蛋白质(5%～10%)含量多于 CM。LDL 是含胆固醇及胆固醇酯最多(占总量的 45%～50%)的脂蛋白。HDL 的颗粒最小,密度最高,所含蛋白质和脂类各占一半,是含蛋白质最多的脂蛋白,而脂类中胆固醇的含量相对较多(20%)。另外,以上四种血浆脂蛋白的组成中都或多或少地含有磷脂,这说明磷脂也是血浆脂蛋白不可缺少的成分。

表 8-2 血浆脂蛋白的分类、性质、组成及功能

| 分类 密度法 | | VLDL | LDL | HDL |
|---|---|---|---|---|
| 电泳法 | CM | 前 β-脂蛋白 | β-脂蛋白 | α-脂蛋白 |
| 密度/(g/mL) | <0.95 | 0.95～1.006 | 1.006～1.063 | 1.063～1.210 |
| 颗粒直径/nm | 80～500 | 25～70 | 19～23 | 4～10 |
| 组成/(%) | | | | |
| 蛋白质 | 0.5～2 | 5～10 | 20～25 | 50 |
| 脂类 | 98～99 | 90～95 | 75～80 | 50 |
| 甘油三酯 | 80～95 | 50～70 | 10 | 5 |
| 磷脂 | 5～7 | 15 | 20 | 25 |
| 总胆固醇 | 1～4 | 15～19 | 45～50 | 20 |
| 载脂蛋白 (Apo) | $B_{48}$,CⅠ,CⅡ, CⅢ,AⅠ | $B_{100}$,E,CⅠ,CⅡ,CⅢ | $B_{100}$,E | AⅠ,AⅡ,CⅠ CⅡ,CⅢ,D,E |
| 合成部位 | 小肠黏膜细胞 | 肝细胞 | 血浆 | 肝、肠、血浆 |
| 功能 | 从小肠转运外源性甘油三酯及胆固醇至全身 | 从肝脏转运内源性甘油三酯及胆固醇至全身 | 从肝脏转运内源性胆固醇至全身 | 从全身各组织运输胆固醇至肝脏 |

人血浆中还含有中密度脂蛋白(IDL)和脂蛋白 α[LP(α)]。IDL 是 VLDL 在血浆中代谢的中间产物,组成和密度介于 VLDL 和 LDL 之间。LP(α)是近几年发现的一类脂蛋白,由肝细胞产生,其组成与低密度脂蛋白十分相似,电泳时处在前 β-脂蛋白位置。一般认为 LP(α)在同一个体中浓度较恒定,但在不同人群间变异很大(0～1 mg/L)。血中 LP(α)浓度高的人冠心病的发病率比正常浓度的人高 4 倍,但与年龄、性别无关而与遗传有关,LP(α)因阻碍血管内凝血块溶解,造成冠状动脉狭窄,因而是冠心病发生的"独立"危险因子,可作为冠心病诊断指标之一。

（三）血浆脂蛋白的结构

成熟的血浆脂蛋白基本结构（图 8-3）大致相似，为球形颗粒。疏水性较强的甘油三酯及胆固醇酯集中分布于脂蛋白球形微团的内核；具有极性基团和非极性基团的载脂蛋白、磷脂、游离胆固醇覆盖在脂蛋白球形微团的表面，以单分子层借非极性的疏水基团与内部的疏水键相连接，极性的亲水性基团朝外，伸向微团的表面并突入周围的水相，这种结构使脂蛋白能溶于血浆以利于运输。

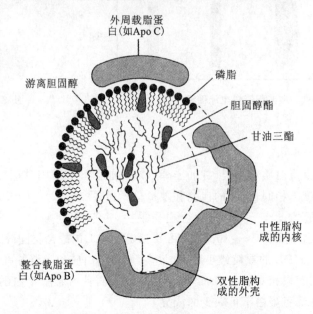

图 8-3　血浆脂蛋白结构示意图

## 三、载脂蛋白

血浆脂蛋白中的蛋白质部分称为载脂蛋白（Apo），在肝脏和小肠黏膜细胞合成。人类血浆脂蛋白中的载脂蛋白主要分为 Apo A、B、C、D 及 E 五类，各类载脂蛋白又可分为许多亚类，如：Apo A 可分为 A I 、A II 、A IV 、A V ；Apo B 可分为 $B_{100}$ 及 $B_{48}$ ；Apo C 可分为 C I 、C II 、C III 及 C IV 。载脂蛋白在不同脂蛋白的分布不同（表 8-2），但各脂蛋白主要以一种载脂蛋白为主。Apo $B_{48}$ 是 CM 特征性载脂蛋白；LDL 中 95％的载脂蛋白是 Apo $B_{100}$ ；HDL 主要含 Apo A I 和 Apo A II 。

载脂蛋白的主要功能：①作为载体运输血浆中的脂类，稳定脂蛋白结构；②激活某些与脂蛋白代谢相关的酶，调节脂蛋白代谢，如 Apo A 可激活卵磷脂胆固醇脂酰转移酶（LCAT），催化胆固醇转变为胆固醇酯；③载脂蛋白作为配体参与细胞膜脂蛋白受体的识别与结合，如 Apo $B_{100}$ 可被各组织细胞表面的 LDL 受体识别，促进 LDL 代谢。

## 四、血浆脂蛋白的代谢

（一）乳糜微粒（CM）代谢

CM 由小肠黏膜细胞合成，是外源性甘油三酯从肠转运至全身的主要形式。食物中的脂肪经消化被小肠黏膜细胞摄取后，在滑面内质网再酯化成甘油三酯，连同吸收的磷脂、胆固醇及载脂蛋白（Apo $B_{48}$ 、Apo A I 等）一起组装成新生的 CM。新生的 CM 经小肠淋巴管进入血液，从 HDL 获得 Apo C 和 Apo E，同时将其所含的部分 Apo A I 、Apo A II 、Apo A IV 转给 HDL，从而形成成熟的 CM。成熟的 CM 含有 Apo C II ，能激活存在于心肌、骨骼肌、脂肪等组织毛细血管内皮细胞表面的脂蛋白脂肪酶（LPL），促使 CM 中的甘油三酯逐步水解，产生甘油及脂肪酸。脂肪酸可被上述组织利用产生能量，甘油可进入肝脏进行糖异生。随着 CM 中甘油三酯的不断被水解，CM 颗粒逐渐变小，其表面 Apo A、Apo C 等载脂蛋白及胆固醇和磷脂转移到 HDL 上，最后形成了以胆固醇酯、Apo $B_{48}$ 、Apo E 为主的 CM 残余颗粒。CM 残余颗粒最终被肝细胞膜 Apo E 受体识别、结合并摄取进入肝细胞彻底降解。进食大量脂肪后，CM 入血增多,血浆呈乳油样外观,但由于 CM 代谢迅速,半衰期仅为 5～15 min,几小时后血浆便澄清了,此现象称为脂肪的廓清。正常人空腹 12～14 h,血浆中不含 CM。

### (二)极低密度脂蛋白(VLDL)代谢

VLDL 主要由肝细胞合成,小肠黏膜细胞也可少量合成,是内源性甘油三酯由肝运至全身的主要形式。肝细胞合成的甘油三酯、磷脂、胆固醇和 Apo B$_{100}$、Apo E 等共同形成 VLDL 进入血液循环,在血液中 VLDL 接受来自 HDL 的 Apo C、Apo E,并由 Apo CII 激活肝外组织毛细血管内皮细胞表面的 LPL。LPL 水解 VLDL 中的甘油三酯生成脂肪酸和甘油,同时 VLDL 表面的 Apo C、磷脂和胆固醇转移给 HDL,而 HDL 的胆固醇酯又转移到 VLDL,随着 VLDL 中甘油三酯不断减少,胆固醇酯逐渐增加,Apo B$_{100}$ 和 Apo E 含量相对增加,颗粒渐渐变小,密度逐渐增加,VLDL 转变为 IDL。一部分 IDL 与肝细胞膜上的 Apo E 受体结合后被肝细胞摄取利用,另一部分 IDL 转变为 LDL。

### (三)低密度脂蛋白(LDL)代谢

LDL 由 VLDL 在血浆中转变而来,是转运内源性胆固醇至肝外各组织细胞的主要形式。LDL 的半衰期是 2～4 天,是正常人空腹时主要的血浆脂蛋白,约占血浆脂蛋白总量的 2/3。由 LDL 运送的胆固醇称为"坏胆固醇",很容易在血管壁沉着形成斑块,血浆中 LDL 增高的人易发生动脉粥样硬化(AS),LDL 称为动脉粥样硬化因子。肝脏是降解 LDL 的主要器官,约 50% 在肝内降解。体内 LDL 的代谢有如下两条途径。

(1)受体途径 LDL 受体广泛存在于肝细胞、动脉壁细胞表面,能特异性识别和结合 LDL,并将 LDL 吞入细胞内与溶酶体融合,将胆固醇酯水解为游离胆固醇及脂肪酸。游离胆固醇被细胞膜摄取参与细胞膜的组成,在肾上腺、卵巢及睾丸等细胞中游离胆固醇可作为原料合成类固醇激素。

(2)清除途径 LDL 被清除细胞即单核吞噬细胞系的巨噬细胞及血管内皮细胞清除。正常人血浆 LDL 每天降解量占总量的 45%,其中大约 2/3 的 LDL 由 LDL 受体途径降解,1/3 的 LDL 由清除细胞清除。

### (四)高密度脂蛋白(HDL)代谢

HDL 主要由肝细胞合成,其次是小肠黏膜细胞。HDL 主要功能是将胆固醇从外周组织逆向转运到肝脏进行代谢。肝脏合成的 HDL 含 Apo A、Apo C、Apo E,小肠黏膜细胞合成的 HDL 仅含 Apo A,它们入血后接受来自其他脂蛋白转移的载脂蛋白,形成含有磷脂、游离胆固醇和 Apo A、Apo C、Apo E 的圆盘状双脂层结构的新生 HDL,HDL 表面的 Apo A I 可激活血浆中的卵磷脂-胆固醇酰转移酶(LCAT),促进胆固醇转化为胆固醇酯,并进入 HDL 的内核。新生的 HDL 在 LCAT 反复作用下,胆固醇酯不断生成,原来盘状的 HDL 逐渐膨胀形成球状的成熟 HDL。成熟 HDL 与肝细胞膜的 HDL 受体识别结合后被肝细胞摄取,其中的胆固醇在肝脏进一步转化为胆汁酸或直接通过胆汁排出体外,肝脏是机体清除胆固醇的主要器官。HDL 具有清除肝外组织中的胆固醇及保护血管内膜不受 LDL 损害的作用,因此,HDL 具有抗动脉粥样硬化的作用。

## 五、血浆脂蛋白代谢异常

### (一)高脂蛋白血症

空腹时血浆中的脂类有一种或几种浓度高于正常参考值上限的现象称为高脂血症。由于血脂在血浆中以脂蛋白形式存在,所以高脂血症也称为高脂蛋白血症。一般以成人空腹 12～14 h 血甘油三酯超过 2.26 mmol/L(200 mg/dL),胆固醇超过 6.21 mmol/L(240 mg/dL),儿童胆固醇超过 4.14 mmol/L(160 mg/dL)为高脂血症的标准。

世界卫生组织(WHO)于 1970 年建议将高脂蛋白血症分为五型六类,各型高脂蛋白血症血浆脂蛋白及血脂变化见表 8-3,我国发病率高的高脂蛋白血症主要是 IIA 和 IV 型。

**表 8-3 高脂蛋白血症分型(WHO)及血脂变化特点**

| 分型 | 脂蛋白变化 | 血 脂 变 化 | 发 病 率 |
|---|---|---|---|
| Ⅰ | CM 增高 | 甘油三酯↑↑↑ 胆固醇↑ | 罕见 |
| ⅡA | LDL 增高 | 胆固醇↑↑ | 常见 |
| ⅡB | LDL、VLDL 都增高 | 胆固醇↑↑ 甘油三酯↑↑ | 常见 |
| Ⅲ | IDL 增高(电泳出现宽 β 带) | 胆固醇↑↑ 甘油三酯↑↑ | 罕见 |
| Ⅳ | VLDL 增高 | 甘油三酯↑↑ | 常见 |
| Ⅴ | VLDL 及 CM 都增高 | 甘油三酯↑↑↑ 胆固醇↑ | 较少 |

高脂蛋白血症的发生可能是由于载脂蛋白、脂蛋白受体或脂蛋白代谢的关键酶缺陷所引起的脂质代谢紊乱。脂类产生过多、降解和转运发生障碍,如脂蛋白脂肪酶活力下降、食入胆固醇过多、肝内合成胆固醇过多、胆碱缺乏、胆汁酸盐合成受阻及体内脂肪动员加强等均可引发高脂蛋白血症。

高脂蛋白血症可分为原发性高脂蛋白血症和继发性高脂蛋白血症。原发性高脂蛋白血症是原因不明的高脂蛋白血症,主要与某些遗传性缺陷有关,如家族型高胆固醇血症是由于 LDL 受体先天缺陷,LDL 代谢,血中胆固醇浓度升高所致。而继发性高脂蛋白血症是继发于控制不良的糖尿病、甲状腺功能减退症及肝、肾病变引起的脂蛋白代谢紊乱,也多见于肥胖、酗酒等。

### (二)动脉粥样硬化

动脉粥样硬化(AS)是一类动脉血管壁退行性病理变化,其病理基础是大量脂质沉积在大、中动脉血管内膜上,形成粥样斑块,引起局部坏死,结缔组织增生,血管壁纤维化和钙化等病理改变,使血管管腔狭窄。冠状动脉若发生这种变化,常引起心肌缺血,导致冠状动脉粥样硬化性心脏病,称为冠心病。此病是严重危害人类健康的常见病之一。近年来研究表明,动脉粥样硬化的发生发展过程与血浆脂蛋白代谢密切相关。

正常人空腹时血浆中的胆固醇主要存在于 LDL,LDL 的功能是将肝细胞合成的胆固醇转运到肝外组织,血浆 LDL 水平升高往往与动脉粥样硬化的发病率呈正相关。HDL 的功能是将肝外组织,包括动脉壁、巨噬细胞等组织细胞的胆固醇逆向转运至肝脏代谢清除,血浆中 HDL 的浓度与动脉粥样硬化的发生呈负相关。因此,LDL 称为动脉粥样硬化的危险因子,HDL 称为抗动脉粥样硬化的"保护因子"。在判断冠心病的风险时,临床上常检测血浆 HDL-胆固醇(HDL-C)与 LDL-胆固醇(LDL-C)的含量比值,两者比值下降,提示罹患冠心病的危险性较高。

### (三)肥胖症

储脂过多导致体内发生一系列病理生理变化,称为肥胖症。引起肥胖的因素很多,除了遗传因素和内分泌失调外,还包括热量摄入过多,运动过少(使食物糖、脂肪酸、甘油及氨基酸等大量转化为甘油三酯储存在脂肪组织中)。成人肥胖表现为脂肪细胞体积增大,但数目一般不增多;生长发育期儿童肥胖则表现为脂肪细胞体积增大,数目也增多。

# 第三节 甘油三酯的代谢

## 一、甘油三酯的分解代谢

### (一)脂肪动员

储存在脂肪细胞中的脂肪,在一系列脂肪酶的催化下,逐步水解为游离脂肪酸和甘油并释放入血,通过血液运输至其他组织氧化利用的过程称为脂肪动员,又称脂肪的水解。

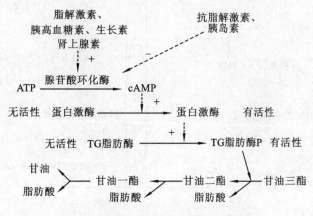

甘油三酯(TG) 甘油二酯(DG)

甘油一酯(MG) 甘油

在脂肪动员中,甘油三酯脂肪酶活性最低,是脂肪动员的限速酶,此酶受多种激素的调控(图 8-4),故称为激素敏感性脂肪酶(HSL)。禁食、饥饿或交感神经兴奋时,胰高血糖素、肾上腺素、去甲肾上腺素、促肾上腺皮质激素等分泌增加,能激活细胞膜上的腺苷酸环化酶,进而激活依赖 cAMP 的蛋白激酶 A,使胞液内 HSL 磷酸化而活化,促进脂肪动员,这些激素称为脂解激素。胰岛素、前列腺素 E2 能抑制腺苷酸环化酶的活性,降低 cAMP 的作用水平,抑制 HSL 的活性,使脂肪动员速度减慢,所以称为抗脂解激素。胰高血糖素和胰岛素的比例在决定脂肪酸代谢的速度和方向中是至关重要的。糖尿病患者因胰岛素合成和分泌不足,脂肪动员增加,可出现体重减轻的症状。

**图 8-4  激素调节、脂肪动员作用示意图**

脂肪动员产生的脂肪酸和甘油直接释放入血,甘油溶于水,直接由血液运输到肝、肾、肠等组织并加以利用。游离脂肪酸难溶于水,必须与血浆清蛋白结合形成脂肪酸-清蛋白复合物后才能经血液循环运输到全身各组织被利用。

(二)甘油的代谢

甘油首先在甘油激酶催化下转变为 α-磷酸甘油,然后脱氢生成磷酸二羟丙酮,磷酸二羟丙酮是糖代谢的中间产物,可以沿糖代谢途径继续氧化分解,释放能量供组织细胞利用;肝细胞中的磷酸二羟丙酮还能经糖异生途径转变成葡萄糖或糖原,补充血糖。甘油激酶主要存在于肝、肾、肠细胞的胞液中,脂肪组织及骨骼肌等组织中甘油激酶活性很低,所以不能很好地利用甘油。

(三)脂肪酸的氧化分解

脂肪酸的氧化分解发生在胞浆和线粒体中。在 $O_2$ 充足的情况下,体内的脂肪酸可以氧化分解产生 $CO_2$ 和 $H_2O$,并能够释放出大量的能量。人体除脑组织和成熟红细胞外,大多数组织都能氧化利用脂肪

酸,但以肝脏和肌肉组织最为活跃。脂肪酸的氧化分解过程可以分为四个阶段。

**1. 脂肪酸的活化**　脂肪酸的活化在胞浆中进行,是脂肪酸在脂酰 CoA 合成酶的催化下转化为脂酰 CoA 的过程。该反应还需要 ATP 和 $Mg^{2+}$ 的参与,是脂肪酸分解过程中唯一一个耗能反应,活化 1 分子脂肪酸需要消耗 ATP 中的 2 个高能磷酸键,生成的脂酰 CoA 是含有高能硫酯键的高能化合物,水溶性增加,提高了脂肪酸的代谢活性。

$$\text{RCOOH} + \text{HSCoA} + \text{ATP} \xrightarrow[\text{Mg}^{2+}]{\text{脂酰CoA合成酶}} \text{RCO} \sim \text{SCoA} + \text{AMP} + \text{PPi}$$

$$\text{脂肪酸} \hspace{5cm} \text{脂酰CoA}$$

**2. 脂酰 CoA 进入线粒体**　催化脂酰 CoA 氧化的酶系分布于线粒体的基质中,所以胞浆中活化生成的脂酰 CoA 必须进入线粒体内才能进一步分解。研究表明,脂酰 CoA 不能直接透过线粒体内膜,需要以线粒体内膜上的肉碱(L-β-羟基-γ-三甲氨基丁酸)为载体,转运脂酰 CoA 进入线粒体基质进行氧化分解。

在线粒体内膜之外侧的肉碱脂酰转移酶Ⅰ(CATⅠ)的催化下,脂酰 CoA 将脂酰基转移给线粒体内膜上的载体肉碱生成脂酰肉碱,后者在肉碱-脂酰肉碱转位酶的作用下,通过内膜进入线粒体基质。进入线粒体基质内的脂酰肉碱在内膜之内侧的肉碱脂酰转移酶Ⅱ(CATⅡ)的催化下,与 HSCoA 反应重新生成脂酰 CoA 并释放肉碱,脂酰 CoA 即可在线粒体基质内脂酰 CoA 酶系的作用下进行 β-氧化。而肉碱再被肉碱-脂酰肉碱转位酶转运到内膜外侧,继续参与脂酰 CoA 的转运(图 8-5)。

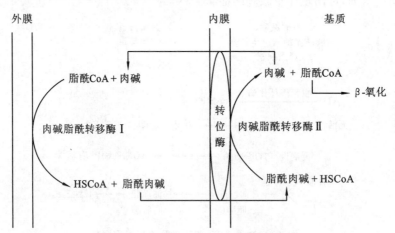

**图 8-5　线粒体膜内外脂酰 CoA 的转运机制**

**3. 脂酰 CoA 的 β-氧化**　脂酰 CoA 进入线粒体基质后,在脂肪酸 β-氧化多酶复合体的催化下,从脂酰基 β-碳原子开始,进行脱氢、加水、再脱氢和硫解四步连续反应,每进行一次 β-氧化,生成 1 分子乙酰 CoA 和 1 分子比原来少 2 个碳原子的脂酰 CoA。由于氧化反应发生在脂酰基的 β-碳原子上,所以称为 β-氧化。其反应过程如下(图 8-6)。

(1)脱氢:在脂酰 CoA 脱氢酶的催化下,脂酰 CoA 从 α 和 β 碳原子上各脱去一个氢原子,生成反 $\Delta^2$-烯脂酰 CoA,脱下的氢由该酶的辅基 FAD 接受生成 $FADH_2$,经 $FADH_2$ 呼吸链氧化生成 1.5 分子 ATP。

(2)加水:在反 $\Delta^2$-烯脂酰 CoA 水化酶的催化下,反 $\Delta^2$-烯脂酰 CoA 加水生成 L-β-羟脂酰 CoA。

(3)再脱氢:在 β-羟脂酰 CoA 脱氢酶的催化下,L-β-羟脂酰 CoA 再脱下 2H 生成 β-酮脂酰 CoA,脱下的氢由该酶的辅基 $NAD^+$ 接受生成 $NADH+H^+$,经 NADH 呼吸链氧化生成 1.5 分子 ATP。

(4)硫解:在 β-酮脂酰 CoA 硫解酶的催化下,β-酮脂酰 CoA 加 1 分子 HSCoA 使 α 与 β-碳原子之间的化学键断裂,生成 1 分子乙酰 CoA 和 1 分子比原来少 2 个碳原子的脂酰 CoA。

上述生成的比原来少 2 个碳原子的脂酰 CoA 可反复进行脱氢、加水、再脱氢和硫解反应,最终会使体内偶数碳原子的饱和脂肪酸完全降解为乙酰 CoA。

**4. 乙酰 CoA 的去向**

(1)彻底氧化:在体内各组织中,脂肪酸 β-氧化生成的乙酰 CoA 直接在线粒体内进入三羧酸循环彻底氧化分解,生成 $CO_2$ 和 $H_2O$ 并释放能量。

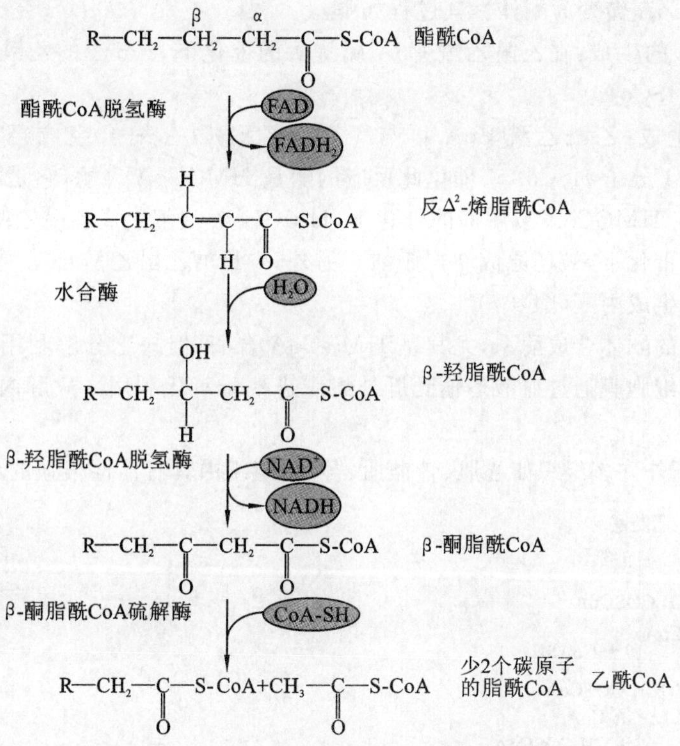

$$R-CH_2-\underset{\beta}{CH_2}-\underset{\alpha}{CH_2}-\overset{O}{\underset{\parallel}{C}}-S-CoA \quad 酯酰CoA$$

脂酰CoA脱氢酶 （FAD → FADH_2）

$$R-CH_2-\underset{H}{\overset{H}{\underset{\parallel}{C}}}=\overset{O}{\underset{\parallel}{C}}-S-CoA \quad 反\Delta^2-烯脂酰CoA$$

水合酶 （$H_2O$）

$$R-CH_2-\underset{H}{\overset{OH}{\underset{\parallel}{C}}}-CH_2-\overset{O}{\underset{\parallel}{C}}-S-CoA \quad \beta-羟脂酰CoA$$

β-羟脂酰CoA脱氢酶 （$NAD^+$ → NADH）

$$R-CH_2-\overset{O}{\underset{\parallel}{C}}-CH_2-\overset{O}{\underset{\parallel}{C}}-S-CoA \quad \beta-酮脂酰CoA$$

β-酮脂酰CoA硫解酶 （CoA-SH）

$$R-CH_2-\overset{O}{\underset{\parallel}{C}}-S-CoA+CH_3-\overset{O}{\underset{\parallel}{C}}-S-CoA$$
少2个碳原子的脂酰CoA    乙酰CoA

**图 8-6 脂酰 CoA 的 β-氧化**

（2）转变成其他中间产物：在肝脏除了上述途径外，还有一部分乙酰 CoA 在肝细胞线粒体酶的催化下缩合生成酮体，并通过血液循环运往肝外组织氧化利用。

**5. 脂肪酸氧化产能** 脂肪酸经上述过程彻底氧化分解后能产生大量的能量。以 16 碳的软脂酸为例，先在胞浆中消耗 2 分子活化 ATP 生成软脂酰 CoA，然后进入线粒体经 7 次 β-氧化，生成 7 分子 $FADH_2$，7 分子 $NADH+H^+$ 和 8 分子乙酰 CoA。1 分子 $FADH_2$ 通过呼吸链氧化产生 1.5 分子 ATP，1 分子 $NADH+H^+$ 氧化产生 2.5 分子 ATP，1 分子乙酰 CoA 通过三羧酸循环氧化产生 10 分子 ATP。因此，1 分子软脂酸彻底氧化共生成 $(7×1.5)+(7×2.5)+(8×10)=108$ 分子 ATP，减去活化时消耗的 2 分子 ATP，净生成 106 分子 ATP。

### （四）脂肪酸的其他氧化方式

**1. 奇数碳原子脂肪酸的氧化** 高等动植物体内的脂肪酸多为偶数碳原子的长链脂肪酸，只有少量奇数碳原子的脂肪酸。奇数碳原子的脂肪酸经反复的 β-氧化除生成乙酰 CoA 外，还生成 1 分子丙酰 CoA。丙酰 CoA 经 β-羧化和异构酶作用，转化为琥珀酰 CoA 进入三羧酸循环彻底氧化分解。

**2. 不饱和脂肪酸的氧化** 人体内的脂肪酸一半以上是不饱和脂肪酸。不饱和脂肪酸在线粒体中 β-氧化生成顺 $\Delta^3$-烯脂酰 CoA 后，β-氧化即不能进行，需经线粒体特异的顺 $\Delta^3$ → 反 $\Delta^2$-烯脂酰 CoA 异构酶的催化，将 $\Delta^3$ 顺式转变为 $\Delta^2$ 反式构型，β-氧化才能继续进行。如果不饱和脂肪酸 β-氧化后生成顺 $\Delta^2$-烯脂酰 CoA，则水化后生成 D-β-羟脂酰 CoA，后者要在 D-β-羟脂酰 CoA 表构酶催化下，生成 L-β-羟脂酰 CoA 才能进行 β-氧化。

**3. 过氧化酶体脂肪酸的氧化** 除线粒体外，过氧化酶体中也存在脂肪酸 β-氧化酶系，主要是催化极长链脂肪酸（22 碳以上）氧化成较短链脂肪酸，然后再进入线粒体内氧化分解。

### （五）酮体的生成与利用

在心肌、骨骼肌等肝外组织细胞的线粒体中，脂肪酸 β-氧化生成的乙酰 CoA 直接进入三羧酸循环彻底氧化并释放能量；但在肝细胞线粒体中的脂肪酸 β-氧化生成的乙酰 CoA 除了经三羧酸循环彻底氧化供能外，还能转化为酮体。酮体是乙酰乙酸（30%）、β-羟丁酸（70%）和丙酮（微量）三种物质的统称。肝脏富含酮体生成的酶类而缺乏酮体利用的酶类，因此酮体是肝脏脂肪酸分解代谢时特有的中间产物。

**1. 酮体的生成** 酮体的合成原料是脂肪酸 β-氧化生成的乙酰 CoA，在肝细胞线粒体中含有合成酮体的酶类,直接催化乙酰 CoA 转变为酮体。其过程如下。

(1) 乙酰乙酰 CoA 的生成:在乙酰乙酰 CoA 硫解酶的催化下,2 分子的乙酰 CoA 缩合成乙酰乙酰 CoA,并释放出 1 分子 HSCoA。

(2) HMGCoA 的生成:乙酰乙酰 CoA 再与 1 分子乙酰 CoA 缩合生成羟甲基戊二酸单酰 CoA (HMGCoA),并释放出 1 分子 HSCoA。催化此反应的酶是 HMGCoA 合酶,它是酮体生成的限速酶。

(3) 酮体的生成:在 HMGCoA 裂解酶的催化下,HMGCoA 裂解生成乙酰乙酸和乙酰 CoA。乙酰乙酸在 β-羟丁酸脱氢酶的催化下,被还原成 β-羟丁酸。另外,少量的乙酰乙酸自动脱羧生成丙酮,也可经乙酰乙酸脱羧酶催化脱羧生成丙酮(图 8-7)。

肝脏具有活性较强的酮体合成酶系,尤其是 HMGCoA 合酶;但缺乏分解利用酮体的酶类,所以肝细胞生成的酮体必须透过细胞膜通过血液运输到肝外组织进一步氧化利用。故肝内生成酮体、肝外利用酮体是酮体代谢的特点。

**2. 酮体的利用**　肝外许多组织如心肌、骨骼肌、肾、脑组织中具有活性很强的利用酮体的酶(图 8-8)。

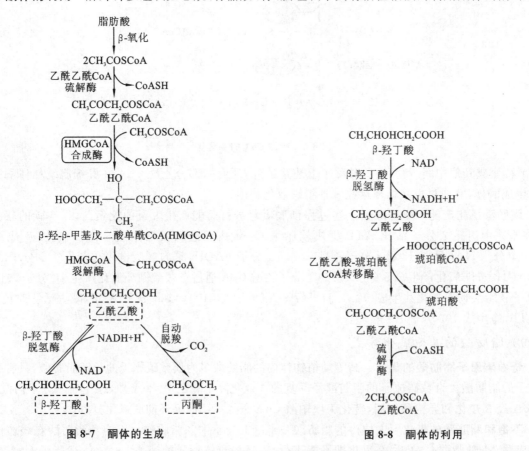

图 8-7　酮体的生成　　　　　图 8-8　酮体的利用

(1) 乙酰乙酸硫激酶:心、肾、脑组织细胞线粒体中的乙酰乙酸硫激酶催化乙酰乙酸活化生成乙酰乙酰 CoA。

(2) 琥珀酰 CoA 转硫酶:心、肾、脑、骨骼肌细胞线粒体内琥珀酰 CoA 转硫酶的活性较高,可催化琥珀酰 CoA 将 HSCoA 转移给乙酰乙酸,生成乙酰乙酰 CoA。

(3) 乙酰乙酰 CoA 硫解酶:以上各种组织中生成的乙酰乙酰 CoA 在乙酰乙酰 CoA 硫解酶的催化下,生成 2 分子乙酰 CoA,乙酰 CoA 进入三羧酸循环彻底氧化分解,并释放能量为这些组织利用。

酮体中的 β-羟丁酸可在 β-羟丁酸脱氢酶的催化下,脱氢生成乙酰乙酸,然后再沿上述途径被氧化分解。丙酮是一种挥发性物质,生理情况下含量很少,可随尿排出。在病理状态下,当血液中酮体升高时,丙酮也可以由肺经呼吸排出。

**3. 酮体代谢的生理意义**　酮体是脂肪酸在肝脏中正常代谢的中间产物,也是肝脏向肝外组织输出脂类能量的一种形式。酮体分子小,易溶于水,能通过血脑屏障及肌肉毛细血管壁,是脑和肌肉组织的重要能源。脑组织不能氧化脂肪酸,却能氧化酮体,在饥饿和糖尿病时,酮体可代替葡萄糖成为脑组织的主要能源。

正常情况下,血中酮体含量很少,只有 $0.03\sim0.5$ mmol/L,其中 β-羟丁酸占酮体总量的70％,乙酰乙酸占30％,丙酮的含量很少。但在严重饥饿、高脂低糖膳食或糖尿病时,会使脂肪动员增强,肝中酮体生成过多,当超过肝外组织利用能力时,引起血中酮体升高,称酮血症,同时尿中出现酮体,称酮尿症。由于β-羟丁酸和乙酰乙酸都是有机酸,当它们在血中浓度升高时,可使血液 pH 值下降,导致酮症酸中毒。此时,由于血中丙酮增多,会通过血液循环从肺呼出,患者的呼吸中有烂苹果味,即酮味。

**▌知识链接▐**

**糖尿病与酮症酸中毒**

酮症酸中毒(DKA)是严重糖尿病患者的并发症之一,诱发 DKA 的主要原因是感染、饮食或治疗不当或各种应激因素(如严重外伤、麻醉、手术、妊娠、分娩、精神刺激等),按 DKA 的程度不同可分为轻度、中度和重度三种情况。轻度 DKA 只有酮症并无酸中毒;有轻、中度酸中毒的可列为中度DKA;重度 DKA 则是酮症酸中毒伴有昏迷者,或虽无昏迷但二氧化碳结合力低于 10 mmol/L,后者很容易进入昏迷状态。此类患者应及时住院并进行相关的血液检查(如血糖、血酮体、pH 值、电解质等)及尿液检查(如尿糖、尿酮体、尿蛋白等),以免发生危险。

### 二、甘油三酯的合成代谢

甘油三酯的合成部位是肝脏、脂肪组织及小肠,其中肝脏的合成能力最强,但是肝脏等组织合成的甘油三酯,主要是运输到脂肪组织中储存。脂肪酸和 α-磷酸甘油是合成脂肪的基本原料。

（一）脂肪酸的合成

**1. 合成部位**　脂肪酸可在肝、肾、肺、脑、乳腺及脂肪组织的细胞液中合成,肝脏是脂肪酸合成的主要场所,其合成能力是脂肪组织的 $8\sim9$ 倍。

**2. 合成原料**　脂肪酸合成的主要原料是乙酰 CoA,此外,还需要 ATP 供能、NADPH 供氢。乙酰CoA 主要来自于糖的有氧氧化,某些氨基酸分解代谢也可提供部分乙酰 CoA。NADPH 来自糖代谢的磷酸戊糖途径。不同来源的乙酰 CoA 全部在细胞的线粒体内产生,而脂肪酸的合成却在胞液进行,线粒体中的乙酰 CoA 自身不能透过线粒体内膜,必须通过柠檬酸-丙酮酸循环机制转出线粒体后,才能在胞液中用于脂肪酸的合成。

在柠檬酸-丙酮酸循环(图 8-9)中,在线粒体内乙酰 CoA 先与草酰乙酸缩合生成柠檬酸,通过线粒体内膜上的柠檬酸载体转运进入胞液后,经柠檬酸裂解酶催化裂解生成乙酰 CoA 和草酰乙酸。乙酰 CoA可用于脂肪酸合成;草酰乙酸则在苹果酸脱氢酶的作用下还原成苹果酸,苹果酸可经载体转运直接进入线粒体,也可在苹果酸酶(辅酶 $NADP^+$)的作用下分解为丙酮酸后经载体转运进入线粒体,二者最终均可转变成草酰乙酸,再转运乙酰 CoA。

**3. 合成过程**　目前已知人体内最初合成的脂肪酸是十六碳的软脂酸。

（1）丙二酰 CoA 的合成:在乙酰 CoA 羧化酶的催化下,由 ATP 提供能量,乙酰 CoA 羧化生成丙二酰 CoA。乙酰 CoA 羧化酶是脂肪酸合成的限速酶,其辅基是生物素,$Mn^{2+}$ 为激活剂,反应式如下:

$$乙酰\,CoA + HCO_3^- + ATP \xrightarrow{\text{乙酰 CoA 羧化酶}} 丙二酰\,CoA + ADP + Pi$$

（2）软脂酸的合成:在脂肪酸合成酶系的催化下,1 分子乙酰 CoA 与 7 分子丙二酰 CoA 经过连续的加成反应,包括缩合、加氢、脱水和再加氢等反应,每次延长 2 个碳原子,7 次循环之后,最终先合成 16 碳的软脂酸。

原核生物的脂肪酸合成酶系由 7 种酶蛋白聚合而成,上面还有一个酰基载体蛋白(ACP),脂肪酸的合成就是在这个载体上进行的。而真核生物的脂肪酸合成酶系由两个完全相同的多肽链首尾相连构成,7 种酶活性均分布在每条多肽链上,属于多功能酶,每条多肽链上也都有一个酰基载体蛋白,作为脂肪酸合成的载体(图 8-10)。合成的总反应式如下。

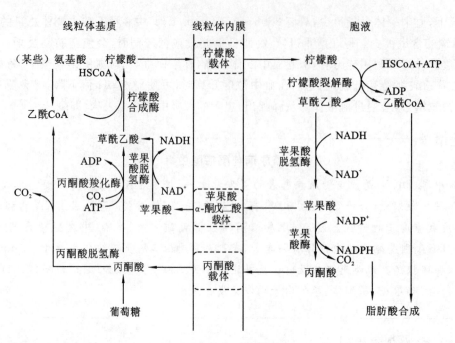

图 8-9　柠檬酸-丙酮酸循环

$$CH_3COSCoA+7HOOCCH_2COSCoA+14NADPH+H^+$$
$$\longrightarrow CH_3(CH_2)_{14}COOH+7CO_2+6H_2O+8HSCoA+14NADP^+$$

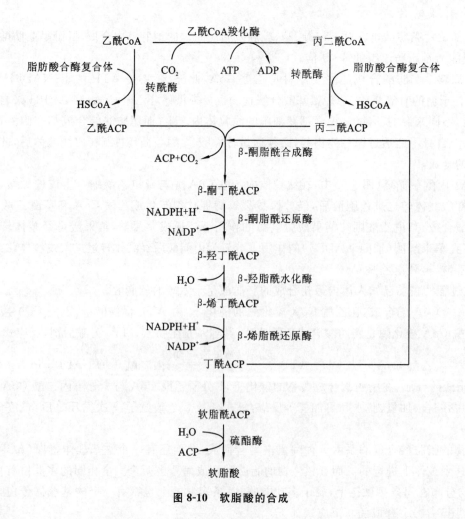

图 8-10　软脂酸的合成

（3）脂肪酸碳链的延长与缩短：组成人体脂肪酸的碳链长短不一，而体内脂肪酸合成酶系只能在胞液合成十六碳的软脂酸。在肝细胞的线粒体或内质网中，由特殊酶系催化使软脂酸的碳链进一步延长或缩短。碳链的缩短在线粒体内通过 β-氧化进行；碳链的延长有两种方式：在线粒体内，通过软脂酰 CoA 与乙酰 CoA 缩合，将乙酰基掺入碳链每次延长 2 个碳原子，延长过程基本上是脂肪酸 β-氧化的逆过程；在内质网中，以丙二酰 CoA 作为二碳单位的供体，使软脂酰 CoA 的碳链延长，过程与软脂酸的合成相似。

体内的不饱和脂肪酸软油酸（$16：1, \Delta^9$）和油酸（$18：1, \Delta^9$）是在 $\Delta^9$ 去饱和酶催化下，分别由软脂酸和硬脂酸转变而来的。而亚油酸、亚麻酸和花生四烯酸属于多不饱和脂肪酸，在体内不能合成，需要由食物供给。因为人体内缺乏 $\Delta^9$ 以上的去饱和酶，只有植物体内才含有这些酶。

**4. 脂肪酸合成调节** 脂肪酸合成的限速酶是乙酰 CoA 羧化酶，催化乙酰 CoA 羧化生成丙二酰 CoA，后者是脂肪酸合成过程中最重要的起始物。当机体的代谢燃料超过需要量时，一般会把脂肪酸转化为脂肪（即甘油三酯）储存起来。另外，胰岛素通过蛋白质磷酸化的级联作用，激活丙酮酸脱氢酶复合体，柠檬酸裂解酶促进脂肪酸合成，胰岛素和胰高血糖素的释放都受血糖浓度过高或过低的影响。

## （二）α-磷酸甘油的生成

体内 α-磷酸甘油的来源有两条：一是来自糖分解代谢的中间产物磷酸二羟丙酮，经 α-磷酸甘油脱氢酶的催化还原生成，这是 α-磷酸甘油的主要来源；二是在甘油激酶（肝、肾等）的催化下，消耗 ATP 使甘油磷酸化生成 α-磷酸甘油。肝、肾、哺乳期乳腺及小肠黏膜富含甘油激酶，而肌肉和脂肪组织中甘油激酶活性很低，故不能利用甘油合成甘油三酯。

## （三）甘油三酯的合成

甘油三酯的合成有如下两个途径。

**1. 甘油一酯途径** 小肠黏膜上皮细胞主要由此途径合成甘油三酯。主要是利用消化吸收的甘油一酯及脂肪酸再合成甘油三酯。

$$RCOOH + HSCoA + ATP \xrightarrow[Mg^{2+}]{脂酰CoA合成酶} RCO \sim SCoA + AMP + PPi$$

2-甘油一酯　　　　　　　　　　　　1,2-甘油二酯　　　　　　　　　　　甘油三酯

**2. 甘油二酯途径** 甘油二酯途径是肝脏和脂肪组织合成甘油三酯的主要途径。糖代谢产生的 α-磷酸甘油在脂酰 CoA 转移酶的催化下，依次加上 2 分子脂酰 CoA 生成磷脂酸，磷脂酸在磷脂酸磷酸酶的作用下，脱去磷酸生成物 1,2-甘油二酯，最后在脂酰 CoA 转移酶的催化下，再与 1 分子脂酰 CoA 反应生成甘油三酯。

脂酰 CoA 转移酶是甘油三酯合成的限速酶。甘油三酯的三个脂酰基可以相同也可以不同，可以是饱和脂肪酸酰基也可以是不饱和脂酰基，其 $C_2$ 位多为不饱和脂酰基。人体甘油三酯中所含的脂肪酸有 50% 以上为不饱和脂肪酸。在一般情况下，脂肪组织合成的甘油三酯储存在该组织内，肝脏及小肠黏膜上皮细胞合成的甘油三酯则参与组成脂蛋白释放到血液中进行运输。

## 三、多不饱和脂肪酸的重要衍生物

体内多不饱和脂肪酸的衍生物是由花生四烯酸衍变而来的，包括前列腺素（PG）、血栓素（TX）和白三烯（LT），它们在细胞内含量很低，但有很强的生理活性，能调节细胞代谢，并与炎症、过敏、免疫等很多生理过程有关。

（一）PG、TX 及 LT 的合成

除红细胞外,全身组织细胞都能合成 PG;TX 是由血小板合成的;LT 主要在白细胞内合成。当细胞受到血管紧张素Ⅱ、缓激肽、肾上腺素、凝血酶及某些抗原抗体复合物等刺激时,细胞膜上的磷脂酶 A₂ 可被激活,使膜磷脂水解释放花生四烯酸,后者在一系列酶的作用下,转变为 PG、TX 及 LT。

（二）PG、TX 及 LT 的生理功能

**1. PG 的生理功能**   $PGE_2$ 能诱发炎症,促进局部血管扩张,毛细血管通透性增加,引起红、肿、热、痛等症状。$PGE_2$ 和 $PGA_2$ 能使动脉血管扩张,降低血压。$PGE_2$ 和 $PGI_2$ 具有抑制胃酸分泌,促进胃肠平滑肌蠕动的作用,$PGF_2$ 可促进卵巢排卵,引起子宫收缩加强,促进分娩。$PGI_2$ 能舒张血管及抗血小板聚集,抑制凝血及血栓形成。

**2. TX 的生理功能**   $TXA_2$ 能引起血小板聚集和血管收缩,促进凝血及血栓形成,与 $PGI_2$ 的作用相对抗。

**3. LT 的生理功能**   LT 是引起过敏反应的慢反应物质,能使支气管平滑肌收缩。另外,还能促进炎症及过敏反应的发展。

# 第四节　磷脂代谢

## 一、磷脂的功能

磷脂是含有磷酸的脂类,分为甘油磷脂与鞘磷脂两大类,由甘油构成的磷脂称为甘油磷脂,由鞘氨醇或二氢鞘氨醇构成的磷脂称为鞘磷脂。体内甘油磷脂含量较多。

甘油磷脂由甘油、脂肪酸、磷酸和含氮化合物组成,根据含氮化合物的不同分为不同类型的甘油磷脂(表 8-4)。

$$R_2-\overset{\overset{\displaystyle O}{\|}}{C}-O-\overset{\displaystyle CH_2-O-\overset{\overset{\displaystyle O}{\|}}{C}-R_1}{\underset{\displaystyle CH_2-O-\overset{\overset{\displaystyle O}{\|}}{\underset{\|}{P}}-O-X}{CH}}$$

X 表示水、胆碱、乙醇胺、丝氨酸、甘油、肌醇、二酯酰甘油等。

表 8-4　体内几种重要的甘油磷脂

| X 取代基 | 磷脂名称 |
|---|---|
| 水 | 磷脂酸 |
| 胆碱 | 磷脂酰胆碱(卵磷脂) |
| 乙醇胺 | 磷脂酰乙醇胺(脑磷脂) |
| 丝氨酸 | 磷脂酰丝氨酸 |
| 甘油 | 磷脂酰甘油 |
| 肌醇 | 磷脂酰肌醇 |
| 磷脂酰甘油 | 二磷脂酰甘油(心磷脂) |

鞘磷脂由鞘氨醇或二氢鞘氨醇、脂肪酸及取代基组成。按取代基的不同,分为鞘磷脂和鞘糖脂。鞘

磷脂的取代基为磷酸胆碱或磷酸乙醇胺;鞘糖脂的取代基为糖基。人体内含量最多的鞘磷脂是神经鞘磷脂,由鞘氨醇、脂肪酸及磷酸胆碱构成,是生物膜的组成成分,也是神经髓鞘的重要成分,神经髓鞘能防止神经冲动从一条神经纤维向周围神经纤维扩散,保证神经冲动的定向传导。

$$CH_3(CH_2)_{12}CH = CH - CHOH$$

$$RC-NH-CH \qquad O$$

$$\underset{O}{\Vert} \qquad CH_2-O-\underset{\underset{O^-}{\Vert}}{P}-O-CH_2CH_2\overset{+}{N}(CH_3)_3$$

脂肪酸　　　　　　　　　　　磷酰胆碱

磷脂在体内还有其他重要的生理功能,如参与血浆脂蛋白的构成与转运;促进脂类的消化吸收;磷脂酰肌醇是第二信使的前体,参与细胞之间的信号传导;磷脂中的二软脂酰磷脂酰胆碱是肺泡表面活性物质,能降低肺泡的表面张力,有利于肺泡的伸张,早产儿因为这种磷脂的合成缺陷,易诱发呼吸困难综合征;鞘糖脂参与细胞的信号识别与传递,作为 ABO 血型物质;神经鞘磷脂是神经鞘的组成成分,保证神经冲动的传导。

### 二、甘油磷脂的代谢

**1. 甘油磷脂的合成代谢**　全身各组织细胞内质网均有合成甘油磷脂的酶系,都能合成甘油磷脂,但以肝、肾及肠等组织最活跃。

合成原料包括甘油、脂肪酸、磷酸盐及各种含氮化合物(胆碱、乙醇胺、丝氨酸、肌醇等)和供能物质 ATP、CTP。甘油与脂肪酸主要由体内糖代谢转变而来,但必需脂肪酸主要由食物供给,胆碱和乙醇胺可来自食物或由丝氨酸在体内转变而来。乙醇胺从 S-腺苷蛋氨酸获得 3 个甲基可变成胆碱。

磷脂酰乙醇胺(脑磷脂)和磷脂酰胆碱(卵磷脂)在体内含量最多,约占总磷脂的 75%,主要通过甘油二酯途径合成;其他磷脂通过 CDP 甘油二酯途径合成。

(1) 磷脂酰乙醇胺和磷脂酰胆碱的合成(甘油二酯合成途径):乙醇胺和胆碱在相应激酶的作用下,由 ATP 提供磷酸基团,分别生成磷酸乙醇胺和磷酸胆碱,在磷酸乙醇胺转移酶和磷酸胆碱转移酶的作用下,磷酸乙醇胺和磷酸胆碱与 CTP 作用,活化成 CDP-乙醇胺和 CDP-胆碱,二者分别再与甘油二酯反应,生成磷脂酰乙醇胺(脑磷脂)和磷脂酰胆碱(卵磷脂),肝脏的磷脂酰乙醇胺经甲基转移酶作用,由 SAM 提供甲基可转变为磷脂酰胆碱(图 8-11)。

(2) 磷脂酰肌醇和心磷脂的合成(CDP-甘油二酯合成途径):在心肌、骨骼肌组织中,磷脂酸可转化为 CDP-甘油二酯,然后与肌醇结合生成磷脂酰肌醇;2 分子 CDP-甘油二酯与 1 分子 $\alpha$-磷酸甘油结合可生成心磷脂,心磷脂是心肌线粒体内膜的主要磷脂。

(3) 甘油磷脂与脂肪肝:肝内合成的磷脂能与肝内合成的脂肪、胆固醇及载脂蛋白结合而构成极低密度脂蛋白,通过这种形式将肝内合成的脂肪转运至血浆代谢,如果体内磷脂合成不足,如胆碱、蛋氨酸、必需脂肪酸等缺乏,会引起极低密度脂蛋白合成障碍,致使肝内脂肪不能运出而在肝细胞积累,出现脂肪肝。另外,长期高脂高糖饮食使肝内甘油三酯来源过多以及酒精中毒也是导致脂肪肝的重要因素。因此,临床上常用磷脂及其合成原料和有关的辅助因子(叶酸、$B_{12}$、CTP 等)防治脂肪肝。

**2. 甘油磷脂的分解代谢**　体内存在各种磷脂酶能作用于甘油磷脂分子中不同的酯键,使甘油磷脂逐步水解生成甘油、脂肪酸、磷酸及各种含氮化合物,这些产物在体内还要进一步代谢。其中的磷脂酶 $A_1$ 和磷脂酶 $A_2$ 分别作用于甘油磷脂的 1 位和 2 位酯键,磷脂酶 $B_1$ 作用于溶血磷脂的 1 位酯键,磷脂酶 C 作用于 3 位的磷酸酯键,而磷脂酶 D 则作用于磷酸与含氮化合物之间的酯键(图 8-12)。

磷脂酶 $A_2$ 以酶原形式存在于细胞膜及线粒体膜上,胰腺炎时胰腺细胞磷脂酶 $A_2$ 被未知因素激活,作用于胰腺细胞膜甘油磷脂的 2 位酯键,产生溶血磷脂 1 及多不饱和脂肪酸。溶血磷脂具有较强的表面活性,能使胰腺细胞膜受损,导致急性胰腺炎。另外,磷脂酶 $A_1$ 存在于动物组织溶酶体中(蛇毒及某些微生物亦含有),能水解磷脂的 1 位酯键,产生脂肪酸及溶血磷脂 2,故被毒蛇咬伤后会出现红细胞大量溶血现象。

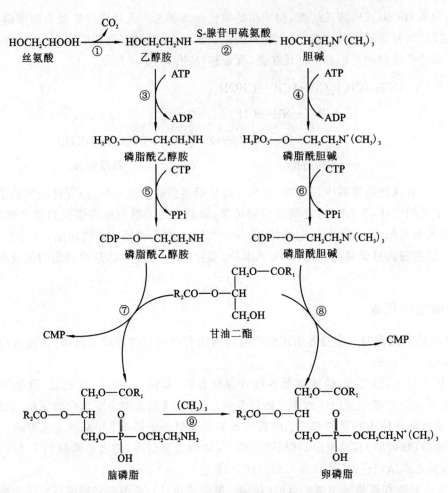

**图 8-11 甘油磷脂合成的甘油二酯途径**

注:①丝氨酸脱羧酶;②甲基转移酶;③乙醇胺激酶;④胆碱激酶;⑤CTP(磷酸乙醇胺胞苷转移酶);
⑥CTP(磷酸胆碱胞苷转移酶);⑦磷酸乙醇胺转移酶;⑧磷酸胆碱转移酶;⑨甲基转移酶

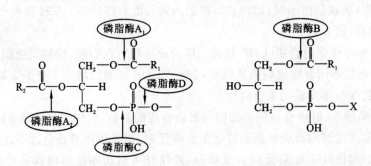

**图 8-12 磷脂酶作用于磷脂化学键的部位**

### 三、鞘磷脂的代谢

**1. 鞘氨醇的合成** 全身各组织细胞的内质网均可合成鞘氨醇,但以脑组织最活跃。所需的原料有软脂酰 CoA、丝氨酸、磷酸吡哆醛、NADPH 及 FAD 等。

**2. 神经鞘磷脂的合成** 在脂酰转移酶的催化下,鞘氨醇的氨基与脂酰 CoA 缩合,生成 N-脂酰鞘氨醇,后者由 CDP-胆碱供给磷酸胆碱生成神经鞘磷脂。

**3. 神经鞘磷脂的分解** 在脑、肝、脾、肾等细胞的溶酶体中,有神经鞘磷脂酶,使磷酸酯键水解,生成 N-脂酰鞘氨醇和磷酸胆碱。先天缺乏此酶的人,体内神经鞘磷脂不能降解而在细胞内积存,引起肝脾肿大及痴呆,称鞘磷脂累积病。

# 第五节 胆固醇代谢

胆固醇最初是从动物的胆石中分离出来的,是具有羟基的固体醇类化合物,所以称为胆固醇。胆固醇分子含有环戊烷并多氢菲母核和一个8碳侧链,共27个碳原子,第3位碳原子上有羟基,称为游离胆固醇(Ch),如果3位的羟基结合脂肪酸就形成胆固醇酯(CE)。胆固醇在组织细胞膜中以非酯化的游离形式存在,但在肾上腺(90%)、血浆(70%)及肝脏(50%),大多以胆固醇酯的形式存在。由于胆固醇的疏水性强,所以不溶于水而溶于有机溶剂。

胆固醇结构          胆固醇酯结构

人体约含140 g胆固醇,广泛分布于全身各组织,其中约1/4分布于脑和神经组织,其次是肝、肾、肠等内脏及皮肤、脂肪组织,另外,肾上腺、性腺等合成类固醇激素的内分泌腺中胆固醇含量也较高。

## 一、胆固醇的生物合成

### (一)合成部位

除了脑组织及成熟红细胞之外,几乎全身各组织均可合成胆固醇,每天合成1~1.5 g,肝脏是胆固醇合成的主要器官,占合成总量的70%~80%,其次是小肠,约占合成量的10%。胆固醇的合成在这些组织细胞的胞液及光面内质网中进行。

### (二)合成原料

胆固醇合成的主要原料是乙酰CoA,此外还需要ATP供能和NADPH供氢。乙酰CoA和ATP主要来自糖的有氧氧化,而NADPH则主要来自磷酸戊糖途径,因此糖是胆固醇合成原料的主要来源。在线粒体中生成的乙酰CoA需要通过柠檬酸-丙酮酸循环(图8-9)转运,进入胞液后才能参与胆固醇合成。每合成1分子胆固醇需要18分子乙酰CoA、36分子ATP及16分子$NADPH+H^+$。

### (三)合成过程

胆固醇合成有约30步化学反应,分为以下三个阶段(图8-13)。

**1. 甲羟戊酸的生成** 在胞液中,2分子乙酰CoA在乙酰乙酰CoA硫解酶的催化下缩合生成乙酰乙酰CoA;然后在HMGCoA合成酶的催化下,再与1分子乙酰CoA缩合生成HMGCoA;由HMGCoA还原酶催化,NADPH供氢,HMGCoA还原生成甲羟戊酸(MVA)。其中的HMGCoA还原酶是胆固醇合成的限速酶。

**2. 鲨烯的生成** 甲羟戊酸在胞液中一系列酶的作用下,由ATP提供能量,先磷酸化、脱羧等反应生成活泼的5碳焦磷酸化合物(异戊烯焦磷酸酯、二甲基丙烯焦磷酸酯)。然后3分子焦磷酸化合物缩合生成15碳的焦磷酸法尼酯,2分子焦磷酸法尼酯再缩合、还原即生成30碳的鲨烯。

**3. 胆固醇的生成** 鲨烯与胆固醇结构相似,再经加单氧酶、环化酶等催化生成羊毛固醇,最后经氧化、脱羧、还原等反应,脱去3分子$CO_2$生成27碳的胆固醇。

## 二、胆固醇生物合成的调节

HMGCoA还原酶是胆固醇合成的限速酶,胆固醇合成的调节主要是通过对此酶活性的影响来实现的。

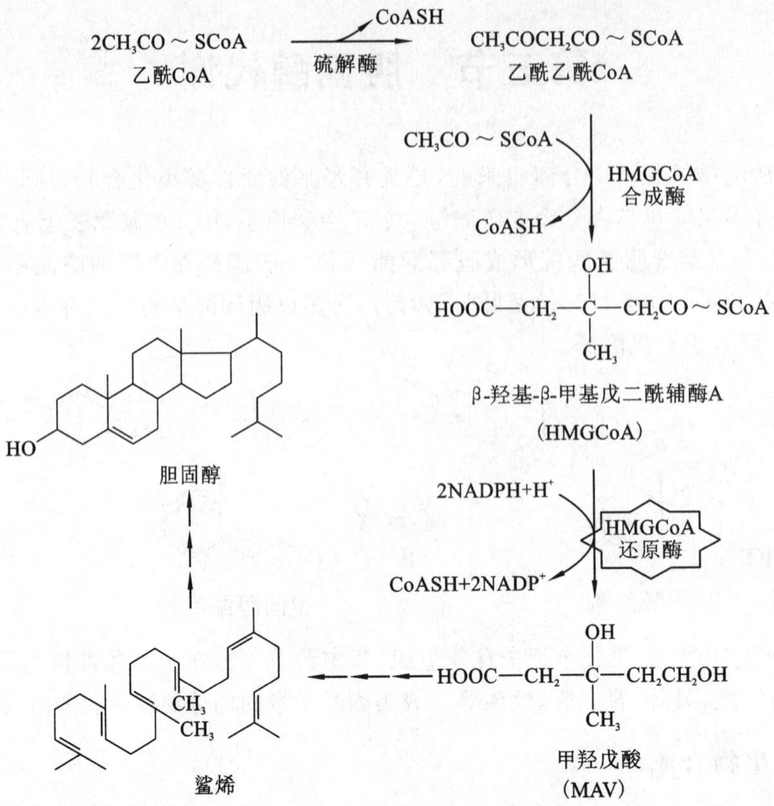

$$2CH_3CO \sim SCoA \xrightarrow[\text{硫解酶}]{CoASH} CH_3COCH_2CO \sim SCoA$$

乙酰CoA                                    乙酰乙酰CoA

$CH_3CO \sim SCoA$

HMGCoA 合成酶

$CoASH$

$$HOOC-CH_2-\overset{\overset{\displaystyle OH}{|}}{\underset{\underset{\displaystyle CH_3}{|}}{C}}-CH_2CO \sim SCoA$$

β-羟基-β-甲基戊二酰辅酶A

（HMGCoA）

$2NADPH+H^+$

HMGCoA 还原酶

$CoASH+2NADP^+$

$$HOOC-CH_2-\overset{\overset{\displaystyle OH}{|}}{\underset{\underset{\displaystyle CH_3}{|}}{C}}-CH_2CH_2OH$$

甲羟戊酸

（MAV）

HO 胆固醇

鲨烯

**图 8-13　胆固醇的合成**

**1．反馈调节**　胆固醇能反馈抑制 HMGCoA 还原酶的合成，从而抑制胆固醇的合成。当降低食物中胆固醇的含量时，对此酶合成的抑制解除，胆固醇合成会增加。

**2．饥饿与饱食**　饥饿时 HMGCoA 还原酶活性降低，使胆固醇的合成减少。相反，摄入高糖、高饱和脂肪膳食后，HMGCoA 还原酶活性增强，胆固醇的合成增多。

**3．激素的调节**　胰岛素及甲状腺素能诱导 HMGCoA 还原酶的合成，因而增加胆固醇的合成。胰高血糖素和糖皮质激素能抑制 HMGCoA 还原酶的合成，而降低胆固醇的合成。另外，甲状腺素除能促进 HMGCoA 还原酶的合成外，还能促进胆固醇在肝脏转变成胆汁酸，并且后者的作用大于前者，所以甲状腺功能亢进症患者血清胆固醇下降，而甲状腺功能减退症患者血清胆固醇反而升高。

**▎知识链接▎**

### 他汀类药物

　　1976 年 Endo 等人在桔青霉里发现了"美伐他汀"，其后从土壤中的土曲霉素获得了"洛伐他汀"，研究证实它们可以有效地降低血胆固醇。在 1987 年，洛伐他汀获得了美国食物及药品管理局的批准，投入临床使用，成为第一个上市的他汀类药物。此后，其他他汀类药物也相继问世，这类药物的问世是降脂药治疗史上的重大进展。其作用机制是通过抑制血清胆固醇合成酶系中的限速酶 HMGCoA 还原酶，而使胆固醇合成减少。已经投放临床的他汀类药物有辛伐他汀（舒降之）、普伐他汀（普拉固）、氟伐他汀（来适可）、阿伐他汀（立普妥）、美伐他汀等。

### 三、胆固醇的酯化

　　胆固醇的酯化反应发生在血浆及组织细胞中，由不同的酶催化完成。

**1．血浆中胆固醇的酯化**　血浆中的胆固醇在卵磷脂-胆固醇脂酰基转移酶（LCAT）催化下，接受卵磷脂 2 位的不饱和脂酰基生成胆固醇酯。此酶由肝实质细胞合成并分泌入血，在血浆中发挥作用，当肝实质细胞病变或损害时，LCAT 活性降低，导致血浆胆固醇酯含量下降。

$$\text{卵磷脂} + \text{胆固醇} \xrightarrow{\text{卵磷脂-胆固醇脂酰基转移酶}} \text{胆固醇酯} + \text{溶血卵磷脂}$$

**2. 细胞内胆固醇的酯化** 细胞内的游离胆固醇在脂酰 CoA-胆固醇脂酰基转移酶（ACAT）催化下，接受脂酰 CoA 的脂酰基生成胆固醇酯。

$$\text{脂酰 CoA} + \text{胆固醇} \xrightarrow{\text{脂酰 CoA-胆固醇脂酰基转移酶}} \text{胆固醇酯} + \text{HSCoA}$$

### 四、胆固醇的转化与排泄

胆固醇在体内不能被彻底氧化分解，也不能释放能量供机体利用，但能转化成某些具有重要生理活性的物质参与代谢调节或排出体外。

**（一）转变成胆汁酸**

胆固醇代谢的主要去路是在肝脏转化成胆汁酸。正常人每天合成的胆固醇有 40% 在肝内转化为胆汁酸，胆汁酸随胆汁进入肠道，在肠道中协助食物脂类的消化与吸收。

**（二）转变成类固醇激素**

胆固醇在肾上腺皮质和性腺可以转化为各种类固醇激素。肾上腺皮质球状带以胆固醇为原料可合成醛固酮，又称盐皮质激素，调节水盐代谢；肾上腺皮质束状带及网状带细胞以胆固醇为原料合成皮质醇和皮质酮，合称为糖皮质激素可调节糖代谢；卵巢的卵泡内膜细胞及黄体以胆固醇为原料可合成雌二醇和孕酮；睾丸间质细胞以胆固醇为原料能合成睾丸酮。这些类固醇激素在体内有重要的调节功能。

**（三）转变成维生素 $D_3$**

胆固醇在肝、小肠黏膜和皮肤等处脱氢氧化生成 7-脱氢胆固醇，储存于皮下的 7-脱氢胆固醇经紫外线照射能转变成维生素 $D_3$。在肝微粒体中 25-羟化酶的催化下，维生素 $D_3$ 发生羟化反应生成 25-OH-$D_3$，经肾脏 1-羟化酶的催化，25-OH-$D_3$ 进一步羟化转变为维生素的活性形式 1,25-$(OH)_2$-$D_3$。维生素 D 具有调节体内钙、磷代谢的作用。

**（四）胆固醇的排泄**

在肝脏转化胆汁酸随胆汁进入肠道是胆固醇排泄的主要去路；另有少量胆固醇直接随胆汁一起排入肠道，其中的一部分被小肠黏膜重吸收，另一部分被肠道细菌还原成粪固醇随粪便排出体外。当胆汁的成分及含量发生异常变化或胆汁中胆固醇过多时，这部分胆固醇不能有效地溶解于胆汁中会析出形成结晶，即胆石。

## 本章小结

血脂包括甘油三酯、磷脂、胆固醇、胆固醇酯和游离脂肪酸；脂蛋白是脂类在血液中的运输形式，按电泳分类法和超速离心法将其分为四类；CM 是外源性甘油三酯从肠运往全身的主要形式，VLDL 是内源性甘油三酯由肝运至全身的主要形式，LDL 是转运内源性胆固醇的主要形式，HDL 是逆向转运胆固醇回到肝脏的主要形式；脂肪动员的限速酶是甘油三酯脂肪酶；甘油进入糖代谢途径，可氧化分解释放能量，也可经糖异生途径生成葡萄糖或糖原；脂肪酸在胞浆活化生成脂酰 CoA，需消耗 2 个高能键，以肉碱为载体转运到线粒体经过 β-氧化产生乙酰 CoA，进入三羧酸循环彻底氧化释放能量，脂肪酸氧化的限速酶是 CAT I；酮体是乙酰乙酸、β-羟丁酸和丙酮的总称，在肝细胞线粒体内以乙酰 CoA 为原料合成，限速酶是 HMGCoA 合成酶，酮体代谢特点是肝内生成酮体、肝外利用酮体；甘油三酯的合成原料 α-磷酸甘油和脂肪酸主要来自于糖代谢的中间产物，人体首先合成的脂肪酸是软脂酸；胆固醇主要在肝脏合成，限速酶是 HMGCoA 还原酶，原料是糖代谢产物乙酰 CoA 和 NADPH＋$H^+$，并需 ATP 供能；胆固醇的主要去路是在肝中转化成胆汁酸，也可转变成类固醇激素及维生素 $D_3$ 等。

## 能力检测

**一、名词解释**

1. 必需脂肪酸　2. 血浆脂蛋白　3. 脂肪动员　4. 酮体

**二、填空题**

1. 类脂包括_____、_____、胆固醇及其酯等。

2. 脂类消化吸收的场所在_____，由于_____的作用，可将脂肪分散成细小的微团。

3. 脂肪酸的β-氧化在细胞的_____内进行，它包括_____、_____、_____和_____四个连续反应步骤。每次β-氧化生成的产物是_____和_____。

4. 脂肪酸的合成在_____进行，合成原料中碳源是_____并以_____形式参与合成；供氢体是_____，它主要来自_____。

5. 血液中胆固醇酯化，需_____酶催化；组织细胞内胆固醇酯化需_____酶催化。

6. 常用的两种血浆脂蛋白分类方法为电泳法和超速离心法，它们可将血浆脂蛋白分为_____、_____、_____和_____四种。

7. 酮体主要在肝脏中以_____为原料合成，酮体包括_____、_____和_____。

**三、单项选择题**

1. 转运内源性甘油三酯的血浆脂蛋白是（　　）。

A. CM　　　　B. VLDL　　　　C. HDL　　　　D. LDL　　　　E. IDL

2. 要真实反映血脂的情况，应在饭后多少小时后采血？（　　）

A. 3～6 h　　B. 8～10 h　　C. 12～14 h　　D. 24 h 后　　E. 立即

3. 目前认为下列哪种脂蛋白与动脉粥样硬化呈负相关？（　　）

A. CM　　　　B. VLDL　　　　C. HDL　　　　D. LDL　　　　E. IDL

4. 脂肪的主要生理功能是（　　）。

A. 储能和供能　　　　B. 膜结构重要组分　　　　C. 转变为生理活性物质

D. 传递细胞间信息　　E. 可转变成胆汁酸

5. 关于酮体的叙述，哪项是正确的？（　　）

A. 酮体是肝内脂肪酸大量分解产生的异常中间产物，可造成酮症酸中毒

B. 各组织细胞均可利用乙酰 CoA 合成酮体，但以肝内合成为主

C. 酮体只能在肝内生成，肝外氧化

D. 合成酮体的关键酶是 HMGCoA 还原酶

6. 酮体生成过多主要见于（　　）。

A. 摄入脂肪过多　　　　B. 肝内脂肪代谢紊乱　　　　C. 脂肪运转障碍

D. 糖供给不足或利用障碍　　E. 肝功低下

7. 胆固醇在体内不能转化生成（　　）。

A. 胆汁酸　　B. 性激素　　C. 胆色素　　D. 维生素 $D_3$　　E. 肾上腺素皮质素

8. 下列关于脂肪酸合成的叙述，不正确的是（　　）。

A. 在胞液中进行　　　　B. 基本原料是乙酰 CoA 和 NADPH＋$H^+$

C. 关键酶是乙酰 CoA 羧化酶　　　　D. 脂肪酸合成酶为多酶复合体或多功能酶

E. 脂肪酸合成过程中碳链延长需乙酰 CoA 提供乙酰基

9. 导致脂肪肝的主要原因是（　　）。

A. 食入脂肪过多　　　　B. 食入过量糖类食品　　　　C. 肝内脂肪合成过多

D. 肝内脂肪分解障碍　　E. 肝内脂肪运出障碍

10. 下列哪个代谢过程主要在线粒体进行？（　　）

A. 脂肪酸合成        B. 胆固醇合成        C. 磷脂合成

D. 脂肪酸的 β-氧化        E. 脂肪动员

11. 催化体内储存的甘油三酯水解的脂肪酶是(　　)。

A. 胰脂酶        B. 激素敏感脂肪酶        C. 肠脂酶

D. 脂蛋白脂肪酶        E. 脂蛋白脂肪酶

12. 生成酮体的主要器官是(　　)。

A. 心肌       B. 肝       C. 肾       D. 脑       E. 骨骼肌

**四、临床案例**

患者,男,65 岁,高脂饮食多年,心前区疼痛 5 年,多于劳累、饭后发作休息后减轻。近 3 个月疼痛渐频繁,且休息时也发作,入院前 2 h,突感心前区剧痛,并向左肩部放射。

生化检查:总胆固醇(TC)99 mmol/L(参考值 33～57 mmol/L);LDL 70.3(参考值 21～36 mmol/L);HDL 0.75(参考值 HDL≥10 mmol/L);甘油三酯 0.9 mmol/L(参考值 0.45～170 mmol/L)。

临床诊断:冠状动脉粥样硬化性心脏病。

问题:试分析患者临床症状及体征的生物化学机制。

徐建永、彭 帅

# 第九章 氨基酸代谢

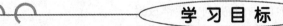

蛋白质是生命的物质基础，其基本组成单位是氨基酸。蛋白质在体内的合成、分解和转变都是以氨基酸为中心进行的，所以氨基酸代谢是蛋白质代谢的核心内容。本章主要阐述氨基酸的分解代谢。

 第一节　概　述

## 一、蛋白质的生理功能

### （一）维持组织细胞的生长、发育、更新和修补

蛋白质是组织细胞的主要组成成分，参与构成各种组织细胞是蛋白质最重要的功能。机体必须不断地从膳食中摄取足够量的优质蛋白质，才能满足组织细胞的生长、发育、更新和修补的需要。

### （二）参与体内重要的生理活动

机体的各种生理活动，如催化作用、肌肉收缩、运输物质、免疫防御、代谢调节、基因调控、凝血与抗凝血等，都需要蛋白质直接或间接参与。此外，蛋白质分解产生的氨基酸在进一步代谢过程中可产生胺类、神经递质及激素等活性物质，也可作为血红素、活性肽类、嘌呤和嘧啶等重要化合物的合成原料。

### （三）氧化供能

蛋白质可作为能源物质氧化供能，每克蛋白质氧化分解释放约 17 kJ(4.1 kcal)的能量，成人每天约有 18％的能量来自蛋白质。糖与脂肪可以代替蛋白质提供能量，所以氧化供能不是蛋白质的主要功能。

## 二、蛋白质的需要量

测定人体每日摄入食物的含氮量（摄入氮）和排泄物（尿、粪）中的含氮量（排出氮），间接反映体内蛋白质代谢概况的实验，称为氮平衡实验。食物中的含氮物质主要是蛋白质，测定食物中的含氮量即可估算其所含蛋白质的量。蛋白质在体内分解代谢所产生的含氮物质主要由尿液和粪便排出，测定其含氮量可反映组织蛋白质的分解量。因此氮平衡实验可反映机体蛋白质每日代谢状况。

### （一）氮平衡

**1. 氮的总平衡**　摄入氮＝排出氮，表明机体组织蛋白质的合成与分解相当。见于正常成年人，每日从食物中摄入的蛋白质，主要用来维持机体组织蛋白质的更新与修补。

**2. 氮的正平衡**　摄入氮＞排出氮，表明机体组织蛋白质的合成大于分解，摄入的蛋白质除了用于更

新组织蛋白质外,还有部分用于合成新的组织蛋白质。儿童、孕妇和恢复期的患者属于这种情况。

**3. 氮的负平衡** 摄入氮＜排出氮,表明机体组织蛋白质的合成小于分解,表明蛋白质摄入量减少,不足以补充消耗掉的组织蛋白质,或者体内蛋白质消耗增加。见于长期饥饿、营养不良、组织创伤和慢性消耗性疾病的患者。

**（二）蛋白质的需要量**

根据氮平衡实验测算,正常成人在不摄入蛋白质的情况下,每天仍要分解约 20 g 蛋白质。由于食物中的蛋白质与人体组成的蛋白质有差异,不能完全利用,故人体对蛋白质的每日最低生理需要量为 30～50 g。为了使机体长期保持氮的总平衡,中国营养学会推荐正常成人每日蛋白质摄入量为 80 g。儿童、孕妇、消耗性疾病患者和手术后患者均应适当增加蛋白质的摄入量。若糖与脂肪供给不足即热能供应不足,势必会引起蛋白质氧化分解供能,影响蛋白质的有效利用率,则蛋白质的供应量还应该有增加。

### 三、蛋白质的营养价值

**（一）必需氨基酸**

机体需要但体内不能自身合成,必须由食物提供的氨基酸称为必需氨基酸。氮平衡实验证明,构成蛋白质的 20 种氨基酸中有 8 种为人体必需氨基酸,它们是赖氨酸、色氨酸、苯丙氨酸、蛋氨酸(甲硫氨酸)、苏氨酸、亮氨酸、异亮氨酸、缬氨酸。精氨酸和组氨酸虽能在体内合成,但合成量较少不能满足机体需要,还需要从食物中摄取一部分,若长期缺乏也能造成氮的负平衡,因此将这两种氨基酸也归为必需氨基酸;酪氨酸和半胱氨酸在体内分别由苯丙氨酸和蛋氨酸转变而来,食物中这两种氨基酸的量充足时,机体可减少对苯丙氨酸和蛋氨酸的消耗,故将其称为半必需氨基酸。

**（二）蛋白质营养价值的评价**

蛋白质的营养价值是指食物蛋白质在体内的利用率。蛋白质营养价值的高低取决于其所含必需氨基酸的种类、数量和比例。一般来说,蛋白质所含必需氨基酸的种类多、数量足、比例接近人体的需要,营养价值就高;反之则营养价值低。相对于植物蛋白质,动物蛋白质所含必需氨基酸的种类和比例更接近人体的需要,故其营养价值高于植物蛋白质。

**（三）蛋白质的互补作用**

将几种营养价值较低的蛋白质混合食用,其中所含的必需氨基酸的种类和数量可相互补充,从而提高蛋白质的营养价值,此现象称为食物蛋白质的互补作用。例如豆类蛋白质中含赖氨酸较多而色氨酸较少,谷类蛋白质中色氨酸较多而赖氨酸较少,两者混合食用即可提高蛋白质的营养价值。

---

**┃ 知识链接 ┃**

**氨基酸静脉营养与临床应用**

氨基酸静脉营养是指通过静脉输入形式提供合成机体蛋白质所需要氨基酸的制剂。氨基酸制剂是人为地按蛋白质中必需氨基酸和非必需氨基酸的含量与比例,以各种结晶氨基酸为原料配制而成的氨基酸混合液。其种类大致可分纯氨基酸营养液、营养代血浆和复合营养液。临床上对不能从胃肠道正常摄取食物的患者、手术前后的危重患者、化疗期间胃肠反应的癌症患者、代谢高度亢进且经口摄入食物不能满足其营养需要的患者、昏迷或体质虚弱者、长期处于消耗状态的患者等,均可考虑给予氨基酸制剂,防止病情恶化。

---

### 四、蛋白质的消化、吸收与腐败

蛋白质具有高度的种属特异性,食物蛋白质需要消化成氨基酸及小分子肽才能被吸收入体内;未被消化吸收的部分经肠道细菌的腐败作用,大多随粪便排出体外。

**（一）蛋白质的消化**

蛋白质的消化由胃开始,但主要在小肠进行。

**1. 蛋白质在胃中的消化**  食物蛋白质进入胃后,胃酸可将胃黏膜分泌的胃蛋白酶原激活为胃蛋白酶,它可以把蛋白质分解为多肽、寡肽和少量氨基酸,该酶的最适 pH 值为 1.5~2.5,乳儿胃液 pH 值为5~6,此条件下胃蛋白酶具有凝乳作用,可使乳汁中的酪蛋白与钙离子结合成乳凝块,使乳汁在胃中的停留时间延长,有利于消化。

**2. 蛋白质在肠中的消化**  小肠是蛋白质消化的主要场所。小肠内有胰腺和肠黏膜细胞分泌的多种蛋白酶和肽酶,在它们的共同作用下,未经消化或消化不完全的蛋白质进一步水解成小肽和氨基酸。

蛋白质的消化主要靠胰液中的内肽酶和外肽酶来完成。内肽酶包括胰蛋白酶、糜蛋白酶和弹性蛋白酶,其作用是特异性地催化蛋白质内部的一些肽键水解;外肽酶主要包括羧基肽酶 A 和羧基肽酶 B、氨基肽酶、二肽酶等,其作用是特异性地从蛋白质或肽链的羧基末端开始逐个水解氨基酸残基(图 9-1)。

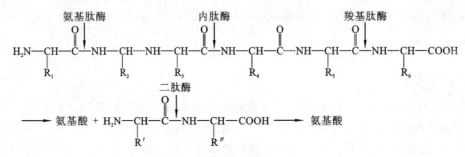

**图 9-1  肠中蛋白酶作用示意图**

经胃液和胰液中蛋白酶的作用,蛋白质最终分解为氨基酸(约占 1/3)和一些寡肽(约占 2/3),寡肽在小肠黏膜细胞的刷状缘及胞液中存在着氨基肽酶和二肽酶等寡肽酶,前者从氨基末端逐个水解出游离氨基酸,最后生成的二肽经二肽酶催化也水解为氨基酸。

**(二)氨基酸的吸收**

**1. 载体蛋白介导的氨基酸主动吸收**  氨基酸的吸收主要在小肠中进行。在肠黏膜细胞上存在转运氨基酸的载体蛋白,可与氨基酸、$Na^+$ 结合成三联体,继而载体蛋白构象发生改变,将氨基酸和 $Na^+$ 转运入细胞,$Na^+$ 再由细胞膜上的钠泵排出细胞外,此过程需要消耗 ATP。

**2. γ-谷氨酰基循环对氨基酸的主动转运作用**  小肠黏膜、肾小管细胞和脑组织还存在另一种氨基酸吸收机制,其反应过程是首先由谷胱甘肽将氨基酸转运入细胞,然后再经一系列酶的催化重新合成谷胱甘肽,由此构成一个循环,称为 γ-谷氨酰基循环,又称 Meister 循环(图 9-2)。通过此循环,每转运 1 分子氨基酸,需要消耗 3 分子 ATP。

**(三)蛋白质的腐败作用**

未被消化的蛋白质及未被吸收的氨基酸被肠道细菌分解的过程称为蛋白质的腐败作用。腐败作用是肠道细菌本身的代谢过程,以无氧分解为主。腐败作用的产物大多对机体有害,如胺类、氨、酚类、吲哚及硫化氢等;少数产物对机体有一定的营养作用,如脂肪酸和维生素等可被机体利用。腐败产物主要随粪便排出体外,少部分可被肠道吸收,经肝的代谢转变而解毒,腐败产物生成过多或肝功能障碍时,会对机体产生毒害作用。

**1. 胺类**  在细菌氨基酸脱羧酶的作用下,氨基酸脱羧基生成有毒的胺类。如酪氨酸脱羧生成酪胺、苯丙氨酸脱羧生成苯乙胺、鸟氨酸脱羧生成腐胺、赖氨酸脱羧生成尸胺、组氨酸脱羧生成组胺等。正常情况下,这些胺类物质主要经肝脏的生物转化作用以无毒形式排出体外。当肝功能受损时,酪胺和苯乙胺进入脑组织,在 β-羟化酶作用下分别转变为 β-多巴胺(羟酪胺)和苯乙醇胺,其化学结构与儿茶酚胺相似,被称为假神经递质。假神经递质干扰儿茶酚胺,阻碍神经冲动的传递,导致大脑功能障碍,这可能是肝性脑病产生的原因之一。

**2. 氨**  肠道中的氨主要有两个来源:一是未被吸收的氨基酸在肠道细菌的作用下,通过脱氨基作用产生氨,这是肠道氨的重要来源;另一来源是血液中尿素渗入肠道,受肠道细菌尿素酶的水解而产生氨。正常情况下,这些氨均可被吸收进入血液,在肝脏合成尿素。氨具有神经毒性,大脑对氨尤为敏感,血液

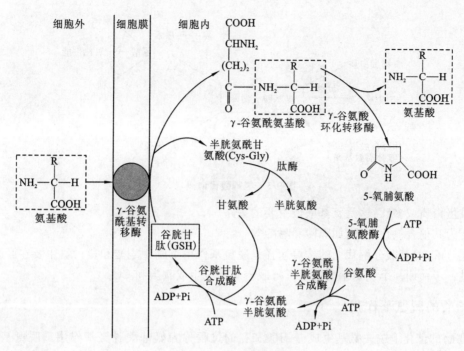

图 9-2 γ-谷氨酰基循环

中 1%的氨就会引起中枢神经系统中毒。

**3. 其他有害物质** 通过腐败作用,除了产生胺类和氨以外,还可产生苯酚、吲哚、甲基吲哚及硫化氢等有害物质。在正常情况下,上述有害物质大部分随粪便排出,只有小部分被吸收,经肝脏的生物转化作用而解毒,不会发生中毒现象。当患有肠梗阻等疾病时,由于肠内容物在肠道长时间滞留,导致腐败作用增强,有害物质的生成、吸收增加,可出现头痛、头昏、心悸等中毒症状。

 # 第二节 氨基酸的一般代谢

## 一、氨基酸的代谢概况

### (一)氨基酸代谢库

人体内的组织蛋白处于合成与降解的动态平衡,成人每天有 1%~2%的蛋白质被降解生成氨基酸,它们与肠道吸收的氨基酸一起参与物质代谢,形成氨基酸代谢库。氨基酸在体内的分布很不均匀,肌肉中的氨基酸占总代谢库的 50%以上,肝中约占 10%,肾中约占 4%,血浆中占 1%~6%。肝和肾中游离氨基酸浓度很高,氨基酸代谢很旺盛。正常情况下,氨基酸代谢库中氨基酸的来源和去路维持动态平衡(图 9-3)。

### (二)体内氨基酸的来源与去路

**1. 来源** 体内氨基酸的来源有三条。

(1)食物蛋白质的消化吸收:食物中的蛋白质在消化道内多种酶的催化下分解为氨基酸,由小肠吸收经门静脉进入血液,此种氨基酸称外源性氨基酸。

(2)体内组织蛋白质分解产生的氨基酸:组织蛋白质经细胞内一系列酶催化降解为氨基酸,进入氨基酸代谢库,此种氨基酸是内源性氨基酸。

(3)体内组织细胞合成的非必需氨基酸:体内每天经氨基酸氧化分解的逆过程合成一定量的氨基酸,此种氨基酸也是内源性氨基酸。

**2. 去路** 体内氨基酸的去路有三条。

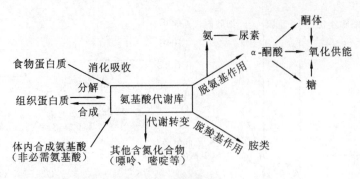

图 9-3　氨基酸代谢概况

（1）合成蛋白质或多肽：这是氨基酸最主要的去路。

（2）转变为其他含氮化合物：如嘌呤和嘧啶等。

（3）氧化分解：氨基酸分解代谢的主要途径是脱氨基作用生成 α-酮酸和氨。氨主要在肝脏合成尿素，α-酮酸也可进一步代谢。个别氨基酸还可进行脱羧基反应生成胺类和 $CO_2$。

## 二、氨基酸的脱氨基作用

氨基酸在酶的催化下脱去氨基生成 α-酮酸和氨的过程称为氨基酸脱氨基作用。脱氨基作用是氨基酸分解代谢的最主要途径，主要有氧化脱氨基、转氨基、联合脱氨基和嘌呤核苷酸循环等方式，联合脱氨基是最重要的脱氨基方式。

### （一）氧化脱氨基作用

在酶的催化下氨基酸脱氨基并伴有脱氢氧化的过程称为氧化脱氨基作用。体内催化氨基酸氧化脱氨基反应最重要的酶是 L-谷氨酸脱氢酶，此酶是以 $NAD^+$ 或 $NADP^+$ 为辅酶的不需氧脱氢酶，能特异性催化 L-谷氨酸氧化脱氨基生成氨和 α-酮戊二酸。该酶主要分布在肝、肾、脑中，但骨骼肌和心肌中活性很低。

$$
\begin{array}{ccc}
\text{COOH} & \text{COOH} & \text{COOH} \\
| & | & | \\
(\text{CH}_2)_2 & (\text{CH}_2)_2 & (\text{CH}_2)_2 \\
| \quad \xrightarrow{\text{L-谷氨酸脱氢酶}} & | \quad \xrightarrow[-\text{H}_2\text{O}]{+\text{H}_2\text{O}} & | \\
\text{CHNH}_2 & \text{C}=\text{NH} & \text{C}=\text{O} \quad + \text{NH}_3 \\
| \quad \text{NAD(P)}^+ \quad \text{NAD(P)H+H}^+ & | & | \\
\text{COOH} & \text{COOH} & \text{COOH} \\
\text{L-谷氨酸} & \text{α-亚氨基戊二酸} & \text{α-酮戊二酸}
\end{array}
$$

L-谷氨酸脱氢酶催化的反应是可逆的，α-酮戊二酸还原加氨可生成 L-谷氨酸。此酶特异性强，只能催化 L-谷氨酸氧化脱氨基，不能承担其他氨基酸的脱氨基作用。

### （二）转氨基作用

转氨基作用是指在氨基转移酶（转氨酶）的催化下，α-氨基酸的 α-氨基转移到 α-酮酸的酮基上生成对应的 α-氨基酸，而原来的 α-氨基酸则转变成相应的 α-酮酸的过程，反应如下。

$$
\begin{array}{cc}
\text{R}_1 \quad \text{R}_2 & \text{R}_1 \quad \text{R}_2 \\
| \quad\quad | & | \quad\quad | \\
\text{H-C-NH}_2 + \text{C}=\text{O} \xrightarrow{\text{转氨酶}} & \text{C}=\text{O} + \text{H-C-NH}_2 \\
| \quad\quad | & | \quad\quad | \\
\text{COOH} \quad \text{COOH} & \text{COOH} \quad \text{COOH}
\end{array}
$$

转氨基反应是可逆反应，α-酮酸可以在转氨酶的作用下接受氨基酸转来的氨基而合成相应的氨基酸，因此这是体内合成非必需氨基酸的重要途径。转氨基作用仅仅是将氨基由一种氨基酸分子转移到另一种氨基酸上，并没有真正脱掉氨基产生游离的氨。

转氨酶的辅酶是含维生素 B₆ 的磷酸吡哆醛，在转氨基过程中，磷酸吡哆醛先接受 α-氨基酸的 α-氨基转变为磷酸吡哆胺，α-氨基酸则转变为 α-酮酸；然后磷酸吡哆胺将 α-氨基转移给另一种 α-酮酸生成相应的 α-氨基酸，同时磷酸吡哆胺又转变为磷酸吡哆醛（图 9-4）。在转氨基反应过程中，磷酸吡哆醛与磷酸吡哆胺两种形式的互变,发挥着传递氨基的作用。

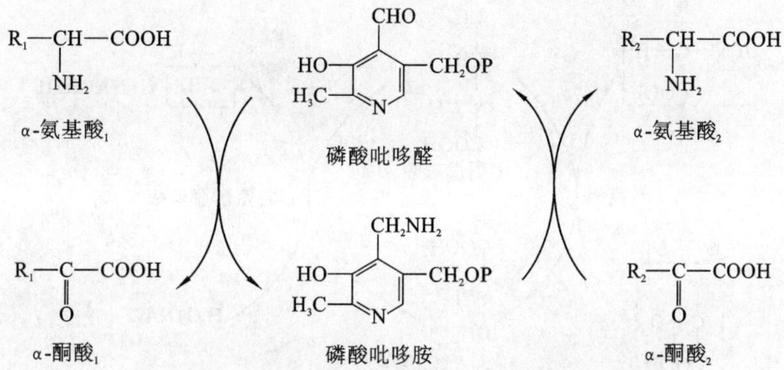

图 9-4 磷酸吡哆醛与磷酸吡哆胺传递氨基作用

体内转氨酶的种类多、分布广,以丙氨酸氨基转移酶(ALT,又称谷丙转氨酶,GPT)和天冬氨酸氨基转移酶(AST,又称谷草转氨酶,GOT)最为重要。它们催化的反应如下。

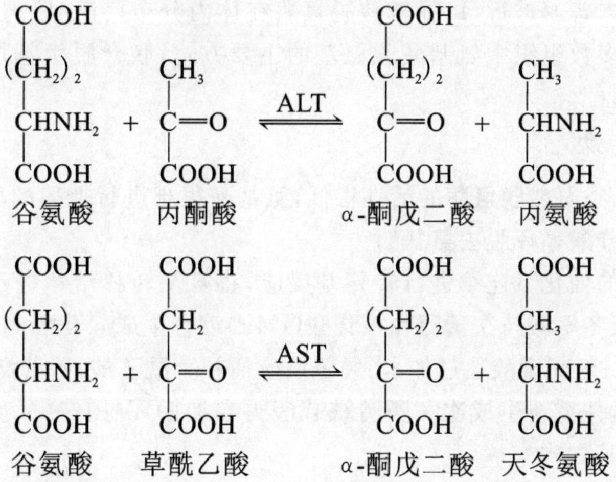

ALT 与 AST 在体内分布广泛,但在各组织中的活性有差异(表 9-1)。正常情况下,ALT 在肝细胞中活性最高,AST 在心肌细胞中活性最高。转氨酶属于细胞酶,正常情况下主要存在于组织细胞内,在血清中的活性很低。若因疾病使细胞膜通透性增高、组织坏死或细胞破裂等,可有大量的转氨酶释放入血,使血清中转氨酶活性明显升高。如急性肝炎患者血清中 ALT 活性明显上升;心肌梗死患者血清中 AST 活性显著升高。因此,临床上通过测定血清中 ALT 与 AST 的活性,可以作为疾病诊断和预后的参考指标之一。

表 9-1 正常成人各组织中 ALT 与 AST 活性 （单位:每克湿组织）

| 组织 | ALT | AST | 组织 | ALT | AST |
|---|---|---|---|---|---|
| 心 | 7 100 | 156 000 | 胰腺 | 2 000 | 28 000 |
| 肝 | 44 000 | 142 000 | 脾 | 1 200 | 14 000 |
| 骨骼肌 | 4 800 | 99 000 | 肺 | 700 | 10 000 |
| 肾 | 19 000 | 91 000 | 血清 | 16 | 20 |

（三）联合脱氨基作用

在转氨酶与 L-谷氨酸脱氢酶的联合作用下,氨基酸的转氨基作用和氧化脱氨基作用相偶联,脱去 α-氨基生成 α-酮酸和游离氨的过程,称为联合脱氨基作用(图 9-5)。氨基酸在转氨酶催化下将氨基转移给 α-酮戊二酸生成相应的 α-酮酸和谷氨酸,然后由 L-谷氨酸脱氢酶催化谷氨酸进行氧化脱氨基作用,生成 α-酮戊二酸和氨。

通过联合脱氨基作用,氨基酸分子中的氨基被真正脱去,生成了氨和相应的 α-酮酸。由于 α-酮戊二

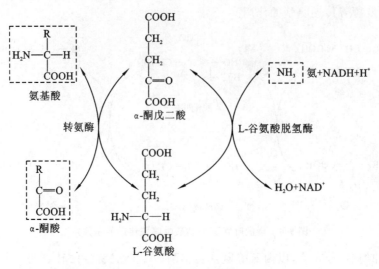

图 9-5 联合脱氨基作用

酸参与的转氨基作用在体内普遍进行,L-谷氨酸脱氢酶在体内分布广泛(肌肉组织除外),因此联合脱氨基作用是除肌肉以外的大多数组织中氨基酸脱氨基的主要方式,联合脱氨基是可逆过程,逆反应是合成非必需氨基酸的重要途径。

### (四)嘌呤核苷酸循环

在骨骼肌和心肌中,L-谷氨酸脱氢酶的活性很低,氨基酸很难进行上述的联合脱氨基作用,肌肉细胞内的氨基酸是通过嘌呤核苷酸循环脱去氨基的。

氨基酸首先在转氨酶的催化下连续进行转氨基反应,将氨基转移给草酰乙酸生成天冬氨酸;然后是嘌呤核苷酸循环反应,即天冬氨酸与次黄嘌呤核苷酸(IMP)缩合生成腺苷酸代琥珀酸,后者经裂解释放出延胡索酸和腺苷酸(AMP);延胡索酸通过加水、脱氢反应回补草酰乙酸;腺苷酸则在腺苷酸脱氨酶的催化下脱去氨基释放出游离氨,并重新生成次黄嘌呤核苷酸再参加循环(图 9-6)。嘌呤核苷酸循环可以看作是另一种形式的联合脱氨基方式。

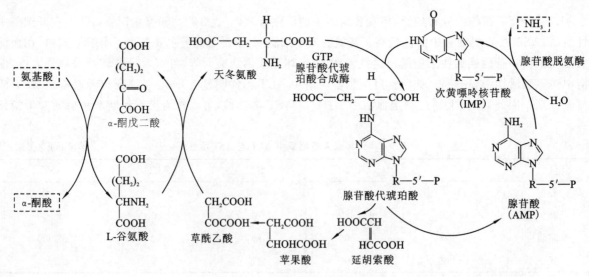

图 9-6 嘌呤核苷酸循环

## 三、α-酮酸的代谢

氨基酸脱氨基作用生成的各种 α-酮酸可以通过以下三条途径代谢。

### (一)合成非必需氨基酸

α-酮酸经转氨基作用或联合脱氨基作用的逆过程合成相应的非必需氨基酸。这些 α-酮酸也可以来自糖代谢和三羧酸循环的中间产物。

（二）转变为糖和脂类

各种氨基酸脱氨基生成的 $\alpha$-酮酸在体内可以转变成糖和脂类。根据转变的途径和产物不同，将氨基酸分为三类：生糖氨基酸，即指可经糖异生作用转变为葡萄糖或糖原糖的氨基酸；生酮氨基酸，是指能沿脂肪酸代谢途径转变为酮体的氨基酸；生糖兼生酮氨基酸，是指既能转变为糖又能转变为酮体的氨基酸（表 9-2）。

表 9-2 氨基酸生糖及生酮性质的分类

| 类 别 | 氨 基 酸 |
|---|---|
| 生糖氨基酸 | 丙氨酸、谷氨酸、半胱氨酸、天冬氨酸、精氨酸、甘氨酸、脯氨酸甲硫氨酸、丝氨酸、缬氨酸、组氨酸、天冬酰胺、谷氨酰胺 |
| 生酮氨基酸 | 赖氨酸、亮氨酸 |
| 生糖兼生酮氨基酸 | 苯丙氨酸、酪氨酸、色氨酸、苏氨酸、异亮氨酸 |

（三）氧化供能

各种氨基酸脱氨基生成的 $\alpha$-酮酸都可通过不同途径进入三羧酸循环及氧化磷酸化过程彻底氧化分解生成 $CO_2$ 和 $H_2O$，同时释放能量供机体进行生理活动。

# 第三节 氨 的 代 谢

体内代谢产生的氨及消化道吸收的氨进入血液形成血氨，正常人血氨浓度很低，不超过 $60~\mu mol/L$，说明血氨的来源和去路保持着动态平衡（图 9-7）。氨是一种剧毒物质，对中枢神经系统的毒害作用尤为明显。血氨过高可引起中枢神经系统功能紊乱，造成氨中毒。

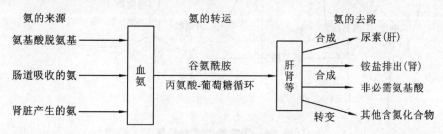

图 9-7 氨的来源、转运和去路

## 一、氨的来源

（一）氨基酸脱氨基作用产生的氨

氨基酸脱氨基作用产生的氨是体内氨的主要来源。此外胺类、嘌呤和嘧啶等含氮化合物的分解代谢也可产生少量的氨。

（二）肠道吸收的氨

肠道吸收的氨有两个来源：一是肠道细菌对蛋白质或氨基酸的腐败作用产生氨；二是血液中的尿素渗入肠道后经肠道细菌尿素酶作用水解产生氨。肠道产氨量较多，每日约 4 g，主要在结肠被吸收。肠道对氨的吸收受肠道 pH 值的影响，$NH_3$ 比 $NH_4^+$ 容易通过细胞膜而被吸收入血。当肠道 pH 值偏低时，$NH_3$ 与 $H^+$ 结合形成 $NH_4^+$ 随粪便排出体外；当肠道 pH 值偏高时，$NH_4^+$ 转化为 $NH_3$，增加 $NH_3$ 的吸收。据此，临床上对高血氨患者采用弱酸性溶液进行结肠透析，而禁用弱碱性的肥皂水，就是为了减少氨的吸收、促进氨的排泄。

（三）肾脏产生的氨

肾小管上皮细胞中的谷氨酰胺在谷氨酰胺酶的催化下，水解成谷氨酸和 $NH_3$，这部分 $NH_3$ 的去向取决于肾小管管腔中原尿的 pH 值。若原尿偏酸性,促使 $NH_3$ 与原尿中的 $H^+$ 结合转化为 $NH_4^+$,有利于 $NH_3$ 以铵盐的形式随尿排出体外,这对机体酸碱平衡的调节起着重要作用;若原尿偏碱性,则妨碍肾小管上皮细胞中氨的分泌,阻碍 $NH_3$ 的排出,此时氨易被吸收入血,成为血氨的另一个来源。因此,临床上肝硬化产生腹水的患者应服用酸性利尿药,不宜使用碱性利尿药,以免血氨吸收增加引起血氨升高。

## 二、氨的转运

体内各组织产生的有毒的氨必须以无毒的形式经血液循环运输到肝脏合成尿素;或者运输到肾脏以铵盐的形式随尿排出。氨在血液中主要以丙氨酸和谷氨酰胺两种形式运输。

### (一)丙氨酸-葡萄糖循环

肌肉组织中的氨基酸经转氨基作用将氨基转移给丙酮酸生成丙氨酸;丙氨酸经血液循环运到肝脏;丙氨酸在肝细胞内,经联合脱氨基作用转化为丙酮酸并释放出氨;氨可以在肝脏合成无毒的尿素,丙酮酸则经糖异生作用生成葡萄糖;葡萄糖由血液运回肌肉组织,沿糖酵解途径生成丙酮酸,后者再接受氨基生成丙氨酸。通过丙氨酸和葡萄糖的反复互变,将肌肉组织的氨不断地转运到肝脏去合成尿素,故称此转运途径为丙氨酸-葡萄糖循环(图 9-8)。通过此循环,既可以使肌肉组织中有毒的氨转化为无毒的丙氨酸运输到肝脏,肝脏又可以为肌肉组织提供生成丙酮酸的葡萄糖。

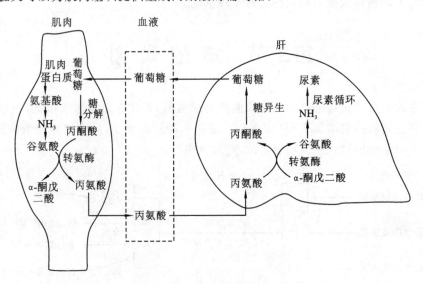

图 9-8  丙氨酸-葡萄糖循环

### (二)谷氨酰胺的运氨作用

脑和肌肉(约 1/3)等组织可通过谷氨酰胺的形式向肝或肾运输氨。这些组织中的氨与谷氨酸在谷氨酰胺合成酶的催化下生成谷氨酰胺,经血液运输到肝或肾,再由谷氨酰胺酶催化,水解释放出谷氨酸和氨。氨在肝脏合成尿素,在肾脏以铵盐形式随尿排泄。谷氨酰胺的合成与分解是由不同的酶催化的不可逆反应。

谷氨酰胺在脑组织细胞中固定和转运氨的过程起主要作用,是脑组织氨解毒的重要方式,临床上氨中毒所致的肝性脑病患者可服用或输入谷氨酸盐以降低血氨浓度。此外,谷氨酰胺作为氨基的供体参与嘌呤、嘧啶等含氮化合物的合成。因此,谷氨酰胺既是氨的解毒产物,也是氨的利用、储存和利用形式。

### 三、氨的去路

氨在体内的代谢去路主要有四条：①在肝脏合成尿素，由肾脏排出，这是体内氨的最主要去路；②与 α-酮酸结合生成非必需氨基酸；③参与合成嘌呤和嘧啶等含氮化合物；④少量氨在肾小管与 $H^+$ 结合形成 $NH_4^+$ 随尿排出。

#### （一）尿素合成的过程

肝脏是合成尿素的主要器官，尿素合成的过程称为尿素循环（图 9-9），也称鸟氨酸循环或 Krebs-Henseleit 循环。

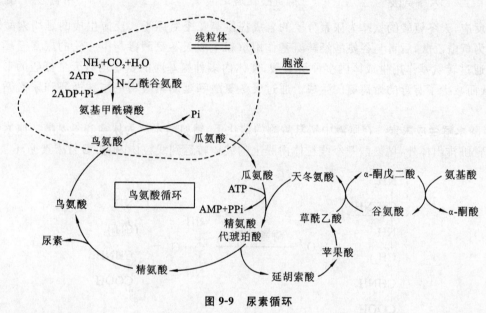

**图 9-9 尿素循环**

**1. 氨基甲酰磷酸的生成** 这是尿素循环启动的第一步，在肝细胞线粒体内氨基甲酰磷酸合成酶Ⅰ（CPS-Ⅰ）的催化下，$NH_3$ 和 $CO_2$ 缩合成氨基甲酰磷酸，反应需要 $Mg^{2+}$、ATP 及 N-乙酰谷氨酸（AGA）等辅助因子的参与。氨基甲酰磷酸含有酸酐键，属高能化合物，在酶的催化下易与下一步的鸟氨酸反应生成瓜氨酸。此反应不可逆，消耗 2 分子 ATP。

$$NH_3 + CO_2 + H_2O + 2ATP \xrightarrow[\text{AGA, } Mg^{2+}]{\text{CPS-}I} H_2N—COO\sim PO_3^{2-} + 2ADP + Pi$$
氨基甲酰磷酸

**2. 瓜氨酸的生成** 在线粒体内鸟氨酸氨基甲酰转移酶（OCT）的催化下，氨基甲酰磷酸将氨基甲酰基转移至鸟氨酸上生成瓜氨酸，此反应不可逆。生成的瓜氨酸经线粒体内膜上的载体转运至胞浆进行下一步反应。

鸟氨酸　氨基甲酰磷酸　　　　　　　　　　　瓜氨酸

**3. 精氨酸的合成** 在精氨酸代琥珀酸合成酶的催化下，转运到胞液中的瓜氨酸由 ATP 供能与天冬氨酸作用生成精氨酸代琥珀酸。然后在精氨酸代琥珀酸裂解酶的作用下，精氨酸代琥珀酸裂解为精氨酸和延胡索酸。精氨酸代琥珀酸合成酶是尿素合成的限速酶。

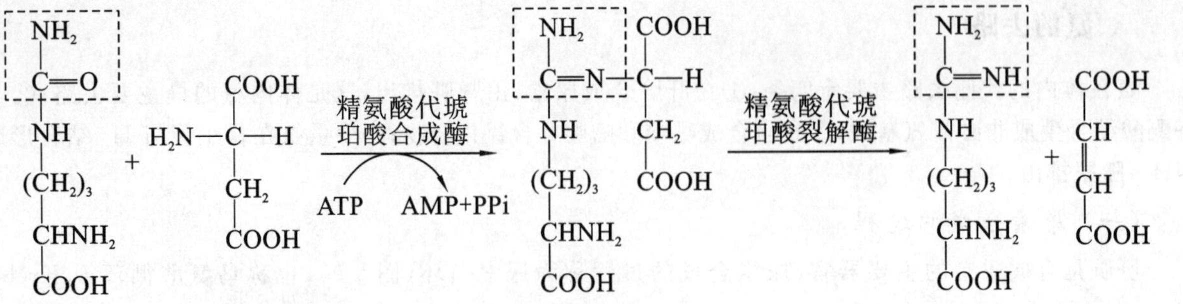

瓜氨酸　　天冬氨酸　　　　　　　　精氨酸代琥珀酸　　　　　　精氨酸　　延胡索酸

通过此反应,天冬氨酸的氨基为尿素分子的合成提供第二个氮原子。反应生成的延胡索酸通过三羧酸循环转化为草酰乙酸,后者与谷氨酸经转氨基作用重新生成天冬氨酸参与下一轮的尿素循环。而谷氨酸的氨基可通过转氨基作用生成体内多种氨基酸,使体内多种氨基酸的氨基均以天冬氨酸的形式参与尿素的合成,从而减少了有毒的游离氨的生成。通过天冬氨酸和延胡索酸将三羧酸循环和尿素循环联系了起来。

**4. 精氨酸水解生成尿素**　在胞液中精氨酸酶的催化下,精氨酸水解为尿素和鸟氨酸。尿素可经血液循环转运到肾脏排出体外,鸟氨酸则经线粒体内膜上的载体转运到线粒体内,再参与尿素循环。

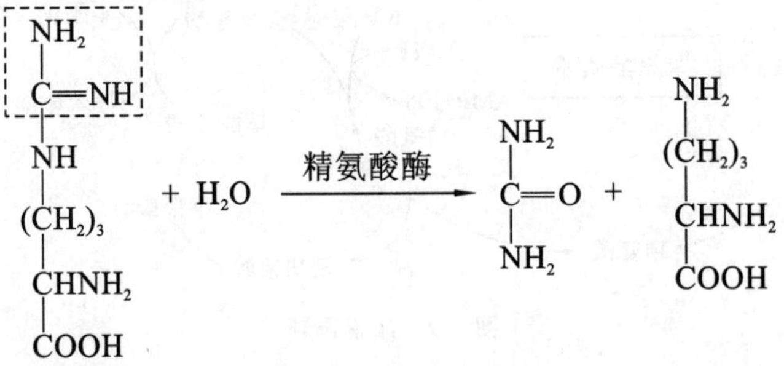

精氨酸　　　　　　　　　　　尿素　　鸟氨酸

### 知识链接

**一氧化氮合酶支路**

精氨酸除了在精氨酸酶的催化下水解生成尿素和鸟氨酸外,一小部分还可通过一氧化氮合酶(NOS)的作用直接氧化成瓜氨酸,并释放 NO,称为一氧化氮合酶支路。NO 是细胞信号转导途径中的重要信息分子,对心血管、消化道等平滑肌的松弛,感觉传入,学习记忆以及抑制肿瘤细胞增殖等方面有重要作用,是激素的第二信使。

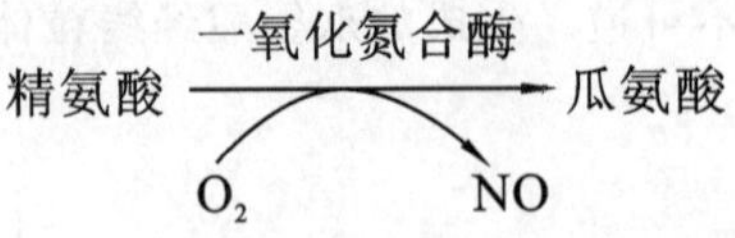

精氨酸 ──一氧化氮合酶──→ 瓜氨酸　　O₂　NO

**（二）尿素循环的特点**

尿素合成在肝细胞的线粒体和胞液中进行,是体内解除氨毒的主要方式。尿素分子中的两个氮原子,一个来自氨,另一个来自天冬氨酸,而天冬氨酸可通过其他氨基酸的转氨基作用生成。因此,尿素分子中的两个氮原子都直接或间接地来自氨基酸。尿素合成是耗能过程,合成 1 分子尿素需消耗 4 个高能磷酸键。尿素是蛋白质代谢的终产物,无毒,水溶性很强,合成后经血液循环运输到肾脏后随尿排出。肾功能障碍时,血液中尿素含量升高,因此,临床上,常通过测定血清尿素氮含量作为反映肾脏排泄功能的指标之一。

**（三）高氨血症与肝性脑病**

正常情况下,血氨的来源和去路维持动态平衡,肝合成尿素是维持平衡的关键。当肝功能严重受损时,尿素合成障碍,导致血氨浓度升高,称为高血氨症。高氨血症可引起脑功能障碍,如呕吐、厌食、嗜睡甚至昏迷等,称为氨中毒。氨中毒的作用机制尚不完全清楚,一般认为,氨可通过血脑屏障进入脑组织与α-酮戊二酸结合生成谷氨酸和谷氨酰胺。氨消耗脑中的α-酮戊二酸,导致三羧酸循环和氧化磷酸化作用减弱,脑细胞中 ATP 生成减少,大脑能量供应不足;脑中谷氨酸、谷氨酰胺增多,渗透压增大引起脑水肿。以上两种机制共同作用,导致大脑功能障碍,严重时可发生昏迷,称为肝性脑病(又称肝性昏迷)。

$$\alpha\text{-酮戊二酸} \xrightarrow{NH_3} 谷氨酸 \xrightarrow{NH_3} 谷氨酰胺$$

脑中 α-酮戊二酸减少 ⟶ 三羧酸循环减弱 ⟶ 脑供能不足

# 第四节　氨基酸的特殊代谢

氨基酸的代谢除了上述一般代谢途径外,有些氨基酸还有其特殊的代谢途径,并具有重要的生理意义。

## 一、氨基酸的脱羧基作用

某些氨基酸经氨基酸脱羧酶催化生成胺类和 $CO_2$。氨基酸脱羧酶的特异性很强,其辅酶是磷酸吡哆醛。正常情况下,胺类的生成量并不多,但它们却具有重要的生理功能。

### (一)γ-氨基丁酸

谷氨酸由谷氨酸脱羧酶催化生成 γ-氨基丁酸(GABA),该酶在脑和肾组织中活性强。GABA 是抑制性神经递质,对中枢神经有抑制作用。临床上用维生素 $B_6$ 治疗妊娠呕吐和小儿惊厥,就是基于维生素 $B_6$ 参与谷氨酸脱羧酶的辅酶磷酸吡哆醛的构成,促进 GABA 的生成,起到止吐和镇惊的作用。

### (二)5-羟色胺

色氨酸经色氨酸羟化酶催化生成 5-羟色氨酸,后者再脱羧生成 5-羟色胺(5-HT)。

5-羟色胺广泛分布于体内各组织,如神经组织、胃肠道、血小板及乳腺细胞。脑组织中的 5-羟色胺是一种抑制性神经递质;外周组织中的 5-羟色胺具有收缩血管、升高血压的作用。

## （三）组胺

组氨酸由组氨酸脱羧酶催化生成组胺。组胺在体内分布广泛,乳腺、肺、肝、肌肉和胃黏膜中含量较高。

$$\underset{\text{组氨酸}}{\underset{N \quad NH}{\boxed{\phantom{X}}}-CH_2-\underset{NH_2}{CHCOOH}} \xrightarrow[\quad CO_2 \quad]{\text{组氨酸脱羧酶}} \underset{\text{组胺}}{\underset{N \quad NH}{\boxed{\phantom{X}}}-CH_2CH_2NH_2}$$

组胺是一种强烈的血管舒张剂,并能使毛细血管的通透性增加,引起血压下降,甚至休克;组胺还能刺激胃蛋白酶和胃酸的分泌。

## （四）牛磺酸

半胱氨酸先氧化成磺基丙氨酸,后者再由磺基丙氨酸脱羧酶催化生成牛磺酸,反应在肝细胞内进行。牛磺酸是结合胆汁酸的组成成分之一。研究发现,牛磺酸能够保护心肌,增强心脏功能,对肝脏和肠胃也有保护作用,能够增强人体的免疫功能,调节脑部的兴奋状态,并有助于修复角膜、保护视网膜和预防白内障等。牛磺酸对婴儿生长,尤其是大脑和视网膜的发育更为重要。

$$\underset{\text{L-半胱氨酸}}{\overset{CH_2SH}{\underset{COOH}{\overset{|}{\underset{|}{CHNH_2}}}}} \xrightarrow{\;3\;[O]\;} \underset{\text{磺基丙氨酸}}{\overset{CH_2SO_3H}{\underset{COOH}{\overset{|}{\underset{|}{CHNH_2}}}}} \xrightarrow[\quad CO_2 \quad]{\text{磺基丙氨酸脱羧酶}} \underset{\text{牛磺酸}}{\overset{CH_2SO_3H}{\underset{CHNH_2}{\overset{|}{\phantom{X}}}}}$$

## （五）多胺

某些氨基酸脱羧基可以产生多胺类物质,例如鸟氨酸经鸟氨酸脱羧酶作用生成腐胺,然后再转变为精脒和精胺,精脒和精胺分子中含有多个氨基,统称为多胺。

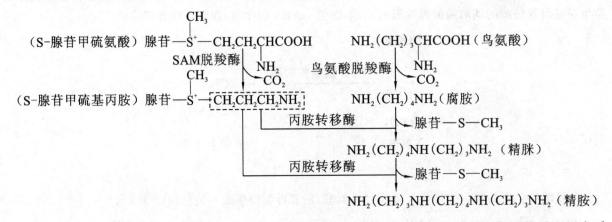

鸟氨酸脱羧酶是合成多胺的限速酶。多胺是调节细胞生长的重要物质,能够通过促进核酸和蛋白质合成来促进细胞分裂增殖,生长旺盛的组织如胚胎、生殖细胞、再生肝、肿瘤组织等多胺含量较高。目前,临床上把测定肿瘤患者血或尿中多胺的含量作为辅助诊断和病情变化监测的指标之一。

## 二、一碳单位的代谢

### （一）一碳单位的概念

某些氨基酸在分解代谢过程中产生的含有一个碳原子的有机基团,称为一碳单位。一碳单位包括甲基($—CH_3$)、甲烯基($—CH_2—$)、甲炔基($—CH=$)、亚氨甲基($—CH=NH$)和甲酰基($—CHO$)等。$H_2CO_3$、$HCO_3^-$、$CO$ 和 $CO_2$ 不属于一碳单位。

### （二）一碳单位的载体

一碳单位不能游离存在,需要四氢叶酸($FH_4$)作为载体。四氢叶酸可以由叶酸在二氢叶酸还原酶的催化下,经过两步还原反应而生成。

$$叶酸(F) \xrightarrow[\text{NADPH+H}^+ \quad \text{NADP}^+]{\text{叶酸还原酶}} 二氢叶酸(FH_2) \xrightarrow[\text{NADPH+H}^+ \quad \text{NADP}^+]{\text{二氢叶酸还原酶}} 四氢叶酸(FH_4)$$

5,6,7,8-四氢叶酸(FH₄)的结构

### (三)一碳单位的来源

一碳单位主要来自于某些氨基酸的分解代谢,如甘氨酸、组氨酸、色氨酸和丝氨酸等。从数量上来看,丝氨酸是一碳单位的主要来源。一碳单位由氨基酸生成的同时即以共价键连接在四氢叶酸的 $N^5$ 和 $N^{10}$ 位上。

例如 $N^5$ 可结合甲基或亚氨甲基($N^5$-$CH_3$—$FH_4$ 或 $N^5$-$CH$=$NH$—$FH_4$),$N^5$ 和 $N^{10}$ 可结合甲烯基或甲炔基($N^5$,$N^{10}$-$CH_2$—$FH_4$ 或 $N^5$,$N^{10}$=$CH$—$FH_4$),$N^5$ 或 $N^{10}$ 均可结合甲酰基($N^5$-$CHO$—$FH_4$ 或 $N^{10}$-$CHO$—$FH_4$)。

### (四)一碳单位的相互转变

$N^5$-$CH_3$—$FH_4$ 除外,其他不同形式的一碳单位在酶的催化下通过氧化还原反应可以相互转变。各种一碳单位的来源及相互转变见图 9-10。

### (五)一碳单位的生理功能

**1. 参与嘧啶和嘌呤核苷酸的合成** 一碳单位是细胞合成嘌呤和嘧啶的原料,参与核酸的合成,与细胞增殖和组织生长等过程密切相关。如果人体缺乏叶酸,一碳单位无法正常转运,核苷酸合成障碍,导致红细胞合成 DNA 受阻,引起巨幼红细胞性贫血。一碳单位来自于蛋白质分解产生的某些氨基酸,又为核酸的合成提供原料,因此一碳单位沟通了蛋白质代谢与核酸代谢。

**2. 提供活性甲基** $N^5$-$CH_3$—$FH_4$ 直接参与 S-腺苷甲硫氨酸的合成,为体内的许多甲基化反应提供甲基(详见甲硫氨酸的代谢)。

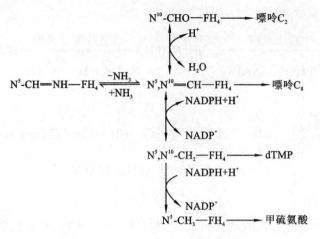

图 9-10 一碳单位的相互转变

### 三、含硫氨基酸的代谢

含硫氨基酸有甲硫氨酸、半胱氨酸和胱氨酸。甲硫氨酸可以转变为半胱氨酸和胱氨酸,半胱氨酸和胱氨酸可以互相转变,但两者不能转变为甲硫氨酸。

（一）甲硫氨酸的代谢

**1. 甲硫氨酸循环** 在甲硫氨酸腺苷转移酶的催化下,甲硫氨酸接受 ATP 提供的腺苷生成 S-腺苷甲硫氨酸(SAM)。SAM 中的甲基称为活性甲基,SAM 也被称为活性甲硫氨酸。

甲硫氨酸　　　　　ATP　　　　　　　　S-腺苷甲硫氨酸

SAM 是体内最重要的甲基供体,在甲基转移酶的催化下,可为 DNA、RNA、胆碱、肾上腺素、肌酸、肉毒碱等 50 多种重要生物活性物质的合成提供甲基。

S-腺苷甲硫氨酸在甲基转移酶的催化下,将甲基转移给甲基受体(RH)发生甲基化反应,SAM 转出甲基后变为 S-腺苷同型半胱氨酸,再脱去腺苷生成同型半胱氨酸,后者再接受 $N^5$-$CH_3$—$FH_4$ 提供的甲基,重新生成甲硫氨酸,此过程称为甲硫氨酸循环(图 9-11)。

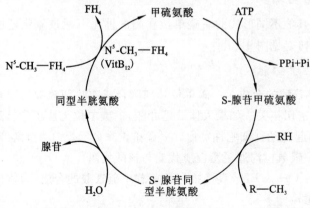

图 9-11 甲硫氨酸循环

甲硫氨酸循环的生理意义在于 $N^5$-$CH_3$—$FH_4$ 提供甲基合成甲硫氨酸,甲硫氨酸活化生成 SAM 为体内的甲基化反应提供甲基。因此,SAM 是体内甲基的直接供体,$N^5$—$CH_3$—$FH_4$ 则看作是体内甲基的间接供体。甲硫氨酸循环中的同型半胱氨酸接受甲基生成甲硫氨酸,但体内并不能合成同型半胱氨酸,只能由甲硫氨酸通过循环转化生成,所以甲硫氨酸不能在体内合成,必须由食物供给,是必需氨基酸。

$N^5$-$CH_3$—$FH_4$ 转甲基酶又称甲硫氨酸合成酶,催化 $N^5$-$CH_3$—$FH_4$ 提供甲基使同型半胱氨酸转化为甲硫氨酸,该反应是目前已知的体内利用 $N^5$-$CH_3$—$FH_4$ 的唯一反应。$N^5$-$CH_3$—$FH_4$ 转甲基酶的辅酶是维生素 $B_{12}$,当维生素 $B_{12}$ 缺乏时,$N^5$-$CH_3$—$FH_4$ 上的甲基不能转移给同型半胱氨酸。这不仅影响甲硫氨酸的合成,也不利于 $FH_4$ 的再生,导致组织中 $FH_4$ 的含量降低,影响其他一碳单位的转运和代谢,引起核酸合成障碍,细胞分裂受阻,引起巨幼红细胞性贫血;同时造成同型半胱氨酸在血中浓度升高,可能是动脉粥样硬化和冠心病的独立危险因子。

**知识链接**

**同型半胱氨酸与心血管疾病**

同型半胱氨酸是甲硫氨酸代谢过程中重要的中间产物,主要通过再甲基化途径、转硫化途径释放到细胞外液代谢。1969 年,Mcully 提出同型半胱氨酸可能与动脉粥样硬化有关,此课题受到医学界的广泛关注。许多研究显示血同型半胱氨酸水平和心血管疾病呈正相关关系,即血同型半胱氨酸水平高的患者更容易患心血管疾病,降低血同型半胱氨酸水平能降低心血管疾病的风险。同型半胱氨酸导致心血管疾病的可能原因是损伤血管内皮细胞、促进血管平滑肌细胞增殖、影响凝血系统及脂类代谢等。

**2. 肌酸的合成** 合成肌酸的主要器官是肝脏,以甘氨酸为骨架,由 SAM 提供甲基、精氨酸提供咪唑基合成肌酸。在肌酸激酶的催化下,肌酸接受 ATP 的高能磷酸键生成磷酸肌酸,是体内能量的储存途径。肌酸在体内自动脱水生成终产物肌酐,随尿排出体外。正常人每天尿中肌酐的排出量是恒定的,当肾功能障碍时,肌酐排泄受阻,使血中肌酐浓度升高,因此临床上测定血中肌酐有助于肾功能不全的诊断。

**（二）半胱氨酸和胱氨酸的代谢**

**1. 半胱氨酸和胱氨酸的互变** 半胱氨酸含巯基(—SH),胱氨酸含二硫键(—S—S—)。胱氨酸与半胱氨酸极易通过巯基基团的加氢和脱氢反应互变。在蛋白质分子中,两个半胱氨酸残基所形成的二硫键参与该蛋白空间结构的维持。

**2. 谷胱甘肽的生成** 谷胱甘肽是谷氨酸、半胱氨酸和甘氨酸形成的三肽,有氧化型(GSSG)和还原型(GSH)两种。生理条件下,细胞内的谷胱甘肽主要为 GSH,GSH 能保护巯基蛋白质中的巯基不被氧化;在肝细胞内参与药物和毒物等非营养物质的生物转化作用;在红细胞中能与过氧化物和氧自由基反应,保护红细胞膜的完整性。

**3. 硫酸根的生成** 半胱氨酸是体内硫酸根的主要来源。体内大部分硫酸根以无机盐的形式随尿排出,少部分由 ATP 活化生成"活性硫酸根",即 3′-磷酸腺苷-5′-磷酰硫酸(PAPS)。

3′-磷酸腺苷-5′-磷酰硫酸(PAPS)

PAPS在肝细胞内参与生物转化作用,提供硫酸根使某些物质生成硫酸酯,如类固醇激素可形成硫酸酯而被灭活。

### 四、芳香族氨基酸的代谢

芳香族氨基酸包括苯丙氨酸、酪氨酸和色氨酸。

#### (一) 苯丙氨酸的代谢

正常情况下,苯丙氨酸的主要代谢途径是在苯丙氨酸羟化酶的催化下,经羟化反应生成酪氨酸,然后沿酪氨酸代谢途径进一步代谢。苯丙氨酸羟化酶主要存在于肝脏,催化苯丙氨酸生成酪氨酸,此反应不可逆。此外,少量苯丙氨酸可经转氨基作用生成苯丙酮酸。

当苯丙氨酸羟化酶先天性缺陷时,苯丙氨酸不能正常代谢生成酪氨酸,苯丙氨酸在体内蓄积,进而经转氨基作用生成大量苯丙酮酸,后者可进一步代谢生成苯乙酸等衍生物。此时,尿中出现大量苯丙酮酸及其代谢产物,称为苯丙酮酸尿症(PKU)。苯丙酮酸的堆积对中枢神经系统有毒性作用,导致患儿智力发育障碍。

#### ‖ 知识链接 ‖

**苯丙酮酸尿症**

苯丙酮酸尿症是一种遗传性氨基酸代谢缺陷疾病,遗传方式为常染色体隐性遗传。患儿出生时大多表现正常,新生儿期无明显临床症状。出生4~9个月后,患儿即可出现躯体生长发育迟缓伴随智力发育障碍。智力通常低于同龄正常儿,语言发育障碍尤为明显。患儿呈现肌张力增高、肌腱反射亢进、脑萎缩等症状,严重者可有脑性瘫痪。可采用产前检查、新生儿筛查、尿三氯化铁实验以及DNA分析等方法进行检查。诊断一旦明确,应尽早给予积极治疗,主要是采用低苯丙氨酸饮食。开始治疗的年龄愈小,效果愈好。

#### (二) 酪氨酸的代谢

**1. 合成甲状腺素** 酪氨酸在甲状腺内碘化生成三碘甲状腺原氨酸($T_3$)和四碘甲状腺原氨酸($T_4$),两者合称为甲状腺激素。临床上$T_3$和$T_4$是诊断甲状腺疾病的主要指标。

**2. 转变为儿茶酚胺** 在肾上腺髓质和神经组织中,酪氨酸经酪氨酸羟化酶催化生成多巴(DOPA),再经多巴脱羧酶作用,多巴脱羧生成多巴胺。多巴胺是一种神经递质,若脑中缺乏会引起震颤性麻痹,帕金森病患者多巴胺生成减少。在肾上腺髓质,多巴胺再羟化生成去甲肾上腺素,后者经甲基化反应生成肾上腺素。多巴胺、去甲肾上腺素和肾上腺素统称儿茶酚胺,合成儿茶酚胺的限速酶是酪氨酸羟化酶。儿茶酚胺是神经递质或激素,具有调节血糖和血压等作用。

**3. 合成黑色素**   在黑色素细胞中,酪氨酸酶催化酪氨酸羟化生成多巴,进而氧化成多巴醌,再经环化、脱羧等反应转化为吲哚醌,最后聚合为黑色素。酪氨酸酶先天性缺乏的患者,导致黑色素合成障碍,患者的皮肤、毛发呈现白色,称为白化病。

**4. 分解代谢**   在酪氨酸转氨酶的催化下,酪氨酸生成对羟苯丙酮酸,再经氧化脱羧生成尿黑酸,后者经尿黑酸氧化酶和异构酶催化,生成延胡索酸和乙酰乙酸,二者分别沿糖代谢和脂肪酸代谢途径进行分解代谢。因此苯丙氨酸和酪氨酸都是生糖兼生酮氨基酸。尿黑酸氧化酶先天性缺乏时,尿黑酸氧化分解受阻而由尿排出,在碱性条件下暴露在空气中即被氧化并聚合呈类似黑色素的物质使尿液呈黑色,称为尿黑酸症。酪氨酸的代谢途径见图 9-12。

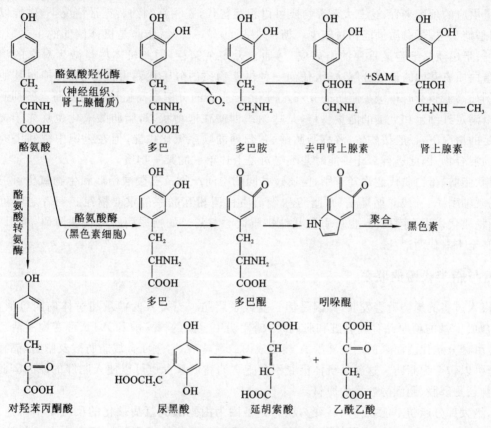

**图 9-12   酪氨酸的代谢途径**

### （三）色氨酸的代谢

色氨酸除生成 5-羟色胺外,还可进行分解代谢。肝中的色氨酸由色氨酸加氧酶催化生成一碳单位。色氨酸分解可产生丙酮酸和乙酰乙酰辅酶 A,是一种生糖兼生酮氨基酸。此外色氨酸还可分解产生烟酸,然后转化为烟酰胺参与 $NAD^+$ 和 $NADP^+$ 的合成,这是体内合成维生素的特例,但合成量很少,无法满足机体的需要。

## 五、支链氨基酸的代谢

支链氨基酸包括缬氨酸、亮氨酸和异亮氨酸,三者均属必需氨基酸。支链氨基酸的分解代谢主要在骨骼肌中进行,代谢过程基本相似,可分为三个阶段:①通过转氨基作用生成相应的 α-酮酸;②通过氧化脱羧生成相应的脂酰 CoA;③通过脂酰 CoA 的 β-氧化过程生成不同的中间产物参与三羧酸循环,其中缬氨酸分解产生琥珀酰 CoA,是生糖氨基酸,亮氨酸产生乙酰 CoA 和乙酰乙酰 CoA,是生酮氨基酸,异亮氨酸产生琥珀酰 CoA 和乙酰 CoA,是生糖兼生酮氨基酸。

## 第五节　糖、脂类、蛋白质代谢的联系

　　糖、脂类和蛋白质三大营养物质的分解代谢途径虽然不同,但却有共同的规律,其分解代谢均可分为三个阶段。第一阶段是糖、脂类和蛋白质分别分解为各自的基本结构单位,这一阶段释放的能量较少,不能产生 ATP,直接以热能的形式散失;第二阶段是三大营养物质的基本组成单位葡萄糖、甘油、脂肪酸、氨基酸分别氧化分解,生成共同的中间代谢物乙酰辅酶 A,这一阶段释放的能量约为总能量的 1/3;第三阶段是乙酰辅酶 A 进入三羧酸循环,彻底氧化成 $CO_2$ 和 $H_2O$,这一阶段释放的能量约为总能量的 2/3。第二、三两个阶段释放的能量约有 40% 储存于 ATP 等高能化合物分子中,其余以热能的形式散失。

　　从能量供应的角度来看,这三大营养物质可以相互替代,并相互制约。正常情况下,供能以糖和脂肪为主,特别是糖为主,蛋白质供能相对较少。糖供能占 50%～70%;脂肪是机体储能的主要形式,供能占 10%～40%;蛋白质是细胞最重要的组成成分,通常无多余储存,因此机体尽量减少对它的消耗。由于糖、脂肪、蛋白质有共同的最终分解途径,任何一种供能物质的分解代谢占优势,都将抑制其他供能物质的分解。例如高糖膳食时可减少脂肪的分解,这是由于脂肪的分解被高血糖和高胰岛素所抑制。为了节约葡萄糖以满足红细胞和大脑的能量供应,某些组织即使在饱食状态,脂肪酸氧化也优先于葡萄糖。在糖供应不足的情况下,一般按酮体、游离脂肪酸、葡萄糖的顺序氧化供能,但在组织中被利用的通常是不同供能物的混合物,因此进行氧化供能时并不绝对是上述单一的某一物质。

　　尽管糖、脂肪、蛋白质代谢途径有别,但通过共同的中间产物及三羧酸循环和生物氧化可成为一个整体,其中乙酰辅酶 A、三羧酸循环是糖、脂肪和蛋白质代谢相互联系的重要枢纽。三者之间可以相互转变,当一种物质代谢发生障碍时,也可引起其他物质代谢紊乱。如糖尿病时糖代谢障碍,可引起脂类、蛋白质代谢甚至水盐代谢紊乱。

### 一、糖与脂类代谢的联系

　　机体摄入过多的糖类就会发胖,原因是糖转变成了脂肪。当摄入的糖量超过体内能量消耗所需,多余的糖除合成少量的糖原储存在肝脏和肌肉外,糖代谢中生成的柠檬酸和 ATP 可变构激活乙酰辅酶 A 羧化酶,使由糖分解代谢而来的乙酰辅酶 A 羧化成丙二酰辅酶 A,进而合成脂肪酸及脂肪,储存在脂肪组织中,即糖可以转变为脂肪。这就是机体摄取不含脂肪的高糖膳食也可以使人肥胖的原因。此外糖代谢的某些产物还是磷脂、胆固醇合成的原料。

　　然而,绝大部分脂肪不能在体内转变为糖。这是因为丙酮酸脱氢酶催化的反应是不可逆反应,当脂肪酸分解生成乙酰辅酶 A 后,乙酰辅酶 A 无法转变成丙酮酸。尽管脂肪分解产物之一甘油可以在肝、肾、肠等组织中经甘油激酶作用活化为磷酸甘油,可经糖异生途径生成葡萄糖,这是饥饿时葡萄糖的重要来源,但其量与大量脂肪酸分解产生的乙酰辅酶 A 相比微不足道。

　　此外,脂肪分解代谢的强度依赖于糖代谢的正常进行。当饥饿、糖供应不足或糖代谢障碍时,脂肪大量动员,脂肪酸进入肝细胞氧化生成的酮体增加,致使三羧酸循环的重要中间产物草酰乙酸相对不足,引起三羧酸循环障碍,由脂肪酸分解产生的过量酮体不能及时进入三羧酸循环氧化分解,造成血中酮体升高,引起高酮血症。

### 二、糖与氨基酸代谢的联系

　　构成机体蛋白质的 20 种氨基酸,除生酮氨基酸(亮氨酸、赖氨酸)外,都可通过脱氨基作用生成相应的 α-酮酸,沿糖异生途径转变为糖。如甘氨酸、丙氨酸、半胱氨酸、丝氨酸、苏氨酸可代谢成丙酮酸,组氨酸、精氨酸、脯氨酸可转变成谷氨酸,然后进一步氧化脱氨基生成 α-酮戊二酸,经草酰乙酸转变成磷酸烯醇式丙酮酸,再沿糖异生途径形成葡萄糖。

　　糖代谢的中间产物丙酮酸、α-酮戊二酸、草酰乙酸等可经氨基化作用生成某些非必需氨基酸。但必需氨基酸却不能由糖代谢中间代谢物转变而来,必须由食物供应。因此,20 种氨基酸中除亮氨酸及赖氨酸

外,均可转变为糖,而糖代谢中间代谢物仅能在体内转变成12种非必需氨基酸,其余8种必需氨基酸必须从食物摄取。所以食物中的蛋白质不能被糖和脂肪替代,而蛋白质却能替代糖和脂肪供能。

### 三、脂类与氨基酸代谢的联系

生糖氨基酸、生酮氨基酸、生糖兼生酮氨基酸(异亮氨酸、色氨酸、苯丙氨酸、酪氨酸、苏氨酸)分解后均可生成乙酰CoA,乙酰CoA是合成脂肪酸的原料,经还原缩合反应合成脂肪酸,进而合成脂肪,即蛋白质可转变成脂肪。生成的乙酰CoA也是合成胆固醇的原料。此外丝氨酸脱羧成乙醇胺,经甲基化变为胆碱,丝氨酸、乙醇胺、胆碱是合成磷脂的原料。因此氨基酸可转变为类脂,但是将氨基酸转变为脂肪不是一个主导的过程。

脂类基本上不能直接转变为氨基酸。只有脂肪水解产生的甘油可沿糖酵解途径生成糖,然后再由糖代谢的中间产物间接转变为某些非必需氨基酸。

糖、脂类、氨基酸代谢途径之间的联系见图9-13。

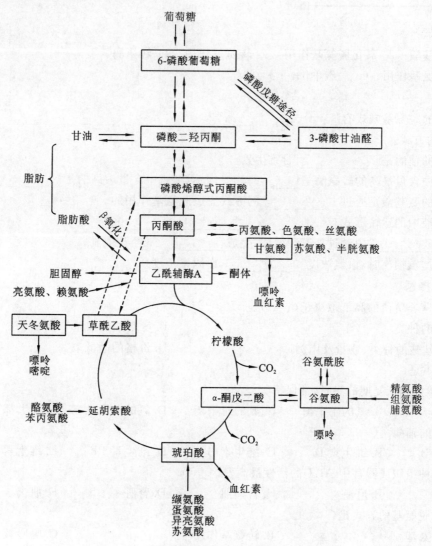

**图9-13 糖、脂类、氨基酸代谢途径之间的联系**
方框中为枢纽性中间代谢产物

总之,正常情况下,体内各种物质相互联系、相互制约,井然有序地进行着代谢,以保持机体内环境的相对稳定和动态平衡。

## 本章小结

机体的氮平衡包括氮的总平衡、氮的正平衡和氮的负平衡；必需氨基酸包括赖氨酸、色氨酸、苯丙氨酸、蛋氨酸(甲硫氨酸)、苏氨酸、亮氨酸、异亮氨酸、缬氨酸，蛋白质营养价值的高低取决于其所含必需氨基酸的种类、数量和相互比例；氨基酸脱氨基作用包括氧化脱氨基、转氨基、联合脱氨基和嘌呤核苷酸循环等方式，以联合脱氨基最为重要，肝中的 ALT 和心肌细胞中的 AST 是两种重要的转氨酶；氨的两种运输形式是以丙氨酸和谷氨酰胺运输到肝和肾，氨在体内最主要的去路是在肝内合成终产物尿素，由肾脏排出；丝氨酸、甘氨酸、组氨酸和色氨酸产生的一碳单位是细胞合成嘌呤和嘧啶的原料，沟通了蛋白质代谢与核酸代谢，且为体内多种物质的合成提供甲基。

## 能力检测

### 一、名词解释

1. 必需氨基酸　2. 氧化脱氨基作用　3. 转氨基作用　4. 转氨酶
5. 联合脱氨基作用　6. 一碳单位

### 二、填空题

1. 氨基酸的脱氨基方式有 _____、_____、_____、_____ 等，_____ 是最重要的方式。

2. 转氨酶的辅酶是 _____，含维生素 _____。

3. 肝细胞中含量最高的转氨酶是 _____，心肌细胞中含量最高的是 _____。

4. 肌肉中的氨基酸是通过 _____ 的方式完成脱氨基作用的。

5. 氨在血液中的运输形式有 _____、_____。

6. 氨在 _____ 中通过鸟氨酸循环，生成 _____ 经肾排泄。

7. 肝细胞严重损伤时，血氨浓度 _____，血尿素浓度 _____。

### 三、单项选择题

1. 蛋白质营养价值的高低取决于( )。

A.氨基酸的种类　　　　　　　　　　　　　B.氨基酸的数量

C.必需氨基酸的种类、数量及比例　　　　　D.价格的高低

E.以上都不是

2. 婴儿、孕妇和恢复期的患者，常保持( )。

A.氮平衡　　　B.氮的正平衡　　　C.氮的总平衡　　　D.氮的负平衡　　　E.以上都不是

3. 转氨酶的辅酶是( )。

A.维生素 $B_1$　　　B.维生素 $B_2$　　　C.维生素 $B_6$　　　D.维生素 PP　　　E.维生素 $B_{12}$

4. 下列哪种组织或器官中 ALT 的活性最高？( )

A.心脏　　　B.肝脏　　　C.骨骼肌　　　D.肾脏　　　E.肌肉

5. 肌肉中脱氨基的方式是( )。

A.氧化脱氨基　　　　　　　B.转氨基作用　　　　　　　C.嘌呤核苷酸循环

D.鸟氨酸循环　　　　　　　E.三羧酸循环

6. 血氨最主要的来源是( )。

A.氨基酸脱氨　　　　　　　　　　　　　B.谷氨酰胺水解产生的氨

C.蛋白质腐败作用产生的氨　　　　　　　D.肠道吸收的氨

E.胺类物质分解产生的氨

7. 临床上对高血氨患者做结肠透析时常用( )。

A.弱酸性透析液　　　　　　B.弱碱性透析液　　　　　　C.中性透析液

D. 强碱性透析液　　　　　　　　　E. 以上均不是

8. 哺乳动物体内氨的主要去路是(　　)。

A. 再合成氨基酸　　　　　　　B. 生成谷氨酰胺　　　　　　C. 在肝脏合成尿素

D. 渗入肠道　　　　　　　　　E. 以上均不是

9. 下列哪一个不是一碳单位?(　　)

A. —$CH_3$　　　　B. —$CH_2$—　　　C. —$CH=NH$　　　D. $CO_2$　　　　E. —$CHO$

10. S-腺苷蛋氨酸的重要作用是(　　)。

A. 生成腺嘌呤核苷　　　　　　B. 合成同型半胱氨酸　　　　　C. 补充蛋氨酸

D. 提供甲基　　　　　　　　　E. 提供活性硫酸根

11. 苯丙酮尿症是因为细胞缺乏下列哪种酶?(　　)

A. 苯丙氨酸羟化酶　　　　　　B. 酪氨酸酶　　　　　　　　　C. 酪氨酸羟化酶

D. 苯丙氨酸转氨酶　　　　　　E. 转氨酶

## 四、简答题

1. 试述氨的来源与运输路径,尿素的生成路径。

2. 试述一碳单位的概念、载体和作用。

3. 简述苯丙酮酸尿症与白化病的发病基础。

4. 试用所学知识解释引起肝性脑病的可能原因。

## 五、临床案例

患者,男,35岁,近日食欲减退,恶心厌油,全身疲乏无力,右上腹痛。触诊发现肝大,肝区叩痛。实验室检查结果为 ALT 显著增高,AST 增高,乙肝两对半正常。

请判断该患者患了何种疾病? 并写出诊断依据。

刘庆春

# 第十章　核苷酸代谢

**掌握:**核苷酸从头合成途径及补救合成途径的概念;核苷酸从头合成的原料、特点、关键酶;核苷酸补救合成的生理意义;脱氧核苷酸的合成。

**熟悉:**肿瘤抗代谢药(5-FU、6-MP 等)的原理;痛风的发病机制及治疗。

**了解:**核苷酸的生理功能;核酸的消化与吸收;核苷酸的合成及分解过程。

## 第一节　概　述

### 一、核苷酸的生理功能

体内存在多种游离的核苷酸,它们几乎参与了细胞所有的生化过程,是一类在代谢上极为重要的化合物。核苷酸的主要生理功能:①核苷三磷酸是合成核酸的原料,这是核苷酸最主要的生理功能;②核苷酸参与辅酶或辅基的组成,如 AMP 是 $NAD^+$、FAD 和辅酶 A 等多种辅酶的重要组成成分;③核苷酸可作为供能物质,为机体的物质代谢和生命活动提供能量,如 ATP 是细胞最主要的直接供能物质,GTP、CTP、UTP 也可以直接或间接为机体提供能量;④环化核苷酸作为信息分子,参与细胞信号的转导,如 cAMP 和 cGMP 是多种膜受体激素的"第二信使";⑤形成活化的中间代谢物,如 UDPG 作为葡萄糖基的活性供体参与糖原、糖蛋白的合成,SAM 为体内多种甲基化反应提供活性甲基等。

### 二、食物中核酸的消化与吸收

食物中的核酸主要以核蛋白的形式存在。在胃中核蛋白受胃酸的影响分解成核酸与蛋白质,核酸的消化与吸收在小肠内进行。核酸进入小肠后,首先在胰核酸酶的作用下水解为单核苷酸,后者进一步在胰液和肠液的各种水解酶的作用下逐步水解为磷酸、碱基和戊糖。核苷酸及其水解产物均可被细胞吸收,核苷酸及核苷被肠黏膜细胞吸收后可被继续降解;戊糖或磷酸戊糖可被机体重吸收而参与体内的戊糖代谢;碱基(嘌呤碱和嘧啶碱)则主要被继续分解而最终排出体外。由此可见,食物来源的核酸很少能被机体重新利用。构成体内组织核酸的核苷酸只有少量是来自食物核酸的消化吸收,大部分主要由机体自身合成。因此,核苷酸不属于必需营养物质。

## 第二节　核苷酸的合成代谢

体内核苷酸的合成有两条途径,即从头合成途径和补救合成途径。从头合成途径是指细胞以磷酸核糖、氨基酸、一碳单位及 $CO_2$ 等简单物质为原料,经过一系列酶促反应合成核苷酸的过程。补救合成途径是指细胞以现成的核苷或碱基为原料,经过简单的反应合成核苷酸的过程。两者的重要性因组织不同而异,一般情况下,从头合成途径是体内大多数组织核苷酸合成的主要途径,但补救合成途径是脑和骨髓合成核苷酸的唯一途径。

### 一、嘌呤核苷酸的合成代谢

#### (一)从头合成途径

嘌呤核苷酸从头合成的基本原料是 5-磷酸核糖(R-5-P)、谷氨酰胺、甘氨酸、一碳单位、$CO_2$ 和天冬氨酸。5-磷酸核糖来自磷酸戊糖途径,经同位素示踪实验证明嘌呤环的各原子来源见图 10-1。

嘌呤核苷酸的从头合成主要在肝、小肠黏膜和胸腺组织的胞液中进行,反应步骤比较复杂,分为两个阶段:首先从 5-磷酸核糖开始,经过一系列酶促反应合成次黄嘌呤核苷酸(IMP),再由 IMP 转变为腺苷酸(AMP)和鸟苷酸(GMP)。合成过程是耗能过程,由 ATP 供能。

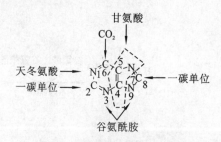

**图 10-1 嘌呤环各原子的来源**

**1. IMP 的合成** 5-磷酸核糖在磷酸核糖焦磷酸合成酶(PRPP 合成酶)的催化下,由 ATP 供能活化生成 5-磷酸核糖-1-焦磷酸(PRPP),PRPP 是 5-磷酸核糖参与体内各种核苷酸合成的活化形式;在磷酸核糖酰氨转移酶(PRPP 酰氨转移酶)的催化下,PRPP 的焦磷酸被谷氨酰胺的酰氨基取代生成 5-磷酸核糖胺(PRA),该反应是嘌呤核苷酸从头合成的限速步骤。以上两个反应是 IMP 合成的关键步骤,催化它们的酶——PRPP 合成酶和 PRPP 酰胺转移酶是 IMP 合成的关键酶。在 5-磷酸核糖胺的基础上,再经过八步连续的酶促反应,依次将甘氨酸、$N^5$,$N^{10}$-甲炔-$FH_4$、谷氨酰胺的酰胺氮、$CO_2$、天冬酰胺、$N^{10}$-甲酰-$FH_4$ 等基团连接上去,最终生成次黄嘌呤核苷酸(图 10-2)。

**2. AMP 和 GMP 的合成** IMP 是嘌呤核苷酸从头合成的重要中间产物,IMP 生成后迅速转变为 AMP 和 GMP。IMP 在腺苷酸代琥珀酸合成酶的催化下由天冬氨酸提供氨基,消耗 1 分子 GTP,先合成腺苷酸代琥珀酸,继而裂解生成延胡索酸和 AMP。IMP 还可经过氧化生成黄嘌呤核苷酸(XMP),然后在鸟苷酸合成酶的作用下,消耗 ATP,以谷氨酰胺上的酰胺基取代 XMP $C_2$ 上的氧生成 GMP(图 10-3)。

AMP 与 GMP 在激酶的催化下经过两步磷酸化,生成相应的核苷三磷酸(ATP、GTP)。

$$AMP \xrightarrow[\text{ATP} \quad \text{ADP}]{\text{激酶}} ADP \xrightarrow[\text{ATP} \quad \text{ADP}]{\text{激酶}} ATP$$

$$GMP \xrightarrow[\text{ATP} \quad \text{ADP}]{\text{激酶}} GDP \xrightarrow[\text{ATP} \quad \text{ADP}]{\text{激酶}} GTP$$

#### (二)补救合成途径

嘌呤核苷酸的补救合成途径比从头合成简单得多,耗能少。主要在脑、骨髓、红细胞等组织器官中合成。补救合成途径以 PRPP 和嘌呤碱为原料,PRPP 提供磷酸核糖,在酶的催化下,直接与游离的嘌呤碱基或嘌呤核苷合成嘌呤核苷酸。不同的核糖转移酶催化合成不同的核苷酸。例如:腺嘌呤磷酸核糖转移酶(APRT)催化 AMP 的合成;次黄嘌呤-鸟嘌呤磷酸核糖转移酶(HGPRT)催化 IMP 和 GMP 的合成。

$$腺嘌呤 + PRPP \xrightarrow{APRT} AMP + PPi$$

$$次黄嘌呤 + PRPP \xrightarrow{HGPRT} IMP + PPi$$

$$鸟嘌呤 + PRPP \xrightarrow{HGPRT} GMP + PPi$$

HGPRT 缺陷的患儿表现为脑发育不全、智力低下,具有攻击性和敌对性,患儿还有咬自己的口唇、手指和足趾等自毁容貌的表现,称为自毁容貌症或 Lesh-Nyhan 综合征,是一种罕见的嘌呤核苷酸代谢遗传病,以男婴居多,2 岁前发病,大多死于儿童时代,很少存活。

人体内嘌呤核苷的再利用,主要是通过腺苷激酶的催化,使腺嘌呤核苷生成 AMP。

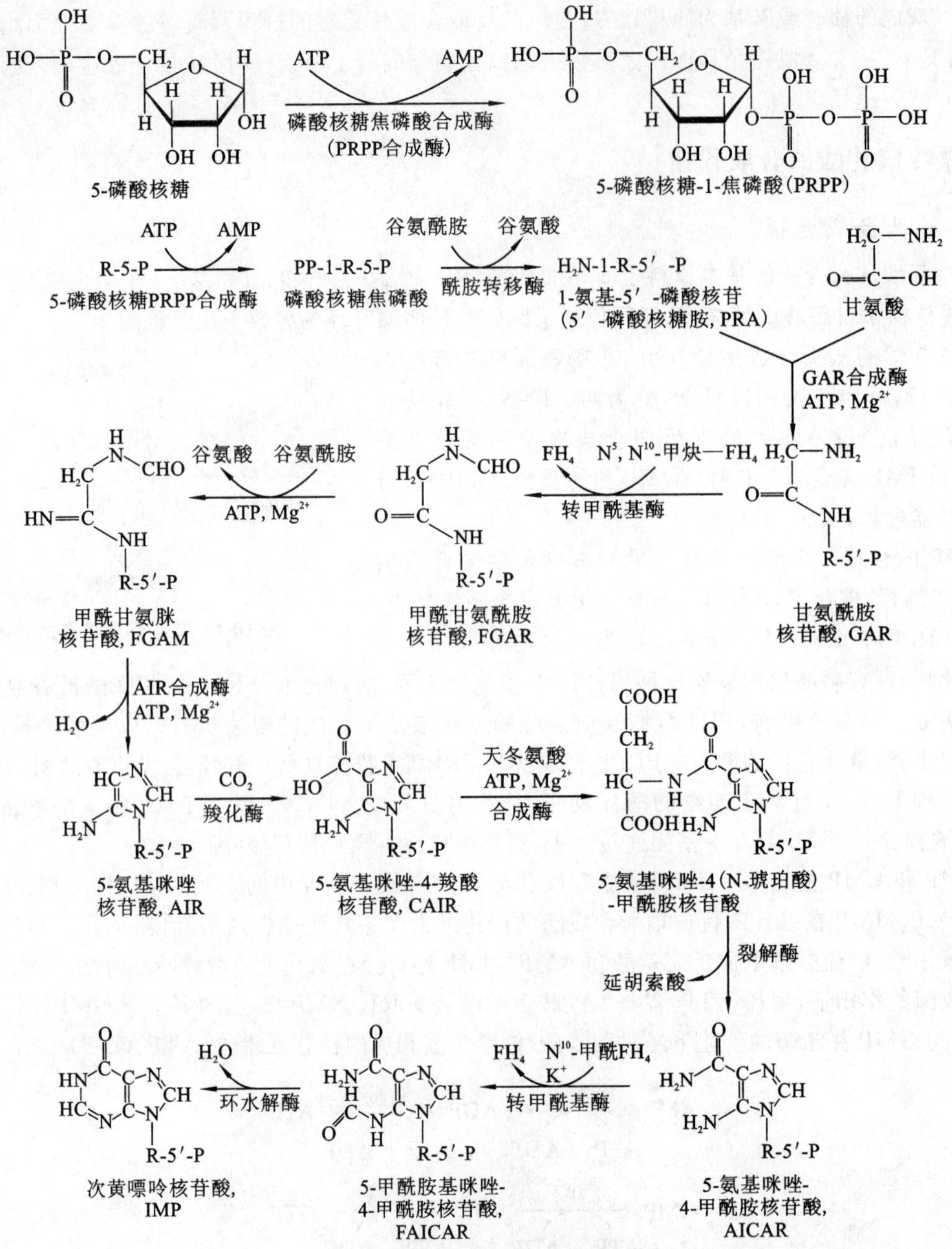

生物化学 ························· ■ • 152 •

图 10-2　次黄嘌呤核苷酸的合成

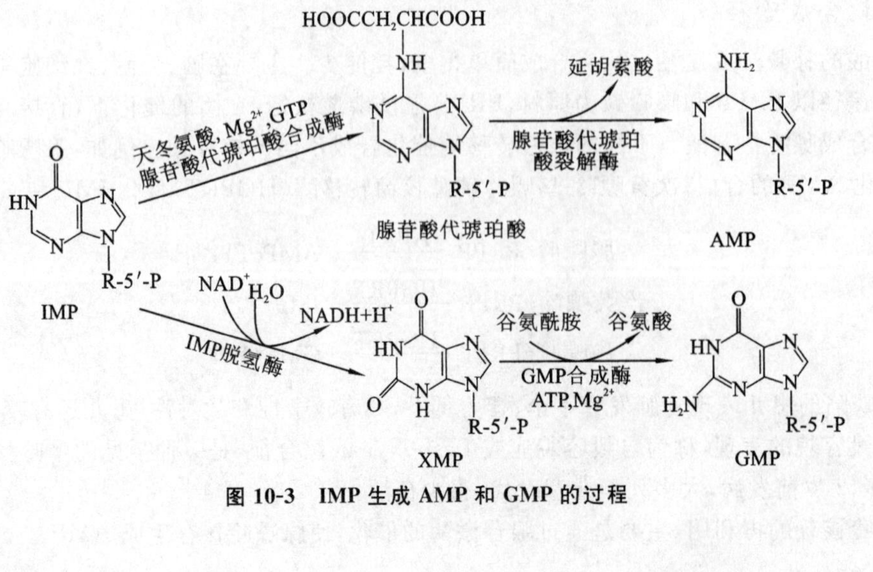

图 10-3　IMP 生成 AMP 和 GMP 的过程

$$\text{腺嘌呤核苷} + ATP \xrightarrow{\text{腺苷激酶}} AMP + ADP$$

嘌呤核苷酸补救合成的生理意义：一方面可以节省能量及减少氨基酸的消耗；另一方面某些组织缺乏从头合成的酶系，只能进行嘌呤核苷酸的补救合成，如人脑、骨髓、白细胞和血小板、脾等，对于这些组织器官来说，补救合成途径显得尤为重要。

## 二、嘧啶核苷酸的合成代谢

### （一）从头合成途径

嘧啶核苷酸的从头合成主要在肝细胞的胞液中进行，基本原料是谷氨酰胺、$CO_2$、天冬氨酸和5-磷酸核糖。经同位素示踪实验证明嘧啶环的各原子来源见图10-4。

嘧啶核苷酸从头合成与嘌呤核苷酸从头合成最主要的区别是，嘧啶环不是在 PRPP 基础上合成的，而是先合成嘧啶环，再与磷酸核糖结合，首先生成尿嘧啶核苷酸，之后尿苷酸在核苷三磷酸的水平上被甲基化生成胞嘧啶核苷酸。

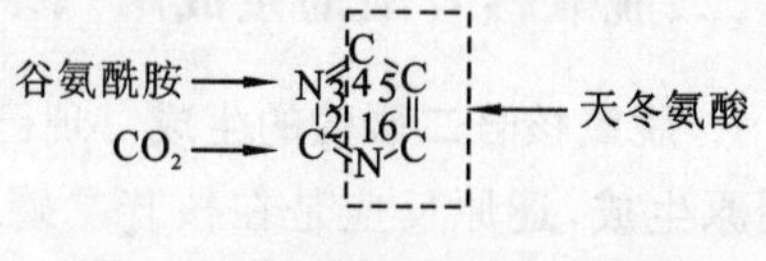

图 10-4 嘧啶环的各原子来源

**1. UMP 的合成** 尿嘧啶核苷酸的合成共有6步反应（图10-5）。嘧啶环的合成开始于氨基甲酰磷酸的生成，在胞液中，首先由谷氨酰胺与 $CO_2$ 在氨基甲酰磷酸合成酶Ⅱ（CPS-Ⅱ）的作用下生成氨基甲酰磷酸，然后氨基甲酰磷酸与天冬氨酸结合生成氨甲酰天冬氨酸，经环化、脱氢生成乳清酸（尿嘧啶甲酸），乳清酸与 PRPP 结合生成乳清酸核苷酸，经脱羧生成尿嘧啶核苷酸（UMP）。

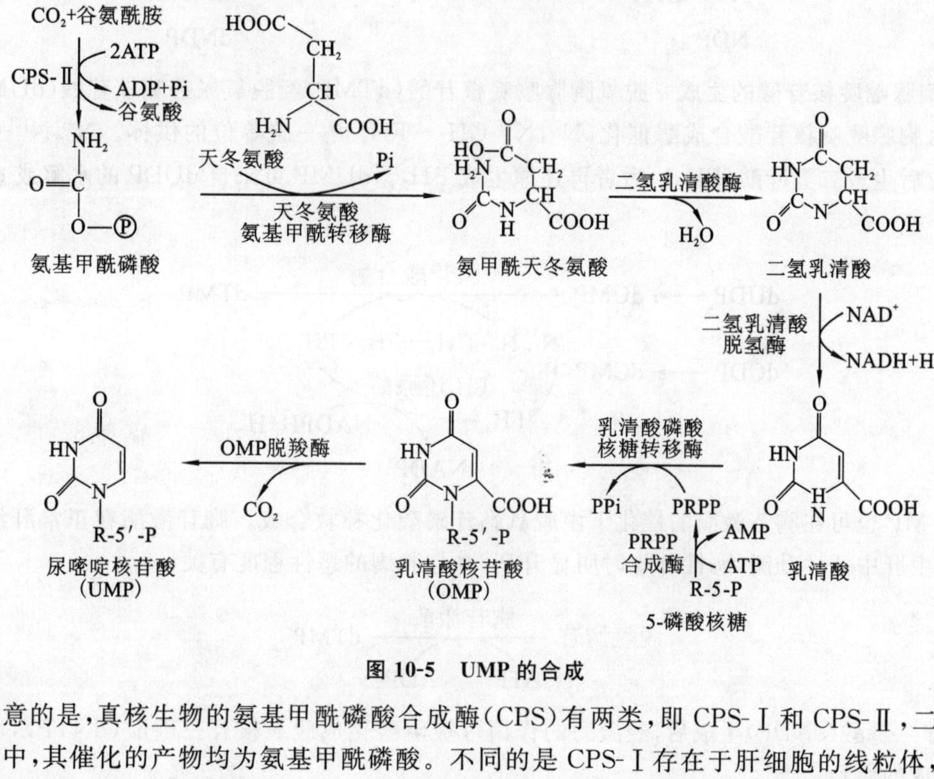

图 10-5 UMP 的合成

值得注意的是，真核生物的氨基甲酰磷酸合成酶（CPS）有两类，即 CPS-Ⅰ和 CPS-Ⅱ，二者均主要存在于肝细胞中，其催化的产物均为氨基甲酰磷酸。不同的是 CPS-Ⅰ存在于肝细胞的线粒体，以游离氨为氮源，参与尿素的生物合成（详见第九章）；CPS-Ⅱ存在于肝细胞的胞液，以谷氨酰胺为氮源，参与嘧啶的生物合成。

**2. CMP 的合成** UMP 在激酶的连续作用下转变为 UTP，然后在 CTP 合成酶的催化下，由谷氨酰胺提供氨基，UTP 被氨基化生成 CTP，反应由 ATP 供能。

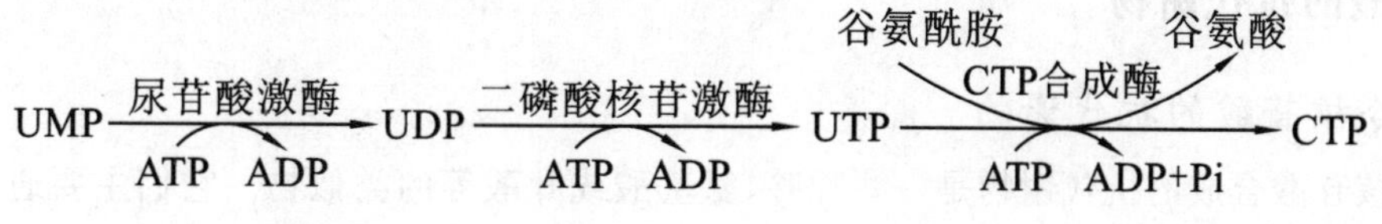

## （二）补救合成途径

与嘌呤核苷酸的补救合成相似,嘧啶核苷酸的补救合成也是利用游离的嘧啶碱或嘧啶核苷经过简单的反应,催化生成相应的嘧啶核苷酸。嘧啶磷酸核糖转移酶是嘧啶核苷酸补救合成的主要酶,它能催化除胞嘧啶外的其他嘧啶(如尿嘧啶、胸腺嘧啶及乳清酸)接受来自 PRPP 的磷酸核糖基,直接生成相应的嘧啶核苷酸。此外,尿苷激酶也是一种补救合成酶,它能催化尿苷磷酸化生成尿嘧啶核苷酸。

$$\text{尿嘧啶} + \text{PRPP} \xrightarrow{\text{尿嘧啶磷酸核糖转移酶}} \text{UMP} + \text{PPi}$$

$$\text{尿苷} + \text{ATP} \xrightarrow{\text{尿苷激酶}} \text{UMP} + \text{ADP}$$

## 三、脱氧核苷酸的生成

**1. 脱氧核苷二磷酸的生成**　现已证明,除胸腺嘧啶核苷酸外,体内的脱氧核苷酸可直接由核糖核苷酸还原生成,还原反应是在核苷二磷酸的水平上进行的,由核糖核苷酸还原酶催化,供氢体是 NADPH $+\text{H}^+$。

**2. 脱氧胸腺嘧啶核苷酸的生成**　脱氧胸腺嘧啶核苷酸(dTMP)经脱氧尿嘧啶核苷酸(dUMP)甲基化生成。反应由胸腺嘧啶核苷酸合成酶催化,$N^5, N^{10}\text{-CH}_2\text{—FH}_4$ 是一碳单位的供体。$N^5, N^{10}\text{-CH}_2\text{—FH}_4$ 供出一碳单位后生成二氢叶酸($\text{FH}_2$),后者再还原生成 $\text{FH}_4$。dUMP 可来自 dUDP 的水解或 dCMP 的脱氨基。

此外,dTMP 也可在胸苷激酶的催化下由脱氧胸苷磷酸化补救合成。胸苷激酶在正常肝组织中活性很低,但在再生肝中活性升高,恶性肿瘤时明显升高,并与肿瘤的恶性程度有关。

$$\text{脱氧胸苷} \xrightarrow[\text{ATP} \quad \text{ADP}]{\text{胸苷激酶}} \text{dTMP}$$

脱氧核苷二磷酸(dNDP)生成后,经激酶的作用可被磷酸化成脱氧核苷三磷酸(dNTP),后者是体内DNA 生物合成的原料。

$$\text{dNDP} \xrightarrow[\text{ATP} \quad \text{ADP}]{\text{激酶}} \text{dNTP}$$

## 四、核苷酸的抗代谢物

### （一）嘌呤核苷酸的抗代谢物

抑制嘌呤核苷酸合成的抗代谢物是一些嘌呤、氨基酸或叶酸等的类似物。它们主要通过竞争性抑制或"以假乱真"等方式干扰或阻断嘌呤核苷酸的合成代谢,从而抑制核酸和蛋白质的生物合成。肿瘤细胞的核酸与蛋白质的合成非常旺盛,因此这些抗代谢物常用于抗肿瘤。

**1. 嘌呤类似物**　嘌呤类似物主要有 6-巯基嘌呤(6-MP)、6-巯基鸟嘌呤、8-氮杂鸟嘌呤等,6-MP 在临床上应用较多。6-MP 的结构与次黄嘌呤相似,唯一不同的是分子中嘌呤环 $C_6$ 上的巯基取代了羟基。它在体内可生成 6-巯基嘌呤核苷酸,抑制 IMP 转变生成 AMP、GMP,从而影响嘌呤核苷酸的从头合成。6-MP还能抑制次黄嘌呤-鸟嘌呤磷酸核糖转移酶(HGPRT),从而阻断嘌呤核苷酸的补救合成途径。

**2. 氨基酸类似物**　氨基酸类似物主要有氮杂丝氨酸(重氮乙酰丝氨酸)、6-重氮-5 氧正亮氨酸等。它们的结构与谷氨酰胺相似,竞争抑制由谷氨酰胺参加的嘌呤合成过程中的某些酶,从而抑制嘌呤核苷酸的生物合成。

**3. 叶酸类似物**　叶酸类似物主要有氨蝶呤、甲氨蝶呤等。氨蝶呤及甲氨蝶呤与叶酸结构相似,能竞争性抑制二氢叶酸还原酶,使 $FH_4$ 生成减少,干扰一碳单位的代谢,从而抑制核苷酸的合成,临床上常用于白血病等恶性肿瘤的治疗。

应该指出的是,上述药物因缺乏对肿瘤细胞的特异性,对增殖速度较旺盛的某些正常组织细胞亦有杀伤作用,故毒副作用较大。

**(二)嘧啶核苷酸的抗代谢物**

嘧啶核苷酸的抗代谢物是一些嘧啶类似物、氨基酸或叶酸等的类似物。它们对代谢的影响和抗肿瘤作用与嘌呤核苷酸抗代谢物相似。

**1. 嘧啶类似物**　嘧啶类似物主要是 5-氟尿嘧啶(5-FU),是临床常用的抗肿瘤药物。5-FU 的结构与胸腺嘧啶相似,本身并无生物活性,必须在体内转变成脱氧氟尿嘧啶核苷一磷酸(FdUMP)与氟尿嘧啶核苷三磷酸(FUTP)后才能发挥作用。FdUMP 与 dUMP 的结构相似,是胸苷酸合成酶的抑制剂,使 dTMP 合成受阻,从而阻断 DNA 的生物合成;FUTP 能"以假乱真"以 FUMP 的形式掺入 RNA 分子中,从而破坏 RNA 的结构与功能。

**2. 氨基酸类似物、叶酸类似物**　如氮杂丝氨酸与谷氨酰胺的结构相似,抑制 CTP 的合成;氨甲蝶呤与叶酸的结构相似,抑制 dTMP 的合成。

**3. 核苷类似物**　某些改变了核糖结构的核苷类似物,如阿糖胞苷和环胞苷是重要的抗癌药物,阿糖胞苷与胞嘧啶核苷相似,抑制 CDP 还原生成 dCDP。

 **第三节　核苷酸的分解代谢**

### 一、嘌呤核苷酸的分解代谢

嘌呤核苷酸的分解代谢主要在肝、小肠及肾进行。细胞中的嘌呤核苷酸在核苷酸酶的催化下,脱去磷酸生成嘌呤核苷,然后经磷酸化酶催化生成嘌呤碱及 1-磷酸核糖。1-磷酸核糖在酶的催化下转变为 5-磷酸核糖。后者是合成 PRPP 的原料,用于合成新的核苷酸,也可经磷酸戊糖途径氧化分解。嘌呤碱和嘌呤核苷可经补救合成途径再用于合成新的核苷酸,也可最终氧化生成尿酸,随尿排出(图 10-6)。黄嘌呤氧化酶是尿酸生成的关键酶。

尿酸是人类和其他灵长类以及爬行类动物嘌呤分解代谢的终产物,由尿排出体外。正常人血清中尿酸含量为 0.12～0.36 mmol/L,男性略高于女性。某些疾病(如白血病、恶性肿瘤等)或摄入富含嘌呤的食物时,嘌呤分解过盛,尿酸生成过多或排泄障碍,都可导致血中尿酸含量增高,当血清尿酸含量超过 0.47 mmol/L 时,其结晶尿酸盐可沉积于关节、软组织、软骨及肾等处,引起痛风。痛风多见于成年男性,其原因尚不清楚。临床上常用别嘌呤醇治疗痛风,别嘌呤醇与次黄嘌呤结构相似,是黄嘌呤氧化酶的竞争性抑制剂,可抑制尿酸的生成。

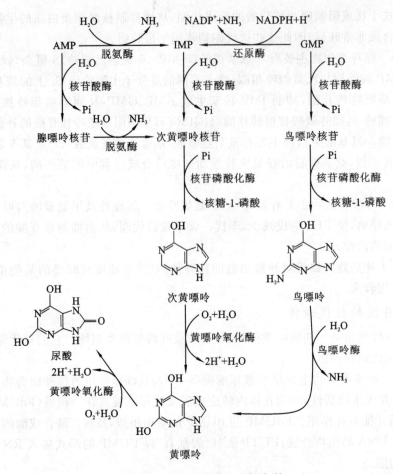

图 10-6 嘌呤核苷酸的分解代谢

▌**知识链接** ▌

### 高尿酸血症与痛风

高尿酸血症是嘌呤代谢障碍引起的代谢性疾病,5%～10%的高尿酸发展为痛风,临床表现除高尿酸血症外,还可出现急性关节炎、痛风石、慢性关节炎、关节畸形、慢性间质性肾炎和尿酸性尿路结石等症状。男性和绝经后女性血尿酸＞420 μmol/L、绝经前女性＞350 μmol/L 可诊断为高尿酸血症。中老年男性如出现特征性关节炎、尿路结石或肾绞痛发作,伴有高尿酸血症应考虑痛风。减少尿酸的生成、增加尿酸的排泄可降低血尿酸防止痛风。别嘌呤醇通过抑制黄嘌呤氧化酶从而抑制尿酸生成,使尿酸的生成减少;丙磺舒、苯溴马隆能促进肾脏排泄尿酸。别嘌呤醇和丙磺舒是痛风缓解期和慢性期的主要药物。

### 二、嘧啶核苷酸的分解代谢

嘧啶核苷酸的分解代谢(图 10-7)主要在肝中进行。嘧啶核苷酸通过核苷酸酶和核苷磷酸化酶的作用,除去磷酸及核糖,生成嘧啶碱在肝中进一步分解。其中胞嘧啶经脱氨基转化成尿嘧啶,尿嘧啶还原成为二氢尿嘧啶,并水解开环,最终生成 $NH_3$、$CO_2$ 和 β-丙氨酸。胸腺嘧啶水解生成 $NH_3$、$CO_2$ 和 β-氨基异丁酸,后者可随尿排出或继续分解。食入含 DNA 丰富的食物或经放射线治疗和化学治疗的癌症患者,尿中 β-氨基异丁酸排出量可增多,检测尿中 β-氨基异丁酸含量对监测放射性操作和临床治疗具有一定的指导意义。

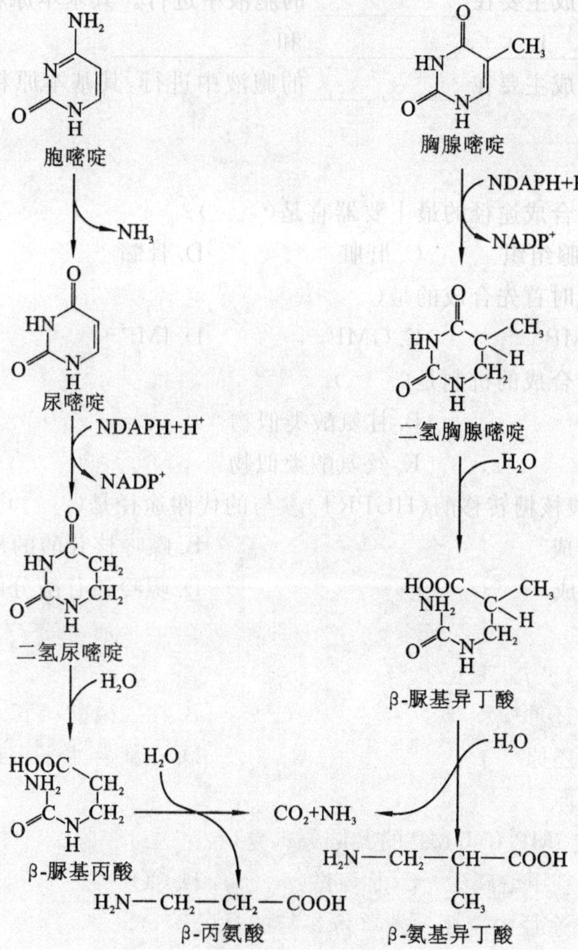

图 10-7 嘧啶核苷酸的分解代谢

# 本章小结

核苷酸最主要的和重要的生理功能是作为合成核酸的原料,体内的核苷酸主要由机体细胞自身合成;体内核苷酸的合成有从头合成和补救合成两条途径,从头合成途径是指细胞以磷酸核糖、氨基酸、一碳单位及 $CO_2$ 等简单物质为原料,经过一系列酶促反应合成核苷酸的过程;补救合成途径是指细胞以现成的核苷或碱基为原料,经过简单的反应合成核苷酸的过程;从头合成途径是体内核苷酸合成的主要途径,但补救合成途径是脑和骨髓等合成核苷酸的唯一途径;嘌呤核苷酸的从头合成途径首先生成 IMP,然后再分别转变成 AMP 和 GMP;嘧啶核苷酸从头合成是先合成嘧啶环,再与磷酸核糖结合生成尿嘧啶核苷酸,尿嘧啶核苷酸被甲基化生成胞嘧啶核苷酸;脱氧核苷酸由核苷二磷酸还原生成;脱氧胸腺嘧啶核苷酸经脱氧尿嘧啶核苷酸甲基化生成;嘌呤核苷酸在人体内分解代谢的终产物是尿酸,黄嘌呤氧化酶是尿酸生成的关键酶;痛风是由于嘌呤代谢异常,尿酸生成过多引起的;嘧啶核苷酸分解后产生的 β-氨基异丁酸可随尿排出或进一步代谢。

# 能力检测

**一、名词解释**

1. 核苷酸的从头合成途径　2. 核苷酸的补救合成途径

**二、填空题**

1. 别嘌呤醇治疗痛风的原理是由于其结构与_____相似,并抑制_____酶的活性。

2. 嘌呤核苷酸的从头合成主要在_____的胞液中进行。其基本原料是_____、_____、_____、_____、_____和_____。

3. 嘧啶核苷酸的从头合成主要在_____的胞液中进行,其基本原料是_____、_____、_____、_____。

### 三、单项选择题

1. 进行嘌呤核苷酸从头合成途径的最主要器官是( )。
   A. 小肠黏膜细胞　B. 胸腺组织　　C. 肝脏　　　　D. 骨髓　　　　E. 脾脏

2. 嘌呤核苷酸从头合成时首先合成的是( )。
   A. ATP　　　　B. AMP　　　　C. GMP　　　　D. IMP　　　　E. UMP

3. 氮杂丝氨酸抑制嘌呤合成的机制是( )。
   A. 谷氨酰胺类似物　　　　　B. 甘氨酸类似物　　　　　C. 抑制一碳单位合成
   D. 亮氨酸类似物　　　　　　E. 丝氨酸类似物

4. 次黄嘌呤-鸟嘌呤磷酸核糖转移酶(HGPRT)参与的代谢途径是( )。
   A. 嘧啶核苷酸的从头合成　　　　　　B. 嘌呤核苷酸的从头合成
   C. 嘌呤核苷酸的补救合成　　　　　　D. 嘌呤核苷酸分解代谢
   E. 嘧啶核苷酸补救合成

5. 脱氧核糖核苷酸生成的方式是( )。
   A. 在一磷酸核苷水平上还原　　　　　B. 在二磷酸核苷水平上还原
   C. 在三磷酸核苷水平上还原　　　　　D. 在核苷水平上还原
   E. 在脱氧核糖水平上还原

6. 下列物质中作为合成 IMP 和 UMP 的共同原料是( )。
   A. 天冬氨酸　　B. 氨基甲酰磷酸　C. 甘氨酸　　　D. $CO_2$　　　E. 一碳单位

7. 嘧啶核苷酸从头合成途径中需要一碳单位参与的是( )。
   A. UMP　　　　B. CMP　　　　C. dTMP　　　　D. dCMP　　　　E. dUMP

8. 用于治疗痛风的别嘌呤醇( )。
   A. 可抑制酰苷脱氨酶　　　　　B. 可抑制鸟嘌呤脱氨酶　　　　C. 可抑制尿酸氧化酶
   D. 可抑制黄嘌呤氧化酶　　　　E. 对以上酶都无抑制作用

9. 痛风主要是由哪种物质引起的?( )
   A. 尿素　　　　B. 尿酸　　　　C. 胆固醇　　　　D. 次黄嘌呤　　　　E. 黄嘌呤

10. 可分解为 β-氨基异丁酸的核苷酸是( )。
    A. IMP　　　　B. dTMP　　　　C. AMP　　　　D. UDP　　　　E. dCMP

### 四、临床案例

患者,男性,50 岁。三年前无明显诱因出现左侧第一跖趾关节附近红肿疼痛,夜间疼痛明显,能忍受,约 2 天后自行缓解,因无其他不适,未进一步诊治。此后又出现类似疼痛情况 10 余次,多在饮酒、进食动物内脏后发作。近 2 个月来发作次数增加,受累关节增多,左侧拇指关节、膝关节明显红肿,疼痛剧烈,影响睡眠。经检查血清尿酸高(700 μmol/L),尿常规:尿蛋白阳性;血红蛋白 88 g/L。诊断为痛风性关节炎。给予秋水仙碱、别嘌呤醇、地塞米松等药物治疗后疼痛缓解,红肿消退。问题:

(1) 产生痛风的原因是什么?

(2) 如何防治痛风?

周　青

# 第十一章　DNA 的生物合成

## 学习目标

**掌握**：遗传信息传递的中心法则；DNA 复制的特点、主要物质及其作用机制；原核生物 DNA 复制的基本过程及各阶段特点；端粒和端粒酶的概念；突变的概念、因素和类型以及 DNA 损伤修复的主要方式。

**熟悉**：逆转录的概念和意义、逆转录酶的功能。

**了解**：半保留复制的实验依据；DNA 损伤的后果以及修复过程；爬行模型的机制。

DNA 的生物合成主要包括复制、修复和逆转录三种方式。DNA 是大多数生物体遗传信息的携带者。基因是 DNA 分子中具有特定生物学功能的片段。DNA 通过复制，将遗传信息由亲代传递给子代，通过转录将遗传信息传递给 RNA，mRNA 通过翻译将遗传信息传递给蛋白质。遗传信息由 DNA→RNA →蛋白质的这种传递规律，称为中心法则。20 世纪 70 年代人们发现某些病毒的遗传物质并非常见的 DNA，而是 RNA，其遗传信息的流向是从 RNA→DNA，此过程与转录方向相反，称为逆转录；也有一些病毒的 RNA 可以进行自身复制，其遗传信息的传递方向是从 RNA→RNA。逆转录和 RNA 自我复制现象的发现，进一步补充和完善了遗传信息传递的中心法则（图 11-1）。

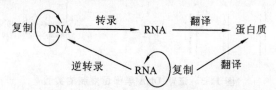

**图 11-1　遗传信息传递的中心法则**

# 第一节　DNA 的复制

复制是 DNA 生物合成的主要方式，以亲代 DNA 为模板合成子代 DNA 的过程，称为 DNA 复制。自然界中的绝大部分生物通过复制将亲代的遗传信息传递给子代，从而保证了物种的连续性。

## 一、DNA 复制的特点

DNA 复制的特点：半保留复制、半不连续复制、固定的起始点、双向复制、高保真性复制。

### （一）半保留复制

在复制时，亲代 DNA 双螺旋解开成为两条单链，并各自作为模板，以四种脱氧核苷三磷酸（dNTP）为原料，依据碱基配对原则，合成一条与之序列互补的新链（子代链），形成两个碱基序列完全相同的双链子代 DNA，子代 DNA 中的一条链来自亲代，另一条链则是新合成的（图 11-2）。

1958 年，Meselson 和 Stahl 利用氮同位素[15]N 标记大肠杆菌 DNA，首先通过实验证明了 DNA 的复制方式为半保留式。他们将大肠杆菌在重氮（[15]N）标记的[15]NH₄Cl 作为唯一氮源的培养基中培养若干代，

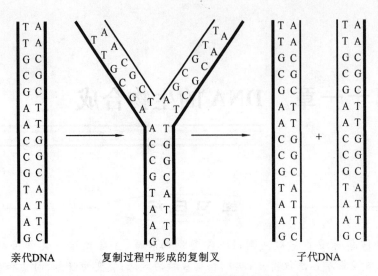

亲代DNA        复制过程中形成的复制叉        子代DNA

**图 11-2　DNA 的半保留复制**

此时所有的 DNA 分子都是含 $^{15}N$ 的 DNA。继续将 $^{15}N$ 标记的大肠杆菌放入普通的 $^{14}NH_4Cl$ 培养基中培养数代,并分别提取不同培养代数的细菌 DNA,用密度梯度离心法检测,得到如图 11-3 中所示结果。

密度梯度离心结果

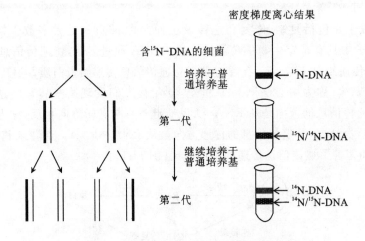

含 $^{15}N$-DNA 的细菌        ← $^{15}N$-DNA

培养于普通培养基

第一代        ← $^{15}N/^{14}N$-DNA

继续培养于普通培养基

第二代        ← $^{14}N$-DNA
                ← $^{14}N/^{15}N$-DNA

**图 11-3　证明 DNA 半保留复制的实验**

$^{15}N$ 标记的大肠杆菌中 $^{15}N$-DNA 密度较大,在离心管中出现一条高致密带;转入普通培养基中培养出第一代时,出现一条密度介于 $^{15}N$-DNA 和 $^{14}N$-DNA 之间的中致密带,说明此时的 DNA 是由 $^{15}N$-DNA 单链与 $^{14}N$-DNA 单链形成的杂合 DNA;培养出第二代时,离心管中出现中致密带和低致密带两条区带,分别为杂合 DNA 与普通 $^{14}N$-DNA。随着培养代数的增多,普通 $^{14}N$-DNA 所占比例越来越大,杂合 DNA 则逐渐呈几何级数减少。该实验结果证实了 DNA 是半保留复制方式。半保留复制的意义在于通过复制亲代将 DNA 的遗传信息准确无误地传递给子代,体现了遗传的保守性,是物种稳定的分子基础。

(二)半不连续复制

DNA 双螺旋由两条方向相反的单链组成,一条链的方向为 $5'→3'$,互补链的方向为 $3'→5'$。DNA 复制时新链合成的方向只能是 $5'→3'$,在同一复制叉上,解链方向只有一个。因此在复制时,沿着解链方向生成的 DNA 子链,复制是连续进行的,称为前导链;另一条链复制的方向和解链的方向相反,复制是不连续的,只能等待模板链解开足够长度,才能按 $5'→3'$ 方向逐段生成,这条不连续复制的链称为后随链。前导链连续复制,后随链不连续复制,称为半不连续复制(图 11-4)。复制中后随链上不连续的 DNA 片段,是日本科学家冈崎在 1968 年通过电子显微镜及放射自显影技术首先观察到的,故称之为冈崎片段。大肠杆菌冈崎片段的长度为 1000~2000 个核苷酸,真核生物为 100~200 个核苷酸,相当于一个核小体 DNA 的大小。

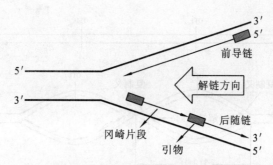

**图 11-4　DNA 的半不连续复制**

### （三）固定的起始点

DNA 复制总是从序列特异的部位开始,这些具有特异碱基序列的部位称为复制起始点(ori)。不同生物 DNA 复制起始点的序列不尽相同,大肠杆菌的复制起始点是一段跨度达 245bp 的核苷酸序列,称为ori C。此序列包含上游的 3 组串联重复序列(称识别区)和下游的 2 对反向重复序列(称富含 AT 区)。由于 AT 之间只有两对氢键,有利于 DNA 解链成单链 DNA 模板。真核生物的复制起始点比大肠杆菌的ori C 短,例如酵母 DNA 的复制起始点含 11bp 的核心序列,此序列富含 AT,称为自主复制序列(ARS)。

### （四）双向复制

DNA 复制时从一个起始点开始向两个方向解链,形成两个延伸方向相反的复制叉,称为双向复制。复制叉是指复制过程中,DNA 双链解开,各自作为模板,子链沿模板延长,此解开的两股单链和未解开的双螺旋所形成的"Y"字形结构。

原核生物大肠杆菌的染色体为环状双链 DNA 分子,只有一个复制起始点,复制时从起始点开始进行双向复制,局部 DNA 解链形成"眼"状结构,两个复制叉向相反方向延伸,直到终止点(ter)处汇合(图11-5)。

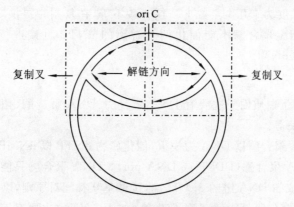

**图 11-5　原核生物 DNA 的双向复制**

真核生物基因组十分庞大,为线性 DNA 分子,含有多个复制起始点,是多复制子的复制。从一个 DNA 复制起始点起始的 DNA 复制区域称为一个复制子,它是一个独立复制单位,包括复制起始点和终止点(图 11-6)。复制时在每个起始点产生两个移动方向相反的复制叉;复制完成时,相邻的复制叉相遇并汇合连接。

### （五）高保真性复制

DNA 复制具有高保真性,它是遗传信息稳定传代的保证。确保 DNA 复制的高保真性,至少需要依赖以下几种机制:①遵守严格的碱基配对规律,使子链与母链能准确配对,实现半保留复制;②DNA 聚合酶对碱基具有选择功能,使之与模板核苷酸形成正确配对,有利于 $3',5'$-磷酸二酯键的快速形成,不正确的碱基配对可显著降低核苷酸的掺入效率;③DNA 聚合酶具有即时校读功能,即复制出错时,DNA 聚合酶的 $3'→5'$ 核酸外切酶活性,可及时发现错配的碱基并进行更换,以保证复制的准确性。

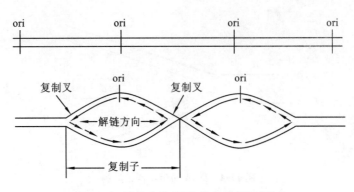

图 11-6　真核生物 DNA 的多复制子复制

## 二、参与 DNA 复制的重要物质

DNA 复制是一个非常复杂的酶促反应过程,需要模板、原料、引物、多种酶和特异的蛋白质因子等共同参与,并由 ATP 和 GTP 提供能量。

**(一)模板**

亲代双链 DNA 解开成两条单链,即可作为复制的模板,用以指导子代 DNA 的合成。

**(二)原料**

DNA 合成的原料(底物)包括四种脱氧核苷三磷酸,即 dATP、dGTP、dCTP 和 dTTP,统称 dNTP。DNA 的基本结构单位为脱氧核苷一磷酸(dNMP),故 dNTP 在掺入新链过程中需水解一分子的焦磷酸,反应可简写如下。

$$(dNMP)_n + dNTP \longrightarrow (dNMP)_{n+1} + PPi$$

**(三)引物**

引物为一小段 RNA,长度为十几个至数十个核苷酸不等,在复制时提供 $3'$-OH 末端,以便 dNTP 能够依次聚合。这是因为 DNA 聚合酶不能催化两个游离的 dNTP 直接进行聚合,只能在已有引物的 $3'$-OH 末端处逐个加入新的 dNTP。

**(四)酶类及蛋白质因子**

参与 DNA 复制的酶和蛋白质因子主要有 DNA 聚合酶、DNA 解旋酶、拓扑异构酶、单链 DNA 结合蛋白、引物酶和 DNA 连接酶等。

**1. DNA 聚合酶**　DNA 聚合酶以 DNA 为模板,催化底物 dNTP 以 dNMP 方式聚合为新生 DNA 链,故称为依赖于 DNA 的 DNA 聚合酶(DDDP 或 DNA pol)。DNA 聚合酶只能在模板 DNA 的指导下,在引物的 $3'$-OH 上或正在合成的 DNA 链的 $3'$-OH 端,按碱基互补配对原则,以 $5' \rightarrow 3'$ 方向延长 DNA 链。

(1)原核生物的 DNA 聚合酶:目前发现原核生物(如 *E.coli*)中主要有三种 DNA 聚合酶,根据发现的先后顺序分别称为 DNA 聚合酶Ⅰ(DNA pol Ⅰ)、DNA 聚合酶Ⅱ(DNA pol Ⅱ)和 DNA 聚合酶Ⅲ(DNA pol Ⅲ)(表 11-1)。

表 11-1　*E.coli*(大肠杆菌)三种 DNA 聚合酶

| | DNA 聚合酶Ⅰ | DNA 聚合酶Ⅱ | DNA 聚合酶Ⅲ |
|---|---|---|---|
| $5' \rightarrow 3'$ 聚合酶活性 | + | + | + |
| $3' \rightarrow 5'$ 核酸外切酶活性 | + | + | + |
| $5' \rightarrow 3'$ 核酸外切酶活性 | + | — | — |
| 功能 | 引物切除、填补空隙;校读作用;DNA 损伤修复 | 校读作用;DNA 损伤修复 | 复制延长中起主要作用的酶;校读作用 |

DNA 聚合酶Ⅰ由一条多肽链构成,二级结构以 α-螺旋为主,是一种多功能酶,具有三种酶活性。①$5' \rightarrow 3'$ 聚合酶活性:能催化 DNA 沿 $5' \rightarrow 3'$ 方向延长,但只能催化延长约 20 个核苷酸,因此主要用于填补

DNA 在复制或修复过程中留下的空隙。②3′→5′核酸外切酶活性：能识别和切除新生子链中错配的碱基，起即时校读作用，对于 DNA 复制的保真性具有重要意义。③5′→3′核酸外切酶活性：用于切除引物或突变的 DNA 片段，在 DNA 的损伤修复中发挥重要作用。DNA 聚合酶Ⅰ经特异蛋白酶水解，可得到两个片段，其中大片段又称 Klenow 片段，具有 5′→3′的聚合酶活性及 3′→5′的核酸外切酶活性，是重组 DNA 技术中常用的工具酶之一。

DNA 聚合酶Ⅱ的编码基因在 DNA 损伤时被激活，主要参与校读及 DNA 的损伤修复。

DNA 聚合酶Ⅲ是由 10 种亚基构成的不对称异二聚体，其中 α、ε 和 θ 三种亚基构成核心酶，具有 5′→3′的聚合酶活性和 3′→5′的核酸外切酶活性，可以催化 DNA 链的延长，切除错配的核苷酸起到校读作用。DNA 聚合酶Ⅲ的聚合活性远大于 DNA 聚合酶Ⅰ，是原核生物复制延长中真正起催化作用的酶。

（2）真核生物的 DNA 聚合酶：真核生物的 DNA 聚合酶主要有五种，分别是 DNA 聚合酶 α、β、γ、δ 和 ε。DNA 聚合酶 α 催化新链延长的长度有限，但它能催化引物 RNA 的合成，具有引物酶活性。DNA 聚合酶 δ 是催化复制延长的主要酶，相当于原核生物的 DNA 聚合酶Ⅲ，此外还具有解旋酶的活性。DNA 聚合酶 β，复制的保真性低，主要与 DNA 的损伤修复有关，类似于原核生物的 DNA 聚合酶Ⅱ。DNA 聚合酶 ε 主要参与校读和填补引物空隙，与原核生物 DNA 聚合酶Ⅰ的作用相似。DNA 聚合酶 γ 是线粒体 DNA 复制的酶（表 11-2）。

表 11-2　真核生物五种 DNA 聚合酶

| DNA 聚合酶 | 功　　能 |
| --- | --- |
| α | 起始引发，引物酶活性 |
| β | DNA 的损伤修复 |
| γ | 线粒体 DNA 复制 |
| δ | 延长子链、解旋酶活性 |
| ε | 复制中的校读、填补空隙、修复 |

**2. DNA 解旋酶**　DNA 的遗传信息储存在碱基序列中，碱基位于双螺旋内部，复制时 DNA 必须解开成为单链，暴露出碱基，才能作为模板指导 DNA 新链的合成。DNA 解旋酶的功能是利用 ATP 供能将 DNA 双螺旋解开，使 DNA 局部形成两条单链。*E. coli* 的解旋酶是由 *dnaB* 基因编码的六聚体蛋白，又称 DnaB 蛋白，该蛋白含有多个 DNA 结合位点，使其能在 DNA 单链上迅速移动，从而将双螺旋 DNA 的两条链分开。

**3. DNA 拓扑异构酶**　DNA 解链过程中，双螺旋沿轴旋转，会造成解链前方的 DNA 分子产生正超螺旋，从而出现打结、缠绕、连环等现象，妨碍复制的顺利进行。解决这一问题需要 DNA 拓扑异构酶的参与。DNA 拓扑异构酶简称拓扑酶，既能水解又能连接磷酸二酯键，对 DNA 分子兼有内切酶和连接酶的作用，可改变 DNA 超螺旋状态，理顺 DNA 链。

拓扑酶在原核和真核生物中广泛存在，分为Ⅰ、Ⅱ和Ⅲ型，其中重要的为Ⅰ型及Ⅱ型。拓扑酶Ⅰ在不消耗 ATP 的情况下，切断 DNA 双链中的一条链，DNA 链断端沿松解的方向转动，DNA 变为松弛状态，适当时候再将切口封闭。拓扑酶Ⅱ能切断 DNA 双链，断端通过切口旋转使正超螺旋变为松弛状态，然后利用 ATP 供能，将松弛状态的 DNA 断端在同一个酶的催化下恢复连接。DNA 边解链边复制，拓扑酶在复制的全过程都发挥重要的作用。

**4. 单链 DNA 结合蛋白**　DNA 双链解开成为单链之后，由于符合碱基配对规律，会有重新形成双链的倾向。单链 DNA 结合蛋白（SSB）的作用是与模板单链 DNA 结合，维持单链 DNA 的稳定状态并使其免受细胞内核酸酶的水解。*E. coli* 的 SSB 为四聚体蛋白，具有协同效应，复制时 SSB 不断地与单链 DNA 模板结合、脱落，反复发挥作用，从而使复制得以顺利进行。

**5. 引物酶**　复制中催化引物合成的酶称为引物酶。引物酶是一种特殊的 RNA 聚合酶，能以 DNA 为模板催化游离 NTP 聚合形成短片段的 RNA。*E. coli* 编码引物酶的基因是 *dnaG*，所以引物酶又称 DnaG 蛋白。真核生物没有单独存在的引物酶，DNA 聚合酶 α 具有引物酶活性。

**6. DNA 连接酶**　DNA 连接酶可催化一个 DNA 片段的 3′-OH 端和另一 DNA 片段的 5′-P 端之间形

成磷酸二酯键,从而将相邻的两个 DNA 片段连接起来。此反应为耗能过程,真核生物需要 ATP 供能,原核生物则消耗 NAD⁺(图 11-7)。但 DNA 连接酶只能连接双链 DNA 中的单链缺口,不能连接单独存在的两条 DNA 单链。DNA 连接酶不仅在复制中起接合缺口的作用,在 DNA 修复、重组中也发挥重要作用,因此也是基因工程中常用的工具酶之一。

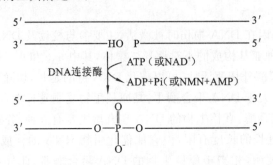

图 11-7　DNA 连接酶的作用方式

### 三、DNA 的复制过程

真核生物与原核生物的 DNA 复制过程都分为起始、延长和终止三个阶段,但各个阶段又有一定的差别。复制的结果是一条 DNA 双链变成两条一样的 DNA 双链,每条双链都与原来的双链一样。

#### (一)原核生物 DNA 的复制过程

**1. 复制的起始**　复制的起始主要包括 DNA 解链形成复制叉、生成引发体、合成 RNA 引物,需多种酶和蛋白质因子参与(表 11-3)。

表 11-3　原核生物复制起始相关的酶和蛋白质因子

| 名　称 | 功　能 |
| --- | --- |
| DnaA 蛋白 | 辨认起始点 |
| 解旋酶(DnaB 蛋白) | 解开 DNA 双螺旋 |
| DnaC 蛋白 | 运送和协同解旋酶 |
| 引物酶(DnaG 蛋白) | 催化合成 RNA 引物 |
| 单链 DNA 结合蛋白(SSB) | 稳定已解开的 DNA 单链 |
| 拓扑异构酶 | 理顺 DNA 链 |

复制起始时,大肠杆菌中 DnaA 蛋白识别、结合 ori C 的识别区序列,随着多个 DnaA 蛋白的结合,DNA 构象发生改变,促使富含 AT 区的双链局部打开。接着 DnaB 蛋白在 DnaC 蛋白的辅助下,与模板结合,并沿解链方向移动,使双链解开足够用于复制的长度,并逐步置换出 DnaA 蛋白,此时复制叉已初步形成。在此结构基础上,DnaG 蛋白参与进来,与 DnaB 蛋白、DnaC 蛋白及 DNA 复制起始区域共同构成复合体结构,称为引发体。引发体的蛋白质部分在 DNA 模板上移动到合适位置,引物酶根据模板碱基序列的指导,以 NTP 为底物,按 5′→3′方向催化合成一小段 RNA 引物,从而完成起始阶段。引物的 3′-OH 末端,成为合成新 DNA 的起点。解链前方出现的打结、成环、缠绕现象,需拓扑异构酶全程参与解决。引物合成之后复制进入延长阶段。

**2. 复制的延长**　延长阶段的主要任务是在复制叉处,两条 DNA 单链各自作为模板,由 DNA 聚合酶Ⅲ按照碱基配对规律,催化 dNTP 以 dNMP 的方式逐个加入到引物或延长中子链的 3′-OH 上,其化学本质是 3′,5′-磷酸二酯键的不断生成。前导链的延长方向与解链方向相同,可以连续延长,只需要合成一次引物。后随链由于不能连续延长,需不断生成引物及延长。引物的生成需引物酶来催化;当引物酶在后随链的模板上催化 RNA 引物合成后,由 DNA 聚合酶Ⅲ取代引物酶,继续催化延长子链直到前一个冈崎片段的 RNA 引物处。虽然前导链的复制先于后随链,但二者都是按照 5′→3′方向进行延长,并由同一个 DNA 聚合酶Ⅲ催化(图 11-8)。复制延长速度相当迅速,在营养充足时,大肠杆菌每 20 min 可繁殖一代,根据其基因组大小(约 3000 kb)计算,相当于每秒钟掺入的核苷酸数高达 2500 个。

**3. 复制的终止**　双向复制的复制叉从起始点开始各进行 180° 后,最后在终止点处汇合并停止复制。终止阶段还包括去除后随链上冈崎片段的 RNA 引物、填补引物水解后留下的空隙、冈崎片段的延长和连接等。RNA 引物的切除利用 DNA 聚合酶 I 的 5′→3′ 外切酶活性,留下的空隙在 DNA 聚合酶 I 的催化下,由后一个冈崎片段按 5′→3′ 方向延长补齐,相邻两个冈崎片段之间留下的缺口由 DNA 连接酶连接(图 11-9)。前导链引物水解后留下的空隙,由环状 DNA 最先完成复制的冈崎片段的 3′-OH 继续延长即可填补,缺口由 DNA 连接酶连接。实际上此过程在复制延长过程中已陆续进行,不需等到复制全部结束才进行。

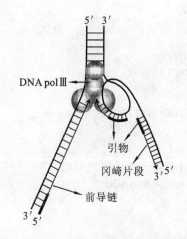

图 11-8　同一复制叉上前导链和后随链由同一 DNA 聚合酶 Ⅲ 催化延长

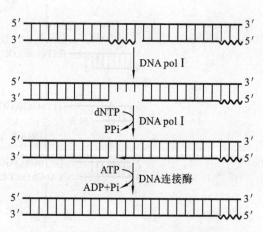

图 11-9　子链中 RNA 引物被取代

### (二) 真核生物 DNA 的复制过程

真核生物 DNA 复制过程与原核生物基本相似,也分为起始、延长和终止三个阶段。但由于真核生物的基因组比原核生物庞大得多,其复制过程更为复杂,二者存在明显差异。

**1. 复制的起始**　真核生物的复制起始也是打开复制叉、形成引发体和合成 RNA 引物,但详细机制尚不完全清楚。真核生物染色体 DNA 有多个复制起始点,是多复制子复制,各个复制子的起始并不同步,以分组激活方式进行。参与复制起始的蛋白质较多,除需 DNA 聚合酶 α(引物酶活性)和 DNA 聚合酶 δ(解旋酶活性)参与外,还包括拓扑酶和众多复制因子(RF),如 RFA、RFC 等。此外,增殖细胞核抗原(PCNA)在复制的起始和延长中也发挥重要作用。

**2. 复制的延长**　DNA 聚合酶 α 催化引物合成后,DNA 聚合酶 δ 在 PCNA 的协同下负责催化子链的延长。由于真核生物的冈崎片段比较短(约 200bp),引物的引发频率非常高,延伸时 DNA 聚合酶 α 与 δ 之间需进行频繁转换。由于 DNA 聚合酶 δ 的催化速率较慢,每秒钟聚合的 dNTP 约为 50 个,因此单个复制起始点复制的速度较慢。但真核生物是多复制子复制,复制起始点多,总体速度并不慢。

**3. 复制的终止**　复制的终止包括相邻的两个复制叉相遇并汇合、切除引物、DNA 聚合酶 ε 填补引物空隙、DNA 连接酶连接缺口。复制完成后随即与组蛋白组装成核小体。但真核生物基因组 DNA 是线性分子,染色体 DNA 两个末端的 RNA 引物,被去除后留下空隙。剩下的单链模板 DNA 如果不填补成双链,则会被核内脱氧核糖核酸酶(DNase)水解。因此,真核生物 DNA 将面临随着复制次数的增加而逐渐缩短的问题。实际上这种现象只在极个别低等生物中可以观察到,高等真核生物不会出现。因为真核生物含有的端粒酶能维持 DNA 复制的完整性。

真核生物染色体 DNA 末端存在着特殊结构,称为端粒。端粒由一段 DNA 序列和蛋白质共同构成。其结构的共同特点是富含 TG 短序列的多次重复,例如人类端粒 DNA 都有(TnGn)x 的重复序列,重复次数可达数十次甚至上百次,并且能形成反折式的二级结构。端粒酶是 RNA 与蛋白质组成的复合物,兼有提供 RNA 模板及逆转录酶的功能。端粒酶通过爬行模型的机制维持染色体的完整性,即端粒酶以其自身携带的 RNA 辨认、结合母链 DNA 并移至其 3′ 端,开始以逆转录的方式延长端粒的 3′ 端;复制一段 DNA 后,端粒酶向端粒的 3′ 端爬行移位,并继续以逆转录的方式延长端粒;经过多次爬行,直到延伸足够长度后端粒酶脱离母链,代之以 DNA 聚合酶。此时母链 3'-OH 端反折,同时作为引物和模板,完成末端双链的复制(图 11-10)。

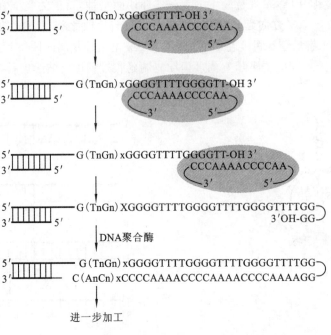

图 11-10　端粒酶催化的爬行模型机制

# 第二节　DNA 的损伤与修复

　　DNA 的完整性对于维持物种的遗传保守性至关重要。但是,在 DNA 复制中出现的错误配对、DNA 重组,病毒基因的整合及环境中的一些物理化学因素等都可能破坏 DNA 的结构与功能。生物体在各种体内外因素作用下,其 DNA 组成与结构发生改变,称为 DNA 的损伤。受损 DNA 分子中的碱基、戊糖或磷酸二酯键都有可能遭到破坏,并引起 DNA 功能的改变。在很多情况下,细胞具有校正或修复这些损伤的能力,以保持生物体的正常功能和遗传的稳定性。若 DNA 损伤不能及时或准确修复,导致 DNA 结构发生永久性改变,称为 DNA 突变。突变有利于生物进化,但严重的损伤将导致 DNA 失去模板功能甚至引起细胞死亡。因此,DNA 的损伤与修复,是细胞内同时并存的两个过程,生物体的多样性依赖于突变与修复之间的良好平衡。

## 一、DNA 的损伤

### (一) DNA 损伤的因素

引发 DNA 损伤的因素有多种,包括自发因素、物理因素、化学因素和生物因素等。

**1. 自发因素**　包括机体 DNA 在复制过程中发生的碱基错配、DNA 自身的热不稳定性以及某些代谢产物等因素,可诱发 DNA 发生损伤。

(1) DNA 复制错误:DNA 复制速度非常快,在复制过程中难免发生碱基的错配,其频率约为 $10^{-10}$。尽管 DNA 聚合酶的即时校读功能可以将绝大多数错配的碱基纠正过来,但仍可能有极少数的错配被保留下来。由于高等生物基因组庞大,细胞繁殖速度快,错配所产生的影响也是不可低估的。

(2) 不明原因的碱基损伤:当 DNA 所处环境发生改变时,可能会引起 DNA 损伤。常见的损伤:糖苷键自发发生水解,导致碱基脱落(以脱嘌呤最常见);碱基自发发生脱氨基反应,转变成另一种碱基,例如 C→U,A→I 等。

**2. 物理因素**　常见的有紫外线(UV)和各种电离辐射(如 α 粒子、β 粒子、X 射线、γ 射线等)。紫外线照射可引起 DNA 分子中同一条链上相邻的两个嘧啶碱基发生共价结合,生成嘧啶二聚体,最常见的是胸腺嘧啶二聚体(T-T)。嘧啶二聚体形成后影响 DNA 双螺旋结构,使复制和转录均受阻。

**3. 化学因素** 能引起 DNA 损伤的化学因素种类繁多,主要包括以下几类。①烷化剂:如氮芥、硫芥等,可使 DNA 碱基上的氮原子烷基化,并改变碱基配对的性质。②碱基修饰剂:例如亚硝酸盐能脱去碱基上的氨基,使碱基发生改变。例如 C 脱氨基转变为 U 后,不能再与 G 配对,进而与 A 配对。③碱基或核苷类似物:如 5-溴尿嘧啶、5-氟尿嘧啶等是 T 的类似物,可取代正常碱基掺入 DNA 链,干扰 DNA 的复制。④嵌入性染料:如吖啶类、溴乙锭等染料,可嵌入 DNA 的双链中,导致复制时产生核苷酸缺失、插入等移码突变。⑤抗生素及其类似物:如放线菌素 D、阿霉素等,使 DNA 碱基发生链内或链间交联,干扰 DNA 的复制及转录。

**4. 生物因素** 主要是病毒、细菌对生物体产生的致畸和致癌作用。如逆转录病毒,在它们的生活周期中能插入宿主基因组,或可能通过携带的基因表达调控元件来影响宿主基因的表达,从而导致肿瘤。如逆转录病毒感染宿主细胞后,产生的双链 cDNA 可整合到宿主基因组 DNA 中,导致宿主细胞 DNA 碱基序列改变。黄曲霉菌产生的黄曲霉毒素对 DNA 也有诱变作用。

**（二）DNA 损伤的类型**

根据 DNA 分子的改变,可将 DNA 损伤分为点突变、缺失、插入和重排等几种类型。

**1. 点突变** 点突变是指 DNA 分子中单个碱基的改变,又称为错配。点突变分为两类。①转换:发生在同型碱基之间,即一种嘌呤(或嘧啶)被另一种嘌呤(或嘧啶)取代。②颠换:发生在异型碱基之间,即一种嘌呤被一种嘧啶取代或反之。

**2. 缺失** 缺失是指 DNA 分子中一个碱基或一段核苷酸链的丢失。

**3. 插入** 插入是指原来没有的一个碱基或一段核苷酸链插入到 DNA 分子中。若缺失或插入的核苷酸数目不是 3 的整倍数,可导致框移突变。框移突变是指翻译时三联体密码的阅读方式改变,造成蛋白质氨基酸排列顺序发生改变。

**4. 重排** 重排是指 DNA 分子内或分子间发生的较大片段的交换或序列颠倒。地中海贫血就是由于血红蛋白的 β 链和 δ 链发生基因重排引起的。

**（三）DNA 损伤的后果**

**1. 致死** 若突变发生在至关重要的基因上,则可导致细胞或个体的死亡,甚至使物种被淘汰。

**2. 致病** 突变发生在基因的重要部位上,导致蛋白质一级结构的改变而影响其生物学功能,可引起遗传性疾病或癌基因的激活,成为遗传性疾病及肿瘤等疾病发病的分子基础。

**3. 基因型改变** 如果突变发生在简并密码子的第三位碱基,此时基因结构已发生改变,但表型可能没有改变,导致个体之间出现基因多态性。基因多态性是个体识别、亲子鉴定和器官移植配型的分子基础。

**4. 进化** 某些基因突变对生物体有积极意义,使机体产生某些优势,能更好地适应环境,为自然选择和生物的进化提供了分子基础。

## 二、DNA 损伤的修复

DNA 损伤的修复是指纠正 DNA 链上错配的碱基、清除受损的部位,使 DNA 恢复为正常结构的过程。细胞内存在一系列发挥修复作用的酶系,可以使 DNA 恢复为正常双螺旋结构。根据 DNA 损伤的修复机制不同,将其分为直接修复、切除修复、重组修复和 SOS 修复等类型。

**（一）直接修复**

直接修复不涉及磷酸二酯键的水解与再形成,是一种最简单的 DNA 损伤修复方式。光复活修复是直接修复的一种。生物体内普遍存在光复活酶,能识别并结合由于紫外线照射而形成的嘧啶二聚体,此酶在可见光(波长 300～600 nm)的照射下即可激活,从而使嘧啶二聚体解聚,DNA 恢复正常结构。胸腺嘧啶二聚体的形成与光复活修复见图 11-11。

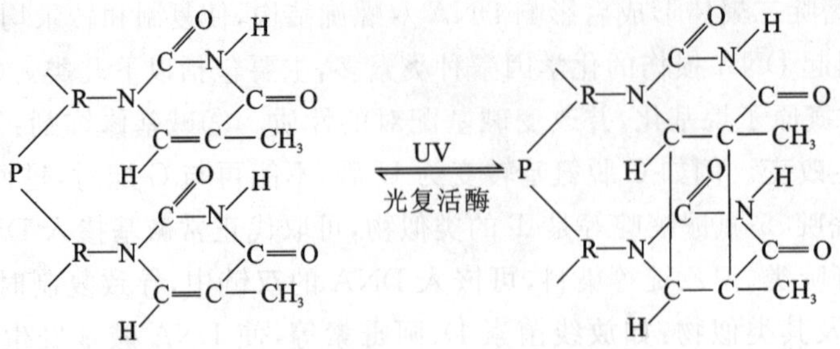

图 11-11 胸腺嘧啶二聚体的形成与光复活修复

## （二）切除修复

切除修复是细胞内最重要和有效的修复方式,分为碱基切除修复、核苷酸切除修复和碱基错配修复三种类型。

**1. 碱基切除修复** 通常单个碱基的缺陷通过此方式进行修复。首先由 DNA 糖基化酶特异性识别 DNA 链中受损的碱基,并将其水解去除;然后核酸内切酶在其 5′ 端切断 DNA 分子,去除剩余的磷酸核糖部分,由 DNA 聚合酶以另一条链为模板修补合成互补序列,最后由连接酶连接缺口。

**2. 核苷酸切除修复** 如果 DNA 损伤造成 DNA 双螺旋结构发生明显的扭曲、变形,则需要进行核苷酸切除修复方式。其基本过程主要由特异的核酸内切酶、DNA 聚合酶 I 和连接酶共同完成,包括识别、切除、填补和连接几个步骤。首先由特异的核酸内切酶识别 DNA 受损部位,并在损伤两侧同时切开 DNA 链,去除两个切口间的受损核苷酸序列,同时以另一条正常的 DNA 链为模板,由 DNA 聚合酶 I 催化,按 5′→3′ 方向将切除后留下的空隙进行填补,最后由 DNA 连接酶把缺口连接起来,完成切除修复全过程。

有关大肠杆菌的核苷酸切除修复机制的研究最为详细。首先,UvrA 和 UvrB 蛋白复合物辨认受损的 DNA 并与之结合,具有核酸内切酶活性的 UvrC 置换出 UvrA,并在损伤部位两侧切断 DNA 单链,具有解螺旋酶活性的 UvrD 去除损伤的单链,DNA 聚合酶 I 填补空隙,DNA 连接酶连接缺口完成修复(图 11-12)。

**3. 碱基错配修复** 大肠杆菌中参与错配修复的蛋白质有多种,能够识别错配碱基和 GATC 序列。修复系统可通过识别 GATC 序列是否被甲基化而将模板链和子代链区分开。当子代链发现错配碱基,核酸内切酶将未被甲基化的子代链在 GATC 处切开,再由核酸外切酶从 GATC 序列处开始水解直到将错配碱基切除,最后由 DNA 聚合酶 I 催化合成新链、DNA 连接酶连接缺口。

## （三）重组修复

当 DNA 分子的损伤面积较大,合成速度又快,还来不及修复完善就开始进行复制时,损伤部位因无模板指引,导致复制的子链出现缺损。这种有缺损的子代 DNA 分子可以通过遗传重组的方式加以修复,即利用重组蛋白 RecA 的核酸酶活性,将另一股健康母链上的相应核苷酸序列片段移至子链缺损处,母链所留下的空隙,在大肠杆菌中可利用正常子链作模板,通过 DNA 聚合酶 I 和 DNA 连接酶进行修补及连接,使母链恢复正常(图 11-13)。此过程发生在 DNA 复制之后,又称复制后修复。重组修复实际上并不能清除损伤部位,但随着多次复制及重组修复,将亲代 DNA 中的损伤分配到子代 DNA 中,损伤链所占的比例会越来越小,损伤的效应得到“稀释”,从而不影响细胞的正常功能,并且有利于其他 DNA 修复方式对其进行修复。

## （四）SOS 修复

SOS 是国际海难救援信号,SOS 修复是一类应急状态的修复方式。当 DNA 损伤广泛,复制难以继续进行,危及细菌生存时,可诱导出 SOS 修复系统。此系统包括多种参与 DNA 损伤修复的复制酶和蛋白质因子。这些复制酶对碱基识别能力差,不需依赖模板就能在损伤部位掺入核苷酸,使细菌能够生存。但产生的后果是复制出的 DNA 保留了较多的错误,将引起较广泛的、长期的突变。

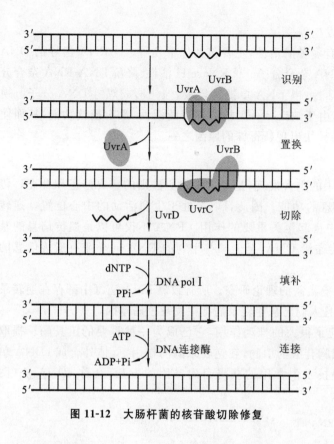

图 11-12　大肠杆菌的核苷酸切除修复

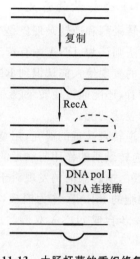

图 11-13　大肠杆菌的重组修复

 第三节　逆　转　录

## 一、逆转录现象

大多数生物的遗传物质是双链 DNA,而某些病毒的遗传物质是单链 RNA,这类病毒称为 RNA 病毒。RNA 病毒的复制方式有两种:一种是 RNA 自我复制,即以 RNA 为模板合成 RNA 的过程,需要依赖 RNA 的 RNA 聚合酶催化;另一种是逆转录,即以病毒 RNA 为模板,利用宿主细胞中四种 dNTP 作为原料,合成与 RNA 互补的双链 DNA 的过程。由于该过程的信息流动方向(RNA→DNA)与转录过程(DNA→RNA)相反,故称为逆转录,这些病毒称为逆转录病毒。

## 二、逆转录酶

1970 年 Temin 和 Baltimore 分别在研究致癌 RNA 病毒时,发现了一种能催化以 RNA 为模板合成双链 DNA 的酶,称为逆转录酶(RT),全称为依赖 RNA 的 DNA 聚合酶(RDDP)。后来研究发现逆转录酶不仅普遍存在于 RNA 病毒中,在小鼠及哺乳动物的正常细胞(如分裂期的淋巴细胞、胚胎细胞等)中也有逆转录酶,推测它可能与细胞分化和胚胎发育有关。

### (一) 逆转录的过程

当逆转录病毒感染宿主细胞后,逆转录酶以病毒 RNA 为模板,病毒自身的 tRNA 为引物,催化合成与病毒 RNA 互补的 DNA 单链,二者通过碱基配对形成 RNA-DNA 杂化双链,合成的 DNA 链称为互补 DNA(cDNA)。在逆转录酶(或宿主细胞内的 RNase H)的进一步作用下,杂化双链中的 RNA 被水解,然后以剩下的单链 DNA 为模板催化合成与其互补的第二条 DNA 链,形成双链 cDNA 分子。新合成的 DNA 分子,带有 RNA 病毒基因组的全部遗传信息,此时的病毒称为前病毒。前病毒可在细胞内独立繁殖,也可在一定条件下,通过整合酶的作用将其双链 DNA 整合到宿主的染色体 DNA 中(图 11-14(a)),随宿主基因一起复制、表达,并可能引起宿主细胞发生癌变。

由上述过程可知,逆转录酶为多功能酶,具有多种酶活性,主要包括如下几种。①RNA指导的DNA聚合酶活性:以RNA为模板,催化形成DNA-RNA杂合分子。②RNase H活性:降解DNA-RNA杂合分子中的RNA链。③DNA指导的DNA聚合酶活性:以DNA单链为模板,催化形成双链DNA分子。逆转录酶催化的聚合反应也按 $5' \rightarrow 3'$ 方向延长,但由于缺乏 $3' \rightarrow 5'$ 核酸外切酶活性,没有校读功能,从而使逆转录的错误率相对较高,这可能也是致病病毒较快出现新毒株的原因之一。

(二)逆转录的意义

逆转录酶和逆转录现象是分子生物学研究中的重大发现,是对传统中心法则的重要修正和补充。传统中心法则认为,DNA兼有传递和表达遗传信息的功能。因此,DNA处于生命活动的中心位置。逆转录现象的发现使人们认识到RNA在生命活动中也起至关重要的作用。RNA不仅可以是遗传信息的基本携带者,还能通过逆转录的方式将遗传信息传递给DNA,至少某些生物的RNA同样兼有遗传信息的传递和表达功能。

对逆转录病毒的研究,拓宽了RNA病毒致癌机制的理论研究。所有致癌RNA病毒中都存在逆转录现象,逆转录酶的作用与病毒的致癌性有关,并且人们已从逆转录病毒中发现了癌基因。

此外,逆转录酶的发现对于基因工程技术起了很大的推动作用,它已成为一种重要的工具酶。提取组织细胞的mRNA作为模板,人工合成的寡聚胸苷酸为引物,在逆转录酶的作用下,体外合成cDNA单链,进一步合成cDNA双链。此法是基因工程技术中常用的获得目的基因的方法,又称cDNA法(图11-14(b))。

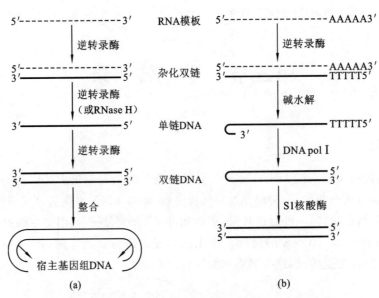

图11-14 细胞内及试管内逆转录现象

## 本章小结

DNA的生物合成方式包括复制、修复和逆转录,其中复制是主要方式;复制具有半保留复制、半不连续复制、固定的起始点、双向复制及高保真性复制等特点;DNA复制需要模板、原料、引物、多种酶和特异的蛋白质因子等共同参与,并由ATP和GTP提供能量;真核生物与原核生物的DNA复制过程都分为起始、延长和终止三个阶段,但各个阶段又有一定的差别;生物体在体内外因素作用下,其DNA组成与结构发生改变,称为DNA的损伤;细胞具有校正或修复这些损伤的能力,以保持生物体的正常功能和遗传的稳定性;以病毒RNA为模板,合成与RNA互补的双链DNA的过程称为逆转录;催化逆转录过程的酶称为逆转录酶;逆转录现象的发现,是对传统中心法则的重要修正和补充。

## 能力检测

**一、名词解释**

1. 半保留复制　2. 前导链　3. 复制子　4. DNA 损伤　5. 逆转录

**二、填空题**

1. 参与 DNA 复制的酶类包括_____、_____、_____、_____、_____ 和_____。

2. DNA 复制时,前导链复制方向和解链方向_____,后随链复制方向和解链方向_____。

3. 复制中后随链上的不连续 DNA 片段称为_____。

4. DNA 复制连续合成的链称为_____,不连续合成的链称为_____。

5. DNA 生物合成的方向是_____。

6. 真核生物 DNA 聚合酶有_____ 种。其中_____ 是合成子链的主要酶,此外还具有解旋酶的活性;_____ 是线粒体中 DNA 复制的酶。

7. DNA 突变分为_____、_____、_____ 和_____ 等几种类型。

8. DNA 损伤修复的方式分为_____、_____、_____ 和_____。

9. 逆转录是指遗传信息从_____ 传递到_____。

**三、单项选择题**

1. 原核生物 DNA 复制延长中真正起催化作用的酶是(　　)。

A. DNA pol Ⅰ　　B. DNA pol Ⅱ　　C. DNA pol Ⅲ　　D. DNA pol α　　E. DNA pol β

2. DNA 复制所需原料是(N 表示 A、G、C、T)(　　)。

A. NTP　　　　B. NDP　　　　C. dNTP　　　　D. dNDP　　　　E. dNMP

3. 真核生物在 DNA 复制延长中起主要作用的酶是(　　)。

A. DNA pol α　　B. DNA pol β　　C. DNA pol γ　　D. DNA pol δ　　E. DNA pol ε

4. 引发体不包括(　　)。

A. 引物酶　　　B. 解旋酶　　　C. DnaC　　　D. 引物 RNA　　　E. DNA 复制起始区域

5. 冈崎片段产生的原因是(　　)。

A. DNA 复制速度太快　　　　B. 复制方向与解链方向不同　　　　C. 双向复制

D. 因有 RNA 引物　　　　E. 因 DNA 链太长

6. 真核 DNA 聚合酶中,同时具有引物酶活性的是(　　)。

A. DNA pol α　　B. DNA pol β　　C. DNA pol γ　　D. DNA pol δ　　E. DNA pol ε

7. 在 DNA 复制中,RNA 引物的作用是(　　)。

A. 引导 DNA 聚合酶与 DNA 模板结合　　　　B. 提供 $5'$-P 末端

C. 提供 $3'$-OH 末端　　　　D. 诱导 RNA 合成

E. 提供四种 NTP 附着的部位

8. 在原核生物中,RNA 引物的水解及空隙的填补依赖于(　　)。

A. RNase H　　B. DNA pol Ⅰ　　C. DNA pol Ⅱ　　D. DNA pol α　　E. DNA pol β

9. 单链 DNA 结合蛋白(SSB)的生理作用不包括(　　)。

A. 连接单链 DNA　　　　B. 参与 DNA 的复制

C. 防止 DNA 单链重新形成双螺旋　　　　D. 防止单链模板被核酸酶水解

E. 能够反复发挥作用

10. 紫外线辐射造成的 DNA 损伤,最易形成的二聚体是(　　)。

A. C~T　　　B. C~C　　　C. T~T　　　D. T~U　　　E. C~U

栗学清

# 第十二章　RNA 的生物合成

## 第一节　不对称转录

真核生物储存遗传信息的 DNA 位于细胞核内，要指导合成蛋白质，首先必须把它的碱基序列抄录成 RNA 的碱基序列，然后 RNA 穿过核膜，进入胞液中，作为蛋白质合成的模板，才能把遗传信息传递到核外。

与 DNA 合成一样，RNA 合成也需要模板，指导 RNA 合成的模板既可以是 DNA，也可以是 RNA。生物体以 DNA 链为模板，在 RNA 聚合酶的催化下，按碱基配对规律合成一条与 DNA 链互补的 RNA 链的过程称为转录。转录发生在基因表达过程中，是基因表达的首要环节，也是绝大多数生物 RNA 的主要合成方式。转录是把 DNA 的碱基序列转录成 RNA 的碱基序列，生物体的遗传信息由 DNA 传递给 RNA，生成的 RNA 将指导蛋白质的生物合成。DNA 分子上的遗传信息是决定蛋白质氨基酸序列的原始模板；mRNA 通过把遗传信息从细胞核转送至细胞质，成为蛋白质合成的直接模板；指导合成 mRNA 的 DNA 区段称为结构基因。转录的产物还有 tRNA 和 rRNA，它们不是翻译的模板，但参与蛋白质的合成，tRNA 作为载体转运氨基酸，rRNA 与多种蛋白质结合形成的核糖体提供蛋白质合成的场所。一些逆转录病毒之外的 RNA 病毒，可以通过 RNA 为模板合成 RNA，称为 RNA 的复制。

转录和复制都是在 DNA 指导下的核苷酸聚合过程，有许多相似之处，如都以 DNA 为模板；都需依赖 DNA 的聚合酶；聚合反应都是核苷酸之间生成 $3',5'$-磷酸二酯键；聚合方向都从 $5' \rightarrow 3'$ 方向延伸新链；都遵循碱基配对规律。但是二者之间又有区别（表 12-1）。

表 12-1　复制和转录的区别

| 特　点 | 复　制 | 转　录 |
| --- | --- | --- |
| 模板 | 两股链均可作为模板，基因组全部复制 | 只有一股链可作为模板，基因组局部转录 |
| 原料 | dNTP(dATP、dGTP、dTTP、dCTP) | NTP(ATP、GTP、UTP、CTP) |
| 酶 | 依赖 DNA 的 DNA 聚合酶 | 依赖 DNA 的 RNA 聚合酶 |
| 起始 | 引物 | 启动子 |
| RNA 引物 | 需要 | 不需要 |
| 碱基配对 | A-T，G-C | A-U，T-A，G-C |
| 终止 | 识别部分终止子 | 不识别终止区 |

续表

| 特 点 | 复 制 | 转 录 |
|---|---|---|
| 产物 | 子代双链 DNA | mRNA、tRNA、rRNA |
| 后加工 | 有 | 无 |
| 校对功能 | 有,错配率 $10^{-8} \sim 10^{-6}$ | 无,$10^{-5} \sim 10^{-4}$ |
| 特点 | 半保留复制、双向复制、半不连续复制 | 不对称转录 |

### 一、转录模板

复制是为了保留物种的全部遗传信息,所以基因组的 DNA 全长均需复制。而转录是有选择性的,即细胞在不同的生长发育阶段,根据生存条件和代谢需要的不同,选择 DNA 分子上的不同功能片段表达不同的基因,因而基因表达的只是基因组的一部分。许多实验证明,在体外 RNA 聚合酶能使 DNA 的两条链同时进行转录,但在体内 DNA 两条链中仅有一条链可用于转录,或者某些区域以这一条链转录,另一区域以另一条链转录,这种转录方式称不对称转录。通常把 DNA 双链中能指引转录的单链称为模板链、有义链或 Watson 链;相对的另一股与模板链互补的 DNA 链则称为编码链、反义链或 Crick 链。编码链与转录出来的 RNA 链碱基序列一样,除了尿嘧啶取代胸腺嘧啶,其余是一致的,因为它们都与模板链互补,但无转录功能,所以为了方便解读遗传信息,一般只写出编码链(图 12-1)。

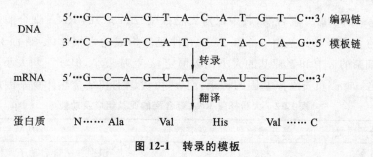

**图 12-1 转录的模板**

不对称转录有两个含义:一是在 DNA 双链分子上,一股链可转录,另一股链不转录;二是模板链并非永远在同一单链上,因此,就整个双链 DNA 分子而言,它的每一股链都可能含有指导 RNA 合成的模板(图 12-2)。

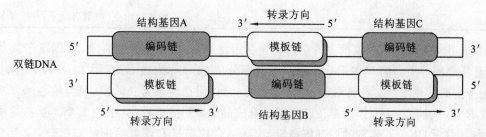

**图 12-2 不对称转录**

从图 12-2 还可以看到,在 DNA 双链某一区段,以其中一股链为模板链;在另一区段,又反过来以其对应的单链作模板链,所以模板链和编码链的划分不是绝对的。但每次转录时,作为模板的 DNA 单链方向为 $3'$ 至 $5'$,新生成的与之互补的 RNA 链的延长方向为 $5'$ 至 $3'$,处在不同单链的模板链转录方向相反。转录和复制一样,转录出的 RNA 链总是从 $5'$ 向 $3'$ 方向延长的。

DNA 碱基序列编号规则通常是将编码链上位于转录起始位点的核苷酸编为 +1 号,从转录起始点的近端向远端计数,转录进行的方向为下游,用正数表示,核苷酸依次编写为 +2 号、+3 号等,转录的相反方向为上游,用负数表示,核苷酸依次编为 -1 号、-2 号等(图 12-3)。

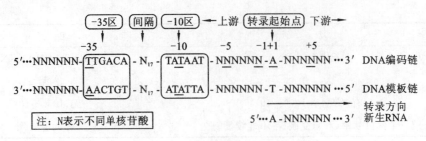

图 12-3　DNA 碱基序列编号

## 二、RNA 聚合酶

RNA 聚合酶又称 DNA 指导的 RNA 聚合酶(DDRP),广泛存在于原核细胞和真核细胞中,是转录过程中的主要酶。RNA 聚合酶催化 RNA 合成的共同特点如下:① 以双链 DNA 中的一股链作为 RNA 合成的模板;② 以四种核苷三磷酸(NTP)作为底物;③ 有二价金属离子如 $Mg^{2+}$ 或 $Mn^{2+}$ 的参与;④ 不需要引物,能催化两个游离的核苷酸直接聚合;⑤ 按照 $5'\rightarrow 3'$ 的聚合方向合成 RNA 链。原核生物细胞的 RNA 聚合酶分布于胞液,转录在胞液中进行;真核细胞的 RNA 聚合酶存在于细胞核,转录在细胞核中进行,转录完成后,生成的 RNA 再进入胞液。

### (一) 原核生物的 RNA 聚合酶

原核细胞中只有一种 RNA 聚合酶,其中以对大肠杆菌($E.coli$)的 RNA 聚合酶研究得最为透彻。全酶的相对分子质量约为 500 000,是由 $\alpha$、$\beta$、$\beta'$、$\omega$、$\sigma$ 五种亚基构成的六聚体($\alpha_2\beta\beta'\omega\sigma$),各亚基及其功能见表 12-2。不同种类细菌的 $\alpha$、$\beta$ 和 $\beta'$ 亚基的大小比较恒定,$\omega$ 亚基最小,但 $\sigma$ 亚基大小不同,为了区别,常以其相对分子质量命名,如 $\sigma^{70}$ 负责看家基因的转录,而 $\sigma^{32}$ 负责识别和结合热休克基因启动子。

表 12-2　大肠杆菌 RNA 聚合酶的亚基组成及功能

| 亚　　基 | 相对分子质量 | 氨基酸数目 | 亚基数目 | 功　　能 |
|---|---|---|---|---|
| $\alpha$ | 365 000 | 329 | 2 | 识别并结合启动子元件,控制转录速率 |
| $\beta$ | 1 506 000 | 1 342 | 1 | 参与转录全过程,形成磷酸二酯键 |
| $\beta'$ | 1 556 000 | 1 407 | 1 | 结合 DNA 模板(开链) |
| $\omega$ | 101 000 | 91 | 1 | 功能不明确,可能有助于核心酶重新装配 |
| $\sigma^{70}$ | 703 000 | 613 | 1 | 辨认起始点(识别启动子,并启动转录) |

$\sigma$ 亚基的作用是辨认 DNA 模板上特定的转录起始位点,并协助转录的启动。$\sigma$ 因子与其他亚基结合不牢固,容易从全酶分离,$\sigma$ 亚基脱离后全酶余下的部分 $\alpha_2\beta\beta'\omega$ 称为核心酶(图 12-4),核心酶只有加入 $\sigma$ 因子才表现全酶的催化活性。在转录起始阶段,需要全酶,但在转录延长阶段,只需核心酶。核心酶不具有起始合成 RNA 的能力,主要作用是使已经开始合成的 RNA 链延长,其中的 2 个 $\alpha$ 亚基是核心酶组装所必需的,参与前面 DNA 双螺旋的局部解螺旋、牢固结合模板链和恢复后面的双螺旋,因而可控制转录速率;$\beta$ 亚基与 NTP 具有高度亲和力,催化磷酸二酯键的形成;$\beta'$ 亚基参与结合 DNA 模板链,与 $\beta$ 亚基共同构成转录的活性中心;$\omega$ 亚基功能还不明确,可能有助于核心酶重新装配。RNA 聚合酶的全酶呈非球状,内部有一圆柱形孔道,可以直接和 12~16 bp 的 DNA 结合,整个酶能覆盖 40 bp 以上的 DNA 长度。原核细胞的 RNA 聚合酶可被抗结核菌药物利福平或利福霉素特异性抑制。

### (二) 真核生物的 RNA 聚合酶

真核细胞的 RNA 聚合酶有三种,分别称为 RNA 聚合酶 I (RNA pol I )、RNA 聚合酶 II (RNA pol II)、RNA 聚合酶 III(RNA pol III),相对分子质量都在 500 000 左右,都有 2 个大亚基和十几个小亚基,并含有 $Zn^{2+}$。这些酶在细胞核内分布不同,转录产物也各不相同。RNA pol I 存在于核仁中,主要催化 rRNA 前体的生成;RNA pol II 存在于核基质中,能催化 mRNA 前体(即核内不均一 RNA(hnRNA))的生成;RNA pol III 也存在于核基质中,能催化 tRNA 前体、5S rRNA 及小分子 RNA 的生成。另外,真核

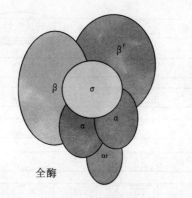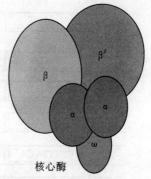

全酶　　　　　　　　　核心酶

**图 12-4 原核生物 RNA 聚合酶的结构示意图**

细胞的 3 种 RNA 聚合酶对一种毒蘑菇含有的 α-鹅膏蕈碱(环八肽毒素)特异性抑制作用的敏感性也不同,见表 12-3。

**表 12-3 真核细胞 RNA 聚合酶的种类及功能**

| 种 类 | 相对分子质量 | 分布 | 转录产物 | 对 α-鹅膏蕈碱的敏感性 |
|---|---|---|---|---|
| RNA 聚合酶 I | 501 000 | 核仁 | 45S rRNA 的前体,经加工产生 5.8S、18S、28S 的 rRNA | 不敏感 |
| RNA 聚合酶 II | 538 000 | 核质 | mRNA 的前体即 hnRNA | 十分敏感 |
| RNA 聚合酶 III | 504 000 | 核质 | tRNA 前体、5S rRNA、snRNA 和 scRNA 的前体 | 比较敏感 |

 # 第二节　转录的过程

RNA 的转录过程大体可分为起始、延伸和终止三个阶段。转录全过程均需 RNA 聚合酶催化,原核生物转录起始需要核心酶加上 σ 亚基即全酶参与;延长过程是核心酶催化下的核苷酸聚合;ρ 因子参与转录的终止。真核细胞和原核细胞的延伸过程基本相同,但在转录的起始和终止方面有较多的不同。

## 一、原核生物的转录过程

### (一)转录的起始

**1. 启动子** 转录的起始实际上是 RNA 聚合酶识别、结合转录起始点,形成转录起始复合物的过程。启动子是 RNA 聚合酶识别、结合和启动转录的一段 DNA 序列。转录启动子位于转录起始点的上游,是 RNA 聚合酶识别、结合并启动转录的部位。大肠杆菌基因的启动子位于 $-70 \sim +30$ 区,长度为 $40 \sim 70$ bp,其中有两段保守序列,即 DNA 模板链 $-35$ 区的 TTGACA 序列,被称为 Sextama 框,是 RNA 聚合酶 σ 亚基识别并初始结合的位点,因而又称为 RNA 聚合酶识别位点,在这一区段酶与模板的结合很松弛。随即酶向下游移动,到达 $-10$ 区的共有序列即 TATAAT 序列,此共有序列称为普里布诺框(Pribnow box),并跨入转录起始点,这是 RNA 聚合酶牢固结合的位点,因而又称为 RNA 聚合酶结合位点,Pribnow box 富含 A-T 碱基对,容易解链,有利于 RNA 聚合酶结合并启动转录(图 12-5)。

**2. 起始过程** 首先由 RNA 聚合酶的 σ 亚基辨认 DNA 的启动子部位,并以 RNA 聚合酶全酶的形式与启动子结合形成复合物,识别转录起始点。随后 RNA 聚合酶发挥解螺旋的功能,使 DNA 分子的局部构象改变而解链,DNA 双链打开 $10 \sim 20$ 个碱基对,形成起始转录空泡,以暴露出 DNA 模板链(图 12-6)。与 DNA 聚合酶不同,RNA 聚合酶催化 RNA 新链的合成不需要引物,当 RNA 聚合酶进入起始部位后转录便开始。根据模板链($3' \to 5'$)上核苷酸序列,进入互补的第一、第二个核苷三磷酸(NTP),在 RNA 聚合酶核心酶的催化下形成第一个 $3',5'$-磷酸二酯键,同时释放出焦磷酸。转录起点的碱基多为 T 或 C,因此第一个结合的 NTP 多为 ATP 或 GTP,因此,RNA $5'$-端总是嘌呤三磷酸核苷酸,即 GTP 或 ATP,以

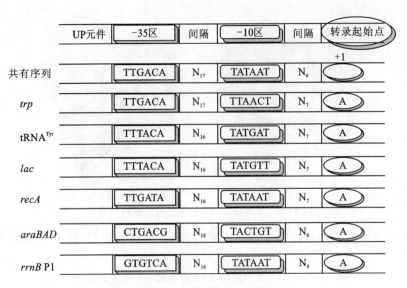

| UP元件 | −35区 | 间隔 | −10区 | 间隔 | 转录起始点 |
|---|---|---|---|---|---|
| 共有序列 | TTGACA | N₁₇ | TATAAT | N₆ | +1 |
| *trp* | TTGACA | N₁₇ | TTAACT | N₇ | A |
| tRNA^Tyr | TTTACA | N₁₆ | TATGAT | N₇ | A |
| *lac* | TTTACA | N₁₆ | TATGTT | N₇ | A |
| *recA* | TTGATA | N₁₆ | TATAAT | N₇ | A |
| *araBAD* | CTGACG | N₁₈ | TACTGT | N₆ | A |
| *rrnB* P1 | GTGTCA | N₁₆ | TATAAT | N₈ | A |

**图 12-5　原核生物基因的启动子**

GTP 最常见,所以转录起始复合物是由 RNA 聚合酶全酶、DNA、pppGpN-OH-3′所构成。通常 ATP 或 GTP 为起始核苷酸,成为 RNA 链的 5′-端。RNA 聚合酶全酶-DNA-pppGpN-OH-3′ 称为转录起始复合物。

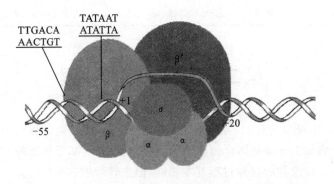

**图 12-6　原核生物 RNA 聚合酶全酶与启动子结合示意图**

　　第一个磷酸二酯键生成后,σ 亚基便从复合物上脱落,并与新的核心酶结合成 RNA 聚合酶的全酶,起始另一次转录过程。如果 σ 亚基不脱落,RNA 聚合酶不会沿模板 DNA 滑动,转录就不能继续,脱落的 σ 亚基可以反复使用。核心酶继续结合在 DNA 上并沿模板链的 3′→5′方向前移,进入延长阶段。

　　(二) 转录的延长

　　σ 亚基脱落后,RNA 聚合酶核心酶变构,与模板的结合变得较为松弛,这样有利于核心酶沿着 DNA 模板链向下游移动;核心酶沿 DNA 模板链的 3′→5′方向移动,按照碱基互补配对原则(A-U、G-C、T-A)合成 RNA 链,RNA 链的延长方向是 5′→3′。在延长新生 RNA 链时,DNA 螺旋继续解链,解链范围通常只有 17bp 大小,新生成的 RNA 单链可以与模板链、核心酶形成转录复合物,因此,转录延长阶段会形成由核心酶-DNA-RNA 组成的转录空泡(图 12-7)。由于 A=U 碱基对的稳定性低于 A=T 碱基对,所以,RNA 链与模板链之间形成的 RNA-DNA 杂化双链远不如 DNA 双螺旋稳定,这种疏松状态使 RNA 很容易脱离 DNA。随着转录的进行,RNA 链的 5′-端不断脱离模板链,使模板链与编码链必然趋向于重新形成双螺旋。因此 RNA 聚合酶前行会使前面还没有解开的 DNA 双链形成正超螺旋,后面的 DNA 双螺旋趋向于恢复而形成负超螺旋。

　　RAN 单链延长的过程并不是以恒定速度进行的。通常在通过一段富含 G≡C 碱基对的 DNA 模板 8~10 个碱基后,核心酶会出现一次停顿,这种暂时停顿现象有利于 RNA 链的转录终止和释放。在电子显微镜下观察原核生物的转录过程,会看到类似羽毛状的现象(图 12-8)。

　　同一 DNA 模板链可同时进行多个转录,新生 RNA 还没有完全释放就被作为翻译模板与核糖体结合

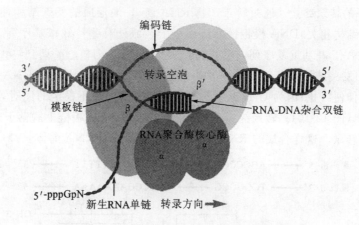

图 12-7 原核生物转录延长与转录空泡示意图

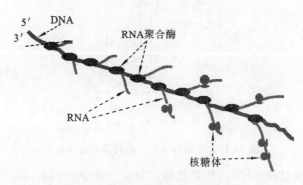

图 12-8 原核生物转录的羽毛状现象

并起始合成多肽链。这是因为原核生物细胞没有核膜的阻隔,其结构基因是连续的核苷酸序列,转录和翻译是偶联在一起的,即转录尚未完成翻译就已开始。转录产生的 mRNA 不经过加工就转运到核糖体上参与蛋白质的合成,而转录产生的 rRNA 和 tRNA 初级产物也需要加工,才能有活性。

### (三) 转录的终止

当 RNA 聚合酶在 DNA 模板上遇到终止信号时,核心酶停顿下来不再前进,转录产物 RNA 链从转录复合物上脱落下来,转录便终止。原核生物转录终止有两种类型。

**1. 依赖 ρ 因子的转录终止** 这类转录终止必须在 ρ 因子存在时才发生,与终止子的序列结构无关。ρ 因子是一种蛋白质,由 6 个相同亚基组成六聚体,相对分子质量为 46 000,尤以与富含 C 的 RNA 单链结合能力最强,并具有 ATP 酶和解螺旋酶活性。ρ 因子与转录产物 RNA 结合后,借助水解 ATP 提供的能量推动其沿 RNA5′→3′方向移动。当 RNA 聚合酶遇到 DNA 模板上的终止子出现暂停时,ρ 因子发挥解螺旋酶活性,能使 DNA-RNA 杂化链解链,RNA 产物被释放,转录终止(图 12-9)。

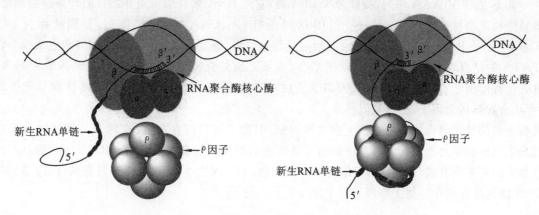

图 12-9 依赖 ρ 因子的转录终止示意图

**2. 不依赖 ρ 因子的转录终止**　通过转录产物 RNA 链 3′-端形成的特殊结构使转录终止。这类转录终止与终止子的序列结构相关,DNA 模板链靠近终止子区域处有些特殊碱基序列,即转录终止区域富含 C-G 碱基重复序列和 A-T 碱基重复序列,它们是转录终止信号。当核心酶遇到终止信号时,RNA 转录产物就形成特殊茎-环的发夹结构以及后随的一连串的寡聚 U。发夹结构可使 RNA 聚合酶核心酶变构不再前移,RNA 链的延伸便终止;因为 U-A 碱基对是所有碱基对中最不稳定的配对,所以寡聚 U 则有利于 RNA 链与模板链脱离(图 12-10)。转录终止后,核心酶也从 DNA 模板链上脱落下来,与 σ 亚基重新结合为全酶进行下一次的转录。这样合成的 RNA 是初级转录产物,即 RNA 前体。

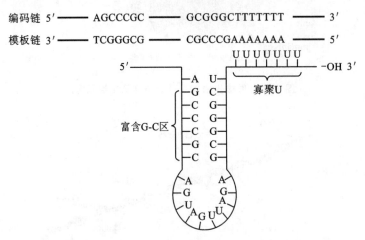

图 12-10　不依赖 ρ 因子的转录终止示意图

转录过程的 3 个阶段是紧密连接的,凡是能够影响某一环节的因素,都会影响转录的正常进行。例如,利福霉素能抑制细菌的 RNA 聚合酶的活性,因而抑制细菌的 RNA 合成。利福平是利福霉素的衍生物,它能影响 RNA 聚合酶 β 亚基的功能,阻碍 RNA 链上第一个磷酸二酯键的生成而干扰转录的起始。

## 二、真核生物的转录过程

真核生物的转录过程也分为转录起始、转录延长和转录终止三个阶段。在转录起始阶段,RNA 聚合酶不能直接识别并结合转录的起始位点,还需要大量的其他蛋白因子辅助,这类因子被称为转录因子(TF)。不同的 RNA 聚合酶需要不同的转录因子,RNA 聚合酶Ⅰ、Ⅱ、Ⅲ的转录因子分别是 TFⅠ、TFⅡ、TFⅢ。如 RNA 聚合酶Ⅱ必须在 TFⅡA、B、D、E、F、H 等一系列因子的协助下,才能形成具有活性的转录复合体,RNA 聚合酶Ⅱ才能准确识别并结合到启动子序列起始转录。RNA 聚合酶Ⅰ和聚合酶Ⅲ参与形成转录起始复合体的过程和聚合酶Ⅱ很相似,但它们都有各自特异的转录因子,识别各自特异的启动子特征序列。

在真核生物转录起始区,RNA 聚合酶识别的启动子具有保守的共有序列,即位于转录起始点上游 −25～−30 区的 TATAAA 序列,被称为 TATA 框,它是 RNA 聚合酶识别并结合的转录起始部位,与转录的特异性和准确性相关。在 −70～−110 区域还有 GC、CAAT 等特征序列,分别被称为 GC 框和 CAAT 框,它们是 RNA 聚合酶识别转录起始区的相关位点,通过与之特异结合的调节蛋白来调节转录因子与 TATA 的结合、RNA 聚合酶与启动子结合、转录起始复合物的形成,从而决定转录效率与专一性。远距离处还有增强子,它能结合特异基因调节蛋白,促进特定基因表达。另外还有负性调节元件即沉默子,它可结合特异转录因子,阻遏基因转录。

真核生物的转录延长过程与原核生物大致类似,但由于核膜的存在,没有转录与翻译同时进行的现象。真核生物的转录终止与转录后产物的加工修饰密切相关。如真核生物的 mRNA 的结构基因模板上并没有相应的多聚胸苷酸(poly T),但最终的转录产物 mRNA 在 3′-末端有多聚腺苷酸(poly A)尾巴,说明 poly A 结构是在转录后加工修饰过程中额外加上去的。

**第三节 真核生物转录后的加工**

真核生物转录生成的 RNA 是初级产物,需要经过加工才能具有活性。真核生物有细胞核,转录和翻译的部位被核膜隔开,且多数基因是由编码序列(外显子)与非编码序列(内含子)相间排列组成的断裂基因,所以转录后生成的各种 RNA 都是其前体,必须经过较为复杂的加工修饰过程,才能成为成熟的有功能的 RNA。这种从新生、无活性的 RNA 转变为有活性的 RNA 的过程称为 RNA 转录后的加工,包括链的断裂、拼接和化学修饰等。

### 一、mRNA 转录后的加工

真核生物 RNA 聚合酶 Ⅱ 转录生成的原始产物 mRNA 的前体是核不均一 RNA(hnRNA)。转录后的加工包括对其 5'-端和 3'-端的首尾修饰以及对 hnRNA 的剪接等。

**1. 5'-末端形成"帽子"结构** 真核生物 mRNA 的 5'-末端加"帽子"(5'-m⁷GpppNp-)结构在核内进行,是当 RNA 聚合酶 Ⅱ 催化合成的新生 RNA 链长达 25～30 个核苷酸单位时,由磷酸酶、鸟苷酸转移酶(加帽酶)、甲基转移酶共同催化完成的(图 12-11)。先由磷酸酶将新生 RNA 的 5'-pppNp-的 γ-磷酸基团水解释放,生成 5'-ppNp-,然后由鸟苷酸转移酶催化,在 5'-端再连接 1 分子 GTP 的 GMP 部分,生成不常见的 5',5'-三磷酸二酯键,使 5'-末端成为 5'-GpppNp-。最后在甲基转移酶作用下,由 S-腺苷蛋氨酸提供甲基,在 GMP 鸟嘌呤 N₇ 位加上甲基,形成 5'-m⁷GpppNp-"帽子"结构。有时,核苷酸中核糖 2'-O 位也可以在 2'-O-甲基转移酶的作用下发生甲基化反应(图 12-12)。"帽子"结构可使 mRNA 免受核酸酶的水解,在蛋白质的生物合成中起重要作用。

**2. 3'-末端加入"尾巴"结构** 真核生物的成熟 mRNA 的 3'-末端都有一个由 80～250 个腺苷酸构成的残基,构成多聚腺苷酸(poly A)的尾巴结构,加尾过程在核内进行。hnRNA 含有 AAUAA 和下游的富含 GU 或富含 U 的加尾信号序列,这两个序列是 mRNA 前体 3'-末端加工所需的核心元件。多聚腺苷酸化的起始点就是位于这两个序列之间的切割点,切割点距离上游 AAUAA 序列有 10～30 个核苷酸,距离富含 GU 或富含 U 序列有 20～40 个核苷酸。切割和多聚腺苷酸化的特异因子首先识别 AAUAA 序列切去一些核苷酸,然后在多聚腺苷酸聚合酶催化下,在切割点产生的游离 3'-末端进行腺苷酸环化,多聚腺苷酸化过程在加入起始 10 个腺苷酸时,速度较慢,随后快速持续合成含有 80～250 个腺苷酸的 poly A(图 12-13)。poly A 可防止 mRNA 被降解而维持其稳定性,引导 mRNA 从细胞核向细胞质转运,从而促进蛋白质的生物合成。

**3. hnRNA 的剪接** 真核生物的结构基因含有非编码序列,是由若干个编码序列和非编码序列相间隔但又依次连续排列而成的,即编码序列是不连续的,被称为断裂基因。在断裂基因中,具有表达活性的编码序列称为外显子,无表达活性的非编码序列称为内含子。在转录时外显子和内含子均转录成 hnRNA。除去 hnRNA 中的内含子,将外显子连接形成成熟 mRNA 的过程称为 RNA 的剪接。剪接过程中,hnRNA 的分子中的内含子先弯成套索状,从而使外显子相互接近,再由特异的 RNA 酶切断外显子与内含子之间的磷酸二酯键,再使外显子相互连接,生成成熟的 mRNA(图 12-14)。

### 二、tRNA 转录后的加工

真核生物 tRNA 前体由 RNA 聚合酶 Ⅲ 催化生成,加工过程包括 5'-端和 3'-端切除多余的核苷酸,去除内含子进行剪接作用,3'-端加 CCA 以及碱基的修饰。

**1. 剪接作用** tRNA 的剪接是酶促反应的切除过程。RNA 酶 P 切除 tRNA 5'-端的 16 个核苷酸;RNA 酶 D 切除 3'-端的两个尿苷酸,通过核酸内切酶催化切除 tRNA 前体中的内含子,再通过连接酶将外显子部分连接起来。

**2. CCA-OH 的 3'-端形成** 在核苷酸转移酶的催化下,以 CTP、ATP 为供体,在 tRNA 前体的 3'-末端加上 CCA-OH,使 tRNA 具有携带氨基酸的能力。

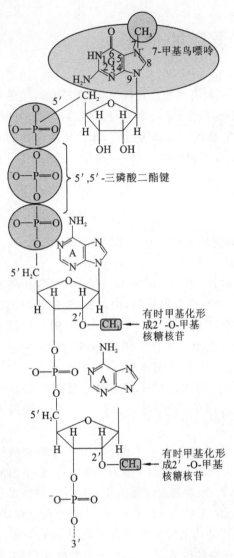

图 12-11　真核生物 mRNA 5'-端"帽子"结构

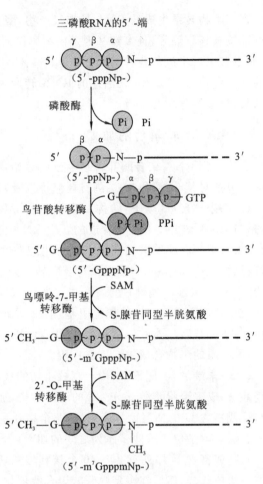

图 12-12　mRNA 5'-端"帽子"结构形成过程

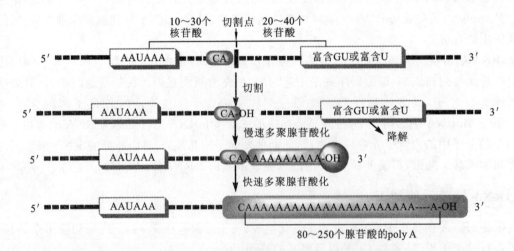

图 12-13　mRNA 前体 3'-末端 poly A 的形成过程示意图

**3. 稀有碱基的生成**　①甲基化反应:tRNA 甲基转移酶催化某些嘌呤生成甲基嘌呤,如 A→Am、G→Gm。②还原反应:某些尿嘧啶(U)还原为二氢尿嘧啶(DHU)。③脱氨基反应:某些腺嘌呤(A)脱氨基成为次黄嘌呤(I)。④碱基转位反应:尿嘧啶(U)通过转位反应成为假尿嘧啶(ψ)。

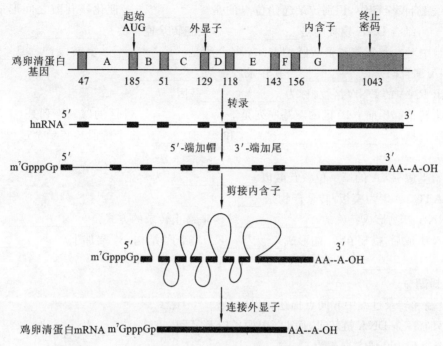

**图 12-14 鸡卵清蛋白 mRNA 前体内含子与外显子的剪接示意图**

### 三、rRNA 的转录后加工

真核生物中 rRNA 前体为 45S rRNA 前体,首先剪掉 5'-端序列,形成 41S rRNA 中间体,然后将其裂解成 32S rRNA 和 20S rRNA 两段,最后 32S rRNA 经裂解、修饰后生成 28S、5.8S rRNA,20S rRNA 经修剪后生成 18S rRNA。成熟的 28S rRNA、5.8S rRNA 和由 RNA 聚合酶Ⅲ催化生成的 5S rRNA 与相关蛋白质一起装配成核糖体的大亚基,18S rRNA 与相关蛋白质组装成核糖体的小亚基。装配过程在核仁内进行,然后通过核孔转移到细胞质中作为蛋白质生物合成的场所。

## 本章小结

生物体以 DNA 链为模板,在 RNA 聚合酶的催化下,按碱基配对规律(A-U、T-A、G-C),以四种 NTP 为原料合成 RNA 链的过程称为转录;转录方式是不对称转录;转录过程可分为起始、延长和终止三个阶段;RNA 的转录起始不需要引物,转录的方向是从 5' 至 3';原核生物的转录终止有依赖 ρ 因子的转录终止和不依赖 ρ 因子的转录终止两种方式;原核生物的结构基因是连续的核苷酸序列,转录和翻译偶联在一起;真核生物的结构基因是断裂基因,转录后生成的各种 RNA 都是其前体,必须经过链的断裂、拼接和化学修饰等转录后的加工过程,才能成为有功能的 RNA;真核生物的 mRNA、tRNA 和 rRNA 的前体在细胞核内经过加工后,通过核孔转移到细胞质中参与蛋白质的生物合成。

## 能力检测

#### 一、名词解释

1. 转录  2. 不对称转录  3. 模板链与编码链  4. DDRP  5. RNA 聚合酶核心酶  6. 操纵子  7. 转录启动子  8. Sextama 框  9. 普里布诺框  10. 断裂基因  11. 外显子  12. 内含子  13. 剪接

#### 二、填空题

1. 以 DNA 为模板合成_____的过程称转录,催化此过程的酶是_____。

2. DNA 双链中,能指引转录生成 RNA 的单股链称_____,又称_____或____;相对应的另一股单链称_____,又称_____或_____。

3. 在 RNA 聚合酶全酶中,识别转录起始位点的是_____,催化核苷酸之间形成磷酸二酯键的是_____,结合 DNA 模板的是_____,控制转录速率的是_____。

4. 真核细胞中对 α-鹅膏蕈碱最敏感的 RNA 聚合酶是_____,其转录产物是_____,最不敏感的 RNA 聚合酶是_____,其转录产物是_____。

5. 能转录出 RNA 的 DNA 区段,称为_____基因。

6. 原核生物转录起始前 -10 区的碱基序列是_____,-35 区的碱基序列是_____。

7. 转录过程包括_____、_____和_____三个阶段。转录全过程均需_____催化。

8. 转录起始生成 RNA 的第一位核苷酸以_____最为常见。

9. 以 5'-CATGTA-3'为模板,转录产物是_____。

10. 通过 RNA 产物形成特殊的_____结构来终止转录的方式是_____。

11. hnRNA 生成后,需要在 5'-端形成_____"帽子"结构,3'-端加上_____尾巴,并对 hnRNA 链进行_____才具有活性。

三、单项选择题

1. DNA 复制和转录过程中异同点描述错误的是(　　)。
A. 在体内只有一条 DNA 链转录,而 DNA 两条链都复制
B. 在这两个过程中合成方向都为 5'→3'
C. 复制的产物在通常情况下大于转录的产物
D. 两过程均需 RNA 为引物
E. DNA 聚合酶 I 和 RNA 聚合酶都需要 $Mg^{2+}$

2. 对于 RNA 聚合酶的叙述,不正确的是(　　)。
A. 由核心酶和 σ 因子构成　　　　　　B. 核心酶由 $\alpha_2\beta\beta'\omega$ 组成
C. 全酶与核心酶的差别在于 β 亚单位的存在　　D. 全酶包括 σ 因子
E. σ 因子仅与转录启动有关

3. 催化原核生物 mRNA 转录的酶是(　　)。
A. RNA 复制酶　　　　B. RNA 聚合酶　　　　C. DNA 聚合酶
D. RNA 聚合酶 II　　　E. RNA 聚合酶 I

4. 催化真核生物 mRNA 的转录的酶是(　　)。
A. RNA 聚合酶 I　　　B. MtRNA 聚合酶　　　C. RNA 聚合酶 III
D. RNA 复制酶　　　　E. RNA 聚合酶 II

5. 真核细胞中经 RNA 聚合酶 III 催化转录的产物是(　　)。
A. hnRNA　　　　　　B. tRNA　　　　　　　C. mRNA
D. 5S hnRNA　　　　　E. 5.8S,18S,28S rRNA 前体

6. 转录过程中需要的酶是(　　)。
A. DNA 指导的 DNA 聚合酶　　　　B. 核酸酶
C. RNA 指导的 RNA 聚合酶 II　　　D. DNA 指导的 RNA 聚合酶
E. RNA 指导的 DNA 聚合酶

7. 下列关于 σ 因子的叙述正确的是(　　)。
A. 参与识别 DNA 模板上转录 RNA 的起始点　　B. 参与识别 DNA 模板上的终止信号
C. 催化 RNA 链的双向聚合反应　　　　　　　D. 是一种小分子有机化合物
E. 参与逆转录过程

8. DNA 双链中,指导合成 RNA 的那条链称作(　　)。
A. 编码链　　B. Crick 链　　C. 模板链　　D. 无意义链　　E. 以上都不对

9. DNA 上某段碱基顺序为 5'-ACTAGTCAG-3',转录后 mRNA 上相应的碱基顺序为(　　)。
A. 5'-TGATCAGTC-3'　　B. 5'-UGAUCAGUC-3'　　C. 5'-CUGACUAGU-3'

D. 5′-CTGACTAGT-3′           E. 5′-CAGCUGACU-3′

10. 成熟的真核生物 mRNA 5′-端具有（    ）。

A. 多聚 A          B. 帽结构          C. 多聚 C          D. 多聚 G          E. 多聚 U

11. 内含子是指 DNA 分子上（    ）。

A. 不被转录的序列                B. 被转录的非编码序列                C. 被翻译的序列

D. 编码序列                      E. 以上都不是

12. 对 α-鹅膏蕈碱最敏感的酶是（    ）。

A. RNA 聚合酶Ⅰ                  B. RNA 聚合酶Ⅱ                    C. RNA 聚合酶Ⅲ

D. DNA 聚合酶Ⅰ                  E. DNA 聚合酶

13. 利福平专一性地作用于 RNA 聚合酶的哪个亚基？（    ）

A. α          B. β          C. γ          D. ω          E. ρ

14. 电子显微镜下原核生物的转录现象呈现羽毛状图形，这说明（    ）。

A. 在同一个模板链上，有多个转录同时进行          B. 转录产物与模板形成很长的杂化双链

C. 越靠近模板的 5′-端转录产物越短               D. 越靠近模板的 3′-端转录产物越长

E. 转录未终止，翻译不能进行

15. RNA 稀有碱基的生成没有下列哪种反应？（    ）

A. 甲基化反应          B. 还原反应          C. 核苷内的转位反应

D. 脱氨基反应          E. 水解反应

**四、临床案例**

利福平为利福霉素类衍生物，对多种病原微生物均有抗菌活性。请简述利福平的抗菌机制。

田　野

# 第十三章 蛋白质的生物合成

**掌握**:翻译的概念;蛋白质生物合成体系中 mRNA、tRNA 和核糖体在翻译中的作用;遗传密码的概念及特点;原核生物翻译的三个阶段的特点,延长阶段的三个步骤。

**熟悉**:参与蛋白质合成的酶类;起始因子、延长因子和释放因子的种类和作用。

**了解**:蛋白质生物合成的加工修饰;蛋白质生物合成与医学的关系。

机体以 mRNA 为模板、20 种编码氨基酸为原料合成蛋白质的过程称为翻译。其实质是将 mRNA 分子上 4 种核苷酸编码的遗传信息解读为蛋白质一级结构中 20 种氨基酸的排列顺序。蛋白质的生物合成是在基因指导下进行的细胞内最为复杂、耗能最多的合成反应,需要多种物质的参与。此外,翻译后生成的蛋白质仍需经过相应的转运过程,才能在细胞的特定区域内发挥生物学功能。

**▌知识链接▐**

**蛋白质生物合成研究历程**

1954 年 Paul Zamecnik 及其同事通过同位素标记氨基酸的体内实验,证明了蛋白质是以氨基酸为基本单位聚合生成的。1956 年他们又发现了氨基酰-tRNA 合成酶。1958 年 Hoagland 和 Zamecnik 发现可溶性 RNA 是蛋白质生物合成所需的中介。1961 年 Howard Dintzis 证明了血红蛋白肽链合成方向是从 N 末端向 C 末端进行的。1961—1966 年,Crick、Nirenberg、Matthaei 和 Khorana 陆续确定了 64 个密码子,mRNA 作为蛋白质生物合成过程中"转换器"的功能被确立。1973—1976 年麦胚无细胞体系、兔网织无细胞体系分别被建立,揭晓了蛋白质生物合成的具体过程和机制。

## 第一节 参与蛋白质生物合成的物质

**一、蛋白质的合成原料**

蛋白质的生物合成是细胞内最为复杂的反应之一,基本原料是 20 种编码氨基酸。

**二、RNA 在蛋白质合成中的作用**

蛋白质生物合成过程中,需要模板 mRNA、特异氨基酸搬运工具 tRNA、rRNA 与蛋白质装配成的核糖体作为蛋白质合成的场所。

**(一) mRNA**

mRNA 称为信使 RNA,是蛋白质生物合成的直接模板,携带来自 DNA 的遗传信息,指导蛋白质多肽链的合成,每一种 mRNA 至少能指导合成一条多肽链。

　　不同 mRNA 分子的大小和核苷酸的排列顺序各不相同,但它们具有相同的功能分区,即 5′-端非翻译区、开放阅读框和 3′-端非翻译区。真核生物的 mRNA 还有 5′-端帽子结构和 3′-端多聚腺苷酸(poly A)尾。在真核生物中一个 mRNA 只编码一种蛋白质,为单顺反子 mRNA,转录后需要经过特别的加工,方能成为成熟的 mRNA;在原核生物中,一个转录单位常由多个结构基因串联构成,转录而成的 mRNA 编码几种功能相关的蛋白质,为多顺反子 mRNA,一般转录后不需要经过特别加工,即可成为成熟的 mRNA。由于蛋白质是生命活动的基础,细胞内存在成千上万种的蛋白质,随时需要合成新的蛋白质。因此,mRNA 的代谢非常活跃,mRNA 的半衰期在各种 RNA 中最短。

　　mRNA 分子中沿 5′→3′方向,每三个相邻的核苷酸组成一组,构成三联体,在蛋白质生物合成时代表一种氨基酸的信息,称为遗传密码或密码子。mRNA 以三联体密码子的方式,决定了蛋白质分子中氨基酸的排列顺序和基本结构。RNA 中 A、G、C、U 四种核苷酸可排列组合成 64 种不同的三联体密码子(表 13-1),其中 61 种密码子分别代表 20 种氨基酸。5′-末端的 AUG 为肽链合成的起始密码子,起始信号具有特殊性,在真核生物编码甲硫氨酸,在原核生物编码甲酰甲硫氨酸。UAA、UGA 和 UAG 代表多肽链合成的终止信号,不编码任何氨基酸,称为终止密码子。mRNA 从 5′-端的起始密码子到 3′-末端的终止密码子之间的核苷酸序列,称为开放阅读框(ORF),一般来讲,ORF 包含 500 个以上的密码子。

表 13-1 遗传密码

| 第一个核苷酸(5′端) | 第二个核苷酸 | | | | 第三个核苷酸(3′端) |
|---|---|---|---|---|---|
| | U | C | A | G | |
| U | 苯丙氨酸 | 丝氨酸 | 酪氨酸 | 半胱氨酸 | U |
| | 苯丙氨酸 | 丝氨酸 | 酪氨酸 | 半胱氨酸 | C |
| | 亮氨酸 | 丝氨酸 | 终止信号 | 终止信号 | A |
| | 亮氨酸 | 丝氨酸 | 终止信号 | 色氨酸 | G |
| C | 亮氨酸 | 脯氨酸 | 组氨酸 | 精氨酸 | U |
| | 亮氨酸 | 脯氨酸 | 组氨酸 | 精氨酸 | C |
| | 亮氨酸 | 脯氨酸 | 谷氨酰胺 | 精氨酸 | A |
| | 亮氨酸 | 脯氨酸 | 谷氨酰胺 | 精氨酸 | G |
| A | 异亮氨酸 | 苏氨酸 | 天冬酰胺 | 丝氨酸 | U |
| | 异亮氨酸 | 苏氨酸 | 天冬酰胺 | 丝氨酸 | C |
| | 异亮氨酸 | 苏氨酸 | 赖氨酸 | 精氨酸 | A |
| | 甲硫氨酸* | 苏氨酸 | 赖氨酸 | 精氨酸 | G |
| G | 缬氨酸 | 丙氨酸 | 天冬氨酸 | 甘氨酸 | U |
| | 缬氨酸 | 丙氨酸 | 天冬氨酸 | 甘氨酸 | C |
| | 缬氨酸 | 丙氨酸 | 谷氨酸 | 甘氨酸 | A |
| | 缬氨酸 | 丙氨酸 | 谷氨酸 | 甘氨酸 | G |

　　遗传密码具有以下几个重要特点。

　　**1. 方向性**　起始密码子位于 mRNA 的 5′-末端,终止密码子位于 3′-末端,翻译的方向是 5′→3′,称为遗传密码的方向性。从 mRNA 分子的 5′-末端 AUG 开始至 3′-末端终止密码子之间的核苷酸序列编码一条多肽链,称为开放阅读框架。蛋白质生物合成时,核糖体沿着 mRNA 从 5′-末端向 3′-末端方向移动并读码。

　　**2. 连续性**　遗传密码无间隔,从 5′-末端的起始密码子 AUG 开始,每 3 个一组连续向 3′-末端读下去,直至出现终止密码子为止,此特点称为连续性。如果 mRNA 分子上出现碱基的插入或缺失,都会造成读码顺序改变,导致氨基酸序列的变化,引起移码突变。

在真核生物中,存在一种称为 mRNA 编辑的转录水平基因表达调节方式。即 DNA 通过转录生成的前体 mRNA 会经过一个加工过程,可进行特定碱基的插入、缺失或置换,从而在成熟 mRNA 序列中出现移码突变、错义突变或者无义突变,使得同一段 DNA,转录加工生成不同的成熟 mRNA,翻译生成序列和功能不同的蛋白质。

**3. 通用性** 原核生物(包括细菌、病毒等)、真核生物及人类都使用同一套遗传密码,称为遗传密码的通用性。这表明地球上的生物由同一起源分化而来,也使我们能够利用细菌等生物来合成人类蛋白质。

遗传密码的通用性也有例外,近几年的研究表明,动物细胞中的线粒体和植物细胞中的叶绿体使用的遗传密码与"通用密码"存在一定的差别。动物细胞的线粒体内有其独立的基因表达体系,AUA 编码甲硫氨酸兼作起始密码子,AGA、AGG 为终止密码子,而 UGA 编码色氨酸等。虽然如此,但我们认为在不同物种之间,遗传密码仍然具有通用性。

**4. 简并性** 同一种氨基酸可以由多种密码子编码,称为遗传密码的简并性。在 20 种氨基酸中,除色氨酸和甲硫氨酸仅有一种密码子外,其余氨基酸均有 2～6 种数目不等的密码子。编码同一氨基酸的多种密码子,称为简并密码子,也称同义密码子。多数情况下,简并密码子前两个核苷酸常相同,第三个核苷酸有差异,如果突变发生在密码子的最后一位,往往不改变密码子编码的氨基酸,这种突变称为同义突变。因此,遗传密码的简并性可降低基因突变对蛋白质生物合成的影响,在维持物种稳定性方面发挥着一定的作用。

**5. 摆动性** mRNA 中密码子的翻译是通过与 tRNA 的反密码子配对实现的。密码子和反密码子的配对遵循反向互补配对原则,但这种配对有时并不严格遵循碱基配对规律,出现摆动,这种现象称为遗传密码的摆动性。mRNA 密码子的第 1 位和第 2 位碱基与 tRNA 分子上反密码的第 3 位和第 2 位碱基之间严格配对,而 tRNA 反密码子的第 1 位碱基与 mRNA 上密码第 3 位碱基配对存在摆动现象。常见的摆动配对关系如表 13-2 所示。

表 13-2  摆动配对

| tRNA 反密码子的第 1 位碱基 | G | U | I |
|---|---|---|---|
| mRNA 密码子的第 3 位碱基 | U、C | A、G | A、C、G |

**▌知识链接▐**

### 遗传密码的破译

20 世纪中叶,人们已经知道 DNA 是遗传信息的携带者,并通过 RNA 控制蛋白质的生物合成。此后,许多科学家着手从多种角度来破译遗传密码。

20 世纪 60 年代初,MW Nirenberg 等人推断出 64 种三联体密码子,并利用合成的多聚尿嘧啶核苷酸(poly U)为模板,在无细胞蛋白质合成体系中合成了多聚苯丙氨酸,从而解读出第一种编码苯丙氨酸的密码子"UUU"。其后,他们用同样的方法证明 CCC、AAA 分别代表脯氨酸和赖氨酸。另外,HG Khorana 等将化学合成与酶促合成结合,合成含有重复序列的多聚核苷酸共聚物,并以此为模板确定了半胱氨酸、缬氨酸等氨基酸的密码子。tRNA 发现者之一的 RW holley 成功地制备出一种纯的 tRNA,标志着有生物活性的核酸的化学结构的确定。

MW Nirenberg、HG Khorana、RW holley 三位科学家经过近 5 年的共同努力,于 1966 年确定了 64 种密码子的意义,因此共同分享了 1968 年诺贝尔生理学/医学奖。

### (二) tRNA

蛋白质的基本组成单位氨基酸分散于胞液中,需要经由 tRNA 运输到核糖体上才能组装成多肽链。在蛋白质生物合成过程中,tRNA 作为活化氨基酸的转运工具,转运活化的氨基酸,同时 tRNA 还起到适配器的作用,即将 mRNA 中核苷酸的排列顺序转变成为多肽链中氨基酸的排列顺序。

tRNA 上有两个重要的功能部位:一个是氨基酸结合位点,位于 tRNA 氨基酸臂 3′-末端的 CCA-

OH,用于携带相应的氨基酸;另一个是 mRNA 结合位点,是 tRNA 反密码子环中的反密码子,与 mRNA
上的密码子对应结合,把氨基酸携带到核糖体上,合成蛋白质多肽链。一种氨基酸可以和几种不同的
tRNA 特异结合而转运,但一种 tRNA 只能转运一种氨基酸。

（三）rRNA

rRNA 分子与多种蛋白质共同组成的核糖体(核蛋白体)是蛋白质多肽链合成的场所,起"装配机"的
作用。原核生物中,平均每个细胞约有 20 000 个核糖体,既存在着游离形式的核糖体,也可以结合
mRNA 形成串珠状的多核糖体;真核生物中,平均每个细胞中的核糖体数目为 $10^6 \sim 10^7$ 个。

核糖体的结构及成分与其在蛋白质生物合成中的重要作用密切相关。生物体细胞中的核糖体有 70S
和 80S 两种,均由大、小两个亚基构成,每个亚基又由多种核糖体蛋白质(rp)和 rRNA 组成。大、小亚基
所含蛋白质分别成为 rpL 和 rpS,它们多为参与蛋白质生物合成所需的酶和蛋白因子。rRNA 分子含较
多局部螺旋结构,可通过折叠形成复杂的三维空间构象,为核糖体的结构骨架,结合附着各种核糖体蛋白
质形成完整的亚基。70S 核糖体存在于原核细胞和真核细胞的线粒体和叶绿体中,由 30S 和 50S 两个亚
基组成,30S 小亚基含有 1 个 16S rRNA 和 21 种不同的蛋白质,50S 大亚基含有 1 个 23S rRNA、1 个 5S
rRNA 和 34 种蛋白质。80S 核糖体存在于真核细胞中,40S 小亚基由 18S rRNA 和 34 种 S 蛋白组成,60S
大亚基含有 28S rRNA、5S rRNA、5.8S rRNA 和 49 种 L 蛋白。通常情况下,核糖体的大小亚基游离在细
胞质中,在小亚基与 mRNA 结合后,大亚基与小亚基结合形成完整的核糖体。

在原核生物中,核糖体的大小亚基间的裂隙是 mRNA 及 tRNA 的结合部位。真核生物的核糖体结
构与原核生物相似,但是组分更为复杂。原核生物核糖体上有 A 位、P 位和 E 位三个重要的功能部位(图
13-1),A 位结合氨基酰-tRNA,称为氨基酰位;P 位结合肽酰 tRNA,称为肽酰位;E 位释放空载的 tRNA,
称为出位。真核细胞核糖体没有 E 位,空载的 tRNA 直接从 P 位脱落。

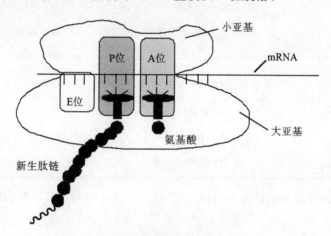

图 13-1 核糖体的功能部位

**▋ 知识链接 ▋**

**核糖体结构功能研究**

英国科学家 Venkatraman Ramakrishnan、美国科学家 Thomas Steitz 和以色列女科学家 Ada
Yonath 因研究核糖体结构功能而获得 2009 年诺贝尔化学奖。他们的研究表明蛋白质的生物合成
就像一台复杂而又精密的机器,不同"零件"在不同岗位上各司其职,这一切要归功于蛋白质合成化
学工厂的总调度师"核糖体",它指挥并调度所有合成体系的成员,按照 mRNA 指令装配、产生不同
的蛋白质/多肽链。3 位科学家采用 X 线蛋白质晶体衍射技术,标识出了构成核糖体的成千上万个
原子。这不仅让我们了解了核糖体的"外貌",而且在原子水平上揭示了核糖体功能。核糖体研究成
果让我们很容易理解,如果细菌的核糖体功能受到了抑制,那么细菌就无法存活下去。在医学上,人
们正是利用抗生素来抑制细菌的核糖体,治疗细菌感染性疾病。3 位科学家构建的三维模型揭示了
不同抗生素抑制核糖体功能的机制,这些模型被用于研发新的抗生素,荣获 2009 年诺贝尔化学奖。

### 三、蛋白质生物合成所需要的酶

蛋白质生物合成过程中的酶主要有氨基酰-tRNA 合酶、转肽酶和转位酶等。

**1. 氨基酰-tRNA 合酶**　氨基酰-tRNA 合酶存在于胞液中,可催化氨基酸的羧基与相应 tRNA 3′-末端的羟基脱水形成氨基酰-tRNA。

**2. 转肽酶**　转肽酶不仅能催化核糖体 P 位上的氨基酰基或肽酰基向 A 位转移,还能催化该氨基酰基与 A 位上的氨基酸之间通过肽键相连。

**3. 转位酶**　转位酶实际上是延长因子 EF-G(延长因子的一种)所具有的活性,可结合 GTP 并由其供能,使核糖体沿着 mRNA 从 5′-末端向 3′-末端方向移动一个密码子的距离,使下一个密码子定位于 A 位。

### 四、其他物质

**1. 蛋白因子**　无论原核生物还是真核生物,蛋白质合成过程中均有多种蛋白质因子的参与(表 13-3),主要包括多种起始因子(IF),延长因子(EF)和释放因子(RF),它们分别参与蛋白质生物合成的起始、延伸和终止等过程,有些还具有酶的活性。

表 13-3　原核生物中参与蛋白质生物合成的因子

| 类　型 | 种　类 | 生物学功能 |
|---|---|---|
| 起始因子 | IF-1 | 占据 A 位,防止该位置结合其他 tRNA |
| | IF-2 | 促进小亚基与 fMet-tRNA$^{fMet}$结合 |
| | IF-3 | 促进大小亚基的分离,提高 P 位对结合 fMet-tRNA$^{fMet}$的敏感性 |
| 延长因子 | EF-Tu | 促进氨基酰-tRNA 进入 A 位,结合并分离 ATP |
| | EF-Ts | 调节亚基 |
| | EF-G | 有转位酶活性,促进肽酰-tRNA 由 A 位移至 P 位,促进 tRNA 释放 |
| 释放因子 | RF-1 | 特异识别 UAA、UAG,诱导转肽酶转变为酯酶 |
| | RF-2 | 特异识别 UAA、UGA,诱导转肽酶转变为酯酶 |
| | RF-3 | 有 GTP 酶活性,能介导 RF-1 及 RF-2 与核糖体的相互作用 |

**2. 能源物质和无机离子**　蛋白质生物合成需要 $Mg^{2+}$ 和 $K^+$ 参与,ATP、GTP 提供能量。

## 第二节　蛋白质生物合成的过程

蛋白质生物的合成是从 mRNA 的起始密码子 AUG 开始,按照 5′→3′方向逐一阅读密码子,将 tRNA 转运到核糖体上的氨基酸通过肽键结合,由起始的甲硫氨酸开始,从 N-末端向 C-末端合成肽链的过程。基本过程包括氨基酸的活化与转运、肽链合成的起始、延长和终止以及翻译后的加工修饰等反应阶段。本节主要以原核生物细胞蛋白质的生物合成为例介绍翻译的过程。

### 一、氨基酸的活化

分散在胞液中的各种氨基酸化学性质比较稳定,需要活化并由 tRNA 转运至核糖体才能参与蛋白质的生物合成。活化反应由氨基酰-tRNA 合酶催化,需要 $Mg^{2+}$ 的存在,消耗 ATP,氨基酸的 α-羧基与 tRNA 的 3′-羟基形成酯键活化成氨基酰-tRNA。根据 mRNA 中遗传信息指导的顺序,氨基酰-tRNA 随时将氨基酸转运至核糖体上参与肽链的合成。活化过程中氨基酸与 tRNA 结合的正确性是基因正确表达的保证,此反应在胞液中进行。反应式如下。

第十三章│蛋白质的生物合成  • 189 •

$$\text{Met+tRNA} \xrightarrow[\substack{\text{ATP} \quad \text{AMP+PPi}}]{\substack{\text{氨基酰-tRNA合酶} \\ \text{Mg}^{2+}}} \text{Met-tRNA}^{\text{Met}}$$

为了表示 tRNA 转运氨基酸的专一性,在氨基酰-tRNA 的书写中,前三个缩写代表结合的氨基酸,右上角的缩写代表 tRNA 的结合特异性。例如,ala-tRNA$^{\text{ala}}$ 为携带丙氨酸的 tRNA;met-tRNA$_e^{\text{met}}$ 为延长中的甲硫氨酰-tRNA;met-tRNA$_i^{\text{met}}$ 为起始部位的甲硫氨酰-tRNA。tRNA 右下角字母 e 为延长之意,i 为起始之意。fmet-tRNA$^{\text{fmet}}$ 为原核生物起始部位的 N-甲酰甲硫氨酸-tRNA。

## 二、肽链的生成

原核生物肽链的合成过程包括起始、延长和终止三个阶段,都是在核糖体上完成的,称为广义上的核糖体循环。该循环将活化的氨基酸由 tRNA 转运至核糖体上,以 mRNA 为模板合成多肽链的过程,为蛋白质合成的中心环节。

### (一)起始阶段

肽链合成的起始以形成起始复合物为标志。在多种起始因子(IF-1、IF-2、IF-3)、GTP 及 Mg$^{2+}$ 参与下,核糖体的大、小亚基,模板 mRNA 和起始 fmet-tRNA$^{\text{fmet}}$ 结合,形成起始复合物(图 13-2)。起始阶段可分成四个步骤。

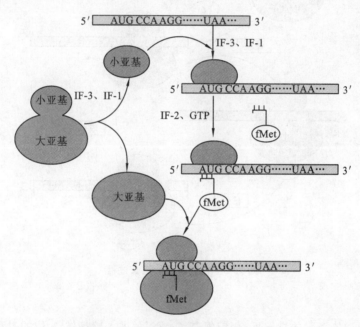

图 13-2  原核生物肽链合成的起始过程

**1. 核糖体大、小亚基分离**  多肽链的生物合成是一个连续的过程,上一轮合成的终止紧接着下一轮合成的开始。完整核糖体的大、小亚基必须分开,准备进行 mRNA 和起始氨基酰-tRNA 与小亚基结合。IF-3、IF-1 与核糖体小亚基结合,促使核糖体的大、小亚基分离。

**2. mRNA 在小亚基定位结合**  原核生物中,一条 mRNA 链上可以有多个起始 AUG,形成多个 ORF,编码出多条多肽链。核糖体小亚基与 mRNA 结合时必须识别一个合适的 AUG,以便形成一个特异的 ORF,从而准确地翻译出目的蛋白质。每一个 mRNA 都具有其核糖体结合位点,它是位于 AUG 上游 8～13 个核苷酸处的一个短片段叫做 SD 序列。这段序列正好与小亚基中的 16S rRNA 3′-末端一部分序列互补,因此 SD 序列也叫做核糖体结合序列(RBS),这种互补意味着核糖体能选择 mRNA 上 AUG 的正确位置来起始肽链的合成。一条多顺反子 mRNA 序列上的每个基因编码序列均拥有各自的 SD 序列和起始 AUG。除此之外,mRNA 序列上进阶 SD 序列后的小核苷酸序列,可被核糖体小亚基蛋白 rpS-1 识别并结合。通过以上 RNA 与 RNA、RNA 与蛋白质的相互作用,位于 mRNA 序列上的起始 AUG 即可在核糖体小亚基上准确定位结合形成复合体。

**3. 起始 fmet-tRNA^fmet 的结合**　在 GTP 和 Mg^{2+} 参与、IF-2 作用下，fmet-tRNA^fmet 与 mRNA 分子中的 AUG 相结合，即密码子与反密码子配对，同时 IF-3 从三元复合物中脱落，形成 IF-2-小亚基-mRNA-fMet-tRNA^fmet 复合物。

**4. 核糖体大亚基结合**　大亚基与 IF-2-小亚基-mRNA-fMet-tRNA^fmet 复合物结合，同时 IF-2 脱落，形成小亚基-mRNA-大亚基-mRNA-fMet-tRNA^fmet 复合物。此时，fMet-tRNA^fmet 占据着大亚基的 P 位。A 位空着有待于对应 mRNA 中第二个密码子的相应氨基酰 tRNA 进入，从而进入延长阶段。

起始复合物的形成是蛋白质生物合成中最关键的步骤，起始复合物一旦形成，肽链就能很快延伸下去。

### 三、肽链合成的延长

肽链合成的延长是在核糖体上连续循环的过程，又称狭义的核糖体循环。该过程在肽链延长因子（EF）、GTP、Mg^{2+} 及 K^+ 的促进下进行，由进位、转肽和移位三个步骤周而复始重复进行来完成，每一次循环多肽链增加一个氨基酸残基（图 13-3）。

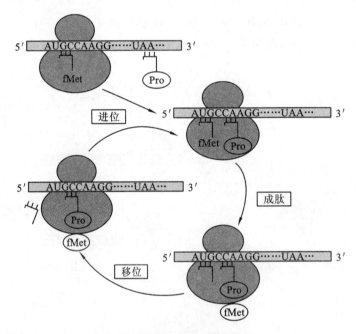

图 13-3　肽链合成的延长过程

（一）进位

进位指在 mRNA 遗传密码的指导下，相应氨基酰-tRNA 进入核糖体 A 位的过程，又称注册。此过程通过氨基酰-tRNA 的反密码子识别起始复合物 A 位上 mRNA 的密码子并与之结合，进入核糖体的 A 位，使 tRNA 携带的相应氨基酸能够准确地"对号入座"。进位时需要 EF-TU/TS 和 GTP 参与。

核糖体对于氨基酰-tRNA 的进位有校正作用。肽链生物合成以很高速度进行（如 37 ℃时大肠杆菌细胞的一个核糖体每秒钟可聚合 20 个氨基酸），这就要求延长阶段的其他过程的速度需要与之适应。EF-TU-GTP 仅存在数毫秒后即被分解，在此时间段内，只有正确的氨基酰-tRNA 能迅速发生密码子-反密码子的配对而进入 A 位。反之，错误氨基酰-tRNA 因为密码子-反密码子不能及时配对而从 A 位解离。这是维持蛋白质生物合成的高度保真性的另一机制。增加蛋白质合成的精确度可能会降低反应的速度，而增加反应速度则可能会降低精确度。但生物的进化优化了蛋白质的合成，根据机体的需要，使合成速度和精确度达到平衡。

（二）成肽

成肽是核糖体 P 位的起始甲酰甲硫氨酰基（或延长中的肽酰-tRNA 的肽酰基）与 A 位氨基酰-tRNA 的 α-氨基在大亚基上转肽酶的催化下形成肽键的过程，该反应需要 Mg^{2+} 和 K^+ 的参与。当核糖体 P 位上由 tRNA 携带的甲酰甲硫氨酰基转移到 A 位上,其羧基与 A 位上氨基酰-tRNA 中的 α-氨基形成第一个肽键成为二肽酰-tRNA 时,卸载的 tRNA 进入 E 位。

（三）移位

原核生物的 EF-G 具有转肽酶活性,可结合并水解 1 分子 GTP,在 $Mg^{2+}$ 参与下,促使核糖体沿模板 mRNA 的 $5' \rightarrow 3'$ 方向移动一个密码子的距离,使原 A 位上的二肽酰-tRNA 移到 P 位上,A 位空出,下一个氨基酰-tRNA 通过碱基互补配对再次进入 A 位。核糖体移位时卸载的 tRNA 进入 E 位,诱导核糖体构象改变有利于下一个氨基酰-tRNA 进入 A 位;氨基酰-tRNA 的进位又诱导核糖体构象改变促使卸载 tRNA 从 E 位排出。核糖体沿模板 mRNA 的 $5' \rightarrow 3'$ 方向移动的动力来自于延长因子水解 GTP 所释放的能量。

每进行一次进位、成肽、移位,可形成一个肽键,肽链中就增加一个氨基酸残基。如此反复进行,肽链就会按照 mRNA 遗传密码的顺序从 N 端→C 端不断延长。

### 四、肽链合成的终止

在肽链延长过程中,核糖体 A 位出现终止密码子(UAA、UAG 或 UGA)时,释放因子(RF)可识别终止密码子并与之结合,同时释放因子触发核糖体构象改变,诱导转肽酶转变为酯酶活性,使 P 位上的 tRNA 与新生肽链间的酯键水解,肽链从肽酰-tRNA 中释出,然后 tRNA 及 RF 释出,mRNA 与核糖体分离,核糖体解离为大、小亚基(图 13-4),解离后的大、小亚基又可重新聚合成起始复合物,开始新一轮核糖体循环,合成新一条多肽链。

真核生物与原核生物的肽链合成过程基本相似,但其涉及更多的生物因子,反应过程更为复杂。表现为如下几点。

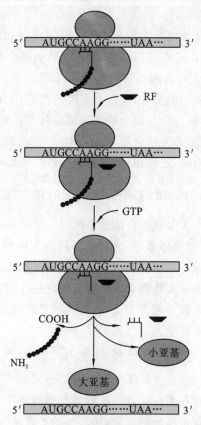

图 13-4 肽链合成的终止

（1）起始阶段 真核生物起始过程与原核生物差异较大,主要体现在以下四个方面:①真核生物的核糖体为 80S,相对分子质量为 4 200 000,包括 60S 的大亚基和 40S 的小亚基。40S 亚基含有 1 分子 18S rRNA,60S 亚基含有 5S、28S 和 5.8S rRNA 3 分子 rRNA,其中 5.8S rRNA 是真核生物所特有的。②真核生物的起始氨基酸是甲硫氨酸,而不是 N-甲酰甲硫氨酸。甲硫氨酸与特异的 tRNA 结合形成的氨基酰-tRNA,称为 Met-tRNA$_i$,进一步形成起始复合物。③AUG 是真核生物中的起始密码子,mRNA 的 $5'$-末端 AUG 一般就是起始位点,核糖体 40S 亚基结合在 mRNA $5'$-末端的"帽子"结构部位,由 ATP 水解提供能量,使核糖体沿 mRNA 由 $5' \rightarrow 3'$ 方向寻找起始密码子 AUG。原核生物 mRNA 为多顺反子,含有多个起始位点,可以翻译出多条多肽链,真核细胞 mRNA 为单顺反子,仅含有 1 个起始位点,只能翻译产生 1 条多肽链。④真核生物中已知的起始因子(用 eIF 表示)有 9 种,有着更为错综复杂的相互作用,其中 eIF-2-GTP 可以携带起始 tRNA 到 40S 亚基上,eIF-3 与 40S 亚基结合后也可防止 60S 亚基与 40S 亚基结合。

（2）延长阶段 真核生物肽链合成的延长过程与原核生物相似,但有不同的反应体系和延长因子。此外,真核生物细胞的核糖体无 E 位,转位时卸载的 tRNA 直接从 P 位脱落。

（3）终止阶段 真核生物肽链合成的终止过程与原核生物相似,但只有一种释放因子 eRF,可识别所有终止密码子,完成原核生物各类 RF 的功能。

原核生物与真核生物翻译过程中都会出现一条 mRNA 链上结合着多个核糖体,甚至可多到几百个,形成多聚核糖体(图 13-5)。一般来说,mRNA 上每间隔 80 个核苷酸即附有一个核糖体,可合成多条同样

的多肽链。多聚核糖体的形成,大多提高了蛋白质的合成速度和 mRNA 的利用率。

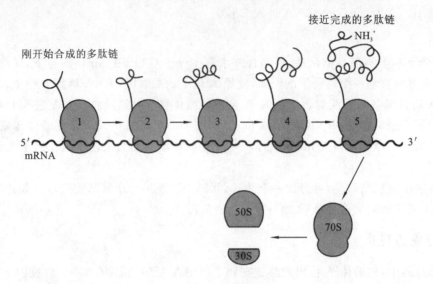

**图 13-5 多聚核糖体**

蛋白质生物合成是一个耗能过程。若从氨基酸活化算起,肽链每增加一个氨基酸单位就要消耗由 ATP 或者 GTP 提供的 5 个高能磷酸键。蛋白质多肽链合成的速度很快,据估算,每秒钟可以使肽链延长 40 个左右的氨基酸单位,所以蛋白质合成需要大量能量。临床上,对于蛋白质合成旺盛的人如婴幼儿和恢复期的患者,应供给足够的能量,才有利于体内蛋白质的合成。另外,为保持蛋白质生物合成的高度保真性,任何步骤出现不正确连接都需要消耗能量而水解清除。蛋白质可以看做是包含有遗传信息的多聚分子,部分能量用于从 mRNA 信息到有功能蛋白质的翻译的保真性上。这使得多肽链得以高速度合成的同时,还能保持较高的正确率,使出错率低于 $10^{-4}$。

### 五、蛋白质生物合成后的加工

大多数新合成的多肽链一般不具有生物学活性,需要进一步加工和化学修饰,有时需要亚基间的聚合、连接辅基等,才能成为具有天然构象的成熟蛋白质。这种肽链合成后的加工过程称为翻译后加工。翻译后加工包括多肽链折叠为天然构象的蛋白质、蛋白质一级结构的修饰及空间结构的修饰等。翻译后的加工在肽链合成开始即随之进行,蛋白质的结构分析表明,成熟蛋白质分子中存在的 100 多种氨基酸,绝大部分都是在 20 种编码氨基酸的基础上衍生出来的。因此,翻译后的加工使蛋白质的组成多样化、结构更复杂。

#### (一)多肽链折叠为天然的三维结构

新合成的多肽链经过折叠形成一定的空间结构才能有生物学活性。多肽链折叠所需的所有信息都包含在蛋白质自身的氨基酸排列顺序中,即一级结构是空间构象的基础。新生肽链在合成中、合成后完成新生肽链的折叠,随肽链的不断延伸而逐渐折叠,形成完整正确的空间结构。

理论上讲,线性多肽链折叠形成天然构象是一个释放自由能的自发过程,但是由于新生肽链的 N-端在核糖体上一出现即开始折叠,而此时肽链的下游部分尚未合成,已经合成的这一部分肽段由于缺乏完整性而可能形成不正确的折叠。另一方面,一条尚未完全合成的多肽链可能与其他核糖体上正在合成的多肽链之间相互作用,从而聚集在一起,引起新生肽链的折叠混乱。实际上,细胞中大多数蛋白质折叠都不是自动完成的,需要其他酶或蛋白质的参与,这些辅助性蛋白质指导新生蛋白质按特定方式进行正确的折叠。

**1. 分子伴侣**  分子伴侣广泛存在于原核生物和真核生物细胞中,是一个结构上互不相同的蛋白质家族,它们能识别肽链的非天然构象,促进蛋白质正确折叠。细胞内的分子伴侣可分为两大类,第一类为核糖体结合性分子伴侣,包括新生链相关复合物(NAC)和触发因子(TF);第二类为非核糖体结合性分子伴侣,包括热休克蛋白、伴侣蛋白等。分子伴侣具有以下功能:①将待折叠蛋白质暴露于疏水区段进行封闭;②创造一个相对隔离的空间,使蛋白质的折叠互不干扰;③促进蛋白质折叠和去聚集;④在应激刺激的情况下,去折叠已经折叠的蛋白质。

**2. 蛋白质二硫键异构酶(PDI)** 蛋白质二硫键异构酶在氧化条件下,可以催化多肽链内或者多肽链间天然二硫键的形成,稳定二级和三级结构。对于稳定分泌型蛋白质、膜蛋白等来讲,多肽链之间二硫键的正确形成对其天然构象的形成非常重要。多肽链的半胱氨酸之间可以形成多种不同配对的二硫键,但只有一种是具有生物活性的正确配对。二硫键异构酶可以加速形成正确配对的二硫键,因此可以促进蛋白质折叠的全过程。

**3. 肽-脯氨酸顺反异构酶(PPI)** 肽-脯氨酸间形成的肽键存在两种异构体,两者的空间构象有着较为明显的差别,天然蛋白肽链中肽-脯氨酸间绝大多数为反式构型,顺式构型仅为6%。肽-脯氨酸顺反异构酶可促进顺、反两种异构体之间的转换,使多肽在各脯氨酸弯折处形成准确的折叠。

**(二)蛋白质一级结构的修饰**

**1. N-甲酰甲硫氨酸或甲硫氨酸的切除** 原核生物肽链的N端不保留N-甲酰甲硫氨酸,大约半数蛋白质由脱甲酰酶除去甲酰基,留下甲硫氨酸作为第一个氨基酸;真核细胞中起始部位的甲硫氨酸一般都要被除去,由氨肽酶水解完成。

**2. 水解修饰** 许多多肽链合成后,在特异蛋白水解酶的作用下,切除其中的某些肽段或氨基酸残基,包括切除起始时的第一个蛋氨酸残基,才能成为有活性的蛋白质分子。例如,胰岛素的合成,先生成较大的前体,即前胰岛素原,然后水解断去一段由1~24位氨基酸的N端信号序列并形成二硫键,生成胰岛素原。胰岛素原由肽链内切酶在两处切去两对碱性氨基酸,并由肽链外切酶再切去一段连接的肽链,最后生成胰岛素的两条以二硫键连接的A链、B链。有些肽类激素、神经肽类及生长激素等由无活性的前体转变为有活性的形式,都是特异蛋白水解酶切除修饰的结果。

**3. 个别氨基酸残基的共价修饰** 某些蛋白质肽链中存在共价修饰的氨基酸残基,是肽链合成后特异加工产生的,蛋白质的正常生物学功能依赖于这些翻译后修饰。由于这些共价修饰,组成蛋白质的氨基酸种类显著增加。

(1)甲基化:某些原核生物(如大肠杆菌)具有甲基转移酶,可将膜结合性化学受体的谷氨酸残基甲基化,从而调节原核生物的化学趋化性。在真核生物中,蛋白质的甲基化有多方面的作用:①如2,3-二磷酸核酮糖羧化酶、钙调蛋白、组蛋白、细胞色素c等异种蛋白质分子中的赖氨酸残基甲基化可以改变蛋白质的功能;②某些受损蛋白质分子中的天冬氨酸被甲基化,可促进蛋白质的修复或降解;③组蛋白的精氨酸残基被甲基化修饰,可影响染色质的精细结构,进而参与基因表达的调节。

(2)磷酸化:细胞内信号分子的丝氨酸、苏氨酸或酪氨酸残基的磷酸化介导细胞信号转导。某些蛋白质分子中特定的酪氨酸残基的磷酸化是正常细胞向恶性细胞转化的重要步骤;代谢途径中的某些酶蛋白通过酪氨酸残基的磷酸化来改变酶活性,从而调节其代谢水平。

(3)亲脂性修饰:某些蛋白质在翻译后需要在肽链特定位点共价连接一个或多个疏水性脂链,包括脂肪酸链、多异戊二烯链等,以增进蛋白质与蛋白质之间的相互作用,或增强它们与膜系统的结合能力。如G蛋白、Ras蛋白等,这些蛋白质通过脂链嵌入疏水膜脂双层,定位成为特殊膜内蛋白质,才能转变为具有特定生物学功能的蛋白质;某些G蛋白的α亚基在N-端的甘氨酸残基链接豆蔻酸后,与膜上该蛋白质的β-亚基及γ-亚基的亲和力增强。

(4)羟基化:胶原蛋白前体的赖氨酸和脯氨酸残基羟基化是成熟胶原形成链间共价交联结构的基础。此外,乙酰胆碱酯酶和补体中也存在羟脯氨酸。

(5)糖基化:在多肽链中,某些天冬酰胺残基的酰胺氮、丝氨酸或苏氨酸残基的羟基可以与寡糖链以共价键连接而使多肽链糖基化,并行使多种生物学功能。

**(三)空间构象的修饰**

**1. 二硫键的形成** mRNA中没有胱氨酸的密码子,多肽链中的二硫键是在肽链合成后,两个半胱氨酸由酶催化或巯基氧化形成的。二硫键的正确形成对维持蛋白质的空间结构和活性起着重要作用。

**2. 亚基间的聚合和连接辅基** 许多蛋白质具有两个或两个以上亚基,这些多肽链在合成后,通过非共价键将亚基聚合形成寡聚体,才能表现出生物学活性。例如,血红蛋白分子 $\alpha_2\beta_2$ 亚基的聚合;结合蛋白质的合成中,多肽链需进一步与辅基部分连接起来,才能成为各种结合蛋白质;各种有关的蛋白质还必须与脂类、核酸或血红素等相缔合,形成一定结构的具有活性的结合蛋白质。

**(四)蛋白质合成后的靶向输送**

胞液中在核糖体合成的蛋白质,还需要被定向运输到特定的部位才能发挥相应的生物学功能。新合成的蛋白质主要有三个去向:①驻留于细胞液;②被运输到细胞器或镶嵌入细胞膜;③被分泌到细胞外并通过体液输送到其发挥作用的靶细胞。蛋白质在合成后被定向运输到其发挥作用的特定部位的过程称为蛋白质的靶向运输。蛋白质的去向信息主要储存在其 N-端的氨基酸序列中,使蛋白质能正确地运送到靶部位,这类特殊的序列称为信号序列,是决定蛋白质靶向输送特性的最重要原件。

多数靶向输送到溶酶体、质膜或分泌到细胞外的蛋白质,其肽链的 N-端一般都带有一段保守的氨基酸序列,称为信号肽。常见的信号肽由 13～36 个氨基酸残基组成,N-端为带正电荷的碱性氨基酸残基,中间为疏水的核心区,而 C-端由极性、侧链较短的氨基酸组成,可被信号肽酶识别并裂解。

分泌型蛋白质的靶向运输,就是靠信号肽识别胞液中的信号肽识别颗粒(SRP)并特异性结合,然后通过 SRP 与内质网膜上的 SRP 对接蛋白(DP)识别并结合后,将分泌型蛋白质定位于如内质网等特定的亚细胞部位。

总之,蛋白质生物合成具有重要的意义。蛋白质的生物合成无论在质上还是在量上都要求极高、极准确。在质上,蛋白质的合成需要准确无误地按照遗传信息进行;在量上,又必须与机体的状态相适应,否则将会影响机体的生理功能,从而表现出疾病。

## 六、蛋白质生物合成与医学的关系

### (一)分子病

由于基因突变导致蛋白质一级结构的改变,进而引起生物体某些结构和功能的异常,这种疾病称为分子病。分子病最典型的代表为镰刀型红细胞性贫血,该病患者体内血红蛋白 β-链的基因发生点突变,导致合成的 β-链 N-端第六个氨基酸残基由亲水的谷氨酸被疏水的缬氨酸取代,使原来水溶性血红蛋白分子中形成黏性小区,聚集成丝,相互粘连,附着在红细胞膜上,导致红细胞变形为镰刀形而极易破裂,产生溶血性贫血。

### (二)抗生素和其他干扰蛋白质生物合成的物质

蛋白质生物合成是很多抗生素和某些毒素的作用靶点。抗生素就是通过阻断真核、原核生物蛋白质合成体系中某组分的功能,干扰和抑制蛋白质生物合成过程而起作用的。真核、原核生物的翻译过程既相似又有差别,这些差别在临床医学中有重要价值,如抗生素能够杀灭细菌但对真核细胞无明显影响,可将细菌蛋白质生物合成所必需的关键组分作为研究新抗菌药物的作用靶点。临床上应用的很多药物就是通过阻断病原微生物蛋白质合成的某个环节,引起细菌生长繁殖障碍,发挥抗菌消炎作用的。

**1. 抗生素** 某些抗生素可抑制细胞蛋白质合成过程的不同环节,分别用于抗菌药和抗肿瘤药(表13-4)。抗生素可以干扰从 DNA 到蛋白质的信息传递过程的各个环节,从而干扰细菌或肿瘤细胞的蛋白质合成而发挥药理作用。如丝裂霉素、博来霉素、放线菌素等可抑制 DNA 的模板活性,利福霉素可抑制细菌的 RNA 聚合酶活性,通过影响转录来阻止蛋白质的合成;伊短菌素、螺旋霉素可引起 mRNA 与核糖体小亚基的错误结合,导致翻译起始复合物无法形成;四环素能结合于原核生物核糖体小亚基 A 位上,阻止氨酰-tRNA 的进位;链霉素、卡那霉素与原核生物核糖体小亚基结合,可引起其构象改变,导致错误读码;氯霉素与原核生物核糖体大亚基结合,阻止转肽酶催化肽键的形成。这些抗生素干扰了细菌或肿瘤细胞肽链合成的起始与延伸过程,从而导致蛋白质无法正常合成。

表 13-4　常用抗生素抑制肽链生物合成的原理与应用

| 抗 生 素 | 作 用 位 点 | 作 用 原 理 | 应 用 |
|---|---|---|---|
| 伊短菌素 | 原核、真核生物核糖体小亚基 | 阻碍翻译起始复合物 | 抗病毒药 |
| 四环素 | 原核生物核糖体小亚基 | 抑制 tRNA 与小亚基结合 | 抗菌药 |
| 链霉素、新霉素、巴龙霉素 | 原核生物核糖体小亚基 | 改变构象引起读码错误、抑制起始 | 抗菌药 |
| 氯霉素、林可霉素、红霉素 | 原核生物核糖体大亚基 | 抑制转肽酶、阻断肽链延长 | 抗菌药 |
| 嘌呤霉素 | 原核、真核生物核糖体 | 使肽酰基转移到它的氨基上后脱落 | 抗肿瘤药 |
| 放线菌酮 | 真核生物核糖体大亚基 | 抑制转肽酶、阻断肽链延长 | 医学研究 |
| 夫西地酸、微球菌素 | EF-G | 抑制 EF-G,阻止转位 | 抗菌药 |
| 大观霉素 | 原核生物核糖体小亚基 | 阻止转位 | 抗菌药 |

**2. 其他干扰蛋白质生物合成的物质**　主要包括干扰素与毒素。

（1）干扰素：干扰素是真核细胞被病毒感染后分泌的一类具有抗病毒作用的蛋白质,可抑制病毒的繁殖。干扰素抑制病毒的作用机制包括两个方面：①干扰素能诱导细胞内特异的蛋白激酶活化,使 eIF-2 磷酸化而失活,从而抑制病毒蛋白质的合成;②干扰素能与双链 RNA 共同活化特殊的 $2'$-$5'$寡聚腺苷酸（$2'$-$5'$A）合成酶,催化 ATP 以 $2'$-$5'$磷酸二酯键聚合生成 $2'$-$5'$腺苷酸多聚物,$2'$-$5'$腺苷酸多聚物活化核酸内切酶 RNase L,RNase L 可水解病毒 mRNA,从而阻断病毒蛋白质合成。除此之外,干扰素还具有调节细胞生长分化、激活免疫系统等作用,临床使用广泛。干扰素也是继胰岛素之后较早获批在临床上广泛使用的基因工程药物。

（2）毒素：某些毒素可经不同机制干扰真核生物蛋白质合成而呈现毒性作用。如白喉毒素是真核细胞蛋白质合成的抑制剂,它作为一种修饰酶,可使 eEF-2 发生 ADP 糖基化,生成 eEF-2 腺苷二磷酸核糖衍生物,而使 eEF-2 失活。

# 本章小结

蛋白质的生物合成是由 tRNA 携带和转运特定氨基酸,在核糖体上按照 mRNA 所提供的编码信息合成特定多肽链的过程;mRNA 是蛋白质合成的直接模板,其 $5'$-末端到 $3'$-末端的核苷酸顺序决定了肽链 N-端到 C-端氨基酸的排列顺序;相邻 3 个核苷酸构成 1 个密码子,密码子具有方向性、连续性、通用性、简并性及摆动性;tRNA 是结合并转运氨基酸的工具,通过反密码子-密码子识别为多肽链提供特定的氨基酸;肽链的合成在核糖体上进行;其过程包括肽链合成的起始、延长和终止三阶段;起始过程是在起始因子的协助下,形成起始复合物;肽链延长依靠重复进行的进位、成肽和转位三步反应的核糖体循环;合成的多肽链需要经过翻译后加工修饰方具有生物学活性,还需要定向运输到靶部位发挥生物学功能。

# 能力检测

**一、名词解释**

1. 翻译　2. 密码子　3. 简并性　4. 分子病

**二、填空题**

1. 多聚核糖体由_____个 mRNA 与_____个核糖体组成。

2. 在蛋白质合成中需要起始 tRNA,在原核细胞为_____,在真核细胞为_____。

3. 蛋白质生物合成中,译读 mRNA 的方向是从_____端到_____端,多肽链的合成是从_____端到_____端。

4. 遗传密码中,既作为起始密码子又是蛋氨酸密码的是_____,终止密码有_____、UAG 和 UGA。

### 三、单项选择题

1. 蛋白质多肽链生物合成的直接模板是（　　）。

A. DNA 双链　　　B. mRNA　　　　　C. DNA 编码链　　　D. DNA 模板链　　　E. tRNA

2. 起始密码子是指（　　）。

A. AUG　　　　　B. AGU　　　　　C. UAG　　　　　D. GAU　　　　　E. GUA

3. 在蛋白质生物合成过程，除需要 ATP 供能外，还需要哪种物质供能？（　　）

A. CTP　　　　　B. UTP　　　　　C. GTP　　　　　D. CP　　　　　E. ADP

4. 关于翻译的叙述，不正确的是（　　）。

A. 原料是 20 种编码氨基酸　　　　　　　　　B. 需要 mRNA、tRNA、rRNA 参与

C. mRNA 是翻译的直接模板　　　　　　　　　D. 有多种蛋白质因子参与

E. rRNA 是多肽链合成的场所（装配机）

5. 关于多聚核糖体的叙述，错误的是（　　）。

A. 由多个核糖体串连于同一 mRNA 上形成

B. 是串珠状结构

C. 在 mRNA 上每隔 2～3 个密码子即可串连一个核糖体

D. 多聚核糖体所合成的多肽链相同

E. 其意义在于使 mRNA 充分利用，加速蛋白质合成

6. 四环素的抗菌机理是（　　）。

A. 抑制翻译的终止　　　　　　　　　　　　　B. 阻断翻译的延长过程

C. 结合小亚基、抑制转肽酶　　　　　　　　　D. 结合大亚基，使读码错误

E. 抑制氨基酰-tRNA 与核糖体结合

7. 真核生物在蛋白质生物合成中的起始 tRNA 是（　　）。

A. 亮氨酰-tRNA　　　　　　B. 丙氨酰-tRNA　　　　　　C. 赖氨酰-tRNA

D. 蛋氨酰-tRNA　　　　　　E. 甲酰蛋氨酰-tRNA

8. 蛋白质生物合成的方向是（　　）。

A. 由 mRNA 的 3'-端向 5'-端进行　　　B. 可同时由 mRNA 的 3'-端与 5'-端方向进行

C. 由肽链的 N-端向 C-端进行　　　　　D. 可同时由肽链的 N-端与 C-端进行

E. 由肽链的 C-端向 N-端进行

9. 氯霉素抑制蛋白质合成，与其结合的是（　　）。

A. 真核生物核蛋白体小亚基　　　　　　　　　B. 原核生物核蛋白体小亚基

C. 真核生物核蛋白体大亚基　　　　　　　　　D. 原核生物核蛋白体大亚基

E. 氨基酰-tRNA 合成酶

10. 蛋白质生物合成是（　　）。

A. 蛋白质水解的逆反应　　　　　B. 肽键合成的化学反应

C. 遗传信息的逆向传递　　　　　D. 在核蛋白体上以 mRNA 为模板的多肽链合成过程

E. 氨基酸的自发反应

李春雷

# 第十四章 基因调控与基因工程

## 学习目标

**掌握**：基因表达调控的基本概念，癌基因和抑癌基因的概念，基因工程的概念。

**熟悉**：原核生物与真核生物基因表达调控的特点，基因工程的基本原理和常用技术。

**了解**：原核生物与真核生物基因表达的过程，基因诊断和基因治疗。

## 第一节 基因表达调控与癌基因

DNA 不仅是生命遗传的物质基础，也是个体生命活动的信息基础。遗传信息以基因形式存在，基因就是 DNA 分子中具有生物学功能的特定区段，一个细胞或病毒所携带的全部遗传信息或整套基因称为基因组。不同生物的基因组所含的基因数不同，如细菌的基因组约含 4 000 个基因，而人类基因组含 2 万 ~2.5 万个基因。研究生物基因组的组成，基因组内各基因的精确结构、相互关系及表达调控的科学称为基因组学。人类疾病大多数直接或间接地与基因相关，由于基因异常所导致的疾病称为基因病。根据控制疾病的基因遗传特点不同，将人类疾病分为单基因病、多基因病和获得性基因病。不论是哪一种基因病，其本质都是在不同致病因素的作用下基因发生损伤、变异、缺陷、突变等，造成基因表达调控、基因表达的异常。基因组学可以有针对性地从分子水平上来防治疾病，给疾病的治疗开辟一条新思路。随之诞生的药物基因组学是基因功能学与分子药理学的有机结合，促进新药的开发和应用。

### 一、基因表达调控的基本概念

基因表达是指在某一基因指导下的蛋白质合成，包括转录与翻译过程。基因表达调控是细胞通过多种机制增加或降低特定基因产物的过程，也称为基因调节。

#### (一)基因表达的特点

**1. 基因表达的时间特异性** 按功能需要，某一特定的基因在细胞内的表达严格按照特定的时间顺序发生，称为基因表达的时间特异性。如机体生长发育的各个阶段，相应基因严格按照自己特定的时间顺序开启或关闭，表现为与分化和发育一致的时间特异性。

基因表达的时间特异性可作为判断生物体是否异常的标志。例如甲胎蛋白(AFP)的基因在胎儿肝细胞中活跃表达，合成大量的甲胎蛋白；但成年后这一基因很少或不表达，几乎检测不到 AFP。但是当肝细胞转化为肝癌细胞时，编码 AFP 的基因重新被激活，合成大量的 AFP。所以血浆中 AFP 的含量可作为肝癌的早期诊断指标。

**2. 基因表达的空间特异性** 在个体生长发育过程中，某一基因产物在个体不同组织空间中出现，称为基因表达的空间特异性。基因表达的空间特异性使不同的组织细胞发挥不同的生理功能。

基因表达的空间特异性可作为判断机体组织或器官是否异常的标志。例如编码心肌肌钙蛋白 Ⅰ (cTn Ⅰ)的基因主要在心肌细胞中表达，在骨骼肌细胞内不表达，当心肌细胞受损时，存在于心肌细胞内的 cTnⅠ随细胞的坏死释放入血,使血浆中 cTnⅠ含量升高,故临床上将 cTnⅠ作为心肌梗死的标志物。

### (二) 基因表达的调控

基因表达过程在细胞内受到严密的调控,表达调控可发生在从基因激活到蛋白质合成的各个阶段,包括基因激活、转录水平、转录后水平、翻译水平及翻译后水平。其中转录起始的调节是基因调控的基本点,对转录的调控是基因表达调控的主要内容。

## 二、原核生物基因表达调控

1961 年法国巴斯德研究所著名科学家莫诺(J. L. Monod)与雅可布(F. Jacob)通过大肠杆菌(*E. coli*)基因表达调控研究提出了著名的操纵子学说,操纵子学说是关于原核基因结构及其表达调控的经典学说。

### (一) 操纵子是原核基因转录调控的基本单位

原核生物的基因表达调控主要在转录水平及翻译水平上进行调控。基因转录的特异性由 RNA 聚合酶的 σ 亚基决定,σ 亚基能特异性地识别启动子。基因以操纵子为单位进行转录,若干个结构基因串联在一起,它们的表达共同受一个调控系统的调节,这种基因组织形式称为操纵子。典型的操纵子可分为控制区和信息区,控制区由各种调控元件构成,信息区由若干结构基因串联而成。常见控制区的调控元件:①调节基因,为阻遏蛋白或调节蛋白的编码基因;②启动序列,为 RNA 聚合酶识别并结合区;③操纵序列 O(O),为阻遏蛋白的结合位点。

原核生物的基因表达调控是通过操纵子机制实现的(乳糖操纵子、色氨酸操纵子是原核生物基因表达调控的经典模式),其调控主要是负调控,也有正调控。

### (二) 乳糖操纵子的调控模式

**1. 乳糖操纵子的结构**　大肠杆菌的乳糖操纵子含 *Z*、*Y*、*A* 三个结构基因,分别编码 β-半乳糖苷酶、通透酶和乙酰基转移酶;调控元件有一个操纵序列 O、一个启动子 P(P)和一个调节基因 *I*。*I* 基因具有独立的启动子,编码一种阻遏蛋白,后者与 O 序列结合,使操纵子受阻遏而处于关闭状态。在启动子 P 上游还有一个代谢物基因激活蛋白(CAP)结合位点。由 P 序列、O 序列和 CAP 结合位点共同构成乳糖操纵子的调控区(图 14-1)。

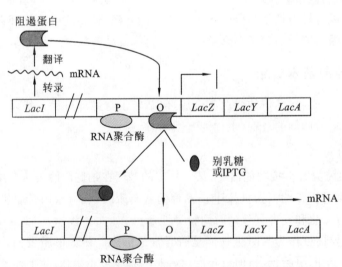

**图 14-1　乳糖操纵子的结构与阻遏蛋白的负调控**

**2. 阻遏蛋白的负调控**　在没有乳糖存在时,乳糖操纵子处于阻遏状态。此时 *I* 基因表达的阻遏蛋白与 O 序列结合,阻碍 RNA 聚合酶与 P 序列结合,抑制转录启动。当有乳糖存在时,乳糖操纵子即可被诱导。在这个操纵子体系中,真正的诱导剂并非乳糖本身。乳糖经通透酶催化、转运进入细胞,再经原先存在于细胞中的少数 β-半乳糖苷酶催化,转化为别乳糖。别乳糖作为一种诱导分子结合阻遏蛋白,使蛋白构象改变,导致阻遏蛋白与 O 序列解离而启动转录。别乳糖的类似物异丙基硫代乳糖苷(IPTG)是一种作用极强的诱导剂,因不易被细菌代谢而十分稳定,广泛应用于分子生物学实验及基因工程领域(图 14-1)。

**3. CAP 的正调控** CAP 为同二聚体,分子内有 DNA 结合区和 cAMP 结合点。当培养基缺乏葡萄糖时,cAMP 浓度增高,cAMP 与 CAP 结合,这时 CAP 结合在 lac 启动序列附近的 CAP 位点,可刺激RNA 转录活性,使其活性提高 50 倍;当葡萄糖存在时,cAMP 浓度降低,cAMP 与 CAP 结合受阻,lac 操纵子表达下降。

由此可见,对乳糖操纵子来说,CAP 是正性调节因素,阻遏蛋白是负性调节因素。这两种机制协同调节,相互协调、相互制约。

### 三、真核生物基因表达调控

真核生物细胞的结构都比原核生物细胞复杂,其表达调控的机制也比原核细胞复杂得多。人类基因组 DNA 有 30 亿碱基对,含 2 万~2.5 万个基因。通常,受遗传及环境影响,仅有 2%~15% 的基因处于表达状态。真核生物的基因表达调控是通过特异的蛋白因子和特异的 DNA 序列相互作用实现的。其表达调控可以在不同水平上进行,主要包括:DNA 水平、转录水平、转录后水平、翻译水平及翻译后水平的调控,呈现多层次、综合协调的特点。

真核生物的基因中既包含有携带遗传信息的结构基因,也包含影响结构基因表达的调控序列。调控序列与特定的调节蛋白结合后,可调控其结构基因的表达。

**1. 顺式作用元件** 与基因表达调控有关的特异 DNA 序列称为顺式作用元件。顺式作用元件本身不编码任何蛋白质,只有与特定的调节蛋白相结合后才能发挥其调控基因表达的功能。这些元件主要包括启动子、增强子、沉默子、终止子等。

**2. 反式作用元件** 反式作用元件属调节基因,可能跟其靶基因不在同一条染色体 DNA 上。反式作用元件可编码产物,产物包括蛋白质(即调节蛋白,如转录因子)和 RNA(如 miRNA),统称为反式作用因子。反式作用因子通过与顺式作用元件相互识别作用来调节基因的表达,促进基因表达的调控称为正调控,阻遏基因表达的调控称为负调控。

转录起始的调控是基因表达调控的关键环节。在转录水平上主要受顺式作用元件、反式作用因子和RNA 聚合酶的调控,且以正调控方式为主。

### 四、癌基因与抑癌基因

细胞的增殖与分化是生命过程的重要特征,细胞增殖、分化的异常又是多种疾病发生的重要原因。正常细胞的增殖由两大类基因的编码产物调控:一类是正调控信号,促进细胞增殖,阻碍细胞分化,维持细胞存活;另一类是负调控信号,抑制增殖、促进分化、引导程序性死亡。正常细胞的两大类信号调控相互制约维持平衡;这两类调控信号一旦失衡,将可能导致细胞恶变而形成肿瘤。

#### (一)癌基因

癌基因是指在体外引起细胞转化,在体内引起肿瘤的一类基因,也称为转化基因,其编码产物属于正调控信号。癌基因分为细胞癌基因或原癌基因和病毒癌基因。细胞癌基因存在于正常细胞基因组中,有其正常的生物学功能,主要是促进正常细胞的生长、增殖、发育及分化等功能,只有当细胞癌基因发生突变或异常表达时,才会在没有接收到生长信号的情况下仍然不断地促使细胞生长或使细胞免于死亡,最后导致细胞癌变。病毒癌基因最初在反转录病毒中发现,其基因组中带有可使受病毒感染的宿主细胞发生癌变的基因。

目前已知的癌基因有近百种,细胞癌基因在进化上高度保守,其表达产物对细胞正常生长、繁殖、发育和分化起着精确的调控作用。在某些因素作用下,这类基因结构发生异常或表达失控,导致细胞增殖分化异常、细胞恶变而发生肿瘤。常见细胞癌基因的分类见表 14-1。

表 14-1　人体内细胞癌基因的分类及功能

| 类　别 | 癌基因名称 | 作　用 |
|---|---|---|
| 生长因子类 | SIS | PDGF-2 |
| | INT-2 | FGF 同类物,促进细胞增殖 |
| 蛋白酪氨酸激酶类生长因子受体 | EGFR | EGF 受体,促进细胞增殖 |
| | HER-2 | EGF 受体类似物,促进细胞增殖 |
| | FMS、KIT | M-CSF 受体、SCF 受体,促进细胞增殖 |
| 膜结合的蛋白酪氨酸激酶 | SRC、ABL | 与受体结合转导信号 |
| 细胞内蛋白酪氨酸激酶 | TRK | 细胞内转导信号 |
| 细胞内蛋白丝/苏氨酸激酶 | RAF | MAPK 通路中的重要分子 |
| 与膜结合的 GTP 结合蛋白 | RAS | MAPK 通路中的重要分子 |
| 核内转录因子 | MYC | 促进增殖相关基因表达 |
| | FOS、JUN | 促进增殖相关基因表达 |

　　[注]　EGF:表皮生长因子。FGF:成纤维细胞生长因子。M-CSF:巨噬细胞集落刺激因子。SCF:干细胞生长因子。MAPK:丝裂原激活的蛋白激酶。

　　正常情况下原癌基因的表达量很低或者不表达,当其被异常激活后表达活性增强,会诱导细胞发生癌变。其激活机制主要有点突变、启动子插入、增强子插入、甲基化程度降低、基因拷贝数增加等。

### (二) 抑癌基因

　　抑癌基因或肿瘤抑制基因又称抗癌基因,是指能够抑制细胞癌基因活性的一类基因。抑癌基因的编码产物诱导细胞分化、维持基因组稳定、触发或诱导细胞凋亡等,抑制细胞过度增长,从而抑制肿瘤的生成,其编码产物属于负调控信号。如果抑癌基因发生突变,其功能丧失会导致细胞恶性生长,引发肿瘤。

　　目前公认的抑癌基因有 10 余种,其编码产物及功能多种多样(表 14-2)。

表 14-2　常见抑癌基因及功能

| 名　　称 | 染色体定位 | 相关肿瘤 | 编码产物及功能 |
|---|---|---|---|
| TP53 | 17p131 | 多种肿瘤 | 转录因子 p53,细胞周期负调节、DNA 损伤后凋亡 |
| RB | 13q142 | 骨肉瘤 | 转录因子 p105Rb |
| PTEN | 10q233 | 胶质瘤、乳腺癌、胰腺癌、子宫内膜癌 | 磷脂类信使的去磷酸化,抑制 PI-3K-Akt 通路 |
| P16 | 9p21 | 肺癌、乳腺癌、胰腺癌、食道癌、黑素瘤 | P16 蛋白,细胞周期检查点负调控 |
| P21 | 6p21 | 前列腺癌 | 抑制 Cdk1、2、4 和 6 |
| APC | 5q222 | 结肠癌、胃癌 | G 蛋白细胞黏附与信号转导 |
| DCC | 18q21 | 结肠癌 | 表面糖蛋白 |
| NF1 | 7q122 | 神经纤维瘤 | GTP 酶激活剂 |
| NF2 | 22q122 | 神经鞘膜瘤、脑膜瘤 | 连接膜与细胞骨架的蛋白 |
| VHL | 3q253 | 小细胞肺癌、宫颈癌、肾癌 | 转录调节蛋白 |
| WT1 | 11p13 | 肾母细胞瘤 | 转录因子 |

# 第二节　基因工程与人类基因组计划

## 一、基因工程

### (一) 基因工程的概念

　　基因工程也称为重组 DNA 技术、分子克隆或 DNA 克隆,是指在体外将两个或两个以上 DNA 分子重新组合并在适当的细胞中增殖形成新 DNA 分子的过程。重组 DNA 技术可组合不同来源的 DNA 序列信息,为在分子水平上研究生命奥秘提供可操作的活体模型。

### (二)重组 DNA 技术常用的载体

载体是为携带目的外源 DNA 片段进入宿主细胞进行扩增和表达的运载工具。载体按功能分为克隆载体和表达载体两类。克隆载体用于外源 DNA 片段的克隆和在受体细胞中的扩增;表达载体则用于外源基因的表达。有的载体兼具克隆和表达两种功能。

**1. 克隆载体** 克隆载体应具备的基本特点如下:①至少有一个复制起点使载体在宿主细胞中具有自主复制能力或具有能整合到宿主染色体上与基因组一同复制的能力;②有适宜的限制性酶的单一酶切位点,供外源 DNA 片段插入;③具有合适的筛选标记,以便区分阳性重组体和阴性重组体,常用的筛选标记有抗药性、酶基因、营养缺陷型或形成噬菌斑的能力等。常用的克隆载体有质粒、噬菌体 DNA 等。

**2. 表达载体** 依据宿主细胞的不同分为原核表达载体和真核表达载体。原核表达载体用于在原核细胞中表达外源基因,目前应用最广泛的是大肠杆菌表达载体。真核表达载体用于在真核细胞中表达外源基因,主要分为酵母表达载体、昆虫表达载体和哺乳细胞表达载体等。

### (三)重组 DNA 技术常用的工具酶

重组 DNA 技术中需要一些工具酶进行操作。对目的基因进行处理时需利用序列特异的限制性核酸内切酶(RE)在准确的位置切割 DNA;在构建重组 DNA 分子时,需在 DNA 连接酶催化下方能使 DNA 片段与载体共价连接。还有一些工具酶也是重组 DNA 技术必不可少的(表 14-3)。

**表 14-3 重组 DNA 技术中常用的工具酶**

| 工 具 酶 | 功 能 |
| --- | --- |
| RE | 识别特异序列,切割 DNA |
| DNA 连接酶 | 催化磷酸二酯键的生成,使 DNA 切口封合或两个 DNA 片段连接 |
| DNA 聚合酶 I | 合成双链 cDNA 或片段连接;缺口平移法制作高比活性探针;DNA 序列分析;填补 3′-末端 |
| Klenow 片段 | 常用于 cDNA 第二链合成,双链 DNA 3′-末端标记 |
| 逆转录酶 | 合成 cDNA;替代 DNA 聚合酶 I 进行填补、标记或 DNA 序列分析 |
| 多聚核苷酸激酶 | 催化多聚核苷酸 5′-羟基末端磷酸化,或标记探针 |
| 末端转移酶 | 在 3′-羟基末端进行同质多聚物加尾 |
| 碱性磷酸酶 | 切除末端磷酸基 |

### (四)重组 DNA 技术的原理和过程

完整的重组 DNA 过程包括五大步骤:目的基因的获取(分)、载体的选择与构建(选)、将目的基因与载体连接(接)、重组 DNA 转入受体细胞(转)、重组体的筛选与鉴定(筛)。

**1. 目的基因的获取(分)** 分离获取目的 DNA 的主要方法如下:①化学合成法,可直接合成目的 DNA,通常用于小分子肽类基因的合成;②从 cDNA 文库和基因组 DNA 文库中获得;③PCR 法,可扩增已知两段序列的目的基因或 DNA 片段;④其他方法,如酵母杂交系统等。

**2. 载体的选择与构建(选)** 针对不同的目的,选择不同的载体,如想要获得目的 DNA 片段,通常选用克隆载体;想要获取目的 DNA 编码的蛋白质,需选用表达载体。同时还要考虑目的 DNA 大小、受体细胞种类和来源等因素。

**3. 将目的基因与载体连接(接)** 依据目的基因和载体末端的特点,可采用不同的连接方式:①黏端连接,依靠酶切后的黏末端进行连接,具有效率高、方向性好和准确性强的优点;②平端连接,连接效率较低,同时存在载体自身环化、目的 DNA 双向插入和多拷贝现象等缺点;③黏-平端连接,是目的 DNA 和载体之间通过一端为黏端、另一端为平端的连接方式,目的 DNA 可被定向插入载体。

**4. 重组 DNA 转入受体细胞(转)** 将重组 DNA 转入宿主细胞的常用方法如下。①转化:将质粒 DNA 或以它为载体构建的重组子直接导入细菌细胞。②转染:将外源基因导入哺乳动物细胞的一系列方法。③感染:以病毒为载体,将外源基因导入宿主细胞。

**5. 重组体的筛选与鉴定(筛)** 目的基因导入受体细胞后,是否可以稳定维持和表达其遗传特性,只有通过筛选与鉴定才能知道。方法有遗传标志筛选、序列特异筛选、亲和筛选等。

**6. 克隆基因的表达** 以上步骤完成后,便达到了目的 DNA 克隆的目的。此外,重组 DNA 技术还可进行目的基因的表达,实现生命科学研究、医药或商业目的,这是基因工程的最终目标。基因工程中的表达系统有原核和真核表达系统。大肠杆菌是当前采用最多的原核表达体系,其优点是培养方法简单、迅速、经济而又适合大规模生产,不足之处在于缺乏转录、翻译后的加工修饰,表达蛋白常形成不溶性包涵体,需要经过复性处理后才具有活性。真核表达系统包括酵母、昆虫及哺乳细胞等表达体系,是较理想的蛋白质表达体系,缺点是操作技术难、费时、费钱。

**(五) 重组 DNA 技术的常用方法**

**1. 核酸分子杂交** 核酸分子杂交技术的基本原理是利用核酸的变性与复性,使不同来源的核酸单链之间通过碱基配对形成杂交双链。杂交双链是已知序列的单链核酸片段(探针)和要检测的核酸,利用预先制备好的探针检测样品中是否存在与其互补的核酸片段。常见的杂交方法有 DNA 杂交印迹技术、RNA 杂交印迹技术、斑点杂交印迹技术以及原位杂交等。

**2. 聚合酶链反应** 聚合酶链反应(PCR)是一种用于特异性扩增特定 DNA 片段的技术,能将微量的DNA 样品迅速扩增至 100 万倍左右。PCR 技术是以待扩增的 DNA 片段为模板,其 5′-端和 3′-端的寡核苷酸序列通过碱基配对合成一对能分别与之互补的引物,在 DNA 聚合酶的催化下,沿着两条模板链合成

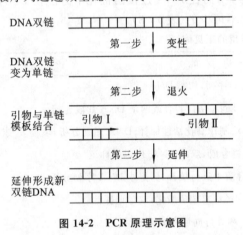

图 14-2 PCR 原理示意图

新的 DNA 链,这一过程经过多次重复,可使新生 DNA 链呈几何级数增加,从而获得大量的目的基因。PCR 技术具有高特异性、高敏感性、高产率、重复性好、快速简便、易自动化等优点。

PCR 技术的原理和体内 DNA 的复制过程相似,其过程由变性、退火、延伸三步循环进行(图 14-2)。①变性:加热至 94 ℃,模板 DNA 完全变成单链。②退火:将温度下降至适当温度(一般较 $T_m$ 低 5 ℃),使引物结合到 DNA 单链模板上。③延伸:稳定升至 72 ℃,DNA 聚合酶以 dNTP 为原料,以单链 DNA 为模板,从引物的 3′-OH端聚合延伸出一条与模板 DNA 互补的链。该三步反复循环进行,即可获得指数倍的 DNA 链。

**▌知识链接▌**

PCR

PCR(聚合酶链反应)是一种用于扩增特定的 DNA 片段的分子生物学技术,它可看作是生物体外的特殊 DNA 复制。PCR 的最大特点是能将微量的 DNA 大幅度增加。因此,无论是化石中的古生物、历史人物的残骸,还是几十年前凶杀案中凶手所遗留的毛发、皮肤或血液,只要能分离出一点点的 DNA,就能用 PCR 加以放大,进行比对。这也是"微量证据"的威力之所在。PCR 由美国学者 Mullis 在 1983 年首先提出设想,并在 1985 年正式提出了聚合酶链反应的概念,称为简易 DNA 扩增法。到如今 PCR 已发展到第三代技术。1973 年,台籍科学家钱嘉韵发现了稳定的 Taq DNA 聚合酶,为 PCR 技术发展做出了基础性贡献。

**3. 基因芯片** 基因芯片是利用核酸杂交的原理,将大量的已知序列的寡核苷酸片段(探针)按特定的方式排列在固相支持物表面,通过碱基互补配对与标记的单链 DNA 或 RNA 样品形成杂交双链,通过对杂交信号进行分析,得到该样品的遗传信息。

基因芯片技术因将大量探针固定于支持物上,故可以一次性地对样品大量序列进行检测和分析,具备高通量、微型化及自动化的特点。实现基因组分准确、快速、大信息量的筛选或检测。芯片技术广泛应用于疾病诊断和治疗、药物筛选、司法鉴定等领域。

（六）基因工程的应用

重组 DNA 技术已广泛应用于生命科学和医学研究、疾病的诊断与防治、法医学鉴定、物种的修饰与改造等诸多领域。

利用重组 DNA 技术生产有应用价值的药物是当今医药发展的一个重要方向。一方面可利用重组 DNA 技术改造传统的制药工业，如改造或创造制药所需的工程菌种，从而提高抗生素、维生素、氨基酸等药物的产量；另一方面可利用重组 DNA 技术生产蛋白质或肽类药物与疫苗等产品。目前上市的基因工程药物已逾百种，部分产品与功能见表 14-4。

表 14-4 部分基因工程药物与疫苗

| 产品名称 | 主要功能 |
| --- | --- |
| 组织纤溶酶原激活剂 | 抗凝血、溶解血栓 |
| 凝血因子 Ⅷ、Ⅸ | 促进凝血、治疗血友病 |
| 粒细胞-巨噬细胞集落刺激因子 | 刺激白细胞生成 |
| 促红细胞生成素 | 促进红细胞生成，治疗贫血 |
| 多种生长因子 | 刺激细胞生长与分化 |
| 生长因子 | 治疗侏儒症 |
| 胰岛素 | 治疗糖尿病 |
| 多种干扰素 | 抗病毒、抗肿瘤、免疫调节 |
| 多种白细胞介素 | 免疫调节、调节造血 |
| 肿瘤坏死因子 | 杀伤肿瘤细胞、免疫调节、参与炎症 |
| 骨形态形成蛋白 | 修复骨缺损、促进骨折愈合 |
| 超氧化物歧化酶 | 清除自由基、抗组织损伤 |
| 单克隆抗体 | 诊断、肿瘤靶向治疗 |
| 乙肝疫苗 | 预防乙肝 |
| 重组 HPV 衣壳蛋白（$L_1$） | 预防 HPV 感染 |
| 口服重组 B 亚单位霍乱疫苗 | 预防霍乱 |

## 二、基因诊断与基因治疗

在基因水平上认识疾病的病因及发病机制，并从基因角度开展疾病的诊疗，是医学发展的新方向。

**▌知识链接▐**

### 基因检测筛查癌症风险

2014 年世界卫生组织 WHO 指出：40％的具有高风险罹患癌者是可以通过预防而不得癌症的；40％癌症高风险人群可以通过早发现、早诊断、早治疗而治愈；另 20％癌症患者可以带癌生存，这充分说明了癌症早发现、早诊断的必要性和重要性。而对高危人群进行癌变前的基因检测，无疑是早发现、早诊断的最好手段。通过检测基因的相关序列查出患肿瘤风险的概率，预示可能是超早期癌症状态，进行早期干预可降低癌症发生风险。目前可以针对多种肿瘤开展基因癌症风险筛查，包括肺癌、乳腺癌、胃癌、食管癌、结直肠癌、肝癌、胆管胆囊癌、胰腺癌、胃肠道间质瘤、头颈部癌、宫颈癌、卵巢癌、子宫内膜癌、前列腺癌、膀胱癌、肾癌、黑色素瘤等。美国影星安吉丽娜·朱莉用基因检测方法发现自己患癌的风险高达 87％，之后她向世人宣告为了预防乳腺癌切除双侧乳腺、卵巢、输卵管，将自己患癌的风险降到了 5％。

**1. 基因诊断** 外源基因的入侵或内源基因结构的改变和表达异常都是疾病产生的重要原因，利用重组 DNA 技术检查基因是否存在缺陷或诊断表达异常的基因，不仅能对疾病做出早期的确诊，还能确定疾病的分期分型、疗效检测、预后判断及个体对疾病的易感性等。基因诊断已广泛应用于遗传性疾病、感染性疾病、肿瘤的诊断及法医鉴定等领域。

**2. 基因治疗**　基因治疗已成为目前医学分子生物学最重要的研究领域之一。基因治疗是以正常基因矫正、替代缺陷基因，或从基因水平调控细胞中缺陷基因表达的一种治疗方法。自1990年开始对腺苷脱氨酶缺陷所致的先天性免疫缺陷综合征进行体细胞基因治疗初见成效以来，基因治疗领域已从单基因遗传病扩展到恶性肿瘤、心血管疾病、神经系统疾病、代谢性疾病等。

### 三、人类基因组计划与后基因组计划

人类基因组计划（HGP）由美国提出并于1990年10月在美国正式启动。计划用15年时间，即到2005年，投入30亿美元，完成人类全部24条染色体的30亿个碱基序列测定（含X、Y染色体）。其核心内容是构建DNA序列图，即分析人类基因组DNA分子的基本成分和碱基的排列顺序，绘制成序列图。

英、日、德、法等国随后积极响应，使人类基因组计划逐步演变成为一项大型国际科技合作计划。作为参与这一计划的唯一的发展中国家，我国于1999年跻身人类基因组计划的行列，承担了1%的测序任务。

2000年6月，人类基因组计划完成了人类基因组序列的"工作框架图"；2002年2月又公布了人类基因组"精细图"。人类基因组计划与曼哈顿原子弹计划和阿波罗登月计划并称为20世纪三大科学计划。

人类基因组DNA序列图谱完成后，鉴定基因组多态性及其单倍型，以及寻找其在生物和医学应用中的重要作用成为了人们关心的热点。人们相信，人类基因组DNA序列的差异决定了个体在疾病的易感性和对药物的敏感性方面的差异。通过比较大量个体基因组的差异，从遗传的角度可以阐明人类个体发生疾病的风险以及对环境适应能力的差异。2001年，国际人类蛋白质组组织（HUPO）正式成立，并迅速在北美、欧洲、韩国、日本成立了相应的分支机构。目前，我国也成立了相应的人类蛋白质组组织。

以研究基因功能为核心的"后基因组时代"已经来临，大规模的结构基因组、蛋白质组以及药物基因组的研究计划已经成为新的热点。其中涉及生物信息数据库及相关技术，生物信息数据的分析和开发，比较基因组学，基因分型及其与疾病的关系等。生物信息技术已成为后基因组时代的核心技术之一。

后基因组时代，给生物信息技术的发展提供了前所未有的机遇。生物信息学的发展将开拓出新的生命科学领域，使人们有可能在分子水平上更加系统地认识生命现象。

## ■ 本章小结 ■

基因表达过程包括转录和翻译，基因表达调控是对基因表达各步骤的调控，是多层次、多级精密调控。原核生物基因表达调控基本上是通过操纵子来实现的，大肠杆菌乳糖操纵子通过CAP正调控和阻遏蛋白的负调控机制协同调节调控基因表达。真核生物表达调控较原核生物复杂得多，主要表达调控方式有DNA水平、转录水平、转录后水平、翻译水平及翻译后水平的调控，呈现多层次和综合协调的特点。基因工程也称为重组DNA技术，其基本原理和过程包括目的基因的获取（分）、载体的选择与构建（选）、将目的基因与载体的连接（接）、重组DNA转入受体细胞（转）、重组体的筛选与鉴定（筛）等步骤。重组DNA技术已在生物制药、疾病基因的发现与克隆、基因诊断与基因治疗等诸多领域得到了广泛应用。

## ■ 能力检测 ■

**一、名词解释**

1. 基因表达　2. 基因工程

**二、单项选择题**

1. 一个操纵子通常含有（　　）。

A. 一个启动序列和一个编码基因

B. 一个启动序列和数个编码基因

C. 数个启动序列和一个编码基因

D. 数个启动序列和数个编码基因

E. 两个启动序列和数个编码基因

2. 有关操纵子学说的论述,正确的是(    )。

A. 操纵子调控系统是真核生物基因调控的主要方式

B. 操纵子调控系统是原核生物基因调控的主要方式

C. 操纵子调控系统由调节基因、操纵基因、启动子组成

D. 诱导物与阻遏蛋白结合阻止转录

E. 诱导物与启动子结合而启动转录

3. 转录因子是(    )。

A. 调节 DNA 结合活性的小分子代谢效应物　　　　B. 调节转录延伸速度的蛋白质

C. 调节转录起始速度的蛋白质　　　　D. 调节转录产物分解速度的蛋白质

E. 促进转录产物加工的蛋白质

4. 阻遏蛋白(阻抑蛋白)识别操纵子中的(    )。

A. 启动基因　　　B. 结构基因　　　C. 操纵基因　　　D. 内含子　　　E. 调节基因

5. 基因工程中,不常用到的酶是(    )。

A. 限制性核酸内切酶　　　　B. DNA 聚合酶　　　　C. DNA 解链酶

D. DNA 连接酶　　　　E. 反转录酶

6. 关于病毒癌基因的叙述,正确的是(    )。

A. 主要存在于 DNA 病毒基因组中　　　　B. 最初在劳氏(Rous)肉瘤病毒中发现

C. 不能使培养细胞癌变　　　　D. 又称原癌基因

E. 由病毒自身基因突变而来

7. 关于抑癌基因的叙述,下列哪项正确?(    )

A. 发出抗细胞增殖信号　　　　B. 与癌基因表达无关

C. 缺失对细胞的增殖、分化无影响　　　　D. 不存在于人类正常细胞

E. 肿瘤细胞出现时才进行表达

8. 关于癌基因的叙述,错误的是(    )。

A. 是细胞增殖的正调节基因　　　　B. 诱导细胞凋亡

C. 能在体外引起细胞转化　　　　D. 能在体内诱发肿瘤

E. 包括病毒癌基因和细胞癌基因

孙厚良

# 第十五章  肝胆生物化学

## 学习目标

**掌握**: 胆色素和胆汁酸的代谢过程。
**熟悉**: 生物转化作用及其类型、特点和影响因素。
**了解**: 肝脏在物质代谢过程中的作用。

## 第一节  肝脏的物质代谢特点

肝脏是人体内最大、功能最多的代谢器官之一,它几乎参与体内一切物质的代谢,同时,它还具有分泌、排泄及生物转化等方面的功能。当受到体内外损害因子侵害时,其结构和功能将受到不同程度的损害,而引起多种临床疾病,这是因为肝脏在组织结构和化学组成上有以下特点。①肝脏接受肝动脉和门静脉双重血液供应,通过肝动脉获取充足的氧,通过门静脉获得从消化道吸收的丰富的营养物质。②肝脏具有丰富的血窦,在血窦中血流速度缓慢,有利于物质交换。③肝脏有肝静脉和胆道系统两条输出通路,可将由消化道吸收的营养物质和经肝脏处理的代谢产物随血液循环运到肝外组织,营养全身或经肾脏随尿液排出体外;胆道系统与肠道相同,使肝中生成的与消化有关的活性物质和代谢产物随胆汁分泌入肠道随粪便排出。④肝脏细胞含有丰富的亚细胞结构,如线粒体、微粒体、内质网、高尔基复合体、溶酶体等,为物质代谢的顺利进行提供场所。⑤肝细胞内含有极其丰富的酶体系,肝内大多数酶活性高,且有些酶是肝脏所特有的,能完成一些特殊的代谢功能。故肝脏是人体"物质代谢的中枢"。

### 一、肝的糖、脂类、蛋白质代谢特点

肝脏具有特殊的组织结构和复杂的代谢功能,对维持机体内外环境的稳定起着十分重要的作用。

#### (一)肝脏在糖代谢中的作用

正常情况下,血糖的来源和去路处于动态平衡,主要依赖激素的调节,而血糖调节激素的靶器官是肝脏。肝细胞主要通过调节糖原的合成与分解以及糖异生途径来维持血糖浓度的相对恒定,不仅为自身的生理活动提供能量,还要保障全身各组织,尤其是肾脏、大脑及红细胞等组织的能量供应。

肝细胞膜含有葡萄糖转运蛋白2(GLUT2),可使肝细胞内的葡萄糖浓度与血糖浓度保持一致。肝细胞中含有特异的葡萄糖激酶(GK),该酶不被其产物6-磷酸葡萄糖所抑制,因而进食后,血糖浓度增加,大量的葡萄糖在肝内仍然被转化成6-磷酸葡萄糖,通过糖原合成途径合成糖原而储存。

肝细胞含有肌肉组织缺乏的葡萄糖-6-磷酸酶,在空腹状态下,可将肝糖原分解生成6-磷酸葡萄糖后直接转化成葡萄糖以补充血糖,防止血糖过低;肝细胞还存在一系列糖异生的关键酶,在长期饥饿状态下,肝糖原几乎被耗尽,肝脏通过糖异生作用将非糖物质如甘油、乳酸、氨基酸等转化为葡萄糖,成为机体在长期饥饿状态下维持血糖相对恒定的主要途径。

肝脏通过葡萄糖的磷酸戊糖途径产生 NADPH 及 5-磷酸核糖,为生物转化作用提供足够的

NADPH,肝细胞中的葡萄糖还可生成尿苷二磷酸葡萄糖醛酸(UDPGA),作为生物转化结合反应中最重要的结合物质;5-磷酸核糖为合成核酸、脂肪酸和胆固醇提供原料。肝脏也是人体内糖转变成脂肪的主要场所,所合成脂肪不在肝内储存,而是与肝细胞内的磷脂、胆固醇及蛋白质等形成 VLDL,经血液循环送到其他组织中利用或储存。

### (二) 肝脏在脂类代谢中的作用

肝脏在脂类的消化、吸收、分解、合成及运输等代谢过程中均起重要作用。

肝细胞能利用 LDL 运来的胆固醇通过肝脏生物转化作用合成并分泌胆汁酸,能促进脂类乳化,是脂类物质的消化和吸收所必需。若肝功能受损,肝脏分泌胆汁能力下降,胆管阻塞导致排出障碍,均可出现脂类的消化吸收不良,表现出厌油腻食物及脂肪泻等临床症状。

肝脏是氧化分解脂肪酸的主要场所,肝脏中活跃的 β-氧化过程,释放出较多能量供肝脏自身需要。肝脏也是体内产生酮体的唯一器官,生成的酮体不能在肝脏氧化利用,而是经血液运输到其他组织(心、肾、骨骼肌等)氧化利用,作为这些组织良好的供能原料。

肝脏还是人体中合成胆固醇最旺盛的器官,肝脏合成的胆固醇是血浆胆固醇的主要来源,占全身合成胆固醇总量的 80% 以上。此外,肝脏还合成并分泌卵磷脂胆固醇脂酰基转移酶(LCAT)促使胆固醇酯化。当肝脏严重损伤时,不仅胆固醇合成减少,而且血浆胆固醇酯的降低往往出现更早和更明显。

肝脏还是合成磷脂的重要器官。肝脏内磷脂的合成与甘油三酯的合成及转运有密切关系。磷脂合成障碍将会导致甘油三酯在肝内堆积,形成脂肪肝。其原因:一方面由于磷脂合成障碍,导致前 β-脂蛋白合成障碍,使肝内脂肪不能顺利运出;另一方面是肝内脂肪合成增加。卵磷脂与脂肪生物合成有密切关系,卵磷脂合成过程的中间产物甘油二酯有两条去路:合成磷脂和合成脂肪。当磷脂合成障碍时,甘油二酯生成甘油三酯明显增多。

### (三) 肝脏在蛋白质代谢中的作用

肝脏在人体蛋白质合成、分解和氨基酸代谢过程中起重要作用。

肝内蛋白质的代谢极为活跃,肝蛋白质的半衰期为 10 天,而肌肉蛋白质半衰期则为 180 天,可见肝内蛋白质的更新速度较快。肝脏除合成自身所需蛋白质外,还合成和分泌 90% 以上的血浆蛋白质,除 γ-球蛋白外,几乎所有的血浆蛋白质均来自于肝脏,如清蛋白、凝血酶原、纤维蛋白原及血浆脂蛋白所含的多种载脂蛋白(Apo A、Apo B、Apo C)等。故肝功能严重损害时,常出现水肿及血液凝固机能障碍。

肝脏合成与分泌清蛋白的能力很强,且速度快。成人肝脏每日约合成 12 g 清蛋白,占肝脏合成蛋白质总量的四分之一,血浆清蛋白是机体各组织合成自身蛋白质的原料,除了作为许多脂溶性物质(如游离脂肪酸、胆红素等)的非特异性运输载体外,由于血浆中含量多而分子质量小,在维持血浆胶体渗透压中起着重要作用;肝功能严重受损时,清蛋白合成减少,可导致血浆清蛋白与球蛋白比值(A/G)下降甚至倒置,临床生化检验把 A/G 作为诊断严重性肝功能损伤的辅助指标。

肝脏在血浆蛋白质分解代谢中亦起重要作用。肝细胞表面有特异性受体,可识别某些血浆蛋白质(如铜蓝蛋白、$\alpha_1$ 抗胰蛋白酶等),经胞饮作用吞入肝细胞,被溶酶体水解酶降解。肝细胞内含有丰富的氨基酸代谢酶,如转氨酶、脱氨酶、转甲基酶、脱羧酶等,催化蛋白质所含的氨基酸在肝脏进行转氨基、脱氨基及脱羧基等反应。体内大部分氨基酸,除支链氨基酸在肌肉中分解外,其余氨基酸特别是芳香族氨基酸主要在肝脏分解。故严重肝病时,血浆中支链氨基酸与芳香族氨基酸的比值下降;由于肝细胞通透性增大或肝细胞坏死,细胞内的酶进入血液,导致血液中某些酶的活性增强,这是临床生化检验中用血清酶活性高低来诊断肝脏疾病的重要依据。

肝脏还是清除氨的最重要器官,氨基酸脱氨基作用产生的氨对机体有毒,正常情况下,血液中的氨主要在肝脏通过鸟氨酸循环合成尿素经肾排泄而解毒。鸟氨酸循环不仅解除氨的毒性,而且消耗了产生呼吸性酸中毒的 $CO_2$,故在维持机体酸碱平衡中具有重要作用。若肝功能受损,合成尿素受阻,血氨浓度升高,进入脑组织,使脑功能紊乱,这是肝性脑病的发病机制之一。

肝脏也是胺类物质解毒的重要器官,肠道细菌作用于氨基酸产生的芳香胺类等有毒物质,被吸收入血,主要在肝细胞中进行转化以减少其毒性。当肝功能不全或门体侧支循环形成时,这些芳香胺可不经

生物化学 ·················· ■ ·208·

处理进入神经组织,进行 β-羟化生成苯乙醇胺和 β-羟酪胺。它们的结构类似于儿茶酚胺类神经递质,属于"假神经递质",能抑制儿茶酚胺类的功能,与肝性脑病的发生有一定的关系。

## 二、肝的维生素、激素代谢特点

### (一)肝脏在维生素代谢中的作用

肝脏在维生素的储存、吸收、运输、改造和利用等方面具有重要作用。

肝脏是体内含维生素较多的器官。某些维生素,如维生素 A、D、K、$B_2$、PP、$B_6$、$B_{12}$ 等在体内主要储存于肝脏,其中,肝脏中维生素 A 的含量占体内总量的 95%。因此,维生素 A 缺乏形成夜盲症时,动物肝脏有较好疗效。血浆中的脂溶性维生素与特异性结合蛋白结合而运输,肝细胞病变、蛋白质营养障碍时均可使结合蛋白合成减少,造成血浆中脂溶性维生素水平降低。

肝脏所分泌的胆汁酸盐可协助脂溶性维生素的吸收。所以肝胆系统疾病,可伴有维生素的吸收障碍。例如严重肝病时,维生素 $B_1$ 的磷酸化作用受影响,从而引起有关代谢的紊乱;由于维生素 K 及 A 的吸收、储存与代谢障碍而表现为出血倾向及夜盲症。

肝脏直接参与多种维生素的代谢转化,对机体的物质代谢起重要作用。如将 β-胡萝卜素转变为维生素 A,将维生素 $D_3$ 转变为 25-(OH)-$D_3$。多种维生素在肝脏中参与合成辅酶。如将烟酰胺(维生素 PP)合成 $NAD^+$ 及 $NADP^+$;泛酸合成辅酶 A;维生素 $B_6$ 合成磷酸吡哆醛;维生素 $B_2$ 合成黄素腺嘌呤二核苷酸(FAD);维生素 $B_1$ 合成焦磷酸硫胺素(TPP)等。

### (二)肝脏在激素代谢中的作用

许多激素在发挥其调节作用后,主要在肝脏内被分解转化,从而降低或失去其活性,称为激素的灭活。灭活后的产物大部分由尿液排出,灭活过程对于激素的作用具有调节作用。

肝细胞膜有某些水溶性激素(如胰岛素、去甲肾上腺素)的受体。此类激素与受体结合而发挥调节作用,同时自身则通过肝细胞内吞作用进入细胞内。而游离态的脂溶性激素则通过扩散作用进入肝细胞。

一些激素(如雌激素、醛固酮)可在肝内与葡萄糖醛酸或活性硫酸等结合而灭活。垂体后叶分泌的抗利尿激素亦可在肝内被水解而灭活。因此肝病时由于对激素灭活功能降低,使体内雌激素、醛固酮、抗利尿激素等激素水平升高,则可出现男性乳房发育、肝掌、蜘蛛痣及水钠潴留等现象。

许多蛋白质及多肽类激素也主要在肝脏内灭活,如胰岛素和甲状腺素的灭活。甲状腺素灭活包括脱碘、移去氨基等,其产物与葡萄糖醛酸结合。胰岛素灭活包括胰岛素分子二硫键断裂,形成 A、B 链,再在胰岛素酶作用下水解。严重肝病时,此激素的灭活减弱,于是血中胰岛素含量增高。

#  第二节　肝脏的生物转化作用

## 一、生物转化概念

### (一)非营养物质与生物转化的定义

存在于机体中既不能作为构建组织细胞成分,又不能作为能源物质供能的物质称为非营养物质。许多非营养物质对机体有一定的生物学效应或潜在毒性作用,人体在排出这些物质前需要进行转化。肝脏、肾、肠道、皮肤等对体内的非营养物质进行氧化、还原、水解、结合等化学反应,使其极性增强、水溶性增加,便于随胆汁、尿液排出体外的过程称生物转化。肝内代谢非营养物质的酶类含量高、种类多、活性强,所以机体的生物转化主要在肝脏进行。

### (二)非营养物质的来源

体内的非营养物质按其来源可分为内源性和外源性两类。内源性非营养物包括体内产生并发挥生理作用后有待灭活的激素、神经递质和胺类等一些对机体具有强烈生物学活性的物质,以及机体代谢产生的有毒性的代谢产物或中间产物(如氨、胺类、胆红素等)等。外源性非营养物为摄入体内的药物、毒物、食品添加剂(色素、防腐剂)、环境污染物、肠道吸收的腐败产物如腐胺、酪胺、酚、硫化氢、吲哚等。

（三）生物转化作用的生理意义

一方面非营养物质经过生物转化后,生物学效应降低或消除(灭活作用),有的使有毒物质的毒性减低或消除(解毒作用);另一方面,也有些物质,特别是一些外源性的药物或毒物经过生物转化作用后增加其极性和水溶性,但生物学效应增强,甚至毒性增强,有的本身没有直接致癌作用,经过生物转化后反而成为直接致癌物质,如多环芳烃类化合物苯并芘。因此,不能将肝脏的生物转化作用简单地称为"解毒作用",这体现了肝脏生物转化作用的解毒与致毒的双重特点,其更重要的生物学意义是有利于这些物质排出体外。

## 二、生物转化反应的主要类型

肝的生物转化作用分为两相反应:第一相反应包括氧化、还原、水解反应,可使许多非营养物质分子中的某些非极性基团转变为极性基团而增强亲水性。第二相反应为结合反应,可使非营养物质与极性更强的物质如葡萄糖醛酸、硫酸、乙酰基、甲基、谷胱甘肽等结合,进一步增大其极性和溶解度。

（一）第一相反应

**1. 氧化反应** 氧化反应是生物转化中最重要的反应,由肝细胞中的各种氧化酶系完成,主要有加单氧酶、单胺氧化酶和脱氢酶三类。

（1）微粒体加单氧酶系:微粒体中依赖细胞色素 $P_{450}$ 的加单氧酶(CYP)是肝内最重要的氧化酶系。该酶的特点是将氧分子的一个氧原子加到底物分子中生成羟基化合物或环氧化合物,另一个氧原子则与氢原子结合生成水,故又称为混合功能氧化酶、羟化酶。该酶参与多种药物、毒物、食品添加剂、维生素 $D_3$ 活化、类固醇激素等的代谢。加单氧酶系的基本反应如下。

$$RH+NADPH+H^++O_2 \longrightarrow ROH+NADP^++H_2O$$

例如,苯胺在加单氧酶系催化下生成对氨基苯酚。

苯胺　　　　　　　　　　对氨基苯酚

（2）线粒体单胺氧化酶系:肝细胞线粒体内的单胺氧化酶(MAO)是一类以 FAD 为辅助因子的黄素酶,可催化蛋白质腐败作用等产生的胺类物质(如组胺、酪胺、色胺、尸胺、腐胺等)和一些肾上腺素类药物(如 5-羟色胺、儿茶酚胺类等)氧化脱氨生成相应的醛类,后者在胞液中醛脱氢酶催化下进一步氧化成酸,使之丧失生物活性。

$$RCH_2NH_2(胺)+O_2+H_2O \longrightarrow RCHO(醛)+NH_3+H_2O_2$$
$$RCHO(醛)+NAD^++H_2O \longrightarrow RCOOH(酸)+NADH+H^+$$

（3）醇脱氢酶与醛脱氢酶系:肝细胞内存在非常活跃的以 $NAD^+$ 为辅酶的醇脱氢酶(ADH),可催化醇类氧化成醛,后者再由线粒体或胞液中醛脱氢酶(ALDH)催化生成相应的酸类。

$$RCH_2OH(醇)+NAD^+ \xrightarrow{\text{醇脱氢酶}} RCHO(醛)+NADH+H^+$$
$$RCHO(醛)+NAD^+ \xrightarrow{\text{醛脱氢酶}} RCOOH(酸)+NADH+H^+$$

苯甲醇　　　　　　苯甲醛　　　　　　苯甲酸

人类摄入乙醇可被胃肠迅速吸收,经过氧化生成乙醛和乙酸,乙酸被机体利用产能,乙醛在体内堆积,可引起血管扩张、面部潮红、心动过速、脉搏加快等反应。严重酒精中毒可导致乙酸和乳酸堆积引起酸中毒及电解质平衡紊乱,还可使糖异生受阻引起低血糖。

**2. 还原反应** 肝细胞中的还原酶类主要是硝基还原酶类和偶氮还原酶类,分别催化硝基化合物与偶氮化合物从 NADPH 接受氢还原成胺类。

硝基苯 → 亚硝基苯 → 苯胺

偶氮苯 → → 苯胺

**3. 水解反应** 肝细胞的胞液与内质网中含有多种水解酶类,主要有酯酶、酰胺酶和糖苷酶,分别水解酯键、酰胺键和糖苷键类化合物,以降低或消除其生物活性。这些水解产物通常还需进一步反应,以利于排出体外。例如,阿司匹林的生物转化过程中,首先是水解反应生成水杨酸,然后是与葡萄糖醛酸的结合反应。

(1) 酯类化合物:如阿托品、哌替啶、乙酰水杨酸及普鲁卡因的水解。

乙酰水杨酸 → 水杨酸 + 乙酸

(2) 酰胺类化合物:如异丙异烟肼等。

异丙异烟肼 +H₂O → 异烟酸 + 异烟肼

(3) 糖苷类化合物:如洋地黄等。

$$洋地黄毒苷+H_2O \xrightarrow{糖苷酶} 洋地黄毒糖+洋地黄糖苷配基$$

**(二)第二相反应**

有些非营养物质经过第一相反应后生成的产物可直接排出体外,但有些脂溶性化合物经第一相反应后,分子极性变化不够大,还需要进一步与体内一些极性很强的物质或化学基团结合,才能使其分子极性、溶解度和生物活性发生明显变化。结合反应的供体有尿苷二磷酸葡萄糖醛酸(UDPGA)、活性硫酸根(PAPS)、乙酰 CoA、S-腺苷甲硫氨酸等,其中与 UDPGA 提供的葡萄糖醛酸基结合是体内最重要的结合反应。

**1. 葡萄糖醛酸结合** 糖代谢产生的尿苷二磷酸葡萄糖(UDPG)在肝进一步氧化生成尿苷二磷酸葡萄糖醛酸(UDPGA)。肝细胞微粒体的 UDP-葡萄糖醛酸基转移酶(UGT)以 UDPGA 为葡萄糖醛酸的活性供体,催化葡萄糖醛酸基转移到醇、酚、胺、羧酸类化合物的羟基、羧基及氨基上形成相应的葡萄糖醛酸苷,使其极性增加而排出体外。内源性代谢物胆红素的毒性就是通过与葡萄糖醛酸结合被除去的,通过此反应进行生物转化的还有类固醇激素、氯霉素、吗啡和苯巴比妥类药物等。

$$R-OH+UDPGA \xrightarrow{UDPG 转移酶} R-O-GA+UDP$$

**2. 硫酸结合** 由 3′-磷酸腺苷-5′-磷酰硫酸(PAPS)提供活性硫酸基,在肝细胞胞液中的硫酸基转移酶催化下,可将硫酸基转移到醇、酚或芳香胺类等含有羟基的内、外源非营养物质上生成硫酸酯,使其水溶性增强,易于排出体外。例如雌酮即由此形成硫酸酯而灭活。

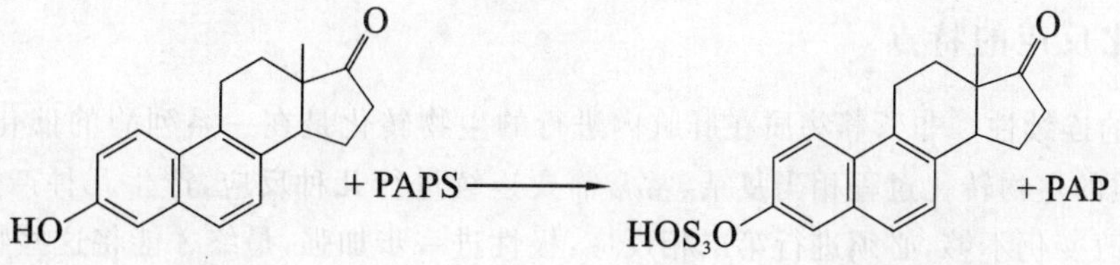

雌酮 + PAPS → 雌酮硫酸酯 + PAP

**3. 乙酰基化反应** 肝细胞胞液富含乙酰基转移酶,催化乙酰辅酶 A 将乙酰基转移给芳香胺、氨基酸或肼的内、外源性非营养物质形成乙酰化合物,如磺胺类药物、抗结核病药物异烟肼、苯胺等与乙酰基结合形成乙酰化衍生物而失去活性。

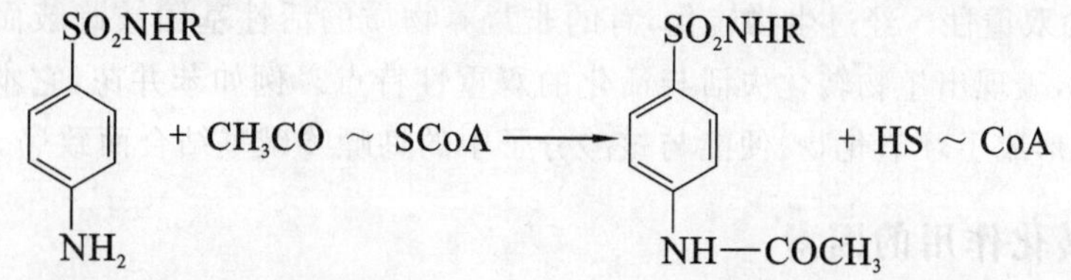

磺胺 + 乙酰辅酶A (CH₃CO～SCoA) → N-乙酰磺胺 + 辅酶A (HS～CoA)

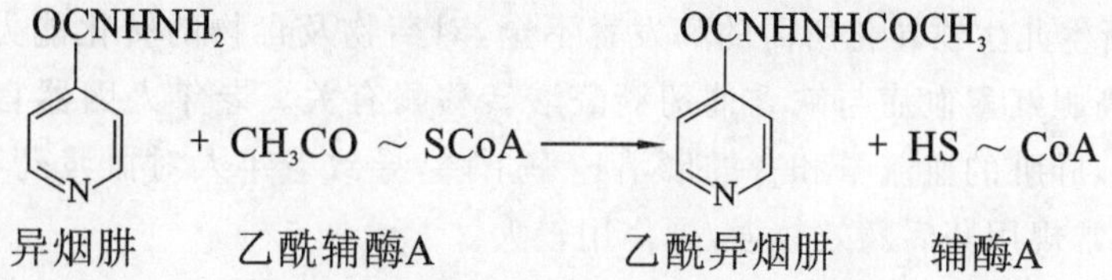

异烟肼 + 乙酰辅酶A (CH₃CO～SCoA) → 乙酰异烟肼 + 辅酶A (HS～CoA)

但应指出,磺胺类药物经乙酰化后,其溶解度反而降低,在酸性尿中易于析出,故在服用磺胺类药物时应服用适量的小苏打,以提高其溶解度,利于随尿排出。

**4. 谷胱甘肽结合反应** 肝细胞胞液的谷胱甘肽 S-转移酶(GST),可催化谷胱甘肽(GSH)与含有亲电子中心的环氧化物和卤代化合物等异源物结合,生成含 GSH 的结合产物。主要参与对致癌物、环境污染物、抗肿瘤药物以及内源性活性物质的生物转化。

$$环氧萘 + GSH \xrightarrow{谷胱甘肽S-转移酶} S\text{-}二氢萘醇谷胱甘肽 \xrightarrow{乙酰基转移酶} S\text{-}萘硫醚氨酸$$

**5. 甲基化反应** 甲基化反应是代谢内源化合物的重要反应,肝细胞中含有各种甲基转移酶,以 S-腺苷甲硫氨酸(SAM)为甲基供体,催化含有氧、氮、硫等亲核基团的化合物发生甲基化反应。

烟酰胺 → N-甲基烟酰胺

**6. 甘氨酸结合反应** 甘氨酸在肝细胞线粒体酰基转移酶的催化下可与含羧基的外来化合物结合,首先含羧基的物质在乙酰辅酶 A 连接酶的催化下生成活泼的酰基 CoA,后者在酰基转移酶的催化下,将酰基转移到甘氨酸的氨基上。

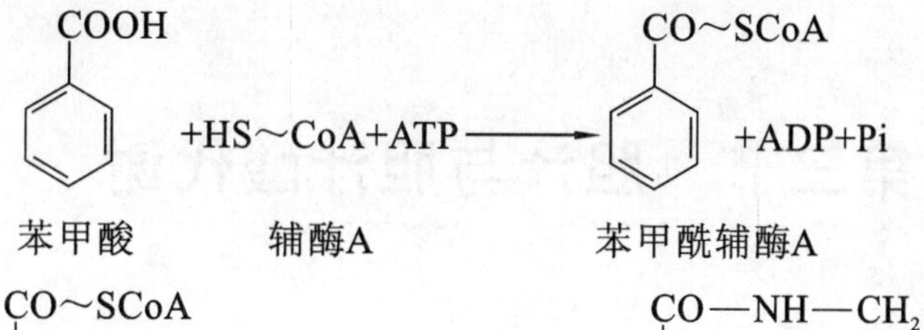

苯甲酸 + 辅酶A + HS～CoA + ATP → 苯甲酰辅酶A + ADP + Pi

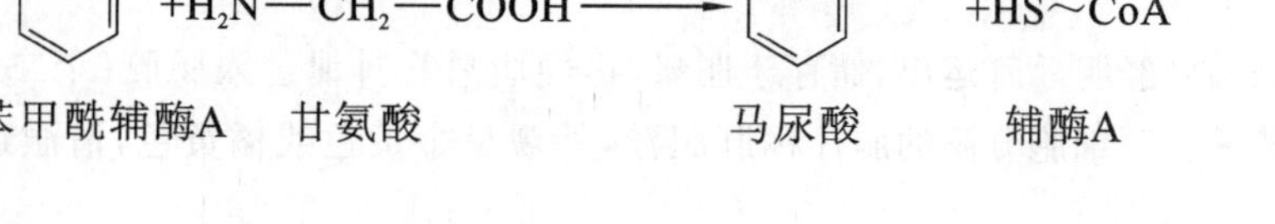

苯甲酰辅酶A + 甘氨酸 (H₂N—CH₂—COOH) → 马尿酸 + 辅酶A (HS～CoA)

### 三、生物转化反应的特点

**1. 生物转化的连续性**  非营养物质在肝脏内进行的生物转化是在一系列酶的催化下连续进行的化学反应。一种物质的生物转化过程相当复杂,常常需要连续进行几种反应,产生几种产物,一般先进行第一相反应,但极性改变仍不够,必须进行第二相反应,极性进一步加强,最终才能将这些物质清除至体外。

**2. 生物转化的多样性**  同一类或同一种物质在体内可进行多种不同的反应,产生不同的产物,在连续的化学反应中,非营养物质有的经过第一相的氧化、水解及还原反应可以清除,有的还要经过第二相结合反应才能清除。同一类物质可因结构的差异而经历不同类型的生物转化反应,甚至同一物质可经过不同的生物转化途径产生不同的生物转化产物。

**3. 解毒与致毒的双重性**  经过生物转化,有的非营养物质的活性基团被遮蔽而失去活性;有的却获得活性基团而被活化,表现出生物转化失活与活化的双重性特点。例如苯并芘,它本身并无致癌作用,但经过生物转化作用后形成了环氧化物,便能与核酸分子中的鸟嘌呤碱基结合而致癌。

### 四、影响生物转化作用的因素

肝脏的生物转化受年龄、性别、营养状况、疾病、药物以及遗传等体内、外因素的影响。

**1. 年龄的影响**  新生儿生物转化所需的酶发育不全,对药物及毒物的转化能力不足,易发生药物及毒素中毒,如新生儿的高胆红素血症与缺乏葡萄糖醛酸转移酶有关。老年人因器官退化,肝脏的重量和肝细胞的数量明显减少,肝脏的血流量和肾的廓清速率下降,导致老年人对血浆药物(如氨基比林、保泰松等)的转化能力降低,常规用药后药效较强,副作用较大。

**2. 性别的影响**  某些生物转化作用有明显的性别差异。如女性体内醇脱氢酶活性高于男性,女性对乙醇的代谢处理能力比男性强;氨基比林在男性体内的半衰期约 134 h,而在女性体内则为 103 h,说明女性对氨基比林的转化能力比男性强。

**3. 营养状况的影响**  正常营养状态下蛋白质的摄取可以增加肝细胞生物转化酶的活性,提高生物转化的效率;而营养状态差(如饥饿 7 天)时,参与生物转化反应水平会降低。

**4. 疾病的影响**  肝炎、肝硬化等严重的肝脏疾病,肝实质损伤直接影响肝脏生物转化酶类的合成,可明显影响肝脏的生物转化作用。

**5. 药物的影响**  某些药物或毒物可诱导转化酶的合成,使肝脏的生物转化能力增强,称为药物代谢酶的诱导。例如,长期服用苯巴比妥可诱导肝微粒体加单氧酶系的合成,从而使机体对苯巴比妥类催眠药产生耐药性。同时,加单氧酶特异性较差,可利用诱导作用增强药物代谢和解毒,如用苯巴比妥治疗地高辛中毒。苯巴比妥还可诱导肝微粒体 UDP-葡萄糖醛酸基转移酶的合成,故临床上用来治疗新生儿黄疸。另一方面,由于多种物质在体内转化代谢常由同一酶系催化,同时服用多种药物时,可竞争同一酶系而相互抑制其生物转化作用。临床用药时应加以注意,如保泰松可抑制双香豆素的代谢,二者同时服用时双香豆素的抗凝作用加强,易发生出血现象。

**6. 遗传因素的影响**  遗传变异可引起个体之间生物转化酶类分子结构的差异或酶合成量的差异。目前已知,许多肝脏生物转化的酶类存在酶活性异常的多态性,如醛脱氢酶、UDP-葡萄糖醛酸基转移酶及谷胱甘肽 S-转移酶等。

#  第三节　胆汁与胆汁酸代谢

### 一、胆汁

胆汁由肝细胞分泌,经胆总管运出,储存于胆囊,再经胆总管排泄进入肠腔(十二指肠)。人胆汁呈黄褐色或金黄色,有苦味。肝细胞分泌的胆汁称肝胆汁,外观呈金黄色或橘黄色,清澈透明,比重为 1.010,

正常成年人每日分泌胆汁为300~700 mL,肝胆汁进入胆囊后,胆囊壁会吸收一部分水分和其他成分,并掺入黏液与胆汁混合,使胆汁浓缩5~10倍,颜色加深,呈棕绿色或暗褐色,称为胆囊胆汁。胆汁的主要成分是胆汁酸的钠盐或钾盐,占50%~70%,其他为胆红素、胆固醇、磷脂、蛋白质、脂肪及无机盐等。

胆汁具有双重功能:一是作为消化液,促进脂类的消化和吸收;二是作为排泄液,将体内某些代谢产物(胆红素、胆固醇等)及经肝脏生物转化的非营养物排入肠腔,随粪便排出体外。胆汁酸是胆汁的主要成分,胆汁酸以盐的形式存在,故胆汁酸与胆汁酸盐为同义词,具有重要生理功能。

正常人胆汁中的胆汁酸按结构可分为两大类:一类为游离型胆汁酸,包括胆酸、脱氧胆酸、鹅脱氧胆酸和少量的石胆酸;另一类是上述游离胆汁酸与甘氨酸或牛磺酸结合的产物,称为结合型胆汁酸,主要包括甘氨胆酸、甘氨鹅脱氧胆酸、牛磺胆酸及牛磺鹅脱氧胆酸等。一般结合型胆汁酸水溶性较游离型大,这种结合使胆汁酸盐更稳定,在酸或 $Ca^{2+}$ 存在时不易沉淀出来。

从来源上分类可分为初级胆汁酸和次级胆汁酸。肝细胞内,以胆固醇为原料直接合成的胆汁酸称为初级胆汁酸,包括胆酸和鹅脱氧胆酸。初级胆汁酸在肠道中受细菌作用,进行 7-α 脱羟作用生成的胆汁酸,称为次级胆汁酸,包括脱氧胆酸和石胆酸。各种胆汁酸的结构如图15-1所示。

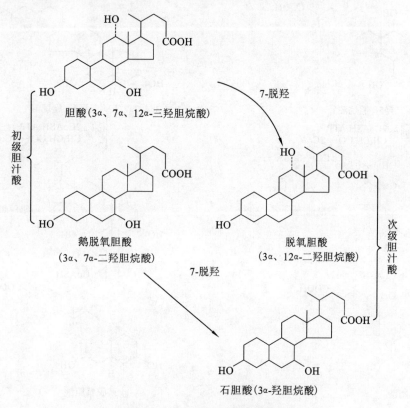

图 15-1　各种胆汁酸的结构

## 二、胆汁酸的生成

### (一)初级胆汁酸的生成

正常人每天合成1~1.5 g胆固醇,其中有0.4~0.6 g在肝内转化为胆汁酸,这是胆固醇排泄的重要途径之一。肝细胞内由胆固醇转变为初级胆汁酸的过程很复杂,需经过多步酶促反应完成。

**1. 初级游离胆汁酸的生成**　在肝脏的微粒体和胞液中,胆固醇经 7α-羟化酶催化生成 7α-羟胆固醇,然后经多步酶促反应生成初级游离胆汁酸——胆酸和鹅脱氧胆酸(图15-2)。

胆汁酸合成的限速酶是 7α-羟化酶,该酶受胆汁酸的负反馈调节。口服消胆胺或纤维素多的食物促进胆汁酸排泄,减少胆汁酸的重吸收,解除对 7α-羟化酶的抑制,加速胆固醇转化为胆汁酸,可起到降低血清中胆汁酸的作用。甲状腺素对 7α-羟化酶和胆固醇氧化酶的活性均有增强作用,可促进胆汁酸的合成,故甲亢患者血清胆固醇浓度降低,甲减患者胆固醇则升高。

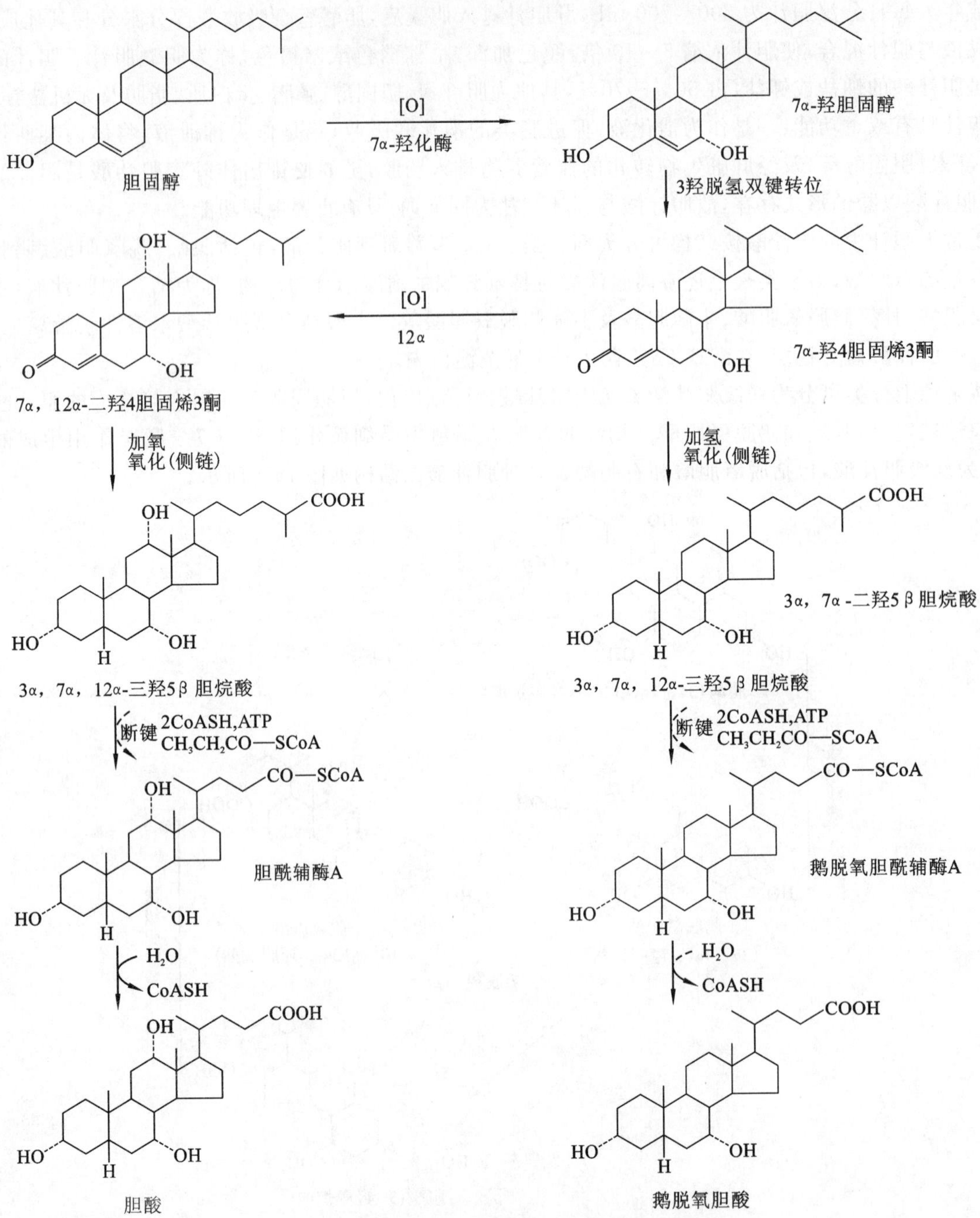

图 15-2　初级游离胆汁酸的生成

**2. 初级结合胆汁酸的生成**　胆酸和鹅脱氧胆酸分别与牛磺酸或甘氨酸结合形成初级结合胆汁酸。胆汁酸首先在微粒体硫激酶作用下被辅酶 A 活化,继而与甘氨酸或牛磺酸结合,分别生成甘氨胆酸、牛黄胆酸、甘氨鹅脱氧胆酸和牛黄鹅脱氧胆酸(图 15-3)。这种结合作用使其极性增强,亲水性更大,有利于胆汁酸在肠腔内发挥其促进脂质消化吸收的作用,且防止胆汁酸过早地在胆管及小肠内被吸收。

（二）次级胆汁酸的生成

初级结合胆汁酸随胆汁排入肠腔后,协助脂类物质消化吸收。在小肠下端及大肠中,一部分结合型的初级胆汁酸受细菌酶的作用,水解脱去甘氨酸或牛磺酸,生成游离型初级胆汁酸,再在肠菌酶的作用下,胆酸转变为脱氧胆酸,鹅脱氧胆酸转变为石胆酸。这种由初级胆汁酸在肠菌酶作用下形成的胆汁酸称为次级游离胆汁酸。石胆酸溶解度小,不与甘氨酸或牛磺酸结合。脱氧胆酸与甘氨酸或牛磺酸结合生成甘氨脱氧胆酸和牛磺脱氧胆酸,称为次级结合胆汁酸(图 15-4)。

胆酸[3,7,12三羟基]　　鹅脱氧胆酸[3,7二羟基]

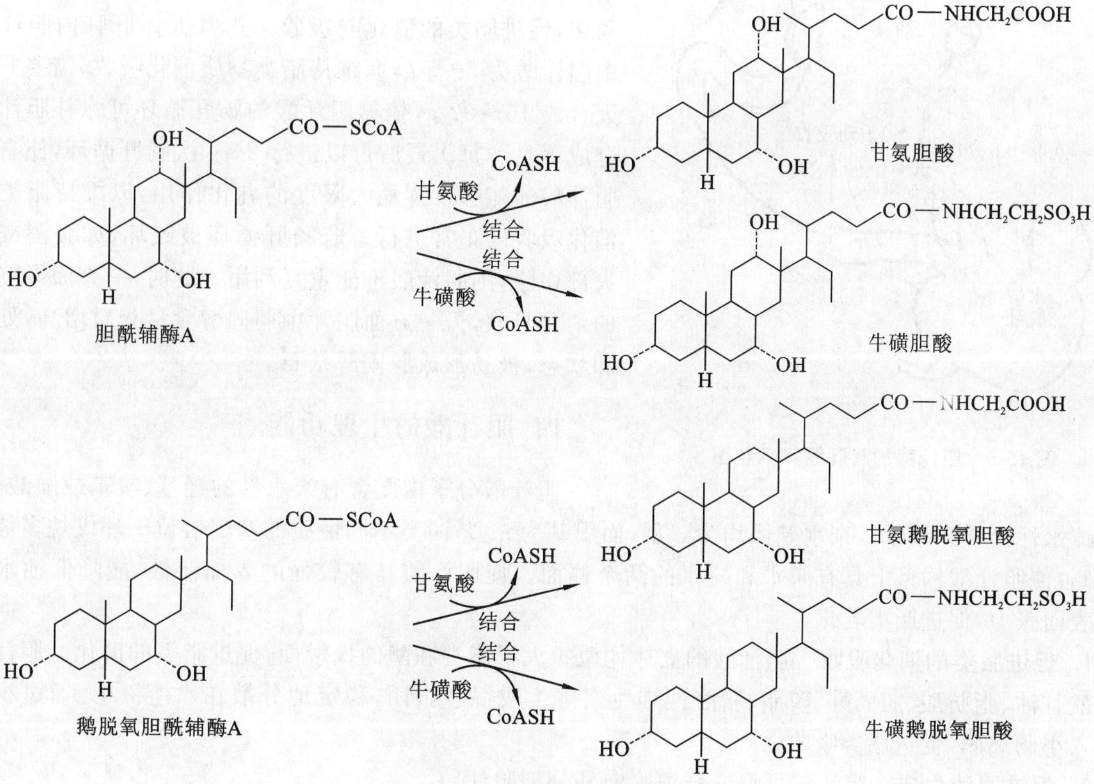


**图 15-3　初级结合胆汁酸的生成**

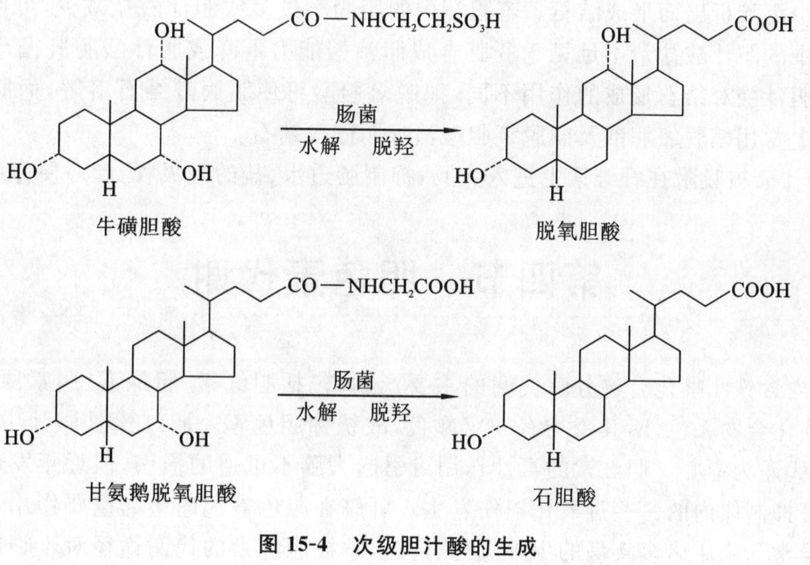


**图 15-4　次级胆汁酸的生成**

## 三、胆汁酸的肠肝循环

肠道中的各种胆汁酸平均有 95%被肠壁重吸收，其余的随粪便排出。胆汁酸的重吸收主要有两种方式：①结合型胆汁酸在回肠部位主动重吸收；②游离型胆汁酸在小肠各部及大肠被动重吸收。胆汁酸的重吸收主要依靠主动重吸收方式。石胆酸主要以游离型存在，故大部分不被吸收而随粪便排出。正常人

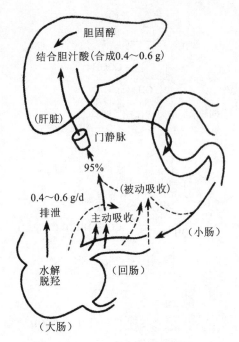

图 15-5　胆汁酸的肠肝循环示意图

每日从粪便排出的胆汁酸为 0.4～0.6 g。

由肠道重吸收的胆汁酸(包括初级和次级胆汁酸,结合型和游离型胆汁酸)均由门静脉进入肝脏,在肝脏中游离型胆汁酸再转变为结合型胆汁酸,再随胆汁排入肠腔,此过程称为胆汁酸的肠肝循环(图 15-5)。

胆汁酸肠肝循环的生理意义在于使有限的胆汁酸重复利用,促进脂类的消化与吸收。正常人体肝脏内胆汁酸池中胆汁酸为 3～5 g,而维持脂类物质消化吸收,需要肝脏每天合成 16～32 g,依靠胆汁酸的肠肝循环可弥补胆汁酸的合成不足。每次饭后可以进行 2～4 次肠肝循环,使有限的胆汁酸池能够发挥最大限度的乳化作用,以维持脂类食物消化吸收的正常进行。若肠肝循环被破坏,如腹泻或回肠大部切除,则胆汁酸不能重复利用。此时,一方面影响脂类的消化吸收,另一方面胆汁中胆固醇含量相对增高,处于饱和状态,极易形成胆固醇结石。

## 四、胆汁酸的生理功能

胆汁酸分子内既含有亲水性的羟基、羧基或磺酸基,又含有疏水性烃核和甲基。亲水基团均为 α 型,而甲基为 β 型,两类不同性质的基团恰位于环戊烷多氢菲核的两侧,使胆汁酸构型上具有亲水和疏水的两个侧面。使胆汁酸具有较强的界面活性,能降低油水两相间的表面张力,促进脂类乳化。

**1. 促进脂类的消化吸收**　胆汁酸的立体构象扩大了脂类和酶的接触面,促进脂类的消化。胆汁酸盐与单酰甘油、脂肪酸、胆固醇、磷脂、脂溶性维生素等生成混合微团,稳定地分散在水溶液中,通过小肠绒毛进入小肠黏膜,促进脂类吸收。

**2. 促进胆汁生成**　胆汁酸可促进肝细胞向外分泌胆汁。

**3. 抑制胆固醇结石的形成**　胆汁酸和磷脂可使胆固醇等脂溶性物质以混合微团形式溶解于胆汁中,从而避免在胆汁中沉淀析出而形成结石。若胆汁中的胆固醇过多或胆汁酸盐减少,可使胆固醇析出沉淀引起结石。胆汁中的胆汁酸盐量不足见于肝脏合成胆汁酸能力下降或胆汁酸肠肝循环中肝脏摄取胆汁酸量减少。不同胆汁酸对结石形成的作用不同,鹅脱氧胆酸可使胆固醇结石溶解,而胆酸及脱氧胆酸则无此作用。临床上常用鹅脱氧胆酸及熊脱氧胆酸治疗胆固醇结石。

**4. 其他**　胆汁酸被吸附在纤维素上进入大肠,抑制肠道水、盐的重吸收,起通便作用。

 # 第四节　胆色素代谢

胆色素是体内含铁卟啉化合物分解代谢的主要产物,包括胆红素、胆绿素、胆素原和胆素等化合物。其中,除胆素原族化合物无色外,其余均有一定颜色,故统称胆色素。胆红素是胆汁中的主要色素,胆色素代谢以胆红素代谢为中心。胆红素的毒性作用可引起大脑不可逆的损伤;但近年发现胆红素具有较强的抗氧化功能,可抑制体内的一些过氧化损伤发生。肝脏在胆色素代谢中起重要作用,胆红素的生成、运输、转化及排泄异常与临床诸多疾病的生理过程有关。掌握胆红素的代谢途径对于临床上伴有黄疸的疾病诊断和鉴别诊断具有重要意义。

## 一、胆红素的来源与生成

### (一)胆红素的来源

体内含铁卟啉的化合物有血红蛋白、肌红蛋白、过氧化物酶、过氧化氢酶及细胞色素等。成人每日产生 250～350 mg 胆红素。胆红素主要来源：① 80％左右的胆红素来源于衰老红细胞中血红蛋白的分解；②小部分来自造血过程中红细胞的过早破坏；③非血红蛋白血红素的分解。

### （二）胆红素的生成

正常红细胞的寿命为 120 天，体内红细胞不断更新，衰老的红细胞由于细胞膜的变化被网状内皮细胞识别并吞噬，在肝、脾及骨髓等网状内皮细胞中，血红蛋白被分解为珠蛋白和血红素。珠蛋白可降解为氨基酸，供机体再利用。血红素是由 4 个吡咯环连接而成的环形化合物，并螯合 1 个铁离子。血红素在微粒体中血红素加氧酶的催化下，在氧分子和 NADPH 的存在下，将血红素铁卟啉环上的甲炔基（—CH＝）氧化断裂，释放 CO 和 $Fe^{3+}$，并将两端的吡咯环羟化，形成线性吡咯环的水溶性胆绿素。释放的铁可以被机体再利用，一部分 CO 从呼吸道排出。胆绿素在胞液胆绿素还原酶的催化下，从 NADPH 获得 2 个氢原子，还原生成胆红素（图 15-6）。

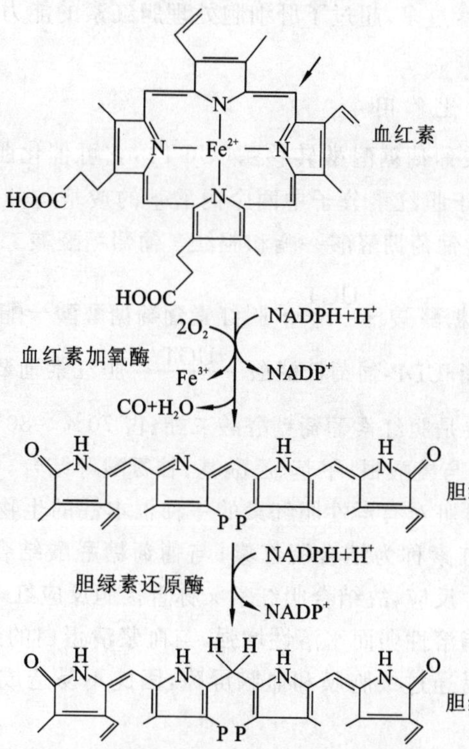

**图 15-6 胆红素的生成示意图**

胆红素过量对人体有害，但适宜水平的胆红素对人体还是呈现有益的一面。胆红素是人体内强有力的内源性抗氧化剂，是血清中抗氧化活性的主要成分。

### 二、胆红素在血液中的运输

在生理 pH 值条件下胆红素是难溶于水的脂溶性物质，在网状内皮细胞中生成的胆红素能自由透过细胞膜进入血液，在血液中主要与血浆清蛋白或 $\alpha_1$ 球蛋白（以清蛋白为主）结合成复合物进行运输。这种结合增加了胆红素在血浆中的溶解度，便于运输；同时又限制胆红素自由透过各种生物膜，使其不致对组织细胞产生毒性作用，每个清蛋白分子上有一个高亲和力结合部位和一个低亲和力结合部位。每分子清蛋白可结合两分子胆红素。正常人每 100 mL 血浆中的血浆清蛋白能与 34～43 $\mu mol$ 胆红素结合，而正常人血浆胆红素浓度仅为 1.7～17.1 $\mu mol/L$，所以正常情况下，血浆中的清蛋白足以结合全部胆红素。但是由于胆红素与清蛋白的结合是非特异性、非共价可逆的，某些有机阴离子如磺胺类、脂肪酸、胆汁酸、水杨酸等可与胆红素竞争结合清蛋白，从而使胆红素游离出来，血浆清蛋白含量减少可使游离胆红素升高，从而增加了胆红素透入细胞的可能性。过多的游离胆红素可与脑部基底核的脂类结合，并干扰脑的正常功能，称胆红素脑病或核黄疸。因此，在新生儿高胆红素血症时，对多种有机阴离子药物必须慎用。

### 三、胆红素在肝脏中的转变

#### （一）肝细胞对胆红素的摄取

血中胆红素以"胆红素-清蛋白"的形式运输到肝脏，很快被肝细胞摄取，肝细胞摄取血中胆红素的能力很强。肝脏能迅速从血浆中摄取胆红素，是由于肝细胞内两种载体蛋白，即 Y 蛋白和 Z 蛋白所起的重要作用。这两种载体蛋白(以 Y 蛋白为主)能特异性结合包括胆红素在内的有机阴离子。当血液入肝，在狄氏间隙中肝细胞上的特殊载体蛋白结合胆红素，使其从清蛋白分子上脱离，并被转运到肝细胞内，随即与细胞液中 Y 和 Z 蛋白结合(主要是与 Y 蛋白结合)，当 Y 蛋白结合饱和时，Z 蛋白的结合才能增多。这种结合使胆红素不能反流入血，从而使胆红素不断向肝细胞内透入。胆红素被载体蛋白结合后，即以"胆红素-Y 蛋白(胆红素-Z 蛋白)"形式送至内质网，这是一个耗能的过程，而且是可逆的。如果肝细胞处理胆红素的能力下降，或者生成胆红素过多，超过了肝细胞处理胆红素的能力，则已进入肝细胞的胆红素还可反流入血，使血中胆红素水平增高。

#### （二）肝细胞对胆红素的转化作用

肝细胞内质网中有尿苷二磷酸葡萄糖醛酸转移酶(UGT)，它可催化胆红素与葡萄糖醛酸以酯键结合，生成胆红素葡萄糖醛酸酯。由于胆红素分子中两个丙酸基的羧基均可与葡萄糖醛酸 $C_1$ 上的羟基结合，故可形成两种结合物，即胆红素葡萄糖醛酸一酯和胆红素葡萄糖醛酸二酯。

$$胆红素+UDP-葡萄糖醛酸 \xrightarrow{UGT} 胆红素葡萄糖醛酸一酯+UDP$$

$$胆红素葡萄糖醛酸一酯+UDP-葡萄糖醛酸 \xrightarrow{UGT} 胆红素葡萄糖醛酸二酯+UDP$$

在人胆汁中的结合胆红素主要是胆红素葡萄糖醛酸二酯(占 70%～80%)，其次为胆红素葡萄糖醛酸一酯(占 20%～30%)，也有小部分与硫酸根、甲基、乙酰基、甘氨酸等结合。

胆红素与葡萄糖醛酸结合是肝脏对有毒性胆红素的一种根本性的生物转化解毒方式，通常把这些在肝脏与葡萄糖醛酸结合转化的胆红素称为结合胆红素；与葡萄糖醛酸结合的胆红素因分子内不再有氢键，可以迅速、直接与重氮试剂发生反应，故结合胆红素又称直接胆反应红素或直接胆红素。

结合胆红素较未结合胆红素脂溶性弱而水溶性增强，与血浆清蛋白的亲和力减小，故易从胆道排出，也易透过肾小球从尿排出。但不易通过细胞膜和血脑屏障，因此不易造成组织中毒，是胆红素解毒的重要方式。

#### （三）肝脏对胆红素的排泄作用

胆红素在内质网经结合转化后，在胞浆内经过高尔基复合体、溶酶体等作用，运输并排入毛细胆管随胆汁排出。毛细胆管内结合胆红素的浓度远高于细胞内浓度，故胆红素由肝内排出是一个逆浓度梯度的耗能过程，也是肝脏处理胆红素的一个薄弱环节，容易受损。排泄过程如发生障碍，则结合胆红素可反流入血，使血中结合胆红素水平增高。

糖皮质激素不仅能诱导 UDP-葡萄糖醛酸转移酶的生成，还促进胆红素与葡萄糖醛酸结合，而且对结合胆红素的排出也有促进作用，因此，可用此类激素治疗高胆红素血症。UGT 可被许多药物如苯巴比妥等诱导，从而加强胆红素的代谢，因此，临床上可应用苯巴比妥消除新生儿生理性黄疸。

### 四、胆红素在肠道内的转化与排泄

经过肝脏生物转化生成的结合胆红素随胆汁排入肠道后，自回肠下段至结肠，在肠道细菌作用下，由β-葡萄糖醛酸酶催化水解脱去葡萄糖醛酸基，后者再逐步还原成为无色的胆素原族化合物，即胆素原、粪胆素原及尿胆素原。粪胆素原在肠道下段或随粪便排出后经空气氧化，可氧化为棕黄色的粪胆素，它是正常粪便中的主要色素。正常人每日从粪便排出的胆素原为 40～80 mg。当胆道完全梗阻时，因结合胆红素不能排入肠道，不能形成粪胆素原及粪胆素，粪便则呈灰白色。临床上称之为白陶土样便。

生理情况下，肠道中有 10%～20% 的胆素原可被重吸收入血，经门静脉进入肝脏。其中大部分(约

90％）由肝脏摄取并以原形经胆汁分泌排入肠腔,此过程称为胆色素的肠肝循环。在此过程中,少量(约10％)胆素原可进入体循环,通过肾小球滤出由尿排出,即为尿胆素原。正常成人每天由尿排出的尿胆素原为 0.5～40 mg,尿胆素原在空气中被氧化成尿胆素,是尿液中的主要色素,尿胆素原、尿胆素及尿胆红素临床上称为尿三胆。

　　胆红素的生成及代谢和肠肝循环可总结为图 15-7。

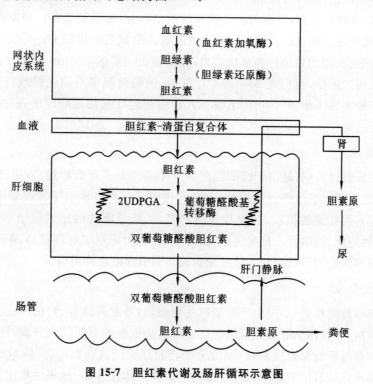

**图 15-7　胆红素代谢及肠肝循环示意图**

# 第五节　黄　疸

## 一、血清中胆红素的存在形式与理化性质

　　**1. 血清中胆红素的存在形式**　正常人血清中存在的胆红素按其性质和结构不同可分为两大类型:一类是由肝细胞内质网作用所生成的葡萄糖醛酸胆红素,这类胆红素称为结合胆红素;另一类主要来自于单核-吞噬细胞系统中红细胞破坏产生的胆红素,在血浆中主要与清蛋白结合而运输,这类胆红素因未与葡萄糖醛酸结合而称为游离胆红素,也称未结合胆红素。

　　**2. 血清中胆红素的理化性质**　血清中的未结合胆红素与结合胆红素,由于其结构和性质不同,它们对重氮试剂的反应(范登堡试验)不同,未结合胆红素由于有分子内氢键,不破坏分子内氢键则胆红素不能与重氮试剂反应,必须先加入酒精或尿素破坏氢键后才能与重氮试剂反应生成紫红色偶氮化合物,称为范登堡试验的间接反应。所以未结合胆红素又称"间接反应胆红素"或"间接胆红素"。而结合胆红素不存在分子内氢键,能迅速直接与重氮试剂反应形成紫红色偶氮化合物,故又称"直接反应胆红素"或"直接胆红素"。

　　除上述两种胆红素外,现发现还存在着"第三种胆红素",称为 δ-胆红素。它的实质是与血清清蛋白紧密结合的结合胆红素。正常血清中它的含量占总胆红素的 20％～30％。它的出现可能与肝脏功能成熟有关。肝病初期 δ-胆红素与血清中其他两种胆红素一起升高,但肝功能好转时 δ-胆红素的下降较其他两种胆红素缓慢,从而使其所占比例升高,有时可高达 60％。

### 二、胆红素代谢紊乱与黄疸

正常人血浆中胆红素的总量不超过 17.1 $\mu$mol/L,其中未结合型约占 4/5,其余为结合胆红素。凡能引起胆红素的生成过多,或使肝细胞对胆红素处理能力下降的因素,均可使血中胆红素浓度增高,称高胆红素血症。胆红素是金黄色色素,当血清中浓度高时,则可扩散入组织,组织被染黄,称为黄疸。特别是巩膜或皮肤,因含有较多弹性蛋白,后者与胆红素有较强亲和力,故易被染黄。黏膜中含有能与胆红素结合的血浆清蛋白,因此也能被染黄。黄疸程度与血清胆红素的浓度密切相关。一般血清中胆红素浓度超过 35 $\mu$mol/L 时,肉眼可见组织黄染称为显性黄疸;当血清胆红素达 100 $\mu$mol/L 以上时黄疸较明显。有时血清胆红素浓度虽超过正常,但仍在 35 $\mu$mol/L 以内,肉眼尚观察不到巩膜或皮肤黄染,称为隐性黄疸。应注意黄疸是一种常见体征,并非疾病名称。凡能引起胆红素代谢障碍的各种因素均可形成黄疸。根据其成因大致可分三类。

#### (一)溶血性黄疸

溶血性黄疸又称肝前性黄疸,是由于红细胞在单核-吞噬细胞系统破坏过多,超过肝细胞的摄取、转化和排泄能力,使血清游离胆红素浓度过高所致。此时,血中结合胆红素的浓度改变不大,重氮反应阳性,尿胆红素阴性。肝脏对胆红素的摄取、转化和排泄增多,从肠道吸收的胆素原增多,可造成尿胆素原增多。某些疾病(如恶性疟疾、过敏等)、某些药物、输血不当、镰刀形红细胞性贫血、6-磷酸葡萄糖脱氢酶先天缺陷(蚕豆病)等多种因素均可能引起大量红细胞破坏而引起溶血性黄疸。

#### (二)肝细胞性黄疸

肝细胞性黄疸又称肝源性黄疸,是由于肝细胞受到损伤,导致其摄取、转化和排泄胆红素的能力降低所致。肝细胞性黄疸时,不仅由于肝细胞摄取胆红素障碍造成血游离胆红素升高,还由于肝细胞肿胀,毛细血管阻塞或毛细胆管与肝血窦直接相通,使部分结合胆红素反流到血液循环,造成血清结合胆红素浓度增高。通过肠肝循环到达肝的胆素原也可经损伤的肝进入体循环,并从尿中排出。故临床检验可发现血清范登堡试验双阳性,尿胆红素阳性,尿胆素原增高。肝细胞性黄疸常见于肝实质性疾病,如各种肝炎、肝肿瘤等。

#### (三)阻塞性黄疸

各种原因引起的胆汁排泄通道受阻,使胆小管和毛细胆管内压力增大破裂,致使结合胆红素逆流入血,造成血清胆红素增高,这种黄疸称为阻塞性黄疸,或肝后性黄疸。实验室检查可发现血清直接胆红素浓度升高,范登堡试验阳性,血清间接胆红素无明显改变,由于直接胆红素可以从肾脏排出体外,所以尿胆红素检查阳性;胆管阻塞使肠道生成胆素原减少,尿胆素原降低。阻塞性黄疸常见于胆管炎症、肿瘤、结石或先天性胆管闭锁等疾病。

三种类型黄疸的血、尿、粪的改变情况见表 15-1。

表 15-1　三种类型黄疸的血、尿、粪的改变

| 指　标 | 正　常 | 阻塞性黄疸 | 溶血性黄疸 | 肝细胞性黄疸 |
|---|---|---|---|---|
| 总胆红素 | 1.7~17.1 $\mu$mol/L | ↑↑~↑↑↑ | ↑~↑↑ | ↑~↑↑ |
| 直接胆红素 | 0~6.8 $\mu$mol/L | ↑↑↑ | ↑ | ↑↑ |
| 间接胆红素 | 1.7~10.2 $\mu$mol/L | ↑ | ↑↑↑ | ↑↑ |
| 尿色 | 正常 | 深 | 较深 | 深 |
| 尿胆红素 | - | ++ | - | + |
| 尿胆素原 | 少量 | ↓或- | ↑↑↑ | ↑ |
| 粪便颜色 | 正常 | 变浅或陶土色 | 变深 | 变浅或正常 |

## 本章小结

肝脏通过对肝糖原的合成和分解、糖异生作用维持血糖浓度相对稳定;肝脏在脂类的消化、吸收、运输、分解与合成中均起重要作用;除 γ-球蛋白外,几乎所有的血浆蛋白质均来自肝脏;肝脏在维生素的吸收、储存、运输和代谢转化方面起重要作用;肝脏是许多激素灭活的场所;肝脏生物转化反应类型包括氧化、还原、水解和结合;生物转化作用具有反应的连续性、反应类型的多样性以及解毒和致毒的双重性特点;胆汁是肝细胞分泌的兼有消化液和排泄液的液体;胆汁酸是肝脏清除体内胆固醇的主要形式;肝细胞合成的胆汁酸称为初级胆汁酸,在肠道中受细菌作用生成的胆汁酸为次级胆汁酸;胆汁酸还可分为游离型胆汁酸和结合型胆汁酸,结合型胆汁酸是游离型胆汁酸与甘氨酸或牛磺酸在肝脏结合的产物;胆汁酸经肠肝循环,使有限的胆汁酸反复利用,满足机体对脂类消化吸收的生理需要;胆色素包括胆红素、胆绿素、胆素原和胆素;胆红素在血液中主要与清蛋白结合而运输,在肝细胞内胆红素被转化成葡萄糖醛酸胆红素后经胆管排入小肠,在肠道中胆红素被还原成胆素原后在肠黏膜被重吸收入肝形成胆素原的肠肝循环;凡使血浆胆红素浓度升高的因素均可引起黄疸,根据发生黄疸的原因可将临床上常见黄疸分为溶血性黄疸、肝细胞性黄疸和阻塞性黄疸。

## 能力检测

**一、名词解释**

1. 黄疸  2. 生物转化作用  3. 胆汁酸的肠肝循环

**二、填空题**

1. 生物转化类型包括_____、_____、_____、_____,其特点有_____、_____、_____。

2. 根据发生黄疸的原因可将黄疸分为_____、_____、_____三种类型。

**三、单项选择题**

1. 患者,女,近日感右上腹胀痛,厌油,食欲低下。入院体检:巩膜黄染,右季肋部有触痛,肝肋下 2 指,腹部有移动性叩浊音。化验结果:血清总胆红素 58 $\mu$mol/L,TP 50 g/L,A/G 为 1:15,ALT 85 U/L,AST 78 U/L。该患者的初步诊断为( )。
  A. 胆囊炎　　　　　　　B. 急性黄疸型肝炎　　　　C. 胆石症
  D. 肝硬化　　　　　　　E. 急性胰腺炎

2. 胆汁固体成分中含量最多的是( )。
  A. 胆固醇　　B. 脂类　　C. 磷脂　　D. 胆汁酸盐　　E. 胆色素

3. 胆红素在血液中主要与哪一种血浆蛋白质结合而运输?( )
  A. $\alpha_2$-球蛋白　B. $\alpha_1$-球蛋白　C. β-球蛋白　D. γ-球蛋白　E. 清蛋白

4. 阻塞性黄疸尿中主要的胆红素可能是( )。
  A. 葡萄糖醛酸胆红素　　　B. 游离胆红素　　　C. 胆红素-Y 蛋白
  D. 结合胆红素-清蛋白复合物　　E. 胆红素-Z 蛋白

5. 正常人血浆中胆红素的含量为( )。
  A. <1 $\mu$mol/L　　　B. <2 $\mu$mol/L　　　C. <10 $\mu$mol/L
  D. <17~20 $\mu$mol/L　　E. <344 $\mu$mol/L

6. 胆汁酸是下列哪一种物质的代谢产物?( )
  A. 蛋白质　　B. 甘油三酯　　C. 胆固醇　　D. 葡萄糖　　E. 核酸

**四、临床案例**

1. 患者,男,54 岁,建筑工人,在施工过程中突发一阵呕血,被送入某医院。入院体检:消瘦,呼出气有恶臭;肝脏坚硬肿大,腹部膨胀,足部轻度水肿。有酗酒既往史。实验室检查结果:TP 48 g/L,胆红素

83 $\mu$mol/L,ALT 58 U/L,AST 128 U/L。问题：

  (1) 该患者最可能的诊断是什么？

  (2) 导致低蛋白血症的原因主要是什么？

  2. 严重肝脏疾病可导致水肿、转氨酶升高、出血倾向、黄疸及肝昏迷，试说明这些症状产生的生化机制。

唐吉斌

# 第十六章 血液生物化学

## 学习目标

**掌握**:血浆蛋白质的生理功能;血浆蛋白质的来源及意义;血红素合成的原料和部位。

**熟悉**:血液的组成;血浆蛋白质的分类和性质;成熟红细胞的代谢特点。

**了解**:血红素合成的过程和调节。

## 第一节 血液的组成与化学成分

### 一、血液的组成

血液是流动在人的心脏和血管里的一种红色不透明的黏稠液体,属于结缔组织,由液态的血浆和悬浮在其中的血细胞组成,血液自然凝固后析出的淡黄色透明液体称为血清,加入适当的抗凝剂离心后的上清液称为血浆,血清与血浆的区别在于血清中没有纤维蛋白原,但含有一些在凝血过程中生成的分解产物。血浆占全血体积的55%~60%,血细胞占全血体积的40%~50%,血细胞包括红细胞、白细胞和血小板,红细胞平均寿命为120天,白细胞寿命为9~13天,血小板寿命为8~9天。一般情况下,每人每天都有40 mL的血细胞衰老死亡,同时,也有相应数量的新生细胞。正常人的血液总量相当于体重的7%~8%,或相当于每千克体重70~80 mL,相对密度为1.05~1.06,pH值为7.35~7.45,渗透压为280~313 mmol/L,黏度为水的5~6倍,其中血浆量为40~50 mL。每毫升血液中有400万~500万个红细胞,4000~11000个白细胞,15万~40万个血小板。另外,同样体重的人,瘦者比肥胖者的血量稍多一点,男性比女性的血量要多一些。血液储存着人体健康信息,机体的生理变化和病理变化往往引起血液成分的改变,所以很多疾病需要进行血液检查。

### 二、血液的主要化学成分

#### (一)血液的主要化学成分

正常人全血含水量81%~86%,其余为可溶性固体及少量氧、二氧化碳等气体。可溶性固体较为复杂,可分为有机物与无机物两大类。有机物包括蛋白质(血红蛋白、血浆蛋白质、酶与蛋白类激素)、非蛋白含氮化合物、糖、脂类、维生素和酶等。无机物主要以电解质为主,以各种离子状态存在,主要阳离子有$Na^+$、$K^+$、$Mg^{2+}$、$Ca^{2+}$,主要阴离子有$Cl^-$、$HCO_3^-$、$HPO_4^{2-}$等。

机体各组织器官与血液之间不断进行物质交换,各种物质不断进出血液,所以血液的化学成分非常复杂。在生理情况下,血液中的化学成分含量相对稳定,仅在一定范围内波动。但在病理情况下,机体器官组织代谢过程或组织结构异常时,可改变血液中的某些化学成分含量。因此通过对血液化学成分的分析,可以间接了解体内代谢或器官的功能状况,为疾病诊断或估计预后提供重要的依据。由于血液中某些成分常受食物影响,故常采用饭后8~12 h的空腹血液进行分析。血液中主要化学成分及正常值见表16-1。

**表 16-1　正常人血液的主要化学成分**

| 化 学 成 分 | 分 析 材 料 | 正 常 值 |
|---|---|---|
| 一、蛋白质 | | |
| 血红蛋白 | 全血 | 男:120～160 g/L　女:110～150 g/L |
| 总蛋白 | 血清 | 70～75 g/L |
| 清蛋白 | 血清 | 35～55 g/L |
| 球蛋白 | 血清 | 20～30 g/L |
| 纤维蛋白原 | 血浆 | 2～4 g/L |
| 二、非蛋白含氮物 | | |
| NPN | 全血 | 14.3～25.0 mmol/L |
| 尿素 | 血清 | 1.78～7.14 mmol/L |
| 氨 | 全血 | 6～35 $\mu$mol/L |
| 尿酸 | 血清 | 0.12～0.36 mmol/L(纳氏试剂法) |
| 肌酐 | 血清 | 0.05～0.11 mmol/L |
| 肌酸 | 血清 | 0.19～0.23 mmol/L |
| 总胆红素 | 血清 | 1.7～17.1 $\mu$mol/L |
| 三、不含氮的有机物 | | |
| 葡萄糖 | 血清 | 3.89～6.11 mmol/L |
| 甘油三酯 | 血清 | 1.1～1.7 mmol/L |
| 总胆固醇 | 血清 | 2.8～6.0 mmol/L |
| 磷脂 | 血清 | 48.4～80.7 mmol/L |
| 酮体 | 血清 | 0.078～0.49 mmol/L |
| 乳酸 | 全血 | 0.6～1.8 mmol/L |
| 四、无机盐 | | |
| $Na^+$ | 血清 | 135～145 mmol/L |
| $K^+$ | 血清 | 3.5～5.5 mmol/L |
| $Ca^{2+}$ | 血清 | 2.1～2.7 mmol/L |
| $Mg^{2+}$ | 血清 | 0.8～1.2 mmol/L |
| $Cl^-$ | 血清 | 98～106 mmol/L |
| $HCO_3^-$ | 血浆 | 22～27 mmol/L |
| 无机磷 | 血清 | 1.0～1.6 mmol/L |

### (二) 血液中非蛋白含氮化合物

　　血液中的非蛋白含氮化合物主要包括尿素、尿酸、肌酸、肌酐、胆红素和氨等,这些化合物所含的氮统称为非蛋白氮(NPN),正常人血液中 NPN 含量为 14.3～25.0 mmol/L。这些物质主要是蛋白质和核酸代谢的终产物,由血液运输到肾脏排出。当肾功能严重障碍时,上述物质排出受阻,可使血中 NPN 含量升高,故测定血液中 NPN 含量可反映肾脏的功能。体内蛋白质分解增强时,如消化道大出血、大手术后、烧伤及高热等,也可引起血中 NPN 含量增多。

　　**1. 尿素**　尿素是体内蛋白质代谢的最终产物,是血液中含量最多的非蛋白含氮化合物,血尿素氮(BUN)约占 NPN 的一半,正常人血中尿素含量为 1.78～7.14 mmol/L。所以临床上测定 BUN 的含量来代替 NPN 作为反映肾功能的指标。尿素本身并无毒性,但它滞留在体内时,则表示肾功能障碍。血中尿素异常,升高到 33.4 mmol/L 以上是生命垂危的征象。

**2. 尿酸**　尿酸是体内嘌呤碱分解代谢的终产物,正常人血清中含量为男性 0.12~0.36 mmol/L,女性 0.10~0.30 mmol/L。先天性嘌呤代谢异常如原发性痛风,大量摄入富含嘌呤的食物,恶性肿瘤尤其是进行化疗的患者,细胞内大量的嘌呤物质分解均可使血液尿酸水平明显升高。

**3. 肌酸**　肌酸由精氨酸、甘氨酸和蛋氨酸在体内合成,正常人血中含量为 0.19~0.23 mmol/L。肌肉萎缩等疾病的患者血中肌酸增多,尿中排出增多。

**4. 肌酐**　肌酐是肌酸和磷酸肌酸代谢的终产物,主要在肌肉中通过磷酸肌酸的非酶促反应生成,正常人血液中肌酐含量为 0.05~0.11 mmol/L。肌酐全部由肾排出,肾脏严重病变时,肌酐排出受阻,血中肌酐浓度升高。肌酐每日随尿排出的量比较稳定,食物蛋白质对血中肌酐含量的影响很小,故临床检测肌酐含量比检测尿素更能准确地了解肾脏的排泄功能。

**5. 氨**　血液中的氨主要来自于氨基酸的分解代谢,正常人血液氨含量为 6~35 μmol/L。人体血氨的产生与清除保持动态平衡。当肝功能严重损害时,人体清除氨的能力减退甚至丧失,血氨升高,影响中枢神经系统的能量代谢,导致昏迷。因此,血氨增高可作为判断肝昏迷的生化指标。

**6. 胆红素**　胆红素是血红素的分解代谢产物,正常人血浆中含量为 1.7~17.1 μmol/L。当出现肝功能障碍、胆道梗阻等疾病时,血中胆红素水平升高。

 # 第二节　血浆蛋白质

血浆蛋白质是血浆中各类蛋白质的总称,人体血浆内的蛋白质总浓度为 70~75 g/L。它们是血浆主要的固体成分,血浆蛋白质种类很多,目前已知血浆蛋白质有 200 多种,其中既有单纯蛋白质,又有结合蛋白质。血浆内各种蛋白质的含量极不相同,多者每升达数十克,少的仅为数毫克。

## 一、血浆蛋白质的分类与性质

### (一)血浆蛋白质的分类

血浆蛋白质种类繁多,功能各异。可用不同的分离方法如盐析法、电泳法、超速离心法、层析法、免疫法等分析测定,临床上通常使用的分离方法是盐析法和电泳法,也可用免疫法测定特殊的血浆蛋白质。

**1. 盐析法**　根据血浆蛋白质在不同浓度的盐溶液中溶解程度的差别而加以分离。盐析法常用的盐有硫酸铵、硫酸钠、氯化钠等,可将血浆蛋白质分为清蛋白、球蛋白与纤维蛋白原三大类。

**2. 电泳法**　电泳法是分离血浆蛋白质最常用的方法。电泳支持物不同,分离的效果差别很大。临床上常采用简单快速的醋酸纤维素薄膜电泳,将血清蛋白质分成五条区带:清蛋白、α₁-球蛋白、α₂-球蛋白、β-球蛋白和 γ-球蛋白(图 16-1)。

清蛋白是人体血浆中最主要的蛋白质,浓度达 38~48 g/L,约占血浆总蛋白的 56%。肝脏每天合成 12 g 清蛋白,占肝脏合成蛋白质的 50%。血浆中清蛋

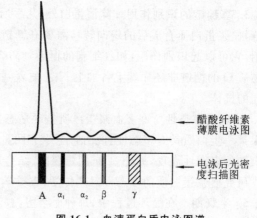

← 醋酸纤维素薄膜电泳图

← 电泳后光密度扫描图

**图 16-1　血清蛋白质电泳图谱**

白的水平主要反映肝脏合成蛋白质的功能和肾病造成的蛋白质丢失情况。清蛋白以前清蛋白形式合成,成熟的清蛋白是一条含 585 个氨基酸残基的单一多肽链,分子形状呈椭圆形。

血浆球蛋白的浓度为 15~30 g/L,正常的清蛋白与球蛋白的比例(A/G)为 1.5~2.5。血浆球蛋白分为 α₁-球蛋白、α₂-球蛋白、β-球蛋白和 γ-球蛋白四种。γ-球蛋白占血浆总蛋白的 10.7%~20%,在血浆中仅次于清蛋白,血浆球蛋白以免疫球蛋白(Ig)最多,并且主要是 γ-球蛋白。当人体患某些疾病时,血浆中可出现异种免疫球蛋白,如抗链球菌溶血素抗体、抗 HIV 等,据此可诊断相应疾病。

血浆中有些蛋白质在正常情况下含量较低,在异常情况下显著升高,检测它们的含量对疾病的诊断及疗效的观察有重要的参考价值。人体血浆中分离鉴定的重要蛋白质及其生理功能见表16-2。

表16-2　人体重要的血浆蛋白质及其生理功能

| 血浆蛋白质名称 | 血浆蛋白质的生理功能 |
|---|---|
| 前清蛋白 | 结合甲状腺素 |
| 清蛋白 | 维持血浆胶体的渗透压、运输、营养 |
| α-球蛋白 | |
| 运皮质醇蛋白 | 运输皮质醇 |
| 甲状腺素结合球蛋白 | 与甲状腺素结合 |
| 铜蓝蛋白 | 氧化酶活性,铜结合 |
| 结合珠蛋白 | 与血红蛋白结合 |
| α-脂蛋白 | 运输脂类 |
| β-球蛋白 | |
| 载脂蛋白 | 运输脂类(甘油三酯、胆固醇、磷脂) |
| 运铁蛋白 | 运输铁 |
| 运血红素蛋白 | 与血红素结合 |

## (二)血浆蛋白质的性质

血浆蛋白质的种类繁多,容易获得,而且许多血浆蛋白质基因已被克隆,由此获得了许多有关它们结构、功能、性质、合成和周转的信息。

**1. 合成部位**　绝大多数血浆蛋白质在肝中合成,如清蛋白、α-球蛋白、β-球蛋白、凝血因子、纤维蛋白原等。极少量的蛋白质是由其他组织细胞合成的,如 γ-球蛋白由浆细胞合成。

**2. 转移与加工**　血浆蛋白质的合成场所一般在有膜结合的多核糖体上。在进入血浆前,它们在肝细胞内经历了从粗面内质网到高尔基复合体再抵达质膜而分泌入血液的途径。即合成的蛋白质转移入内质网池,然后被酶切去信号肽,前蛋白质转变为成熟蛋白。血浆蛋白质自肝细胞内合成部位到血浆的时间为 30 min 至数小时。

**3. 寡糖链的识别作用**　除清蛋白外,几乎所有的血浆蛋白质均为糖蛋白,它们含有 N-或 O-连接的寡糖链,血浆蛋白质合成后的定向转移需要寡糖链。一般认为寡糖链包含了许多生物信息,发挥着重要的作用,它可以起识别作用,如红细胞的血型物质含糖达 $80\%\sim90\%$,ABO 系统中血型物质 A、B 均是在血型物质 O 的糖链非还原端上各加上 N-乙酰氨基半乳糖或半乳糖,正是一个糖基的差别,使红细胞能识别不同的抗体。

**4. 呈现多态性**　许多血浆蛋白质呈现多态性,多态性是孟德尔式或单基因遗传的性状。在人群中,如果某一蛋白质具有多态性,说明它至少有两种表型,每一种表型的发生率不少于 $1\%$。ABO 血型是广为人知的多态性表现,另外 $\alpha_1$ 抗胰蛋白酶、结合珠蛋白、运铁蛋白、铜蓝蛋白和免疫球蛋白等均具有多态性。研究血浆蛋白质的多态性对遗传学、人类学和临床医学均有重要意义。

**5. 半衰期**　在循环过程中,每种血浆蛋白质有自己特异的半衰期。正常成人的清蛋白和结合珠蛋白的半衰期分别为 20 天和 5 天左右。

**6. 急性时相蛋白质**　急性炎症或某种类型组织损伤时,某些血浆蛋白质的水平会增高,它们被称为急性时相蛋白质(APP)。增高的蛋白质包括 C-反应蛋白(CRP)、$\alpha_1$ 抗胰蛋白酶、结合珠蛋白、$\alpha_1$ 酸性蛋白和纤维蛋白原等。这些蛋白质水平增高的程度不一,少则增加 $50\%$,最多可增高 1000 倍。慢性炎症或肿瘤时也会出现这种升高,提示急性时相蛋白质在人体炎症反应中起一定作用。例如,$\alpha_1$ 抗胰蛋白酶能使急性炎症期释放的某些蛋白酶失效;白细胞介素 1(IL-1)是单核吞噬细胞释放的一种多肽,它能刺激肝细胞合成许多急性时相反应物(APR)。急性时相期,也会使某些蛋白质浓度降低,如清蛋白和运铁蛋白等。

### 二、血浆蛋白质的功能

血浆、组织间液以及其他细胞外液共同构成机体的内环境。因此血液在沟通内外环境、维持内环境的相对稳定(如 pH 值、渗透压、各种化学成分的浓度等)、物质(营养物、代谢产物、代谢调节物)的运输、免疫防御及凝血与抗凝血作用等方面都起着重要作用。

#### (一)维持血浆胶体渗透压

血浆胶体渗透压对水在血管内外的分布起决定性作用,正常人血浆胶体渗透压的大小,取决于血浆蛋白质的浓度和分子大小。由于清蛋白的浓度高、分子小,分子数最多,故能最有效地维持胶体渗透压,75%～80%的血浆胶体总渗透压靠清蛋白维持。当血浆蛋白质浓度,尤其是清蛋白浓度过低时,血浆胶体渗透压下降,导致水分在组织间隙潴留出现水肿。

#### (二)维持血浆正常的 pH 值

正常血浆的 pH 值为 $7.40\pm0.05$,血浆蛋白质的等电点大部分在 pH $4.0\sim7.3$ 之间,所以血浆蛋白质在血浆中以血浆蛋白质盐与相应蛋白质形成缓冲对,参与血浆 pH 值的维持。

#### (三)运输作用

血浆蛋白质分子的表面分布有众多亲脂性结合位点,脂溶性物质可与其结合而被运输。血浆蛋白质还能与易被细胞摄取和易随尿液排出的一些小分子物质结合,防止它们从肾丢失。脂溶性维生素 A 以视黄醇形式存在于血浆中,它与视黄醇结合蛋白形成复合物,再与前清蛋白以非共价键缔合成视黄醇-前清蛋白复合物。这种复合物一方面可防止视黄醇的氧化,另一方面防止视黄醇-视黄醇结合蛋白复合物从肾丢失。血浆中的清蛋白能与游离脂肪酸、胆红素、性激素、甲状腺素、肾上腺素、金属离子、磺胺药、青霉素 G、双香豆素、阿司匹林等药物结合,增加亲水性而便于运输。此外,血浆中还有皮质激素传递蛋白、运铁蛋白、铜蓝蛋白等。这些载体蛋白除结合运输血浆中某种物质外,还具有调节被运输物质的代谢作用。

#### (四)免疫作用

血浆中的免疫球蛋白 IgG、IgA、IgM、IgD 和 IgE 又称为抗体,在体液免疫中起至关重要的作用。此外,血浆中还有一组协助抗体完成免疫功能的蛋白酶——补体。免疫蛋白能识别特异性抗原并与之结合,形成的抗原抗体复合物能激活补体系统,产生溶菌和溶细胞现象。

#### (五)营养作用

成人每 3 L 血浆中约有 200 g 蛋白酶。体内的某些细胞,如单核-吞噬细胞系统,吞饮完整的血浆蛋白质,然后由细胞内的酶类将吞入细胞的蛋白质分解为氨基酸掺入氨基酸池,用于组织蛋白质的合成,或转变成其他含氮化合物。此外,蛋白质还能分解供能。

#### (六)凝血和抗凝血作用

有些血浆蛋白质是凝血因子,经适当因素激活后,促使纤维蛋白原转变为纤维蛋白,后者可网罗血细胞形成凝块,阻止出血。血浆中的纤溶酶原在纤溶激活剂的作用下转变为纤溶酶,使纤维蛋白溶解,以保证血流通畅。凝血因子与纤溶酶原在血液中相互作用、相互制约,保持血流循环畅通。但当血管损伤出血时,即发生血液凝固,以防止血液的大量流失。

#### (七)催化作用

具有催化功能的血浆蛋白质被称作血清酶。根据来源和功能不同,血清酶可分为如下三类。

**1. 血浆功能酶** 血浆功能酶主要在血浆中发挥催化功能,包括凝血及纤溶系统的多种蛋白水解酶、卵磷脂胆固醇脂酰基转移酶、脂蛋白脂肪酶和肾素等。血浆功能酶大多数由肝合成后以酶原形式分泌入血,在一定条件下被激活后发挥作用,引起相应的生理或病理变化。

**2. 外分泌酶** 外分泌腺分泌的酶类包括胃蛋白酶、胰蛋白酶、胰淀粉酶、胰脂肪酶和唾液淀粉酶等。在生理条件下这些酶少量逸入血浆,它们的催化活性与血浆的正常生理功能无直接的关系。但当这些脏器受损时,逸入血浆的酶量增加,血浆内相关酶的活性增高,在临床上有诊断价值。

**3. 细胞酶** 细胞酶是存在于细胞和组织内参与物质代谢的酶。这类酶大部分无器官特异性；小部分来源于特定的组织，表现为器官特异性。这类酶细胞内外浓度差异悬殊，随着细胞的不断更新，这些酶可释放至血。正常情况下，它们在血浆中含量甚微，当特定的器官有病变时，释放入血的酶量增加，血浆内相应的酶活性增高，可用于临床酶学检验。

> **知识链接**
>
> ### 血浆蛋白质异常与肝脏疾病
>
> 　　肝脏是机体蛋白质代谢的主要器官。如清蛋白、脂蛋白、凝血因子和纤溶因子以及各种转运蛋白等均系肝细胞合成，当肝功能受损时这些蛋白质便减少；γ-球蛋白虽非肝细胞合成，但肝脏功能受损时，如有炎症，γ-球蛋白可增多。通过测定血浆蛋白质水平，可了解肝脏对蛋白质的代谢功能。
>
> 　　脂肪肝最常见的异常变化是血浆蛋白质总量改变，以及清蛋白与球蛋白比值（A/G）倒置，有些患者的血浆蛋白质电泳显示 $\alpha_1$、$\alpha_2$、$\beta$-球蛋白增加。脂肪肝治愈后，血浆蛋白质的异常较其他任何生化改变更晚恢复，常要经过 3～6 个月之后才恢复正常。

# 第三节　红细胞的代谢

　　红细胞是血液中最主要的细胞，在骨髓中由造血干细胞定向分化而成，经历了原始幼红细胞、早幼红细胞、中幼红细胞、晚幼红细胞、网织红细胞等阶段，最后才成为成熟红细胞。在红细胞发育过程中，早幼红细胞、中幼红细胞有细胞核、线粒体、核糖体等细胞器，能进行核酸和蛋白质的生物合成，可以经有氧氧化获得能量，具有分裂增殖的能力。晚幼红细胞已失去合成 DNA 的能力，故不再分裂。网织红细胞中细胞核和 DNA 均消失，不能合成核酸，但仍残留少量 RNA 和线粒体，故仍可合成蛋白质和通过有氧氧化供能。成熟红细胞除细胞膜外，全部细胞器均消失，不能进行核酸和蛋白质的生物合成，也不能进行有氧氧化，不能利用脂肪酸，葡萄糖是成熟红细胞的主要能量物质，红细胞摄取葡萄糖属于易化扩散，不依赖胰岛素。

## 一、红细胞中糖代谢的特点

　　葡萄糖是成熟红细胞的主要能量物质，所保留的代谢通路主要是葡萄糖的酵解和磷酸戊糖途径以及 2,3-二磷酸甘油酸旁路。血液循环中的红细胞每天大约从血浆摄取 30 g 葡萄糖，其中 90%～95% 经糖酵解通路和 2,3-二磷酸甘油酸旁路进行代谢，5%～10% 通过磷酸戊糖途径进行代谢，以维持成熟红细胞正常的生理功能。

### （一）糖酵解

　　糖酵解是成熟红细胞获得能量的唯一途径，基本反应和其他组织相同。每摩尔葡萄糖酵解生成 2 mol 丙酮酸，2 mol ATP 和 2 mol NADH＋H$^+$，红细胞糖酵解与其他细胞的不同之处是存在 2,3-二磷酸甘油酸（2,3-BPG）旁路。

　　**1. 糖酵解生成的 ATP 的作用**　①维持红细胞膜上钠泵的功能。②维持红细胞膜上钙泵的正常运行，保持红细胞内的低钙状态；缺乏 ATP 时，钙泵不能正常运行，钙将聚集并沉积于红细胞膜，使膜失去柔韧性而逐渐僵硬，红细胞流经狭窄的脾窦时易被破坏。③保持红细胞膜上脂质与血浆中脂质的正常交换。

　　**2. NADH 的作用**　①将丙酮酸还原为乳酸。②将高铁血红蛋白还原为血红蛋白。

　　**3. 2,3-二磷酸甘油酸旁路**　糖酵解的中间产物 1,3-二磷酸甘油酸（1,3-BPG）经变位酶催化可转变为 2,3-BPG，后者经 3-磷酸甘油酸沿酵解途径生成乳酸，该途径为 2,3-BPG 旁路（图 16-2）。正常情况下，2,3-BPG 对二磷酸甘油酸变位酶的负反馈作用大于对 3-磷酸甘油酸激酶的抑制作用，所以 2,3-BPG 旁路仅占糖酵解的 15%～50%，但是由于 2,3-BPG 磷酸酶的活性较低，2,3-BPG 升高。

2,3-BPG 的作用:①调节血红蛋白的运氧功能,降低血红蛋白对 $O_2$ 的亲和力;②红细胞不能储存葡萄糖,但 2,3-BPG 含量高,氧化时可生成 ATP,故 2,3-BPG 可看作是红细胞内能量的储存形式。

### (二)磷酸戊糖途径

红细胞中 5%~10% 的葡萄糖沿磷酸戊糖途径分解,磷酸戊糖途径的生理意义是为红细胞提供 NADPH,用于维持谷胱甘肽还原系统和高铁血红蛋白的还原。

**1. 谷胱甘肽** 红细胞合成谷胱甘肽的能力较强,所以谷胱甘肽含量较高,并且几乎全是还原型谷胱甘肽(GSH)。GSH 具有抗氧化作用,能保护膜蛋白、血红蛋白及酶蛋白的巯基不被氧化,而保持红细胞的正常功能。当红细胞内生成少量 $H_2O_2$ 等氧化剂时,GSH 在谷胱甘肽过氧化物酶作用下,将 $H_2O_2$ 还原成 $H_2O$,以消除 $H_2O_2$ 对红细胞膜上蛋白质和酶中巯基的氧化作用,使这些蛋白质保持还原状态而维持原有活

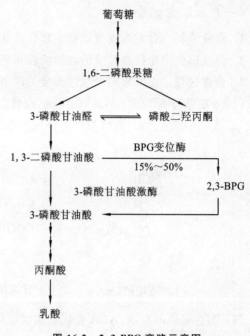

图 16-2 2,3-BPG 旁路示意图

性。反应中生成氧化型谷胱甘肽(GSSG)可在谷胱甘肽还原酶的催化下,由 NADPH 供氢重新还原为 GSH,维持红细胞内 GSH 的正常浓度(图 16-3)。

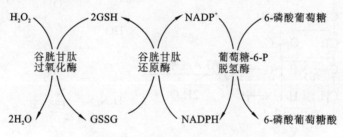

图 16-3 谷胱甘肽的氧化与还原

**2. NADPH** 磷酸戊糖途径的限速酶是 6-磷酸葡萄糖脱氢酶,该酶先天缺陷患者的红细胞内 NADPH 及 GSH 减少,含巯基的膜蛋白和酶失去保护作用,则红细胞发生破裂导致溶血。这种溶血现象常因服用可以导致 $H_2O_2$ 和超氧化物生成的蚕豆或某些药物(如磺胺类、阿司匹林等)而引起。

**3. 高铁血红蛋白的还原** 正常血红蛋白(Hb)分子中的铁是 $Fe^{2+}$,各种氧化作用如亚硝酸盐、硝基甘油、苯胺类、硝基苯类、磺胺类及醌类化合物都可将 $Fe^{2+}$ 氧化成 $Fe^{3+}$,使血红蛋白氧化成高铁血红蛋白(MHb)。高铁血红蛋白不能携氧,若不及时将其还原,患者可因缺氧而出现发绀等症状。红细胞中存在的氧化还原系统可使高铁血红蛋白还原,催化高铁血红蛋白还原的酶主要是 NADH-高铁血红蛋白还原酶,另外还有 NADPH-高铁血红蛋白还原酶,但作用较小。维生素 C 和 GSH 也能直接还原高铁血红蛋白。故正常红细胞内高铁血红蛋白不到血红蛋白总量的 1%。

$$高铁血红蛋白+NADH \xrightarrow{\text{高铁血红蛋白还原酶}} 血红蛋白+NAD^+$$

## 二、血红素的合成与调节

成熟红细胞中血红蛋白(Hb)占红细胞内蛋白质总量的 95%,由珠蛋白和血红素缔合而成。血红蛋白是血液运输 $O_2$ 和 $CO_2$ 的重要物质,以维持血液的酸碱平衡。血红素是含铁的卟啉类化合物,不仅是血红蛋白的辅基,也是肌红蛋白、细胞色素、过氧化物酶等的辅基。血红素可在体内多种细胞合成,且合成通路相同,参与血红蛋白组成的血红素主要在骨髓的幼红细胞和网织红细胞中合成,成熟红细胞不再有血红素的合成。

（一）血红素的合成过程

**1. 合成原料**  合成血红素的基本原料是甘氨酸、琥珀酰 CoA 和 $Fe^{2+}$。

**2. 合成部位**  血红素合成的起始阶段和终止阶段均在线粒体内进行,中间阶段在胞浆内进行。

**3. 合成过程**  血红素的合成过程分为四个阶段。

（1）$\delta$-氨基-$\gamma$-酮戊酸（ALA）的生成:在线粒体内,琥珀酰 CoA 和甘氨酸在 ALA 合酶的催化下脱羧生成 ALA。ALA 合酶是血红素生物合成的限速酶,辅酶是磷酸吡哆醛,受血红素反馈抑制。

$$琥珀酰CoA + 甘氨酸 \xrightarrow[\text{ALA合酶}]{\text{HSCoA}+CO_2} \delta\text{-氨基-}\gamma\text{-酮戊酸（ALA）}$$

（2）胆色素原的合成:ALA 生成后由线粒体进入胞浆中,在 ALA 脱水酶的作用下,2 分子 ALA 脱水缩合生成 1 分子胆色素原(PBG)。ALA 脱水酶含有巯基,对铅等重金属的抑制作用十分敏感。

$$ALA \xrightarrow[2H_2O]{\text{ALA脱水酶}} 胆色素原（PBG）$$

（3）尿卟啉原与粪卟啉原的生成:在胞浆中尿卟啉原 I 同合酶(胆色素原脱氨酶)的催化下,4 分子胆色素原生成线状四吡咯;后者在尿卟啉原 III 同合酶的催化下生成尿卟啉原 III(UPG III),尿卟啉 III 经尿卟啉原 III 脱羧酶催化生成粪卟啉原 III(CPG III)。

$$4 \times 胆色素原 \xrightarrow{\text{尿卟啉原 I 同合酶}} 线状四吡咯$$
$$\downarrow \text{尿卟啉原 III 同合酶}$$
$$粪卟啉原 III \xleftarrow{\text{尿卟啉原 III 脱羧酶}} 尿卟啉原 III$$

（4）血红素的生成:粪卟啉原 III 从胞浆进入线粒体中,在粪卟啉原 III 氧化脱羧酶作用下,生成原卟啉原 IX;再经原卟啉原 IX 氧化酶催化脱氢,将连接 4 个吡咯环的甲烯基氧化成甲炔基而生成原卟啉 IX;最后由亚铁螯合酶(又称血红素合成酶)催化,与 $Fe^{2+}$ 结合生成血红素。

$$粪卟啉原 III \xrightarrow{\text{粪卟啉原 III 氧化脱羧酶}} 原卟啉原 IX$$
$$\downarrow \text{原卟啉原 IX 氧化酶}$$
$$血红素 \xleftarrow{\text{亚铁螯合酶}} 原卟啉 IX$$

血红素生成后从线粒体转运到胞浆,在骨髓的有核红细胞及网织红细胞中,与珠蛋白结合成为血红蛋白(图 16-4)。

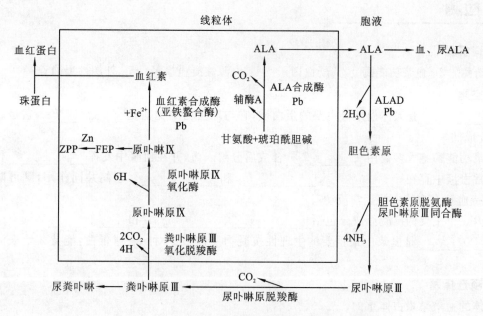

**图 16-4　血红素的生物合成及铅对合成过程的影响**

### （二）血红素合成的调节

多种因素可调节血红素的合成,但对 ALA 生成的调节是最主要的环节。

**1. ALA 合酶**　该酶是血红素合成的限速酶,受血红素的别构抑制调节。此外,血红素还可以阻抑 ALA 合酶的合成。如果血红素生成过多,氧化成高铁血红素,既可阻遏限速酶的合成,又可抑制其活性,故可减少血红素的合成。此外,磷酸吡哆醛是该酶的辅基,维生素 $B_6$ 的缺少将减少血红素的合成。

**2. 促红细胞生成素(EPO)**　一种由肾脏产生的糖蛋白,也是红细胞生成的主要调节剂,主要作用是促进红细胞发育和血红蛋白合成,并能促使成熟的红细胞释放入血。当机体缺氧时,促红细胞生成素分泌增多,促进血红蛋白的合成和红细胞的发育,以适应机体运氧的需要。严重肾脏疾病会伴有贫血现象,这与红细胞生成素合成量减少有关,目前临床上已用 EPO 治疗部分贫血患者。

**3. 类固醇激素**　雄激素及雌二醇等都是血红素合成的促进剂。如睾酮在肝内可还原为 5β-二氢睾酮,后者可诱导 ALA 合酶的生成,从而促进血红素和血红蛋白的合成。因此临床上用丙酸睾丸酮及其衍生物治疗再生障碍性贫血。

**4. 其他因素的影响**　磷酸吡哆醛是 ALA 合酶的辅酶,维生素 $B_6$ 缺乏,将减少血红素的合成;原料铁的来源不足,也可影响血红素的合成。此外 ALA 脱水酶与亚铁螯合酶可被重金属等抑制,导致血红素生成的抑制。

## 本章小结

血液由液态血浆和血细胞组成,血浆的主要成分是水、无机盐和有机物,血细胞包括红细胞、白细胞、血小板;非蛋白氮在血中的含量与肝、肾等功能有关,在临床检测上有重要意义,血尿素氮约占 NPN 的一半,临床上测定尿素氮(BUN)的含量来作为反映肾功能的指标;血浆中的蛋白质浓度为 $60\sim80$ g/L,血浆蛋白质分类方法常用的有盐析法和电泳法;血浆中含量最多的是清蛋白;血浆蛋白质主要的功能是维持血浆胶体渗透压、正常 pH 值、运输、免疫、凝血和抗凝血、营养、催化等;红细胞是血液中最主要的细胞,成熟红细胞的能量来源依靠糖酵解;红细胞中最主要的成分是血红蛋白,血红蛋白由珠蛋白和血红素组成;血红素合成的原料是琥珀酰 CoA、甘氨酸和铁离子,ALA 合酶是合成血红素的限速酶,该酶的活性受血红素、红细胞生成素、类固醇激素等的影响。

## 能力检测

**一、名词解释**

1. 血清酶　2. 血浆功能酶　3. 凝血因子　4. 内源性凝血途径　5. 外源性凝血途径

**二、填空题**

1. _____是人体血浆最主要的蛋白质,它与球蛋白的比值是_____,它是以_____

____形式合成的。

2. 血浆功能酶绝大多数由_____合成后分泌入血,并在血浆中发挥_____作用。

3. 正常血液中存在_____、_____和_____,它们共同作用,既可防止血液流

失,又能保持血液在血管内的正常流动。

4. 体内三个主要的抗凝血成分包括_____、_____和_____。

5. _____是血浆中最重要的生理性抗凝物质,它是一种 $\alpha_2$-球蛋白,能持久地灭活_____

____。

**三、单项选择题**

1. 人体的血液总量占体重的(　　)。

A. 5% 　　　　　　B. 8% 　　　　　　C. 55% 　　　　　　D. 60% 　　　　　　E. 77%

2. 血液的 pH 值平均为(　　)。

A. 7.30 　　　　　B. 7.40 　　　　　C. 7.50 　　　　　D. 7.60 　　　　　E. 7.70

3. 在 pH 8.6 的缓冲液中,进行血清蛋白醋酸纤维素薄膜电泳,泳动最快的是(　　)。

A. $\alpha_1$-球蛋白 　　　B. $\alpha_2$-球蛋白 　　　C. $\beta$-球蛋白 　　　D. $\gamma$-球蛋白 　　　E. 清蛋白

4. 浆细胞合成的蛋白质是(　　)。

A. 清蛋白 　　　　B. 纤维蛋白原 　　C. 纤维粘连蛋白 　D. $\gamma$-球蛋白 　　E. 凝血酶原

5. 血浆清蛋白的功能不包括(　　)。

A. 营养作用 　　　B. 缓冲作用 　　　C. 运输作用 　　　D. 免疫功能 　　　E. 维持血浆胶体渗透压

6. 在血浆内含有的下列物质中,肝脏不能合成的是(　　)。

A. 清蛋白 　　　　B. $\gamma$-球蛋白 　　C. 凝血酶原 　　　D. 纤维粘连蛋白 　E. 纤维蛋白原

7. 绝大多数血浆蛋白质的合成场所是(　　)。

A. 肾脏 　　　　　B. 骨髓 　　　　　C. 肝脏 　　　　　D. 肌肉 　　　　　E. 脾脏

8. 唯一不存在于正常人血浆中的凝血因子是(　　)。

A. 因子 Ⅲ 　　　　B. 纤维蛋白原 　　C. 因子 Ⅻ 　　　　D. 因子 Ⅷ 　　　　E. 因子 Ⅳ

9. 水解凝血酶原生成凝血酶的是(　　)。

A. 因子 Ⅹa 　　　　　　　　B. $Ca^{2+}$-PL 复合物 　　　　　　C. 因子 Ⅴa

D. $Ca^{2+}$ 　　　　　　　　E. (Ⅹa-$Ca^{2+}$-Ⅴa) PL

10. 不是糖蛋白的凝血因子是(　　)。

A. 凝血因子Ⅲ与 Ⅳ 　　　　　　B. 凝血因子Ⅱ 　　　　　　　　C. 凝血因子Ⅶ

D. 凝血因子Ⅸ 　　　　　　　　E. 凝血因子 Ⅹ

**四、简答题**

1. 简述血浆蛋白质的主要性质。

2. 简述血浆蛋白质的主要功能。

李玲玲

# 第十七章 水和电解质代谢

## 第一节 体 液

体液是存在于人体各组织细胞内外的水溶液，由机体内的水、溶解在水中的无机盐和有机物一起构成。水和无机盐是人体的重要组成成分以及必需的营养素，有机物是维持人体生命活动的重要物质。体液是细胞生命活动的内环境，保持体液容量、分布和组成的动态平衡，是维持细胞的正常代谢、机体正常生命活动的必要条件。疾病和内环境的变化都可能破坏这种动态平衡，当超出机体所能调控的范围时，即可造成水、无机盐和酸碱平衡的紊乱，将对机体产生各种不利的影响，严重时甚至可以危及生命。因此，掌握水盐的代谢与功能，对疾病的预防和治疗有很重要的意义。

### 一、体液的含量与分布

体液分为细胞内液和细胞外液，总量约占体重的 60%。其中细胞内液占体液总量的三分之二，约占体重的 40%，是细胞进行生命活动的基质；细胞外液占体液总量的三分之一，约占体重的 20%，是细胞进行生命活动必须依赖的外环境。细胞外液可进一步划分为细胞间液和位于血管内的血浆，细胞间液约占体重的 15%，血浆约占 5%，血浆是血液循环的基质。另外有一小部分细胞外液称为透细胞液，占体重的 1%～2%。透细胞液又称第三间隙液，是指由上皮细胞耗能分泌至体内某些腔隙（第三间隙）的液体，如淋巴液、消化液、脑脊液、渗出液、关节滑液、尿液、汗液、眼内的液体，以及病理情况下产生的胸腔积液、腹腔积液，以及由于肠梗阻、尿潴留而在梗阻近端出现的肠道液等。

体液的含量和分布受年龄、性别、脂肪等因素的影响，因而存在个体差异。人体体液总量随着年龄增长逐渐减少，如新生儿体液量可达体重的 80%，成人体液量占体重的 60%，而老年人体液量只占体重的 55%；机体肌肉组织含水量高（75%～80%），脂肪组织含水量低（10%～30%），故肥胖者的体液量比体重相同的瘦者要少，女性脂肪较多，体液量比男性要少；婴幼儿的生理特性决定其具有体液总量大、细胞外液比例高、体内外水的交换率高、对水代谢的调节与代偿能力较弱的特点；老年人体液总量减少，以细胞内液减少为主。婴幼儿、老年人或肥胖者若丧失体液，容易发生脱水。

## 二、体液电解质的组成、含量及其分布特点

### (一)体液电解质的组成和含量

体液中的溶质分为电解质和非电解质两大类,其中无机盐、蛋白质和有机酸等属于电解质,常以离子的形式存在;葡萄糖、尿素等属于非电解质,以分子形式存在。体液中电解质的含量和分布见表17-1。

**表 17-1 体液中电解质的含量和分布** (单位:mmol/L)

| 电 解 质 | | 血浆 | | 细胞间液 | | 细胞内液(肌肉) | |
|---|---|---|---|---|---|---|---|
| | | 离子 | 电荷 | 离子 | 电荷 | 离子 | 电荷 |
| 阳离子 | $Na^+$ | 145 | (145) | 139 | (139) | 10 | (10) |
| | $K^+$ | 4.5 | (4.5) | 4 | (4) | 158 | (158) |
| | $Mg^{2+}$ | 0.8 | (1.6) | 0.5 | (1) | 15.5 | (31) |
| | $Ca^{2+}$ | 2.5 | (5) | 2 | (4) | 3 | (6) |
| | 合计 | 152.8 | (156) | 145.5 | (148) | 186.5 | (205) |
| 阴离子 | $Cl^-$ | 103 | (103) | 112 | (112) | 1 | (1) |
| | $HCO_3^-$ | 27 | (27) | 25 | (25) | 10 | (10) |
| | $HPO_4^{2-}$ | 1 | (2) | 1 | (2) | 12 | (24) |
| | $SO_3^{2-}$ | 0.5 | (1) | 0.5 | (1) | 9.5 | (19) |
| | 蛋白质 | 2.25 | (18) | 0.25 | (2) | 8.1 | (65) |
| | 有机酸 | 5 | (5) | 6 | (6) | 16 | (16) |
| | 有机磷酸 | — | (—) | — | (—) | 23.3 | (70) |
| | 合计 | 138.75 | (156) | 144.75 | (148) | 79.9 | (205) |

### (二)体液电解质分布的特点

**1. 体液呈电中性** 体液中电解质含量若以摩尔电荷浓度表示,则无论细胞内液、组织间液或血浆,其阴阳离子电荷总量相等,呈现电中性。

**2. 细胞内液与细胞外液电解质的含量分布差异很大** 细胞外液的阳离子以 $Na^+$ 为主,阴离子以 $Cl^-$ 和 $HCO_3^-$ 为主;细胞内液的阳离子以 $K^+$ 为主,阴离子以 $HPO_4^{2-}$ 和蛋白质负离子为主。细胞内、外液中 $K^+$ 与 $Na^+$ 分布的这种显著差异,是由于细胞膜上的 Na-K 离子泵能主动地把 $Na^+$ 排出细胞外,同时将 $K^+$ 转送进细胞内的缘故。

**3. 各种体液渗透压相等** 细胞内液中电解质的总量大于细胞外液(组织间液和血浆),但由于细胞内液含大分子蛋白质和二价离子较多,而这些电解质产生的渗透压较小,因此,细胞内外液的渗透压仍然基本相等。

**4. 血浆蛋白质含量大于组织间液** 同属于细胞外液的血浆和组织间液在电解质组成和含量上十分接近,唯一重要的差别是蛋白质的含量不同,血浆蛋白质含量为 2.25 mmol/L,而细胞间液蛋白质含量仅为 0.25 mmol/L,这种差别对于维持血容量以及血浆与组织间液之间水的交换具有重要意义。

## 三、体液的交换

人体的血浆与细胞间液、细胞间液和细胞内液总是在不断地进行交换,同时伴有营养物质的吸收、代谢物的交换以及代谢终产物的排出,所以体液的交换在维持生物体的生命活动中占有重要地位。各种体液在不断进行的交换过程中保持着动态平衡,若体液中水分和电解质发生数量的改变,可产生脱水、水肿或电解质紊乱等症状。

### (一)血浆与细胞间液的体液交换

物质在血浆和细胞间液之间的交换需要穿过毛细血管壁。正常情况下,毛细血管壁是半透膜,水、无

机盐和其他小分子有机物质(葡萄糖、氨基酸、尿素)可自由通过,但大分子蛋白质不能自由穿过。水和其他溶质在这两个分区间的交换主要靠自由扩散,使得血浆蛋白质浓度大于细胞间液中的蛋白质浓度,血浆胶体渗透压高于细胞间液胶体渗透压。

血浆与组织间液的交换示意图见图 17-1。血浆与细胞间液之间进行体液交换的动力是有效过滤压。细胞间液静水压和血浆胶体渗透压是促使体液进入毛细血管的力量;毛细血管血压与组织间液胶体渗透压是促使体液进入组织间液的力量。

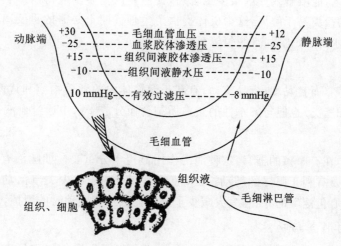

**图 17-1 血浆与组织间液的交换**

以上四种压力的总和称为有效过滤压,有效过滤压可用下式表示

有效过滤压=(毛细血管血压+组织间液胶体渗透压)-(血浆胶体渗透压+组织间液静水压)。

在毛细血管动脉端的有效过滤压=(30+15) mmHg-(25+10) mmHg=10 mmHg,体液由血浆流入组织间液,各种营养物质也随之流向组织间液。

在毛细血管静脉端的有效过滤压=(12+15) mmHg-(25+10) mmHg=-8 mmHg,体液由组织间液流向毛细血管,代谢终产物也随之流向毛细血管。

### (二)细胞内液与细胞外液的体液交换

细胞内液与细胞外液之间的体液交换是通过细胞膜进行的,细胞膜是一种功能极其复杂的半透膜,与毛细血管相比,细胞膜对物质的透过有高度的选择性。水分子及一些小分子化合物如葡萄糖、氨基酸、尿素、肌酐、二氧化碳、氧、$Cl^-$、$HCO_3^-$ 等都可通过细胞膜,但大多需要载体的转运,如葡萄糖载体、氨基酸载体。而细胞内外的蛋白质、$K^+$、$Na^+$、$Ca^{2+}$、$Mg^{2+}$ 则不易透过细胞膜,所以细胞内液与细胞外液的化学组成有显著差异。由于无机离子所产生的晶体渗透压远大于蛋白质所产生的胶体渗透压,因而决定细胞内液与细胞外液之间物质交换的主要因素是无机离子所产生的晶体渗透压。水可以自由透过细胞膜,故当细胞内液与细胞外液间存在渗透压差时,主要靠水的转移来维持细胞内外液的渗透压平衡。当细胞外液渗透压升高时,水从细胞内转移至细胞外引起细胞皱缩;当细胞外液渗透压降低时,水从细胞外转移至细胞内引起细胞肿胀。

 # 第二节 水 代 谢

### 一、水的生理功能

水是人体含量最多也是最重要的物质,体内的水大部分以结合水的形式存在,一部分以自由水的形式存在。水具有很多特殊的理化性质,在维持体内正常代谢活动和生理活动方面起着重要作用。

### (一)调节体温

水对体温调节起重要作用,因水的比热大,1 g 水从 15 ℃升温至 16 ℃需要吸收 4.2 J(1 cal)的热量,比等量固体或其他液体所需的热量多,因而水能吸收或释放较多的热量而本身的温度升高不多;水的蒸发热大,1 g 水在 37 ℃时完全蒸发需要吸收 2415 J(575 cal)的热量,所以蒸发少量的汗液就能散发大量的热,这对在高温环境下维持体温极为重要;水的流动性大,导热性强,血液循环能将代谢产生的热在体内迅速均匀地分布于全身,并通过体表散发到环境中去。

**(二) 促进并参与物质代谢**

水是体内的良好溶剂,能溶解或分散很多化合物,促使体内化学反应得以顺利进行。另外,水的介电常数高,使溶解在其中的盐类易于解离,这为机体提供了生理代谢上必需的重要离子,促进物质代谢。水还可以直接参与体内的水解、水化、加水脱氢等反应。

**(三) 运输作用**

水不仅是良好的溶剂,而且黏度小、易流动,有利于运输体内的营养物质和代谢产物。即使是某些难溶或不溶于水的物质(如脂类)也能与亲水性的蛋白质结合而分散于水中通过血液循环运输。

**(四) 润滑作用**

水是良好的润滑剂,在有摩擦的器官,这种润滑作用显得十分重要。如唾液有利于吞咽及咽部湿润;泪液可防止眼角膜干燥及有利于眼球的转动;关节腔的滑液有利于减少关节活动的摩擦作用,利于关节运动;胸腔液、腹腔液和心包液等的存在,大大减少了这些内脏器官运动时的摩擦,起到良好的润滑作用。

**(五) 维持组织的形态与功能**

结合水具有与流动性水完全不同的性质,它参与构成细胞原生质的特殊形态,以保证一些组织具有独特的生理功能。如心肌含水约 79%,血液含水约 83%,虽然两者含水量相差不大,但心肌主要含结合水,因而心肌能进行强有力的收缩,推动血液循环,而血液中的水主要是自由水,故血液能流动自如。

## 二、水的平衡

正常成年人每天摄入的水量和排出的水量是相等的,称为水平衡。

**(一) 水的摄入**

一般情况下,正常成年人每天所需的水量是 2500 mL,每天摄取水的量为 2000～2500 mL,水的摄入途径有如下三条。

**1. 饮水** 饮水量因个人习惯、气候条件和劳动强度的不同有较大的差异,一般的成人每天以茶、饮料、汤等形式摄入水的量在 1200 mL 左右。

**2. 食物水** 各种食物含水量各不相同,成人每天从食物摄入水的量约为 1000 mL。

**3. 代谢水** 代谢水是指糖、脂肪和蛋白质等营养物质在代谢过程中经氧化生成的水,也称为内生水。成年人每天体内生成的代谢水约有 300 mL。

**(二) 水的排出**

正常成年人每天的排水量为 2000～2500 mL,体内水的排出途径有如下四条。

**1. 肾排出** 肾脏是水排出的主要途径,对体内水的平衡起主要调节作用。成人每天尿量约为 1500 mL,尿量受饮水量和其他途径排水量的影响较大。成人每天经尿排出的固体代谢物约 35 g,每克固体溶质至少需要 15 mL 水才能使之溶解,故成人每天尿量至少需要 500 mL 才能将代谢废物排尽,否则会导致代谢产物在体内积累而引起尿毒症。临床上将 500 mL 称为最低尿量,每日尿量少于 500 mL 时称为少尿,少于 100 mL 称为无尿。

**2. 皮肤蒸发** 皮肤蒸发的作用是排出水分和调节体温,皮肤排水有显性出汗和非显性出汗两种方式。显性出汗是皮肤汗腺活动分泌的汗液,出汗量与环境温度、湿度及活动强度有关。显性汗液是含有少量 $Na^+$、$Cl^-$ 和 $K^+$ 的低渗溶液,所以对出汗过多者除补水外还要适当补盐。非显性出汗是体表水分的蒸发,正常成人每日由皮肤蒸发的水分约 500 mL,其中的无机盐含量很少,可视为纯水。

**3. 肺呼出** 正常成人每日呼吸时以水蒸气的形式排出的水约 350 mL。呼吸蒸发水的量取决于呼吸的深度和频率,如高热时呼吸加深、加快,排水量增多。

**4. 粪便排出** 各种消化腺分泌进入胃肠道的消化液平均每天约 8000 mL,其中含有大量的水分和电解质。正常情况下,这些消化液绝大部分被肠道重吸收,只有 150 mL 左右的水随粪便排出。但是在呕吐、腹泻、胃肠减压、肠瘘等情况下,消化液大量丢失,导致不同性质的失水、失电解质,所以临床补液时应根据丢失消化液的性质决定其应补充的电解质种类。

正常成人每日水的进出量大致相当,约为 2500 mL,每日摄入 2500 mL 水可满足正常生理需要,称为生理需水量。但在缺水情况下,每日仍有 1500 mL 水通过肺、皮肤、肾和粪便丢失,称为必然丢失水量。因此,除代谢水外,成人每日至少需要补充 1200 mL 水,才能维持正常的生命活动,此量称为最低需水量,是临床补水的依据。

##  第三节 电解质代谢

### 一、电解质的生理功能

#### (一)维持体液的渗透压与水平衡

体液中由无机盐构成的渗透压称为晶体渗透压,占血浆渗透压总量的 80%,对细胞内外水的转移及物质交换起着十分重要的作用。$Na^+$、$Cl^-$ 是维持细胞外液渗透压的主要离子;$K^+$、$HPO_4^{2-}$ 是维持细胞内液渗透压的主要离子。当这些电解质的浓度发生改变时,细胞内外液的渗透压也会发生改变,从而影响体内水的分布。

#### (二)维持体液的酸碱平衡

人体各组织细胞只有在适宜的 pH 值条件下才能维持各种酶促反应的正常进行。正常人的组织间液及血浆的 pH 值为 7.35～7.45,在血液缓冲系统、肺和肾的调节下维持相对稳定。体液中的 $Na^+$、$K^+$、$HCO_3^-$、$HPO_4^{2-}$ 及蛋白质离子参与体液缓冲体系的构成,可以缓冲酸性物质和碱性物质对体液 pH 值的影响,从而维持体液的酸碱平衡。

#### (三)维持神经肌肉的应激性

神经肌肉的应激性与多种无机离子的浓度及比例有关系,其关系为

$$神经肌肉应激性 \propto \frac{[Na^+]+[K^+]+[OH^-]}{[Ca^{2+}]+[Mg^{2+}]+[H^+]}$$

从上述关系式可知,$Na^+$、$K^+$ 能增强神经肌肉的应激性,当血浆 $Na^+$、$K^+$ 浓度过低时,神经肌肉的应激性降低,可出现肌肉软弱无力,甚至麻痹;而 $Ca^{2+}$、$Mg^{2+}$、$H^+$ 能降低神经肌肉的应激性,当血浆 $Ca^{2+}$、$Mg^{2+}$、$H^+$ 浓度增高时,神经肌肉的应激性降低,当血浆 $Ca^{2+}$ 浓度过低时,神经肌肉的应激性升高,可出现手足搐搦甚至惊厥。

$Ca^{2+}$ 与 $K^+$ 对心肌细胞应激性的作用恰好与上式相反:

$$心肌细胞应激性 \propto \frac{[Na^+]+[Ca^{2+}]+[OH^-]}{[K^+]+[Mg^{2+}]+[H^+]}$$

血钾过高对心肌有抑制作用,当血钾浓度升高时,心肌的应激性降低,可使心舒张期延长,出现心动过缓、心率减慢、传导阻滞和收缩力减弱,严重时甚至可使心跳停止于舒张期。因此临床上给患者补钾应尽量选择口服,如需通过静脉补钾,则应缓慢滴注,以防血钾过高,发生危险。当血钾浓度过低时,心肌的应激性增强,可出现心率加快,心律紊乱,严重时可使心跳停止于收缩期。由于 $Na^+$ 和 $Ca^{2+}$ 可拮抗 $K^+$ 对心肌的作用,因此,临床上可通过静脉注射含 $Ca^{2+}$ 的溶液来纠正血浆 $K^+$ 浓度过高对心肌的不利影响。

#### (四)维持细胞正常的新陈代谢

**1. 作为酶的辅助因子或激活剂影响酶的活性** 如 $Zn^{2+}$ 是碳酸酐酶的辅助因子,$Mg^{2+}$ 是体内各类激酶的激活剂,$K^+$ 是磷酸化酶、巯基酶的激活剂,$Cl^-$ 是淀粉酶的激活剂等。

**2. 参与或影响物质代谢** 如糖原、蛋白质的合成需要 $K^+$ 参加,$Na^+$ 参与小肠对葡萄糖的吸收和 Hb

对 $CO_2$ 的运输,$Mg^{2+}$ 参与蛋白质、核酸、脂类和糖类的合成,$Ca^{2+}$ 是激素作用的第二信使等。这一切都说明无机盐在机体物质代谢及其调控中起着重要的作用。

（五）构成骨骼、牙齿及体内有特殊功能的化合物

骨组织主要含无机盐,其中阳离子主要是 $Ca^{2+}$,其次是 $Mg^{2+}$、$Na^+$ 等,阴离子主要是 $PO_4^{3-}$,其次是 $CO_3^{2-}$,$OH^-$、$Cl^-$、$F^-$;血红蛋白中含 $Fe^{2+}$,维生素 $B_{12}$ 中钴,甲状腺素含碘等。

## 二、钠、氯代谢

（一）钠的含量与分布

正常成人体内钠的含量为每千克体重 45～50 mmol(0.9～1.1 g),其中约 45% 分布于细胞外液,10% 分布于细胞内液,45% 存在于骨骼中。血清钠含量为 135～145 mmol/L。

（二）钠的吸收与排泄

人体内每日摄入的钠主要来自食盐,正常成人每日氯化钠的需要量为 4～6 g,钠的摄入量因个人饮食习惯不同差别很大,WHO 推荐成人每日摄入量不超过 5 g,摄入的钠在胃肠道几乎全部被吸收,为保证正常的生理活动,长期低盐饮食的人每日摄入量应在 0.5～1.0 g 之间。

钠主要由肾排出,少量由粪便及汗液排出。正常情况下,每天钠的排出量与摄入量相等。肾脏对钠的排出有很强的调节能力,特点是"多吃多排,少吃少排,不吃不排"。当血 $Na^+$ 浓度高时,肾小管对 $Na^+$ 的重吸收降低,过量的钠能很快通过肾脏排出体外;当血 $Na^+$ 浓度降低时,肾小管对钠的重吸收作用增强;在机体不摄入钠时,肾脏排钠量极低,甚至趋近于零。

（三）氯的含量与分布

正常成人体内氯的含量约为每千克体重 33 mmol,婴儿含量可达每千克体重 52 mmol。其中 70% 的氯存在于细胞外液中,血清氯含量为 98～106 mmol/L,$Cl^-$ 是细胞外液的主要阴离子,占细胞外液阴离子总量的 67%。

（四）氯的吸收与排泄

食物中的 $Cl^-$ 大都与 $Na^+$ 一起被小肠吸收,主要经肾随尿排泄,少部分由汗液排出。肾小管上皮细胞可将肾小球滤出的 $Cl^-$ 随 $Na^+$ 一起重吸收,过量的 $Cl^-$ 可随 $Na^+$ 通过肾小管排出体外。由于尿氯的测定比较简易,故临床上常检测尿中氯化物来判断患者是否缺盐及提示缺盐的程度。

## 三、钾的代谢

（一）钾的含量与分布

正常成人体内钾的含量为每千克体重 31～57 mmol(1.2～2.2 g),其中约 98% 存在于细胞内液,约 2% 存在于细胞外液,细胞内液 $K^+$ 浓度为 150 mmol/L,血清钾浓度为 3.5～5.5 mmol/L。血钾浓度低于 3.5 mmol/L 时称为低血钾;血钾浓度高于 5.5 mmol/L 时称为高血钾。

（二）钾的吸收与排泄

正常成人每日钾的需要量为 2～3 g,主要来自食物,普通膳食含钾丰富,可以满足人体对钾的需要。食物中的钾约 90% 经消化道吸收,其余部分则从粪便排出。严重腹泻时,从粪便中丢失的钾量可达正常时的 10～20 倍,易导致体内缺钾,应注意补充。

钾的排出途径有三条:经尿、粪便和汗排出。正常情况下,随粪便排出的钾量不超过体内钾的 10%,体内 80%～90% 的钾经肾随尿排出。肾对钾的调控能力远不如对钠严格而有效,特点是"多吃多排,少吃少排,不吃也排"。机体每天至少有 10 mmol 的钾经肾随尿排出,在钾摄入极少或大量丢失时,肾小管仍有少量钾分泌入管腔。因此长期不能进食需要静脉补充营养的患者,应注意观察血钾水平,并给予适量补充。

（三）体内钾的代谢特点

体内钾、钠在细胞内外分布极不均匀,主要是由于细胞膜上钠泵的作用,此外还受到物质代谢和酸碱

平衡的影响。

**1. 钾在细胞内外的分布极不均匀**　细胞内液 $K^+$ 的浓度为 150 mmol/L，细胞外液 $K^+$ 的平均浓度为 5 mmol/L，二者相差 30 倍。红细胞 $K^+$ 的浓度为 105 mmol/L，所以测血清钾采集血标本时应防止溶血，避免因红细胞破坏后释出大量的 $K^+$，造成血清钾浓度的假性高值。

**2. 进入细胞非常缓慢**　细胞外液的 $K^+$ 进入细胞内必须依赖于细胞膜上 $Na^+$-$K^+$-ATP 酶的作用，约需 15 h 才能达到细胞内外的平衡。因此，临床上在给缺钾患者补钾时，很难在短时间内恢复其体内的钾平衡，如果短时间内静脉补钾过多过快，则有发生高血钾的危险，所以一次性补钾不宜过多过快，并应注意观察血钾的情况。

**3. 物质代谢对钾的需要**　物质代谢对钾在细胞内外的分布有较大影响，实验结果表明，每合成 1 g 糖原、蛋白质时分别有 0.15 mmol、0.45 mmol 的 $K^+$ 进入细胞内，每分解 1 g 糖原或蛋白质时有等量的 $K^+$ 释放出细胞。静脉输注胰岛素和葡萄糖时，由于糖原或蛋白质合成加强，钾由细胞外进入细胞内，可造成血钾降低，故应注意补充钾。

 **第四节　水和电解质平衡的调节**

### 一、神经系统调节

下丘脑视上核侧面有口渴中枢，血浆晶体渗透压的升高，使口渴中枢的神经细胞脱水产生渴感，引起该中枢神经兴奋；此外有效血容量的减少和血管紧张素 II 的增多也可以引起渴感。渴则思饮寻水，饮水后血浆晶体渗透压回降，渴感乃消失，口渴想喝水，喝水就止渴，这就是神经系统对摄取水的调节作用；情绪紧张兴奋时排尿增加，情绪抑制时排尿减少，这就是排尿的神经调节。血浆渗透压的改变在这种调节中具有重要的意义，例如机体大汗、失水过多或摄盐过多，都会造成细胞外液的晶体渗透压升高，细胞内的水向外流至细胞间液，细胞失水，唾液减少，引起口渴反射。血浆渗透压升高，血液流经下丘脑前区时渗透压感受器的兴奋传至大脑皮质，也会引起口渴感。口渴饮水后水先到达血浆，再到达细胞内，使两处的渗透压递减，重新建立平衡。神经系统还可以通过激素调节水与无机盐的平衡，称为神经激素调节。

### 二、激素调节

#### （一）抗利尿激素

抗利尿激素（ADH）又称加压素，是由下丘脑视上核合成的一种九肽激素，沿下丘脑-垂体束进入神经垂体而储存。受到适宜刺激时抗利尿激素由神经垂体分泌入血，随血液运输到肾起调节作用。抗利尿激素的主要作用是促进肾远曲小管和集合管对水的重吸收，使尿量减少。

抗利尿激素的分泌主要受细胞外液的渗透压、血容量、血压等因素的影响。当机体失水使细胞外液渗透压升高时，刺激下丘脑视前区渗透压感受器兴奋，使抗利尿激素分泌增加，促进水的重吸收，使细胞外液渗透压恢复正常；反之，当饮水过多或者盐类丢失过多时，抗利尿激素分泌减少，促进机体排水。当血压降低时，通过主动脉弓、颈动脉窦压力感受器，使抗利尿激素分泌增加，促进肾远曲小管、集合管对水的重吸收，减少尿量，使血压恢复正常。血容量降低时刺激左心房的容量感受器，使抗利尿激素分泌增加，反之则分泌减少。

#### （二）醛固酮

醛固酮是肾上腺皮质球状带分泌的盐皮质激素。醛固酮的主要作用是促进肾远曲小管和集合管对 $Na^+$ 的主动重吸收，同时促进远曲小管和集合管上皮细胞分泌 $H^+$ 和 $K^+$，故醛固酮有排钾、排氢、保钠的作用。随着 $Na^+$ 主动重吸收的增加，$Cl^-$ 和水的重吸收也增多，可见醛固酮也有保水作用。

醛固酮的分泌主要受肾素-血管紧张素系统和血浆 $Na^+$、$K^+$ 浓度的调节。当失血等使血容量减少，动脉血压降低时，肾入球小动脉管壁的牵张感受器就因入球小动脉血压下降和血容量减少而受到刺激，近球细胞的肾素分泌增多。同时由于肾小球滤过率相应减少,流经致密斑的 $Na^+$ 亦减少,这也可使近球细胞的肾素分泌增多。另一种完全相反的见解是,远曲小管起始部分肾小管液 $Na^+$ 浓度的增加,可刺激致密斑而使近球细胞分泌肾素增多。目前这两种看法尚未能统一。肾素增多后,血管紧张素Ⅰ、Ⅱ、Ⅲ便相继增多,血管紧张素Ⅱ和Ⅲ都能刺激肾上腺皮质球状带使醛固酮的合成和分泌增多。

**(三)心房肽**

心房肽是一种多肽,又称心钠素或心房利钠因子,主要存在于哺乳动物的心房肌细胞的胞液中。心房肽对水、电解质代谢的重要影响如下。①强大的利钠、利尿作用,其机制在于抑制肾髓质集合管对 $Na^+$ 的重吸收,心房肽也可能通过改变肾内血流分布、增加肾小球滤过率而发挥利钠、利尿的作用。②拮抗肾素-醛固酮系统的作用,实验证明,心房肽能抑制体外培养的肾上腺皮质球状带细胞合成和分泌醛固酮;体内实验又证明心房肽能使血浆肾素活性下降,有人认为心房肽可能直接抑制近球细胞分泌肾素。③心房肽能显著减轻失水或失血后血浆中抗利尿激素水平增高的程度。心房肽及其与肾素-醛固酮系统以及抗利尿激素之间的相互作用,对于精密地调节水、电解质平衡起着重要作用。

**(四)其他激素**

甲状旁腺素是甲状旁腺分泌的多肽类激素,能促进钾移出细胞外而从尿中排出;能促进肾远曲小管的集合管对 $Ca^{2+}$ 的重吸收,抑制近曲小管对磷酸盐、$Na^+$、$K^+$ 和 $HCO_3^-$ 的重吸收。性激素对水、盐平衡有一定的调节作用。雌激素、雄激素都能促进水、钠在体内的潴留。雄激素、胰岛素能促进钾由细胞外液转入细胞内而产生低血钾。

---

**▌知识链接▐**

**"第三因子"的作用**

有研究者在用狗做的实验中观察到,当细胞外液容量增加时,血浆中出现一种抑制肾小管重吸收 $Na^+$ 从而导致尿钠排出增多的性质未明的物质,称为"利钠激素"或"第三因子"。但这方面还有许多问题有待阐明。

---

**三、器官调节**

肾脏是调节水和电解质代谢的主要器官,肾通过肾小球滤过、肾小管的重吸收以及远曲小管中的离子交换作用来调节水、盐代谢的平衡。正常人每日约有 180 L 水、1300 g NaCl 和 35 g $K^+$ 滤过肾小球。因此,凡是影响通过肾的血流量或肾小球的有效过滤压、通透性、滤过面积的因素均可使肾排出的水和电解质的量发生改变。正常情况下,体内肾小球滤过的水、$K^+$、$Na^+$、$Cl^-$ 各有 99% 被肾小管重吸收,因此肾小管的重吸收作用对机体保存水、盐是相当重要的。肾小管重吸收 $Na^+$ 的同时 $Cl^-$、水也被重吸收,因此能维持血液中阴阳离子和渗透压的平衡。有 85% 的 NaCl 和水在近曲小管和髓袢中被重吸收,另外的 15% 在远曲小管和集合管中被重吸收。远曲小管重吸收 $Na^+$ 时,有一部分与肾小管细胞分泌的 $K^+$ 或 $H^+$ 交换,结果排出的尿中 $Na^+$ 的含量减少而 $K^+$ 与 $H^+$ 的含量增多,即排钾保钠。肾小管滤液的 pH 值为 7.4,而排出的终尿 pH 值降至 5.0～6.0,最低时可达 4.5。

# 第五节 钙、磷代谢

**一、钙磷在体内的含量、分布**

钙、磷主要以无机盐形式存在于体内。成年人体内钙占体重的 1.5%～2.2%,总量 700～1400 g,99% 以上的钙以骨盐形式存在于骨骼中,其余存在于软组织,细胞外液中的钙仅占总钙量的 0.1%,约为 1 g;成人体内的磷占体重的 0.8%～1.2%,总量为 400～800 g,约 85% 以上的磷存在于骨盐中,其余主要以有机磷酸酯形式存在于软组织中,细胞外液中的磷仅为 2 g,以磷脂和无机磷酸盐形式存在。骨盐占骨总重量的 60%～65%,主要以非晶体的磷酸氢钙和晶体的羟磷灰石两种形式存在,其组成和物化性状随人体生理或病理情况而变化。骨钙与血液循环中的钙不断进行着缓慢的交换,每天可达 250～1000 mg,这是维持血钙恒定的重要机制之一,同时也是骨的不断更新过程。

## 二、钙、磷的吸收与排泄

### (一) 钙的吸收与排泄

**1. 钙的吸收**　正常成人每天需钙量为 0.5～1.0 g。儿童、孕妇及哺乳期妇女需要量增加,每天需钙 1.0～1.5 g,绝经期妇女因雌激素缺乏,钙需求量也随之增加。人体所需的钙主要来自食物,牛奶、乳制品及果菜中含钙丰富,普通膳食一般能满足成人每日钙的需要量。食物中的钙大部分以难溶的钙盐形式存在,需在消化道转变成 $Ca^{2+}$ 才能被吸收。钙的吸收部位在小肠,以十二指肠和空肠为主。肠黏膜含有许多钙结合蛋白,与 $Ca^{2+}$ 有较强的亲和力,可促进钙的吸收。钙的吸收受下列因素的影响。

(1) 维生素 D:维生素 D 是影响钙吸收的主要因素,经肝和肾活化形成的 1,25-$(OH)_2$-$D_3$ 能诱导肠黏膜细胞中钙结合蛋白的合成,从而促进小肠对钙的吸收。当维生素 D 缺乏或任何原因影响活性维生素 D 形成时,都可导致小肠对钙的吸收减少造成缺钙。因此,临床上对缺钙患者补充钙剂的同时,补给一定量的维生素 D,能收到更好的治疗效果。

(2) 年龄:钙的吸收率与年龄成反比。婴儿可吸收食物钙的 50% 以上,儿童为 40%,成人为 20% 左右,40 岁以后,钙的吸收率直线下降,平均每 10 年减少 5%～10%,这是导致老年人发生骨质疏松的主要原因之一。

(3) 食物成分及肠道 pH 值:钙盐在酸性环境中容易溶解,在碱性环境中易于沉淀。因此,凡能使肠道 pH 值降低的因素如胃酸、乳酸、乳糖、柠檬酸、酸性氨基酸等均能促进钙的吸收。而食物中过多的碱性磷酸盐、草酸盐、鞣酸和植酸等,均可与钙结合形成难溶性钙盐,从而妨碍钙的吸收。此外,食物中的钙磷比例对钙的吸收也有一定影响,一般钙磷比例为 1:1 至 1:2 时,有利于钙的吸收。

(4) 血中钙磷浓度:血中钙、磷浓度升高时,小肠对钙、磷的吸收减弱。反之,血钙或血磷浓度下降时,则小肠对钙、磷的吸收加强。

**2. 钙的排泄**　人体每日排出的钙中约 80% 由粪便排出,20% 由肾排出。肠道排出的钙主要是食物和消化液中未被重吸收的钙,钙吸收不良时,粪钙增加。正常人每日约有 10 g 的血浆钙经肾小球滤过,但其中 95% 被肾小管重吸收,随尿排出的钙仅为 150 mg 左右。肾排钙比较恒定,受食物的钙量影响不大,但与血钙水平有关,血钙高则尿钙排出增多,反之亦然。成人进出体内的钙量大致相等,多吃多排,少吃少排,保持动态平衡。

### (二) 磷的吸收和排泄

**1. 磷的吸收**　正常成人每日需磷量 1.0～1.5 g,食物中的磷大部分以磷酸盐、磷蛋白或磷脂的形式存在,水解为无机磷酸盐后才能被吸收。磷的吸收较钙容易,吸收率为 70%,当血磷下降时吸收率可达 90%,因此临床上缺磷极为罕见。磷可在整个小肠被吸收,但主要吸收部位为空肠。影响磷吸收的因素大致与钙相似。

**2. 磷的排泄**　磷的排泄与钙相反,主要由肾排出,尿磷排出量占总排出量的 60%～80%。由粪便排出的只占总排出量的 20%～40%。当血磷浓度降低时,肾小管对磷的重吸收增强。由于磷主要由肾排出,故当肾功能不全时,可引起高血磷。

## 三、钙磷在体内的生理功能

**1. $Ca^{2+}$ 的生理作用**　①$Ca^{2+}$ 可降低神经肌肉的应激性,当血浆 $Ca^{2+}$ 浓度降低时,可造成神经肌肉的应激性增高,以致发生抽搐。②$Ca^{2+}$ 能降低毛细血管及细胞膜的通透性,临床上常用钙制剂治疗荨麻疹等过敏性疾病以减轻组织的渗出性病变。③$Ca^{2+}$ 能增强心肌收缩力,与促进心肌舒张的 $K^+$ 相拮抗,维持心肌的正常收缩与舒张。④$Ca^{2+}$ 是凝血因子之一,参与血液凝固过程。⑤$Ca^{2+}$ 是体内许多酶(如脂肪酶、

ATP 酶等)的激活剂,同时也是体内某些酶如 25-OH-VD$_3$-1α-羟化酶等的抑制剂,对物质代谢起调节作用。⑥Ca$^{2+}$ 作为激素的第二信使,在细胞的信息传递中起重要作用。

**2. 磷的生理作用**　①磷是体内许多重要化合物如核苷酸、核酸、磷蛋白、磷脂及多种辅酶如 NAD$^+$、NADP$^+$ 等的重要组成成分。②磷以磷酸基的形式参与体内糖、脂类、蛋白质、核酸等物质代谢及能量代谢。③参与物质代谢的调节,蛋白质磷酸化和脱磷酸化是酶共价修饰调节最重要、最普遍的调节方式,以此改变酶的活性对物质代谢进行调节。④血液中的 HPO$_4^{2-}$ 与 H$_2$PO$_4^-$ 是血液缓冲体系的重要组成成分,参与体内酸碱平衡的调节。

## 四、血钙与血磷

### (一)血钙

血液中的钙几乎全部存在于血浆中。正常人血清总钙量相当恒定,为 2.25～2.75 mmol/L(9～11 mg/dL),儿童稍高,常处于上限。血浆和细胞外液中的钙有如下三种存在方式。①蛋白结合钙:约占血钙总量的 45%,是与血浆清蛋白结合的钙。②配合钙:占血钙总量的 5%,是与柠檬酸、乳酸、磷酸等有机酸结合形成可溶性配合物的钙。③离子钙:钙离子(Ca$^{2+}$),约占血钙总量的 50%。蛋白结合钙不能透过毛细血管壁,称为非扩散钙,离子钙及配合钙可透过毛细血管壁,称为可扩散钙。血浆中离子钙与结合钙之间可相互转变,当 Ca$^{2+}$ 浓度下降时,非扩散钙可逐步释放 Ca$^{2+}$,它们之间存在着动态平衡。

$$蛋白结合钙 \underset{HCO_3^-}{\overset{H^+}{\rightleftharpoons}} 蛋白质 + Ca^{2+}$$

这种平衡受血浆 pH 值的影响,pH 值下降时,血浆清蛋白带负电荷减少,与之结合的钙游离出来使 Ca$^{2+}$ 浓度升高;反之,pH 值升高时,血浆 Ca$^{2+}$ 与血浆清蛋白结合加强,此时血清 Ca$^{2+}$ 浓度下降。因此碱中毒时神经肌肉应急性增强,患者常出现手足搐搦。血清浓度的关系如下。

$$[Ca^{2+}] = K \frac{[H^+]}{[HPO_4^{2-}][HCO_3^-]} \quad (式中 K 为常数)$$

由此可见,不仅 H$^+$ 浓度可影响血清 Ca$^{2+}$ 浓度,血清 HPO$_4^{2-}$ 或 HCO$_3^-$ 浓度也可影响血清 Ca$^{2+}$。上述三种血钙形式中,只有离子钙才起直接的生理作用,调节血钙的激素也是针对 Ca$^{2+}$ 进行调控的,并受 Ca$^{2+}$ 水平的反馈调节,血清 Ca$^{2+}$ 的正常水平为 1～1.25 mmol/L。

### (二)血磷

磷在体内以无机磷酸盐和有机磷酸酯形式存在,无机磷酸盐主要存在于血浆中,有机磷酸酯主要存在于红细胞中。血磷通常是指血浆无机磷酸盐中所含的磷,其中 80%～85% 是 HPO$_4^{2-}$,15%～20% 是 H$_2$PO$_4^-$,PO$_4^{3-}$ 含量极微。血磷含量与年龄有关,正常成人血磷浓度约为 1.2 mmol/L,新生儿血磷浓度约为 1.78 mmol/L(5.5 mg/dL),随年龄增大血磷含量逐渐降低,15 岁左右达成人血磷水平,为 1.0～1.6 mmol/L(3～5 mg/dL)。

血钙与血磷浓度之间保持一定的数量关系,正常成人血钙、血磷浓度(mg/dL)的乘积为 35～40,即 [Ca]×[P]=35～40,两者浓度的乘积不变,其中一项的波动将引起另一项的反向变动。当[Ca]×[P]>40,则钙和磷以骨盐的形式沉积于骨组织;若[Ca$^{2+}$]×[HPO$_4^{2-}$]<35 时,则妨碍骨的钙化,甚至骨盐再溶解而发生佝偻病或软骨病。

血磷不如血钙稳定,其浓度可受生理因素影响而变动,如体内糖代谢增强时,血中无机磷进入细胞,形成各种磷酸酯,使血磷浓度下降。

## 五、钙磷代谢的调节

体内钙磷代谢主要受甲状旁腺素、降钙素和 1,25-(OH)$_2$-D$_3$ 的调节,它们主要通过影响小肠对钙磷的吸收、钙磷在骨组织与体液间的平衡以及肾脏对钙磷的排泄,从而维持体内钙磷代谢的正常进行。

### (一)甲状旁腺素

甲状旁腺素(PTH)是甲状旁腺主细胞合成分泌的由 84 个氨基酸残基组成的单链多肽激素。它的分泌受血液钙离子浓度的调节,血钙浓度与 PTH 的分泌呈负相关。PTH 的主要靶器官为骨和肾,其次是小肠。甲状旁腺素(PTH)的基本功能为动员骨钙;促进肾对钙的重吸收,从而抑制磷的重吸收,尿磷排出增加;维持血钙水平,并通过激活肾 1-α-羟化酶活性,促进 25-(OH)-D₃ 转化为 1,25-(OH)₂-D₃,进一步影响钙磷的代谢。甲状旁腺素的分泌受血清游离钙的反馈调节。PTH 的总体作用是使血钙升高,血磷降低。

### (二)降钙素

降钙素(CT)是甲状腺滤泡旁细胞(C 细胞)分泌的一种单链 32 肽激素,它的分泌直接受血钙浓度控制,随着血钙浓度的升高,分泌增加,两者呈正相关。CT 的靶器官是骨和肾。降钙素(CT)的基本作用为降低血钙和血磷浓度,其分泌受血 $Ca^{2+}$ 的反馈调节。降钙素抑制破骨细胞活动,减弱溶骨过程,增强成骨过程,使骨组织释放的钙磷减少,钙磷沉积增加,因而血钙与血磷含量下降。降钙素能抑制肾小管对钙、磷、钠及氯的重吸收,使这些离子从尿中排出增多。

### (三)维生素 D

维生素 D 的活化是在肝(25-羟化酶)和肾(1-α-羟化酶)进行的。

$$D_3 \xrightarrow[\text{肝微粒体}]{\text{25-羟化酶}} 25\text{-(OH)-}D_3 \xrightarrow[\text{肾线粒体}]{\text{1-α-羟化酶}} 1,25\text{-(OH)}_2\text{-}D_3$$

1,25-(OH)₂-D₃ 是维生素 D 的活性形式,靶器官为小肠、骨和肾,基本作用为促进钙磷的吸收,包括肠中钙、磷的吸收,以及肾小管对钙、磷的重吸收,其结果是血钙、血磷均升高。

---

**▌知识链接▐**

#### 抗维生素 D 佝偻病

维生素 D 代谢障碍引起的低钙血症:①多见于食物中缺乏维生素 D,或接触阳光过少。儿童发病典型,形成营养性佝偻病。②肠吸收障碍:见于慢性腹泻、脂肪泻、阻塞性黄疸等,使维生素 D 吸收障碍。③维生素 D 的羟化障碍:见于肝硬化、肾功能衰竭、遗传性 1-α-羟化酶缺乏等疾病。由于维生素 D 的羟化障碍,不能在体内有效地生成活性型的维生素 D,引起抗维生素 D 佝偻病。

---

#  第六节 微量元素及镁代谢

## 一、微量元素

微量元素是指在人体内总含量低于体重 0.01%,每天需要量在 100 mg 以下的元素。目前认为人体必需的微量元素主要有 14 种:铁、碘、铜、锌、氟、钼、锰、硒、钴、铬、镍、钒、锶、硅。有些元素如铋、锑、镉、汞、铅等对人体有害。

微量元素在维持人体健康中具有重要作用,主要的生理功能是在各种酶系统中起催化作用,以激素或维生素的必需成分或辅助因子发挥作用,形成具有特殊功能的金属蛋白。微量元素缺乏时,可使机体代谢过程及生理功能改变而发生疾病。

### (一)铁

铁是人体内含量最多的微量元素,体内的铁 65% 左右存在于血红蛋白中,5% 存在于肌红蛋白中,另有 25% 以铁蛋白和含铁血红素形式存在于肝、脾及骨髓组织中,称储存铁。正常成年人体内含铁 3~5 g,平均 4.5 g。女性稍低,这与月经失血丢铁、怀孕期及哺乳期铁的消耗量增加有关。机体内储存铁主要是以铁蛋白和含铁血黄素的形式沉积在肝、脾、骨髓、骨骼肌、骨黏膜、肠黏膜、肾等组织中。铁的吸收主要在十二指肠及空肠上段,胃酸可促进铁的吸收,缺铁可致贫血。

**（二）碘**

人体碘含量为 20～50 mg，大部分在甲状腺中，主要用于合成甲状腺素，调节物质代谢促进儿童正常生长发育。人体中度缺碘会引起地方性甲状腺肿，严重缺碘会导致儿童发育停滞，智力低下，生殖力丧失，甚至痴呆、聋哑、形成克汀病（或呆小症）。

**（三）铜**

成人体内含铜 100～200 mg，50%～70%存在于骨骼和肌肉中；5%～10%存在于血液；20%存在于肝。铜蛋白是铜储存的主要形式，正常成人总储存量为 100～150 mg，肝和脑是重要的储铜库，但因骨髓和肌肉组织总体积大，故仍占体内储存铜总量的 50%～70%。铜主要在十二指肠吸收，吸收率平均只有 5%～10%，90%的食物铜随粪便排出。铜主要参与细胞色素氧化酶、胺氧化酶、SOD 等多种酶的构成，在生物氧化、生物转化发挥生理功能。

**（四）锌**

成人体内含锌 1.5～2.5 g，广泛分布于全身，以视网膜、胰岛及前列腺等组织含量最高。血浆锌浓度为 0.1～0.15 mmol/L，其中 30%～40%与 $\alpha_2$-巨球蛋白结合，发锌含量为 125～250 μg/d，含量稳定，发锌可作为含锌总量是否正常的重要指标之一。锌通过含锌酶调节糖酵解、氨基酸代谢和蛋白质的消化吸收起作用，补锌可加速学龄前儿童的生长发育，缺锌可引起儿童生长及生殖器官发育障碍，伤口愈合迟缓及记忆力下降。

**（五）硒**

成人体内硒含量为 14～21 mg，肝、胰、肾含硒较多，眼睛含硒量最多，组织中的硒以硒蛋白或含硒酶的形式存在。硒是多种酶的激活剂和组成成分，能促进人体生长、保护心血管和心肌的健康、解除体内重金属的毒性。硒缺乏引起克山病、心肌炎、扩张型心肌病、大骨节病。研究表明硒有抗癌作用，硒抑制淋巴肉瘤的生长，使肿瘤缩小，硒胱氨酸对人的急性与慢性白血病有治疗作用。血硒低的人群中癌症的发病率高，消化道癌和乳腺癌尤为显著。

**（六）锰**

人体内锰总含量为 0.2 mmol，在体内分布不均匀，脂肪含锰量最高，骨骼、肝、肾和胰腺中锰含量高于骨骼肌和其他组织，细胞内的锰比较集中地分布在线粒体内。锰在小肠中吸收，以十二指肠的吸收率最高。锰主要以 $Mn^{2+}$ 形式被组织利用，参与多种酶的结合和激活。

## 二、镁的代谢

### （一）镁的含量与分布

镁是机体内含量仅次于钙、钠、钾的阳离子，占体重的 0.03%，正常成人体内镁的总量为 21～28 g，其中约 50%存在于骨骼中，48%在细胞内，仅有 2%存在于细胞外液。正常成人血清镁含量为 0.75～1.0 mmol/L，男性略高于女性。血清镁低于 0.75 mmol/L 为低镁血症，高于 1.0 mmol/L 为高镁血症。血清镁在体内有三种存在形式：55%的血清镁为 $Mg^{2+}$；15%的血清镁与碳酸氢盐、磷酸盐、柠檬酸盐等结合形成镁盐；蛋白结合镁约占 30%。前两类属于过滤镁，镁离子具有生理活性，红细胞镁可作为细胞内镁的指标进行测定，其结果可用于了解镁在体内的动态，正常人每升红细胞中含镁 56 mg。

### （二）镁的生理功能

镁具有许多重要生理功能。镁是多种酶的激活剂，已知镁参与 300 余种酶促反应，其中包括葡萄糖利用，脂肪、蛋白质的生物合成，DNA 的复制、转录和 mRNA 的翻译，ATP 代谢，肌肉收缩和一些膜转运系统；镁可影响细胞跨膜电位、房室结传导、神经肌肉兴奋性、心肌兴奋性及血管张力；有资料证明，镁是各种离子通道的调节剂，如心肌胞浆镁对钙通道、钠通道、钾通道和氯通道具有调节作用。

### （三）镁平衡及其调节

正常血清镁含量维持在 0.75～1.25 mmol/L 之间，当镁摄入与排出失衡时，便会出现镁代谢紊乱，分为低镁血症和高镁血症。镁可在骨或肌肉库和细胞外液之间进行流动。镁总量的恒定主要依赖于胃肠道吸收和肾脏的排泄。平均每日饮食摄入为 150～350 mg,其中 30%～50% 被肠吸收,其吸收的特点是慢且不完全。肾脏是调节镁平衡的主要器官,每日约 100 mg 镁被排入尿中。镁重吸收的 60%～70% 发生于亨利氏袢升支粗段,尽管远曲小管只重吸收滤过镁的 10%,却是调节镁平衡的主要部位。激素和非激素(如甲状旁腺素、降钙素、胰高血糖素、血管加压素和镁限制、酸碱变化和钾缺乏等)影响着亨利氏袢和远曲小管对其重吸收。重吸收的主要调节力量是血浆镁离子浓度自身:高镁血症可抑制袢对镁的转运,而低镁血症则可刺激其转运。此调节机制受 $Ca^{2+}/Mg^{2+}$ 感知受体所调节,此受体位于亨利氏袢升支粗段细胞的毛细血管侧,它感知 $Mg^{2+}$ 的变化。

## 本章小结

体液是细胞生命活动的内环境,其恒定的容量、渗透压、酸碱度和合适的各种离子浓度,对细胞的正常代谢起着重要的保证作用;体液分为细胞内液与细胞外液,细胞外液又分为血浆与细胞间液;血浆中电解质以 $Na^+$ 和 $Cl^-$ 为主,细胞间液和血浆相似,细胞内液主要以 $K^+$、$HPO_4^{2-}$、蛋白质为主;体液的交换主要分为血浆和细胞间液的交换、细胞内液与细胞外液间的交换,交换的动力均为渗透压差;水的摄入与排泄处于动态平衡状态,水有调节体温、促进物质代谢、润滑作用和维持组织的形态等功能;电解质有维持体液的容量、渗透压、保持酸碱平衡、维持神经肌肉的应激性及细胞正常新陈代谢等功能;水电解质平衡的调节主要是通过神经调节、激素调节和器官调节;体内微量元素主要是铁、碘、铜、锌、氟、钼、锰、硒、钴、铬、镍、钒、锶、硅;镁具有许多重要生理功能,参与 300 余种酶促反应。

## 能力检测

### 一、名词解释

1. 体液　2. 电解质　3. 跨细胞液　4. 胶体渗透压　5. 晶体渗透压

### 二、填空题

1. 细胞外液的阳离子以_____为主,正常血浆钠的浓度为_____mmol/L。

2. 血浆和组织间液的渗透压 90%～95% 来源于单价 $Na^+$、$Cl^-$ 和 $HCO_3^-$,正常血浆渗透压范围是_____mmol/L。

3. 细胞内、外液渗透压是_____。当一侧渗透压改变时,主要靠_____的转移来维持细胞内、外液渗透压的相对平衡。

4. 按其细胞外液渗透压不同,脱水可分为_____、_____和_____三种类型。

5. 高渗性脱水可由失水过多引起,机体失水的途径除皮肤和肺外,还有_____和_____。

### 三、单项选择题

1. 体液是指(　　)。

A. 细胞外液体及溶解在其中的物质　　　　　　B. 体内的水与溶解在其中的物质

C. 体内的水与溶解在其中的无机盐　　　　　　D. 体内的水与溶解在其中的蛋白质

E. 细胞内液体及溶解在其中的物质

2. 电解质是指(　　)。

A. 体液中的各种无机盐　　　B. 细胞外液中的各种无机盐

C. 细胞内液中的各种无机盐　　　D. 一些低分子有机物以离子状态溶于体液中

E. 体液中的各种无机盐和一些低分子有机物以离子状态溶于体液中

3. 正常成年男性体液含量约占体重的(　　)。

A. 40%　　　　　B. 50%　　　　　C. 40%～50%　　　　　D. 60%　　　　　E. 70%

4. 细胞内液、外液的含量(　　)。

A. 是固定不变的　　　　　　　　　　　　B. 是处于不平衡状态的

C. 主要由动脉血压变化来决定其动态平衡　　D. 主要由细胞膜两侧渗透压决定其动态平衡

E. 主要由肾排出尿量的多少决定其动态平衡

5. 关于胃肠道分泌液中电解质浓度的下列说法中,哪项是错误的?(　　　　)

A. 胃液中 $H^+$ 是最主要阳离子　　　　　B. 胃液中 $HCO_3^-$ 是最主要阴离子

C. 肠液中 $Na^+$ 是最主要阳离子　　　　　D. 胃肠道各种消化液中 $K^+$ 含量高于血清中 $K^+$

E. 胃肠道各种消化液中 $K^+$ 含量与血清中 $K^+$ 大致相等

6. 细胞外液的主要阳离子是(　　　　)。

A. 钠离子　　　　　B. 钾离子　　　　　C. 钙离子　　　　　D. 镁离子　　　　　E. 锰离子

7. 血浆与组织间液的重要差别是(　　　　)。

A. 渗透压不同　　　　　　　B. 钾离子不同　　　　　　　C. 钠离子不同

D. 蛋白质含量不同　　　　　E. 以上都不对

8. 既能增强神经肌肉的兴奋性,又能降低心肌兴奋性的离子是(　　　　)。

A. $Ca^{2+}$　　　　　B. $Mg^{2+}$　　　　　C. $Cl^-$　　　　　D. $OH^-$　　　　　E. $K^+$

9. 对 ADH 的描述,下列哪项是正确的?(　　　　)

A. 促进肾远曲小管分泌 $H^+$,重吸收 $Na^+$　　　　B. 促进肾远曲小管排 $K^+$,重吸收 $Na^+$

C. 促进肾远曲小管和集合管对水的重吸收　　　　D. 促进远曲小管对 $K^+$ 的吸收

E. 以上都不对

10. 下列关于肾脏对钾排泄的叙述哪一项是错误的?(　　　　)

A. 多吃多排　　　　B. 少吃少排　　　　C. 不吃不排　　　　D. 不吃也排　　　　E. 吃得少,排的少

11. 血钙增高可引起(　　　　)。

A. 心率减慢　　　　　　　B. 心肌兴奋性增强　　　　　　　C. 骨骼肌兴奋性增强

D. 抽搐　　　　　　　　　E. 以上都不对

12. 非扩散钙是指(　　　　)。

A. 柠檬酸钙　　　　　　　B. 配合钙　　　　　　　C. 血浆蛋白质结合钙

D. 碳酸氢钙　　　　　　　E. 钙离子

13. 下列哪种不是调节钙磷代谢的因素?(　　　　)

A. $1,25\text{-}(OH)_2\text{-}D_3$　　　　　B. PTH　　　　　C. CT

D. ADH　　　　　　　　　　E. 以上都不是

14. 能升高血钙、血磷的是(　　　　)。

A. $1,25\text{-}(OH)_2\text{-}D_3$　　　　　B. PTH　　　　　C. CT

D. $VitD_3$　　　　　　　　　E. ADH

李玲玲

# 第十八章　酸 碱 平 衡

　　血液酸碱度的相对恒定是机体进行正常生理活动的基本条件之一。机体每天的物质代谢均会产生一定量的酸性或碱性物质,并不断地进入血液而影响血液的酸碱度,但是人体可通过血液的缓冲作用以及肺和肾的代偿机制,调节体内酸碱物质的含量和比例,使正常人血液的 pH 值仍恒定在 7.35～7.45 之间。机体调节酸碱物质的含量和比例,维持血液 pH 值在正常范围内的过程称为酸碱平衡。

## 第一节　体内酸性和碱性物质的来源

　　凡能释放氢离子($H^+$)的物质都称为酸,凡能结合氢离子($H^+$)的物质都称为碱。体内的酸性和碱性物质主要来源于体内代谢和外源性摄入,它们可影响血液的酸碱度。糖、脂肪、蛋白质含量丰富的动物性和谷类食物主要在体内产生酸性物质,称为酸性食物;水果、蔬菜等含有丰富的有机酸盐是体内碱性物质的来源,称为碱性食物。

### 一、酸性物质的来源

　　体内酸性物质主要来源于糖、脂肪、蛋白质等的分解代谢,少量来自食物、饮料或某些药物。根据酸性物质的性质分为挥发性酸和非挥发性酸两大类。

#### (一) 代谢产生

　　**1. 挥发性酸**　挥发性酸即碳酸,是机体在代谢过程中产生最多的酸性物质,正常成人每日由糖、脂肪和蛋白质分解代谢产生的 $CO_2$ 约 350 L(15 mol),在红细胞、肾小管上皮细胞中碳酸酐酶(CA)的作用下,所生成的 $CO_2$ 和 $H_2O$ 结合生成 $H_2CO_3$,碳酸随血液循环运至肺部后重新分解成 $CO_2$ 并呼出体外,所以称碳酸为挥发性酸。

$$CO_2 + H_2O \Longrightarrow H_2CO_3 \Longrightarrow H^+ + HCO_3^-$$

　　**2. 固定酸**　固定酸是体内除碳酸外所有酸性物质的总和,因不能变成气体由肺呼出,而只能通过肾由尿排出,故又称非挥发酸。机体产生的固定酸有丙酮酸、乳酸、乙酰乙酸、β-羟丁酸、硫酸、磷酸和尿酸等,成人每日由固定酸释放出的 $H^+$ 为 50～100 mmol,虽比挥发性酸少得多,却是临床上引起酸中毒的常见原因。

#### (二) 外界摄入

　　食物中的醋酸、乳酸、柠檬酸以及一些药物如阿司匹林、氯化铵、乙酰水杨酸、维生素 C 等是体内酸性

物质的来源。

## 二、碱性物质的来源

### (一)食物来源

食物中的蔬菜、水果等是人体碱性物质的主要来源。蔬菜、瓜果中含有的有机酸如柠檬酸、苹果酸和草酸等均与 $Na^+$ 或 $K^+$ 结合，以盐的形式存在，当有机酸根被代谢氧化生成 $CO_2$ 时，剩余的 $Na^+$ 或 $K^+$ 可与 $HCO_3^-$ 结合生成碳酸氢盐，从而增加了机体内碱性盐的含量，因此蔬菜、水果是碱性食物。

### (二)代谢产生

体内物质代谢过程中也可产生少量的碱性物质，主要是氨基酸脱氨基所产生的氨，这种氨经肝代谢后生成尿素，另外还有少量的胆碱、胆胺等碱性物质的产生。

# 第二节 酸碱平衡的调节

机体在生命活动中，不断受到酸性物质或碱性物质的干扰和"冲击"，但血液的 pH 值却能保持相对恒定，这是由于体内有一套完善的调节机制：血液的缓冲作用和肺及肾脏的调节作用。

## 一、血液缓冲系统的调节

血液缓冲系统由弱酸(缓冲酸)及其相对应的缓冲碱组成，分布于血浆和红细胞中。血浆中的缓冲系统主要有三对，分别是碳酸氢盐缓冲系统、磷酸盐缓冲系统、血浆蛋白缓冲系统，其中以碳酸氢盐缓冲系统最为重要；红细胞中的缓冲系统有四对，分别是碳酸氢盐缓冲系统、磷酸盐缓冲系统、血红蛋白缓冲系统、氧合血红蛋白缓冲系统，以血红蛋白缓冲系统最为重要。这些缓冲系统主要通过对固定酸、挥发性酸以及碱的调节来实现其缓冲作用，以维持 pH 值的相对恒定。

### (一)碳酸氢盐缓冲系统

碳酸氢盐缓冲系统包括 $NaHCO_3/H_2CO_3$ 和 $KHCO_3/H_2CO_3$ 等缓冲对，其中 $NaHCO_3/H_2CO_3$ 缓冲对是血浆中最重要、缓冲能力最强的缓冲系统，血浆 pH 值主要取决于 $NaHCO_3$ 与 $H_2CO_3$ 浓度的比值，正常人血浆中二者比值为 20：1，根据 Henderson-Hassalbach 方程式，血浆 pH 值的计算公式为

$$pH = pK_a + \lg \frac{[NaHCO_3]}{[H_2CO_3]}$$

方程式中，$pK_a$ 是碳酸一级解离常数的负对数，在 37 ℃时为 6.1，代入计算得 pH 值为 7.4。因此机体通过调节 $NaHCO_3$ 和 $H_2CO_3$ 的量，使其比值保持 20：1 即可维持酸碱平衡。该缓冲系中 $HCO_3^-$ 可对固定酸进行缓冲，最终生成 $CO_2$ 由肺呼出，而 $H_2CO_3$ 可对进入体内的碱性物质进行缓冲，生成的碳酸氢盐可由肾排出体外。由于血浆中的 $NaHCO_3$ 主要用来缓冲固定酸，因此在一定程度上它可代表血浆对固定酸的缓冲能力。习惯上把血浆 $NaHCO_3$ 称为储碱，其多少可用 $CO_2$ 结合力来表示。

### (二)磷酸盐缓冲系统

磷酸盐缓冲系统包括 $Na_2HPO_4/NaH_2PO_4$ 和 $K_2HPO_4/KH_2PO_4$ 等缓冲对，可对固定酸和碱进行缓冲，主要在肾和细胞内发挥作用。

### (三)血浆蛋白缓冲系统

血浆蛋白缓冲系统主要组成成分是清蛋白，可在细胞内和血浆中对固定酸进行缓冲。

### (四)血红蛋白缓冲系统

血红蛋白缓冲系统包括血红蛋白缓冲对($Hb^-/HHb$)和氧合血红蛋白缓冲对($HbO_2^-/HHbO_2$)，为红细胞所特有，可对挥发性酸进行缓冲。组织代谢产生的 $CO_2$ 在血液中绝大部分扩散入红细胞，经碳酸酐酶作用后生成 $H_2CO_3$，被 $Hb^-/HHb$ 和 $HbO_2^-/HHbO_2$ 缓冲系统缓冲最终生成 $CO_2$ 经肺排出。

### 二、肺对酸碱平衡的调节

肺在酸碱平衡中的作用是通过改变肺泡通气量来控制挥发性酸的排出量,使血浆中 $HCO_3^-$ 与 $H_2CO_3$ 比值接近正常,以保持 pH 值相对恒定。肺泡通气量是受延髓呼吸中枢控制的,呼吸中枢接受来自中枢化学感受器和外周化学感受器的刺激。中枢化学感受器主要是氢离子敏感性化学感受器,当血 $CO_2$ 分压升高或脑脊液 pH 值降低时会刺激呼吸中枢使其兴奋;但如果 $CO_2$ 分压高于 80 mmHg,则使呼吸中枢抑制,产生 $CO_2$ 麻醉。外周化学感受器主要是颈动脉体化学感受器,感受到缺氧、酸碱变化、二氧化碳的刺激,反射性地兴奋呼吸中枢,使呼吸加深加快,排出二氧化碳。总之,肺主要通过呼出 $CO_2$ 的多少来维持血液的 pH 值恒定。

### 三、肾对酸碱平衡的调节

肾通过肾小管的排酸或保碱作用来维持 $HCO_3^-$ 浓度,具体调节机制如下。

#### (一) $NaHCO_3$ 重吸收和 $H^+$ 的排泄

近曲肾小管细胞在主动分泌 $H^+$ 的同时,从管腔中回收 $Na^+$,两者转运方向相反,称为 $H^+$-$Na^+$ 交换或 $H^+$-$Na^+$ 逆向转运,在这种 $H^+$-$Na^+$ 交换时常伴有 $HCO_3^-$ 的重吸收。85%～90% 的 $NaHCO_3$ 在近曲小管被重吸收,其余部分在远曲小管和集合管被重吸收。

#### (二) 肾小管腔内缓冲盐的酸化

远端肾小管氢泵主动向管腔内泌氢与 $HPO_4^{2-}$ 结合形成 $H_2PO_4^-$,对尿液进行酸化。

#### (三) $NH_3$ 的分泌

肾小管上皮细胞内有谷氨酰胺酶,酸中毒时在谷氨酰胺酶的作用下谷氨酰胺分解为 $NH_3$,$NH_3$ 作为碱性物质与肾小管液中的 $H^+$ 结合成为 $NH_4^+$ 随尿排出,这一过程可排出过多的酸性物质。

综上所述,肾脏主要通过排出过多的酸性物质及对 $NaHCO_3$ 重吸收使 pH 值相对恒定。

### 四、细胞内外离子交换

红细胞、肌细胞、骨组织细胞内外的 $H^+$-$K^+$、$H^+$-$Na^+$、$Na^+$-$K^+$、$Cl^-$-$HCO_3^-$ 等离子交换系统可通过细胞内外离子的转移来维持酸碱平衡,但这种调节方式可引起血钾浓度的改变,如体液中 $H^+$ 浓度增高时会使 $K^+$ 从细胞内流向细胞外,所以酸中毒时常伴有高血钾,碱中毒时常伴有低血钾(图 18-1)。

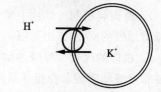

图 18-1 细胞内外的 $H^+$-$K^+$ 离子交换系统

 ## 第三节 酸碱平衡紊乱

在某些因素的影响下体内的酸、碱过多或肺肾的调节功能发生障碍,血中 $HCO_3^-$ 与 $H_2CO_3$ 的比值发生改变超过机体调节范围时,就会造成酸碱平衡紊乱。酸碱平衡紊乱是临床常见的一种症状,可分为单纯性酸碱平衡紊乱和混合性酸碱平衡紊乱,无论哪一种酸碱平衡紊乱,我们在进行判断时都应遵循以下原则:①以 pH 值判断酸中毒或碱中毒;②以原发因素判断是呼吸性还是代谢性失衡;③根据代偿情况判断是单纯性还是混合性酸碱失衡。

### 一、单纯性酸碱平衡紊乱

#### (一) 代谢性酸中毒

代谢性酸中毒是指因细胞外液 $H^+$ 增加和(或)$HCO_3^-$ 丢失而引起的以血浆 $HCO_3^-$ 减少为特征的酸碱平衡紊乱。

**1. 发病原因和机制** ①$HCO_3^-$直接丢失过多：见于严重腹泻、肠道瘘管或肠道引流等，也可见于大面积烧伤时大量血浆渗出。②固定酸过多：休克、低氧血症、严重贫血、肺水肿、一氧化碳中毒和心力衰竭等会发生乳酸性酸中毒，糖尿病、饥饿等会产生酮酸中毒，大量摄入酸性药物（如阿司匹林）也会导致酸中毒，这些情况会消耗大量的$HCO_3^-$。③肾脏泌氢功能障碍：见于严重肾功能衰竭患者。④高血钾：细胞外液$K^+$增多时，引起$K^+$与细胞内$H^+$交换，引起细胞外$H^+$增加，导致代谢性酸中毒。这种酸中毒时体内$H^+$总量并未增加，且细胞内呈碱中毒，在远曲小管由于小管上皮泌$H^+$减少，尿液呈碱性。

**2. 机体的代偿** ①血液缓冲系统：细胞外液$H^+$增加后，血浆缓冲系统立即进行缓冲，$HCO_3^-$及其他缓冲碱不断被消耗。②肺：血液$H^+$浓度增加，反射性引起呼吸中枢兴奋，增加呼吸的深度和频率，使$CO_2$使排出增多。③肾：在代谢性酸中毒时，肾通过加强泌$H^+$、泌$NH_4^+$及重吸收$HCO_3^-$使$HCO_3^-$在细胞外液的浓度有所恢复。④细胞内外离子交换系统：代谢性酸中毒时$H^+$通过离子交换方式进入细胞内被细胞内缓冲系统缓冲，$K^+$从细胞内逸出，易引起高血钾。

**3. 酸碱指标的变化形式** 由于$HCO_3^-$浓度降低，所以实际碳酸氢盐（AB）、标准碳酸氢盐（SB）、缓冲碱（BB）值均降低，BE（碱剩余）负值加大，$P_{CO_2}$（动脉血$CO_2$分压）可代偿性减小，pH值下降（失代偿）或正常（完全代偿）。

**4. 对机体的影响** 代谢性酸中毒主要引起心血管系统和中枢神经系统的功能障碍。前者表现为心律失常、心肌收缩力降低等，后者表现为意识障碍、嗜睡或昏迷等，最后可因呼吸中枢和血管运动中枢麻痹而死亡。

**5. 防治原则** ①预防和治疗原发病，去除引起代谢性酸中毒的发病原因，是治疗代谢性酸中毒的基本原则和主要措施。②纠正水和电解质紊乱，并注意恢复有效循环血量以及改善肾功能。③碱性药物的应用。

### （二）呼吸性酸中毒

呼吸性酸中毒是指$CO_2$排出障碍或吸入过多引起的以血浆$H_2CO_3$浓度升高为特征的酸碱平衡紊乱。

**1. 原因和机制** 临床上常见于颅脑损伤引起呼吸中枢抑制、肺部疾病、心源性急性肺水肿等导致通气障碍而致的$CO_2$排出受阻。

**2. 机体的代偿** 呼吸性酸中毒使体内产生大量$H_2CO_3$，此时大部分情况肺通气功能存有障碍，所以主要靠血液非碳酸氢盐缓冲系统和肾代偿。

**3. 酸碱指标的变化形式** 由于$P_{CO_2}$升高，AB升高，AB>SB，在肾脏的代偿作用下$HCO_3^-$升高，BE正值可升高，pH值下降（失代偿）或正常（完全代偿）。

**4. 对机体的影响** 对心血管系统的影响表现为心律失常、心肌收缩力减弱及心血管系统对儿茶酚胺的反应性降低等。对中枢系统的影响表现为持续性头痛，严重时会引起"$CO_2$麻醉"，患者可出现精神错乱、震颤、谵妄或嗜睡，甚至昏迷，临床称为肺性脑病。

**5. 防治原则** ①预防和治疗原发病，去除呼吸道梗阻使之通畅或解痉。②增加肺泡通气量，必要时可做气管插管或气管切开和使用人工呼吸机改善通气。③适当供氧而不是单纯给高浓度氧，防止使呼吸中枢受到抑制。④慎用碱性药物，特别是通气尚未改善前，会加重呼吸性酸中毒。

### （三）代谢性碱中毒

代谢性碱中毒是指细胞外液碱增多或$H^+$丢失而引起的以血浆$HCO_3^-$增多为特征的酸碱平衡紊乱。

**1. 原因和机制** ①酸性物质丢失过多：常见于剧烈呕吐及胃液引流使富含HCl胃液大量丢失，或者是应用利尿剂排氢增多而导致$HCO_3^-$大量被重吸收等情况。②$HCO_3^-$输入过多：常为医源性，如矫正代谢性酸中毒时滴注过多的$NaHCO_3$，但仅见于肾功能受损的情况。③$H^+$细胞内移动：见于低钾血症。④血氨过高：见于肝功能衰竭时，尿素合成障碍也常导致代谢性碱中毒。

**2. 机体的代偿** ①血液缓冲系统：代谢性碱中毒时，过多的碱可被缓冲系统中弱酸所缓冲。②肺：由于$H^+$浓度降低，呼吸中枢受到抑制，使呼吸变浅变慢，使$CO_2$排出减少。③肾：表现为分泌$H^+$、$NH_4^+$减少，$HCO_3^-$排出增多，尿液呈碱性。④细胞内外离子交换系统：细胞内$H^+$逸出，而细胞外液$K^+$进入细胞内,从而产生低钾血症。

**3. 酸碱指标的变化形式**　SB、AB、BB 等反映代谢性因素的指标均增大,BE 正值增大,$P_{CO_2}$ 可代偿性升高,pH 值升高(失代偿)或正常(完全代偿)。

**4. 对机体的影响**　①神经肌肉应激性升高:由于和碱结合导致游离钙减少,出现手足抽搐、面部和肢体肌肉抽动、肌反射亢进、惊厥等。②低血钾:由于细胞外液的 $H^+$ 浓度减少,细胞内液 $H^+$ 外溢而 $K^+$ 内移,同时肾脏排 $H^+$ 排 $K^+$ 增强会导致低血钾。③中枢神经系统功能紊乱:碱中毒使抑制性神经介质 γ-氨基丁酸下降,出现烦躁不安、谵妄、精神错乱等中枢神经系统兴奋性增高等表现。④缺氧:pH 值增高导致 Hb 氧离曲线左移,造成组织缺氧。

**5. 防治原则**　①预防和治疗原发病,积极去除能引起代谢性碱中毒的原因。②根据具体情况或给予单纯输液或给予弱酸性药物或酸性药物进行治疗。③注意纠正水、电解质失衡。

**(四)呼吸性碱中毒**

呼吸性碱中毒是肺通气过度引起的血浆 $H_2CO_3$ 浓度原发性减少为特征的酸碱平衡紊乱。

**1. 原因和机制**　低氧血症、中枢病变、精神因素、高代谢、药物等因素导致的肺通气过度是呼吸性碱中毒的基本发生机制。

**2. 机体的代偿**　①血液缓冲系统:此时无明显代偿作用。②肺:$H^+$ 浓度降低对呼吸中枢呈现抑制作用,造成呼吸浅慢,肺泡通气量降低,$CO_2$ 排出减少。③肾:主要对慢性呼吸性碱中毒进行调节,表现为泌 $H^+$、$NH_4^+$ 下降,增加 $HCO_3^-$ 排出。④细胞内外离子交换系统:细胞内 $H^+$ 逸出,而细胞外液 $K^+$ 进入细胞内,从而产生低钾血症。

**3. 酸碱指标的变化形式**　由于 $P_{CO_2}$ 下降,AB 降低,SB>AB,在肾脏的代偿作用下 BE 变化幅度增大,pH 值升高(失代偿)或正常(完全代偿)。

**4. 对机体的影响**　呼吸性碱中毒比代谢性碱中毒更易出现眩晕,四肢及口周围感觉异常,意识障碍及抽搐等。此外,呼吸性碱中毒时也可因细胞内外离子交换和肾排钾增加而发生低钾血症;也可因血红蛋白氧离曲线左移使组织供氧不足。

**5. 防治原则**　①防治原发病,去除引起通气过度的原因。②吸入含 $CO_2$ 的气体,也可用纸罩于患者口鼻,使吸入自己呼出的气体。③纠正电解质失衡及缺氧情况。

## 二、混合性酸碱平衡紊乱

同一患者有两种或两种以上单纯性酸、碱中毒同时并存的情况称为混合性酸碱平衡紊乱,根据 pH 值效应情况可分为一致型和抵消型两种类型。一致型混合性酸碱平衡紊乱见于两种酸中毒并存致 pH 值明显降低或两种碱中毒并存致 pH 值明显升高;抵消型混合性酸碱平衡紊乱见于酸中毒与碱中毒并存致 pH 值变动不大。混合性酸碱平衡紊乱病理变化较为复杂,常见于各种危重情况、药物中毒、严重电解质紊乱等,必须在掌握单纯性酸碱平衡紊乱基本规律的基础上,充分了解原发病病情,定期检测和动态分析化验指标的变化,才能做出正确的判断。

## 三、酸碱平衡的生化诊断指标及意义

**(一)血浆 pH 值**

pH 值表示血液的酸碱度,正常值为 7.35~7.45,pH 值低于 7.35 为失代偿性酸中毒,高于 7.45 为失代偿性碱中毒。由于机体具有强大的代偿能力,pH 值在正常范围内,可以表示酸碱平衡正常,也可表示处于代偿性酸、碱中毒阶段,需进一步分析。

**(二)二氧化碳分压($P_{CO_2}$)**

二氧化碳分压是指溶解在血液中的 $CO_2$ 所产生的张力,可反映肺泡通气量的情况,正常动脉血 $P_{CO_2}$ 为 35~45 mmHg。临床上 $P_{CO_2}$ 是呼吸性酸碱中毒的诊断指标:$P_{CO_2}$ 升高表明通气不足,$CO_2$ 潴留,原发性升高可见于呼吸性酸中毒,继发性升高可见于代谢性碱中毒机体代偿;$P_{CO_2}$ 降低表明通气过度,$CO_2$ 呼出过多,原发性降低见于呼吸性碱中毒,继发性降低可见于代谢性酸中毒机体代偿。

（三）标准碳酸氢盐（SB）和实际碳酸氢盐（AB）

标准碳酸氢盐（SB）是指全血在标准条件下，即 $P_{CO_2}$ 为 40 mmHg，温度为 37～38 ℃，血氧饱合度为 100％时测得的血浆中 $HCO_3^-$ 的量。由于标准化后 $HCO_3^-$ 不受呼吸因素的影响，所以是判断代谢因素的指标，正常范围是 22～27 mmol/L，平均值为 24 mmol/L。SB 在代谢性酸中毒时降低，代谢性碱中毒时升高。但在呼吸性酸或碱中毒时，由于肾脏的代偿作用，也可以继发性增高或降低。实际碳酸氢盐（AB）是指在隔绝空气的条件下，在实际 $P_{CO_2}$、体温和血氧饱和度条件下测得的血浆 $HCO_3^-$ 浓度，因而受呼吸和代谢两方面的影响。

正常人 AB 与 SB 相等；两者数值均低表明有代谢性酸中毒，两者数值均高表明有代谢性碱中毒。AB 与 SB 的差反映了呼吸因素对酸碱平衡的影响：若 SB 正常，而当 AB＞SB 时，表明有 $CO_2$ 滞留，可见于呼吸性酸中毒；反之，若 AB＜SB，则表明 $CO_2$ 排出过多，见于呼吸性碱中毒。

（四）缓冲碱（BB）

缓冲碱是指全血中一切具有缓冲作用的负离子碱的总和，包括血浆和红细胞中的 $HCO_3^-$、$Hb^-$、$HbO_2^-$、$Pr^-$ 和 $HPO_4^{2-}$，通常以氧饱和的全血在标准状态下测定，正常值为 45～52 mmol/L（平均值为 48 mmol/L）。缓冲碱也是反映代谢因素的指标，代谢性酸中毒时 BB 减少，而代谢性碱中毒时 BB 升高。

（五）碱剩余（BE）

碱剩余是指标准条件下（37 ℃和 $P_{CO_2}$ 为 40 mmHg 时）将 1 L 全血 pH 值调整到 7.40 所需强酸或强碱的物质的量（mmol）。若用酸滴定，表明碱过多，用正值表示，若需酸滴定，表明碱不足，用负值表示。BE 正值增大多见于代谢性碱中毒，BE 负值增大多见于代谢性酸中毒。全血 BE 正常值范围为 -30～30 mmol/L，BE 不受呼吸因素的影响，是反映代谢因素的指标，代谢性酸中毒时 BE 负值增加，代谢性碱中毒时 BE 正值增加。

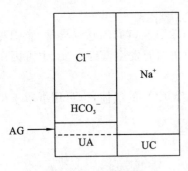

图 18-2 阴离子隙

（六）阴离子隙（AG）

阴离子隙是指血浆中未测定阴离子（UA）与未测定阳离子（UC）的差（图 18-2）。可由公式计算：$AG(mmol/L)=UA-UC=[Na^+]-[Cl^-]+[HCO_3^-]$。正常参考值为 10～14 mmol/L。AG 可增高也可降低，但增高的意义较大，可帮助区分代谢性酸中毒的类型和诊断混合性酸碱平衡紊乱。AG 增高常见于固定酸增多的情况。

## 本章小结

机体调节酸碱物质的含量和比例，维持血液 pH 值在正常范围内的过程称为酸碱平衡；机体主要通过血液的缓冲作用、肺的呼吸、肾脏的重吸收和排泄及细胞内外离子交换作用来调节血液的酸碱度；血液中最重要的缓冲系统是碳酸盐缓冲对，主要缓冲固定酸，血浆 pH 值主要取决于 $NaHCO_3$ 与 $H_2CO_3$ 浓度的比值；红细胞中血红蛋白缓冲系最重要，主要缓冲挥发性酸；肺通过改变肺泡通气量来控制挥发酸的排出量，使血浆中 $HCO_3^-$ 与 $H_2CO_3$ 比值接近正常，肾脏通过重吸收 $NaHCO_3$、酸化尿液、泌 $NH_3$ 等作用来调节血中 $NaHCO_3$ 的含量，起效慢但作用效率高且持久；细胞内外离子交换作用较晚，对细胞内液的缓冲作用强于细胞外液且可引起血钾浓度的改变；酸碱平衡紊乱包括单纯性酸碱平衡紊乱和混合性酸碱平衡紊乱，前者又可分为呼吸性酸中毒、呼吸性碱中毒、代谢性酸中毒和代谢性碱中毒四种基本类型；判断酸碱平衡的常用生化指标包括血浆 pH 值、$P_{CO_2}$、AB 与 SB、BB、BE、AG 等。

## 能力检测

一、名词解释

1. 酸碱平衡　2. 碱储　3. 固定酸　4. 呼吸性酸中毒

**二、单项选择题**

1. 体内挥发性酸主要是通过( )。

A. 呼吸排出      B. 粪便排出      C. 肾排出      D. 呼吸排出      E. 胆汁排出

2. 体内固定酸主要是通过( )。

A. 呼吸排出      B. 粪便排出      C. 胆汁排出      D. 呼吸排出      E. 肾排出

3. 呼吸性酸中毒是由下列哪一因素引起的？( )

A. 肺气肿      B. 呕吐      C. 饥饿      D. 过度通气      E. 食入过量 $NaHCO_3$

4. 严重腹泻常引起( )。

A. 代谢性碱中毒      B. 低血钾      C. 血 pH 值升高

D. 血中 $CO_2$ 分压升高      E. 血 $Na^+$，血 $HCO_3^-$ 升高

5. 调节酸碱平衡最重要的器官是( )。

A. 肾      B. 肺      C. 肝      D. 肠道      E. 胰腺

6. 代谢性酸中毒常伴有( )。

A. 低钠血症      B. 高钠血症      C. 低钾血症      D. 高钾血症      E. 低氯血症

7. 机体维持体液酸碱平衡的途径是( )。

A. 下丘脑-垂体-肾上腺系统      B. 血管升压素和醛固酮

C. 血液缓冲系统、肺和肾      D. 呼吸系统

E. 肾素-血管紧张素-醛固酮系统

**三、临床案例**

患者，男性，60 岁，因进食即呕吐 10 天入院。近 20 天尿少色深，明显消瘦，卧床不起、精神恍惚，嗜睡，皮肤干燥松弛，眼窝深陷，呈重度脱水征。呼吸 17 次/分，血压 120/70 mmHg，诊断为幽门梗阻。血液生化检验：$K^+$ 34 mmol/L，$Na^+$ 158 mmol/L，$Cl^-$ 90 mmol/L。血气：pH 750，$CO_2$ 分压 49 mmHg，$O_2$ 分压 62 mmHg，$HCO_3^-$ 45 mmol/L。

该患者发生了何种酸碱平衡紊乱？原因和机制各是什么？

胡艳妹

# 实验指导

## 生物化学实验室规则

1. 生物化学实验有其独特的实验技能和基本操作。学生课前应认真预习,明确实验目的、原理、操作步骤及注意事项。

2. 进入实验室一定本着"安全第一"的原则,穿好白大衣,自觉遵守课堂纪律,不迟到、不早退;保持室内安静。

3. 进行实验时态度应认真、积极,在教师的指导下完成每次实验。注意观察实验过程中出现的现象和结果,并对实验结果展开讨论。

4. 实验中,听从老师指导,严格遵守操作规程,试剂用完后应按正确方法处理,应该及时将实验结果和原始数据如实地记录在实验报告册上,当堂写出实验报告。

5. 爱护实验器材,非本次实验使用的仪器设备未经老师允许不得乱动;本次实验必须使用的仪器设备,在了解仪器性能和操作规程之前,不得贸然使用,更不可擅自拆卸或将部件带出室外;实验过程中,如发现设备损坏或运转异常,应立即报告老师。

6. 实验室内严禁吸烟!对腐蚀性或易燃性试剂,操作时要格外小心。酒精、乙醚等低沸点有机溶剂,使用时应禁明火,远离火源,若需加热要用水浴加热,不可直接在火上加热。

7. 实验后,需将使用过的仪器及器材妥善处理、摆放;清理实验台面、地面,经常保持实验室内清洁。

8. 离开实验室前必须关好门窗,切断电源、水源,以确保安全。

9. 每次实验课结束时要经老师检查允许后,方可离开实验室。

张淑芳

## 实验一　生物化学实验基本知识与基本操作

【实验目的】
学会微量移液器、分光光度计、离心机的使用。

【实验原理】

1. 微量移液器　微量移液器(也称移液枪、取液器)是一种取样量连续可调的精密取液仪器,其基本原理是依靠活塞的上下移动调节取液量。其活塞移动的距离是由调节轮控制螺杆结构来实现的,推动按钮带动推杆使活塞向下移动、排出活塞腔内的气体。松手后,活塞在复位弹簧的作用下恢复其原位,从而完成一次吸液过程。

2. 比色分析法　比色分析法是用比较溶液颜色深浅的方法来测定有色溶液的浓度,并用各种光电比色计及分光光度计完成测定分析的实验方法。根据朗伯-比尔(Lambert-Beer)定律,有 $A = KcL$($A$ 表示吸光度,$c$ 表示溶液的浓度,$K$ 为吸光系数,$L$ 为液层的厚度)。

(1) 标准管法:在同样条件下,测得标准液和待测液的吸光度($A$),然后按以下公式计算:$c_u = (A_u/$

$A_s)\times c_s$。其中 u 代表测定管，s 代表标准管，$c_s$ 代表标准品浓度。

（2）标准曲线法：分析大批待测样品时，采用此法较方便。先配制一系列浓度由小到大的标准溶液，测出它们的吸光度（$A$）值。在一定浓度范围内，溶液浓度（$c$）与其吸光度（$A$）之间呈直线关系。以各管吸光度为纵坐标，溶液浓度为横坐标，绘制标准曲线。待测溶液吸光度测出后，在曲线上查出溶液浓度。

3. **离心分离**　离心分离是利用离心力使置于旋转体中的悬浮颗粒发生沉降或漂浮，从而达到分离的目的的一种方法。常用仪器为离心机，离心机类型如下。

低速离心机：转速为 0~6000 r/min

高速离心机：转速为 6000~25000 r/min

超速离心机：转速大于 30000 r/min

【实验器材】

微量移液器、移液器吸头、722 型或 754 型分光光度计、离心机、离心管、250 mL 烧杯。

【实验试剂】

蒸馏水、高锰酸钾溶液（15、20、25 $\mu g/mL$）、抗凝血。

【操作步骤】

## 一、微量移液器的使用

1. 轻轻转动微量移液器的调节轮，使读数显示为所要量取液体的体积。
2. 把白套筒顶端插入吸头，在轻轻用力下压的同时，把手中的移液器按逆时针方向旋转一下。
3. 轻轻按下推动按钮，推到第一挡。
4. 手握移液器，将吸液尖垂直浸入蒸馏水中，浸入深度为 2~4 mm。
5. 经 2~3 s 后缓慢松开推动按钮，使其从第一挡还原。

注：各实验室可根据具体情况设计量取液体的体积。

## 二、分光光度计的使用

（一）722 型分光光度计的使用

1. 仪器预热 30 min 后开始测试、选择波长。
2. 装液　①液体量为 2/3~3/4 杯，不可过多或过少。②用擦镜纸擦干外表面液体。
3. 灵敏度调整后不再变动。
4. 将比色皿放入比色皿架上，使空白管对向光路，盖好比色皿暗箱盖，转动"百位钮"调准电表指针使之指向 D=0（T=100 处）。一般方法是开盖调"D=0"，关盖调"T=100"。
5. 拉动比色皿座的拉杆，使比色皿进入光路，迅速从电表上读出吸光度并记录数值。比色完毕后，关上电源开关，取出比色皿，将比色皿暗箱盖盖好，清洗比色皿并烘干。

（二）754 型紫外分光光度计的使用

1. 测试准备

（1）打开电源开关之前，检查一下试样室是否放置遮光物。

（2）试样槽置"参考"位置。

（3）接通电源开关（波长工作在 200~360 nm 时需按氘灯触发按钮）。显示器显示"754"后，数字显示为"1000"表示仪器已通过自检程序。

（4）仪器预热 30 min 后开始测试。

2. 测试

（1）数字显示为 1000 后稳定 2~3 s，即可把试样槽置"样品"位置进行测试。待第一个数据打印完毕后，再将试样槽置第二个"样品"位置测试。

（2）每当需要调换波长时，必须把试样槽置"参考"位置，重新调满度。

### 三、离心机的使用

1. 离心机应放置在水平坚固的地板或平台上,并力求使机器处于水平位置以免离心时造成机器振动。

2. 打开电源开关,按要求装上所需的转头,将预先以托盘天平称量平衡好的样品放置于转头样品架上(离心筒须与样品同时平衡),关闭机盖。

3. 按功能选择键,设置各项要求:温度、速度、时间、加速度及减速度,带电脑控制的机器还需按储存键,储存输入的各项信息。

4. 按启动键,离心机将执行上述参数进行运作,到预定时间自动关机。

5. 当离心机完全停止转动时打开机盖,取出离心样品,用柔软干净的布擦净转头和机腔内壁,待离心机腔内温度与室温平衡后方可盖上机盖。

【注意事项】

1. 微量移液器

微量移液器移取液体的体积以微升($\mu$L)为基本单位,在操作过程中空气的进出会影响实验的精确度,必须考虑温度、密闭性、活塞移动速度、试剂是否产生气体等因素。

2. 分光光度计

(1)分光光度计属精密仪器,应精心爱护使用,要防震、防潮、防腐蚀。

(2)仪器预热 30 min 后开始测试。光能量变化快,光电管受光后响应缓慢,需等待一段时间使其平衡。

(3)比色皿的好坏对吸光度读数的影响很大,要保持比色皿的清洁干净,保护光学面的透明度,不能手握光学面,也不能用粗糙的物体接触光学面,比色皿中的液体应适量,不应过满,比色皿外壁的液体应用擦镜纸擦干,以防腐蚀仪器和影响读数。如比色液为强酸强碱,应尽快比色,以防破坏比色皿。

(4)比色时间应尽量缩短,以防光电系统疲劳。如需连续使用,中间应适当暂停使用,使之避光休息。

3. 离心机

(1)机体应始终处于水平位置,外接电源系统的电压要匹配,并要求有良好的接地线。

(2)开机前应检查转头安装是否牢固,机腔有无异物掉入。

(3)样品应预先平衡,使用离心筒离心时,离心筒与样品应同时平衡。

(4)挥发性或腐蚀性液体离心时,应使用带盖的离心管,并确保液体不外漏,以免腐蚀机腔或造成事故。

(5)离心过程中若发现异常现象,应立即关闭电源,并请有关技术人员检修。

【思考题】

1. 比色皿装完液体后,为何要保证杯体干燥、清洁才可测量?

2. 使用离心机最关键的注意事项是什么?

3. 使用微量移液器时,为何要避免顶端向上倒拿?

张淑芳

#  实验二 血清蛋白质醋酸纤维素薄膜电泳

【实验目的】

1. 掌握醋酸纤维素薄膜电泳的基本原理及操作过程。

2. 了解猪血清蛋白质的各种成分。

3. 熟悉猪血清中各种蛋白质相对含量的测定原理和方法。

4. 熟悉分光光度计的工作原理及使用方法。

【实验原理】

带电粒子在电场中向与其电性相反的电极泳动的现象称为电泳。血清中各种蛋白质的等电点大多在 pH 4.0~7.3 之间,在 pH 8.6 的缓冲液中均带负电荷,在电场中都向正极移动。由于血清中各种蛋白质的等电点不同,因此在同一 pH 值环境中所带负电荷的量不同,又由于其分子大小不同,所以在电场中泳动速度也不同。分子小而带电荷多者,泳动速度较快;反之,则泳动速度较慢。因此通过电泳可将血清蛋白质分为 5 条区带,从正极端依次分为清蛋白、$\alpha_1$-球蛋白、$\alpha_2$-球蛋白、$\beta$-球蛋白和 $\gamma$-球蛋白等,经染色可计算出各蛋白质含量的百分数。

醋酸纤维素薄膜电泳操作简单、快速、价廉。目前已广泛用于分析检测血浆蛋白质、脂蛋白、糖蛋白、甲胎蛋白、体液、脊髓液、脱氢酶、多肽、核酸及其他生物大分子,为心血管疾病、肝硬化及某些癌症鉴别诊断提供了可靠的依据,因而已成为医学和临床检验的常规技术。

【实验器材】

醋酸纤维素薄膜(2 cm×8 cm)、培养皿、滤纸、无齿镊、剪子、加样器(可用盖玻片或 X 胶片或微量加样器)、直尺、铅笔、玻璃板(8 cm×12 cm)、试管、试管架、滴管、电泳仪、电泳槽。

【实验试剂】

1. 巴比妥缓冲液(pH 8.6,0.07 mol/L,离子强度 0.06) 称取巴比妥钠 1276 g、巴比妥 166 g,加 500 mL 蒸馏水,加热溶解。待冷至室温后,再加蒸馏水至 1000 mL。

2. 氨基黑 10B 染色液 称取氨基黑 10B 0.5 g,加入冰醋酸 10 mL、甲醇 50 mL,混匀,加蒸馏水至 100 mL。

3. 漂洗液 取甲醇 45 mL、冰醋酸 5 mL,混匀后加蒸馏水至 100 mL。

4. 洗脱液 0.4 mol/L NaOH 溶液。

5. 透明液 称取柠檬酸 21 g,N-甲基-2-吡咯烷酮 150 g,以蒸馏水溶解并稀释至 500 mL。

【实验操作】

1. 准备 将缓冲液加入电泳槽的两槽内,并使两侧的液面等高。裁剪尺寸合适的滤纸条,叠成四层贴在电泳槽的两侧支架上,一端与支架前沿对齐,另一端侵入电泳槽的缓冲液内,使滤纸全部湿润,此即"滤纸桥"(实验图 2-1)。

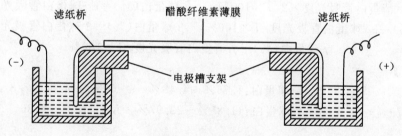

实验图 2-1 电泳装置

将醋酸纤维素薄膜切成 2 cm×8 cm 大小,在无光泽面的一端约 1.5 cm 处,用铅笔轻画一直线,作为点样位置。然后将无光泽面向下,置于盛有巴比妥缓冲液的培养皿中浸泡,待充分浸透(约 20 min)后即无白色斑点时取出,用洁净滤纸轻轻吸去表面的多余缓冲液。

2. 点样 取少量血清于玻璃板上,用加样器取少量血清(2~3 μL),加在点样区内,待血清渗入膜内,移开加样器。点样时注意血清要适量,应形成均匀的直线,并避免弄破薄膜(实验图 2-2)。

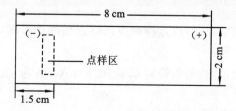

实验图 2-2 醋酸纤维素薄膜规格及点样位置

3. 平衡与电泳　将点样后的薄膜有光面朝上,点样的一端靠近负极,平直地贴于电泳槽支架的滤纸上,平衡约 5 min。盖上电泳槽盖,通电进行电泳。调节电压为 $100\sim160$ V,电流 $0.4\sim0.6$ mA/cm,夏季通电 45 min,冬季通电 60 min,待电泳区带展开 $25\sim35$ cm 时断电。

4. 染色　用无齿镊小心取出薄膜,浸于染色液中 $1\sim3$ min(以清蛋白带染透为止)。染色过程中应轻轻晃动染色皿,使薄膜与染色液充分接触,薄膜量较多时,应避免彼此紧贴而影响染色效果。

5. 漂洗　准备 3 个培养皿,装入漂洗液。从染色液中取出薄膜,依次在漂洗液中连续浸洗数次,直至背景无色为止。将漂净的薄膜用滤纸吸干,从正极端起依次为清蛋白(A)、$\alpha_1$、$\alpha_2$、$\beta$ 及 $\gamma$-球蛋白(实验图2-3)。

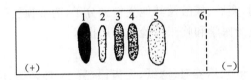

**实验图 2-3　点样位置**

注:1 为清蛋白;2、3、4、5 分别为 $\alpha_1$、$\alpha_2$、$\beta$、$\gamma$-球蛋白;6 为点样原点。

6. 透明　将脱色吹干后的薄膜浸入透明甲液中 2 min,立即放入透明乙液中浸泡 1 min,取出后立即紧贴于干净玻璃板上,两者间不能有气泡。$2\sim3$ min 薄膜可完全透明。若透明太慢,可用滴管取透明乙液少许,在薄膜表面淋洗一次,垂直放置待其自然干燥,或用吹风机冷风吹干且无酸味。再将玻璃板放在流动的自来水下冲洗,当薄膜完全润湿后用单面刀片撬开薄膜的一角,用手轻轻将透明的薄膜取下,用滤纸吸干所有的水分,然后将薄膜置液体石蜡中浸泡 3 min,再用滤纸吸干液体石蜡,压平。此薄膜透明,区带着色清晰,可用于扫描,长期保存不褪色。

7. 定量　洗脱法:取 6 支试管,编号,分别为 A、$\alpha_1$、$\alpha_2$、$\beta$、$\gamma$ 和空白管。于清蛋白管中加入 0.4 mol/L NaOH 溶液 4 mL,其余 5 支试管各加 2 mL。剪下各条蛋白区带,另于空白部分剪一条与各蛋白区带宽度近似的薄膜作为空白,分别浸入各管中,振摇数次,置 37 ℃水浴 20 min,使色泽完全浸出。用 620 nm 波长以空白管调零比色,读取各管吸光度,按下式计算,其中"$\gamma$"表示 $\gamma$-球蛋白的吸光度,其余类推。

$$T=\text{“A”}\times2+\text{“}\alpha_1\text{”}+\text{“}\alpha_2\text{”}+\text{“}\beta\text{”}+\text{“}\gamma\text{”}$$

清蛋白(%)＝清蛋白管吸光度$\times2/T\times100\%$,　　$\alpha_1$-球蛋白(%)＝$\alpha_1$-球蛋白管吸光度$/T\times100\%$

$\alpha_2$-球蛋白(%)＝$\alpha_2$-球蛋白管吸光度$/T\times100\%$,　　$\beta$-球蛋白(%)＝$\beta$-球蛋白管吸光度$/T\times100\%$

$\gamma$-球蛋白(%)＝$\gamma$-清蛋白管吸光度$/T\times100\%$

【正常参考值】

清蛋白:$57.45\%\sim71.73\%$　　$\alpha_1$-球蛋白:$1.76\%\sim4.48\%$　　$\alpha_2$-球蛋白:$4.04\%\sim8.28\%$

$\beta$-球蛋白:$6.79\%\sim11.39\%$　　$\gamma$-球蛋白:$11.85\%\sim22.97\%$　　A/G:$1.24\sim2.36$

【临床意义】

急慢性肾炎、肾病综合征、肾功能衰竭时,清蛋白含量降低,$\alpha_1$、$\alpha_2$、$\beta$-球蛋白升高;慢性活动性肝炎、肝硬化时,清蛋白降低,$\beta$、$\gamma$-球蛋白升高;急性炎症时,$\alpha_1$、$\alpha_2$-球蛋白升高;慢性炎症时,清蛋白降低,$\alpha_2$、$\gamma$-球蛋白升高;红斑狼疮、类风湿关节炎时,清蛋白降低,$\gamma$-球蛋白显著升高;多发性骨髓瘤时,清蛋白降低,$\gamma$-球蛋白升高,于 $\beta$ 和 $\gamma$-球蛋白区带之间出现"M"带。

【注意事项】

1. 实验中所用的巴比妥缓冲液为神经毒剂,染色液与漂洗液也都有毒性,所以在做实验时一定要戴手套。

2. 点样是否成功关系到电泳结果,所以点样时应严格遵循操作步骤,并事先在滤纸上反复练习之后再点样。

3. 电泳时还应注意电流不能过大,每条带以 $0.4\sim0.6$ mA/cm 为宜。

【思考题】

1. 试简述电泳过程中区分五条蛋白带的过程。

2. 实验过程中控制电压在一定范围内,若电压过小或过大会对电泳结果产生什么样的影响?

3.若薄膜与滤纸桥之间有气泡,电泳后薄膜上呈现的应该是什么样的条带? 为什么?

李 凤

## 实验三 酶的特异性及影响酶促反应速率的因素

【实验目的】

1.能用自己的语言描述各种因素对酶活性产生影响的原理。

2.能够迅速而准确地陈述影响酶活性因素的实验操作要点。

3.能够准确鉴别不同条件对酶活性的影响,并能说明其意义。

4.能够正确完成测定各种因素对酶活性影响的实验操作,做到步骤正确、动作连贯协调、内容全面无遗漏。

【实验原理】

### 一、酶的特异性

唾液淀粉酶可将淀粉水解成麦芽糖及少量葡萄糖,二者均属于还原性糖,能使班氏试剂中的二价铜离子还原生成砖红色的氧化亚铜沉淀。而蔗糖不能被此种酶水解,也不具有还原性,所以不能与班氏试剂发生颜色反应。

### 二、温度、pH 值、激活剂、抑制剂对酶活性的影响

酶的催化活性受温度、pH 值及某些物质的影响显著。在低温时酶反应进行较慢,随着温度的升高反应速率加快,当达到最适反应温度时其活性最高,之后,随着温度的升高反应变得缓慢,直至完全停止。

酶活性与溶液的 pH 值有关。pH 值既影响酶蛋白本身构象,也影响底物的解离程度,从而改变酶与底物的结合和催化作用,故每种酶都有其自身最适 pH 值。过酸、过碱均可引起酶蛋白变性而活性降低或失去活性。唾液淀粉酶的最适 pH 值为 6.8,氯离子对该酶的活性有激活作用,铜离子则有抑制作用。

淀粉在淀粉酶催化下水解,其最终产物是麦芽糖。在水解反应过程中淀粉的相对分子质量逐渐变小,形成若干相对分子质量不等的过渡性产物,称为糊精。向反应系统中加入碘液可检查淀粉的水解程度,淀粉遇碘呈蓝色,麦芽糖对碘不显色。糊精中相对分子质量较大者遇碘呈蓝紫色,随糊精的继续水解,遇碘呈橙红色。

根据颜色反应,可以了解淀粉被水解的程度。在不同温度、不同酸碱度下,唾液淀粉酶活性不同,淀粉水解程度也不一样。另外,激活剂、抑制剂也能影响淀粉的水解。因此,通过与碘反应的颜色判断淀粉被水解的程度,进而了解温度、pH 值、激活剂和抑制剂对酶促反应的影响。

【实验器材】

10 mm×100 mm 试管;试管架;恒温水浴箱;水浴锅;冰浴锅;试管夹;滴管;蜡笔;漏斗;烧杯。

【实验试剂】

1%淀粉溶液;稀释的唾液;煮沸唾液;pH 值为 6.8 的缓冲液;pH 值为 3.0 的缓冲液;pH 值为 8.0 的缓冲液;1%蔗糖溶液;1%NaCl 溶液;1%$CuSO_4$ 溶液;1%$Na_2SO_4$ 溶液;稀碘溶液;班氏试剂。

【操作步骤】

1.酶的特异性

(1)取试管 3 支,编号,按实验表 3-1 进行操作。

实验表 3-1 酶的特异性

(单位:滴)

| 管号 | pH 值为 6.8 的缓冲液 | 1%淀粉溶液 | 1%蔗糖溶液 | 煮沸唾液 | 稀释唾液 |
|---|---|---|---|---|---|
| 1 号 | 20 | 10 | — | — | 5 |

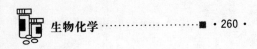

续表

| 管号 | pH 值为 6.8 的缓冲液 | 1%淀粉溶液 | 1%蔗糖溶液 | 煮沸唾液 | 稀释唾液 |
|---|---|---|---|---|---|
| 2 号 | 20 | 10 | — | 5 | — |
| 3 号 | 20 | — | 10 | — | 5 |

（2）各管混匀后，置于 37 ℃恒温水浴箱中保温 5～10 min，分别加班氏试剂 20 滴。

（3）各管混匀后置于沸水浴中煮沸 8～10 min，观察结果并记录。

2. 温度对酶促反应的影响

（1）取 3 支试管，编号，每管各加入 pH 值为 6.8 的缓冲液 15 滴，1%淀粉 5 滴。

（2）将第一管放入 37 ℃恒温水浴箱中，第二管放入沸水浴中，第三管放入冰浴中。

（3）各管放置 5 min 后，分别加稀释唾液 5 滴，再放回原处。

（4）放置 10 min 后取出，分别向各管内加入稀碘溶液 1 滴，观察 3 管中颜色的区别，说明温度对酶促反应的影响。

3. pH 值对酶促反应的影响

（1）取 3 支试管，编号，按实验表 3-2 操作。

实验表 3-2　pH 值对酶促反应的影响　　　　　　　　　　　　　（单位:滴）

| 管号 | pH 值为 3.0 缓冲液 | pH 值为 6.8 缓冲液 | pH 值为 8.0 缓冲液 | 1%淀粉溶液 | 稀释的唾液 |
|---|---|---|---|---|---|
| 1 | 15 | — | — | 5 | 5 |
| 2 | — | 15 | — | 5 | 5 |
| 3 | — | — | 15 | 5 | 5 |

（2）将 1、2、3 号管摇匀放入 37 ℃恒温水浴箱中保温。

（3）5～10 min 后，取出分别加入 1 滴稀碘溶液，观察 3 管颜色的区别，说明 pH 值对酶促反应的影响。

4. 激活剂与抑制剂对酶促反应的影响

（1）取 4 支试管，编号，按实验表 3-3 操作。

实验表 3-3　激活剂、抑制剂对酶促反应的影响　　　　　　　　　（单位:滴）

| 管号 | pH 值为 6.8 的缓冲液 | 1%淀粉溶液 | 蒸馏水 | 1%NaCl 溶液 | 1%$CuSO_4$ 溶液 | 1%$Na_2SO_4$ 溶液 | 稀释的唾液 |
|---|---|---|---|---|---|---|---|
| 1 | 15 | 5 | 10 | — | — | — | 5 |
| 2 | 15 | 5 | — | 10 | — | — | 5 |
| 3 | 15 | 5 | — | — | 10 | — | 5 |
| 4 | 15 | 5 | — | — | — | 10 | 5 |

（2）摇匀 1、2、3、4 号管后放入 37 ℃恒温水浴箱中保温。

（3）5～10 min 后，取出各管分别加入稀碘溶液 1 滴，观察各管颜色，说明激活剂与抑制剂对酶促反应的影响。

【注意事项】

1. 注意实验器材的清洁，避免杂质影响反应结果。

2. 各管反应时间应严格控制，保证一致。

3. 控制反应温度稳定。

【思考题】

1. 以唾液淀粉酶为例，解释"酶的绝对特异性"。

2. 为什么在激活剂与抑制剂的实验中要设置第 4 管实验？

## 实验四　琥珀酸脱氢酶的作用及酶的竞争性抑制

**【实验目的】**

1. 能用自己的语言描述竞争性抑制作用的概念。

2. 能够迅速而准确地陈述竞争性抑制作用的机理。

3. 了解琥珀酸脱氢酶的作用。

4. 能够掌握本实验操作要点。

**【实验原理】**

与底物化学结构类似的抑制剂,能与底物竞争和酶活性中心结合、抑制酶的活性,这种类型的抑制为竞争性抑制。竞争性抑制的程度由抑制剂与底物相对浓度决定,底物浓度不变,酶活性被抑制的程度随抑制剂浓度的增加而增强。反之,如果抑制剂浓度不变,则酶活性随底物浓度的增加而逐渐恢复。

琥珀酸脱氢酶催化琥珀酸脱氢生成延胡索酸,在隔绝空气的条件下,琥珀酸脱下的氢可被甲烯蓝接受,使甲烯蓝还原成甲烯白,因此可以根据甲烯蓝的褪色情况来观察丙二酸对琥珀酸脱氢酶活性的影响。

**【实验器材】**

小试管及试管夹;滴管;剪刀;镊子;纱布;研钵;恒温水浴箱。

**【实验试剂】**

(1) 0.2 mol/L 琥珀酸:称取琥珀酸 23.618 g,用蒸馏水配成约 600 mL 溶液,用 5 mol/L NaOH 调 pH 值至 7.4,再加水至 1000 mL。

(2) 0.02 mol/L 琥珀酸,用 0.2 mol/L 琥珀酸稀释 10 倍。

(3) 0.2 mol/L 丙二酸:称取丙二酸 22.92 g,用蒸馏水配成约 600 mL 溶液,用 5 mol/L NaOH 调 pH 值至 7.4,再加水至 1000 mL。

(4) 0.02 mol/L 丙二酸:用 0.2 mol/L 丙二酸稀释 10 倍。

(5) 0.1 mol/L 磷酸盐缓冲液(pH 7.4):取 0.2 mol/L $Na_2HPO_4$ 81 mL,0.2 mol/L $Na_2HPO_4$ 19 mL,加蒸馏水至 200 mL。

(6) 0.02% 甲烯蓝。

(7) 液体石蜡。

**【操作步骤】**

1. 组织提取液的制备。取新鲜的肝脏或肌肉 5 g 剪成小块,放入烧杯内用冰冷的蒸馏水洗 3 次(洗去肝中的一些可溶性物质和其他一些受氢体,以减少对本实验的干扰),再用冷的 0.1 mol/L pH 7.4 磷酸缓冲液清洗 1 次,倒去所洗的液体,将组织碎块置于研钵加细砂研成匀浆,然后加入 1/15 mol/L pH 7.4 磷酸缓冲液,混匀,用双层纱布过滤,滤液即为组织提取液,再将其用 1/15 mol/L pH 7.4 磷酸缓冲液稀释为 1:5 即可。

2. 取试管 5 支,按实验表 4-1 操作。

实验表 4-1　丙二酸对琥珀酸脱氢酶的竞争性抑制作用操作步骤　　　　　(单位:滴)

| 试　管　号 | 1 | 2 | 3 | 4 | 5 |
|---|---|---|---|---|---|
| 肝提取液 | 30 | 30 | 30 | 30 | 30 |
| 0.2 mol/L 琥珀酸 | 10 | 10 | 10 | — | — |
| 0.02 mol/L 琥珀酸 | — | — | — | 10 | — |
| 0.2 mol/L 丙二酸 | — | 10 | — | 10 | — |
| 0.02 mol/L 丙二酸 | — | — | 10 | — | — |
| 蒸馏水 | 10 | — | — | — | 10 |
| 磷酸缓冲液 | — | — | — | — | 10 |
| 0.02% 甲烯蓝 | 4 | 4 | 4 | 4 | 4 |

3. 将上述试管摇匀,观察各管甲烯蓝褪色的快慢。

【注意事项】

1. 各试管要同时混匀,混匀后静置观看实验现象。

2. 如气温较低,可以使用恒温水浴箱提高温度加快反应,注意温度不要过高。

【思考题】

1. 本实验中以什么来判断反应速度的快慢?

2. 为什么说丙二酸对琥珀酸脱氢酶的抑制作用属于竞争性抑制作用?

3. 完全褪色后摇动试管为何又变成蓝色?

岳 红

#  实验五 血糖浓度测定(葡萄糖氧化酶法)

【实验目的】

1. 掌握葡萄糖氧化酶法测定血糖的基本原理。

2. 熟悉葡萄糖氧化酶法测定血糖的操作步骤。

3. 了解葡萄糖氧化酶法的注意事项、血糖正常值及血糖异常的临床意义。

【实验原理】

葡萄糖氧化酶(GOD)利用氧和水将葡萄糖氧化为葡萄糖酸内酯,并释放过氧化氢;过氧化物酶(POD)在色素原性氧受体存在时将过氧化氢分解为水和氧,同时使色素原性氧受体 4-氨基安替比林和酚去氢缩合为红色醌类化合物,即 Trinder 反应。其颜色深浅在一定范围内与葡萄糖含量成正比,与同样处理的标准管比较,即可求得标本中葡萄糖浓度。反应式为

$$葡萄糖+O_2+2H_2O \xrightarrow{\text{GOD}} 葡萄糖酸内酯+2H_2O_2$$

$$2H_2O_2+4\text{-}氨基安替比林+酚 \xrightarrow{\text{POD}} 红色醌类化合物$$

【器材与试剂】

## 一、器材

试管及试管架;吸量管;恒温水浴箱;722 型分光光度计。

## 二、试剂

1. 0.1 mol/L 磷酸盐缓冲液(pH 7.0) 称取无水磷酸氢二钠 8.67 g 及无水磷酸二氢钾 5.3 g 溶于 800 mL 蒸馏水中,用 1 mol/L 氢氧化钠(或 1 mol/L 盐酸)调 pH 值至 7.0,用蒸馏水定容至 1 L。

2. 酶试剂 称取过氧化物酶 1200 U,葡萄糖氧化酶 1200 U,4-氨基安替比林 10 mg,叠氮钠 100 mg,溶于 80 mL 上述磷酸盐缓冲液中,用 1 mol/L NaOH 调节 pH 值至 7.0,用磷酸盐缓冲液定容至 100 mL,置 4 ℃冰箱保存,至少可稳定 3 个月。

3. 酚试剂 称取重蒸馏酚 100 mg,溶于 100 mL 蒸馏水中(酚在空气中易氧化变成红色,可先配制成 500 g/L 的溶液,储存于棕色瓶中,用时稀释)。

4. 酶酚混合试剂 酶试剂及酚试剂等量混合,置冰箱 4 ℃可以存放 1 个月。

5. 12 mmol/L 苯甲酸溶液 称取 1.4 g 苯甲酸,溶解于约 800 mL 蒸馏水中,加热助溶,冷却后加蒸馏水定容至 1 L。

6. 100 mmol/L 葡萄糖标准储存液 称取已干燥恒重的无水葡萄糖(预先置 80 ℃烤箱内干燥恒重,移于干燥器内保存)1.802 g,以 12 mmol/L 苯甲酸溶液约 70 mL 溶解并移入 100 mL 容量瓶中,再以 12 mmol/L 苯甲酸溶液定容至 100 mL,混匀移入棕色瓶中,置冰箱内保存 2 h 后方可使用。

7. 5 mmol/L 葡萄糖标准应用液　吸取葡萄糖标准储存液 5.0 mL 置于 100 mL 容量瓶中,用 12 mmol/L 苯甲酸溶液稀释至刻度,混匀。

【实验操作步骤】

1. 取 3 支 16 mm×10 mm 试管编号,按实验表 5-1 步骤进行操作。

实验表 5-1　血糖浓度测定操作步骤

| 试　　剂 | 测定管/mL | 标准管/mL | 空白管/mL |
| --- | --- | --- | --- |
| 血液 | 0.02 | — | — |
| 葡萄糖标准应用液 | — | 0.02 | — |
| 蒸馏水 | — | — | 0.02 |
| 酶酚混合试剂 | 3.0 | 3.0 | 3.0 |

2. 各试管混匀后置 37 ℃恒温水浴中,保温 15 min。

3. 取出各试管,用分光光度计在 505 nm 波长处比色,以空白管调零,分别读取标准管吸光度 $A_s$ 和测定管吸光度 $A_u$。

4. 结果计算

$$(A_u/A_s)\times 5 = 血糖(mmol/L)$$

【参考范围】　空腹血糖浓度为 3.89~6.11 mmol/L。

【临床意义】

1. 生理性高血糖见于摄入高糖食物后,或情绪紧张肾上腺分泌增加时。

2. 病理性高血糖

(1) 糖尿病:病理性高血糖常见于胰岛素绝对或相对不足的糖尿病患者。

(2) 内分泌腺功能障碍:甲状腺功能亢进、肾上腺皮质功能及髓质功能亢进引起的各种对抗胰岛素的激素分泌过多也会出现高血糖。注意升高血糖的激素增多引起的高血糖,现已归入特异性糖尿病中。

(3) 颅内压增高:颅内压增高刺激血糖中枢,如颅外伤、颅内出血、脑膜炎等。

(4) 脱水引起的高血糖:如呕吐、腹泻和高热等也可使血糖轻度增高。

3. 生理性低血糖见于饥饿和剧烈运动。

4. 病理性低血糖(特发性功能性低血糖最多见,依次是药源性、肝源性、胰岛素瘤等)

(1) 胰岛 β 细胞增生或胰岛 β 细胞瘤等,使胰岛素分泌过多。

(2) 对抗胰岛素的激素分泌不足,如垂体前叶功能减退、肾上腺皮质功能减退和甲状腺功能减退而使生长素、肾上腺皮质激素分泌减少。

(3) 严重肝病患者,由于肝脏储存糖原及糖异生等功能低下,肝脏不能有效地调节血糖。

【注意事项】

1. 葡萄糖氧化酶法可直接测定脑脊液葡萄糖含量,但不能直接测定尿液葡萄糖含量。因为尿液中尿酸等干扰物质浓度过高,可干扰过氧化物酶反应,造成结果假性偏低。

2. 测定标本以草酸钾-氟化钠为抗凝剂的血浆较好。取草酸钾 6 g、氟化钠 4 g,加水溶解至 100 mL,吸取 0.1 mL 到试管内,在 80 ℃以下烤干使用,可使 2~3 mL 血液在 3~4 天内不凝固并抑制糖分解。

3. 本法用血量甚微,操作中应直接加标本至试剂中,再吸试剂反复冲洗滴管,以保证结果可靠。

4. 严重黄疸、溶血及乳糜样血清应先制备无蛋白血滤液,然后进行测定。

【思考题】

血糖测定常用于哪些疾病的诊断?

孔晓朵

## 实验六 肝中酮体的生成作用

【实验目的】

1. 了解组织匀浆的制备方法。

2. 加深对肝脏生成酮体的认识。

【实验原理】

本实验以丁酸作为底物,与肝组织匀浆一起保温,利用肝组织中合成酮体的全套酶系,催化丁酸合成酮体。由于酮体中的乙酰乙酸与丙酮可与含有亚硝基铁氰化钠的显色粉反应,生成紫红色化合物来鉴定酮体的存在。经同样处理的肌肉组织匀浆因不产生酮体,而与显色粉不产生显色反应。

【实验器材】

组织捣碎机;恒温水浴箱;离心机或漏斗;试管;试管架;滴管。

【实验试剂】

1. 生理盐水。

2. 洛克溶液的配制。取氯化钠 0.9 g、氯化钾 0.042 g、氯化钙 0.024 g、碳酸氢钠 0.02 g、葡萄糖 0.1 g,将上述各试剂放入烧杯中,加蒸馏水 100 mL,溶解后混匀,置于冰箱中保存备用。

3. 0.5 mol/L 丁酸。取 44 g 丁酸溶于 0.1 mol/L 氢氧化钠溶液中,溶解后用 0.1 mol/L 氢氧化钠稀释至 1000 mL。

4. 0.1 mol/L 磷酸盐缓冲溶液(pH 7.6)。准确称取 $Na_2HPO_4 \cdot 2H_2O$ 77 g 和 $NaH_2PO_4 \cdot H_2O$ 0.897 g,用蒸馏水稀释至 500 mL,精确测定 pH 值。

5. 0.92 mol/L(15%)三氯醋酸溶液。

6. 显色粉。亚硝基铁氰化钠 1 g,无水碳酸钠 30 g,硫酸铵 50 g 混合后研碎。

【操作步骤】

1. 肝匀浆和肌匀浆的制备。取小鼠一只,断头处死,迅速剖腹取出肝脏和肌肉组织,分别放入研钵中,加生理盐水适量,研磨成匀浆。

2. 取 4 支试管,编号后按实验表 6-1 加入各种试剂。

实验表 6-1　肝中酮体的生成操作步骤　　　　　　　　　　　　　　(单位:滴)

| 试管编号 | 洛克溶液 | 0.5 mol/L 丁酸 | 0.1 mol/L 磷酸盐缓冲溶液 | 肝匀浆 | 肌匀浆 | 蒸馏水 |
|---|---|---|---|---|---|---|
| 1 | 15 | 30 | 15 | 20 | — | — |
| 2 | 15 | — | 15 | 20 | — | 30 |
| 3 | 15 | 30 | 15 | — | — | 20 |
| 4 | 15 | 30 | 15 | — | 20 | — |

3. 将以上 4 支试管摇匀后,放置于 37 ℃恒温水浴箱中保温。

4. 40~50 min 后,取出各管,各加入 15%三氯醋酸 20 滴,混匀,离心 5 min(3000 r/min)。

5. 取白瓷反应板一块,从上述 4 支试管中各取出 10 滴离心液分别置于反应板的 4 个凹槽中,然后每个凹槽再各加入一小匙(约 0.1 g),观察并记录每个凹槽所产生的颜色反应。

【思考题】

1. 本实验中,第 1 及第 4 管离心液与显色粉各产生什么颜色反应? 说明原因。

2. 什么是酮体? 它在何处生成? 何处利用? 为什么?

徐建永

## 实验七 血清丙氨酸氨基转移酶(ALT)的测定

【实验目的】

1. 了解丙氨酸氨基转移酶(ALT)在蛋白质代谢中的重要作用及其临床诊断意义。
2. 学会速率法血清 ALT 活性测定的原理及方法。
3. 培养学生动手、动脑、分析问题的能力。

【实验原理】

L-丙氨酸和 α-酮戊二酸在 ALT 催化下,生成丙酮酸和 L-谷氨酸,丙酮酸再在 LDH 作用下生成 L-乳酸,同时 NADH 被氧化为 $NAD^+$,其氧化速率与样本中 ALT 活性成正比。NADH 在 340 nm 波长下有最大吸收峰,而 $NAD^+$ 没有。因而可监测 NADH 吸光度的下降来计算 ALT 活性。

$$L\text{-丙氨酸}+\alpha\text{-酮戊二酸} \xrightarrow{\text{ALT}} \text{丙酮酸}+L\text{-谷氨酸}$$

$$\text{丙酮酸}+NADH+H^+ \xrightarrow{\text{LDH}} L\text{-乳酸}+NAD^++H_2O$$

【实验器材】

试管、试管架、滴管、恒温水浴箱、分光光度计或半自动生化分析仪、微量加样器。

【实验试剂】

| 试剂 R1:α-酮戊二酸 | 15 mmol/L |
| NADH | 0.18 mmol/L |
| 乳酸脱氢酶(LDH) | ≥5000 U/L |
| 试剂 R2:Tris 缓冲液(pH 7.3) | 100 mmol/L |
| L-丙氨酸 | 500 mmol/L |

工作液:10 mL R2 复溶一瓶 R1,溶解后即为工作液。

【操作步骤】

取一定量 R2(参看 R1 瓶签)复溶 1 瓶 R1,溶解后即为工作液。工作液预先保温至测试温度,混匀,在 37 ℃水浴 1 min,空白管调零,340 nm 波长处比色,读取初始吸光度,同时开始计时,在精确 1、2、3 min 时,分别读取吸光度,确定每分钟平均吸光度变化(ΔA/min)。也可在半自动生化分析仪上测定,然后按实验表 7-1 进行测定。

实验表 7-1　ALT 活性测定(速率法)操作步骤 (单位:mL)

| 加 入 物 | 测定管(T) | 空白管(B) |
| --- | --- | --- |
| 血清 | 0.1 | — |
| 蒸馏水 | — | 0.1 |
| 工作液 | 10 | 10 |

【计算】

$$ALT(U/L)=(\Delta A_{测定}/min-\Delta A_{空白}/min)\times 1746$$

【参考范围】

$$ALT(U/L):5\sim 40 \ U/L$$

【注意事项】

1. 实验中温度、时间对 ALT 活性影响很大,故应严格掌握测定时的温度和保温时间。
2. 检测标本最好用新鲜标本。

【临床意义】

丙氨酸氨基转移酶主要分布于各组织细胞中,尤以肝脏含量最多,心脏次之,正常时血液中极少,故血清酶活力很低。当这些组织发生病变,细胞坏死或通透性增强时,细胞内的酶大量释放到血液中,使血

清该酶含量显著升高。

1. 血清 ALT 活性显著升高见于各种肝炎的急性期、中毒性肝细胞坏死等。

2. 血清 ALT 活性中度升高见于慢性肝炎、肝硬化、肝癌和心肌梗死等。

3. 血清 ALT 活性轻度升高见于阻塞性黄疸、胆囊炎等。

【思考题】

1. 简述 ALT 测定的实验原理。

2. 为什么急性肝炎患者血清 ALT 明显升高?

刘庆春

#  实验八　血清尿素测定

【实验目的】

1. 掌握脲酶-波氏比色法测定尿素的原理和操作。

2. 熟悉尿素检测的临床意义。

【实验原理】

尿素经脲酶催化水解生成 2 分子 $NH_4^+$ 和 1 分子二氧化碳，$NH_4^+$ 在碱性介质中与苯酚和次氯酸钠反应，生成蓝色的吲哚酚，此过程需要用亚硝基铁氰化钠催化反应。在 560 nm 波长下进行比色，蓝色吲哚酚的生成量与尿素含量成正比。

【实验器材】

分光光度计；微量移液器；试管；试管架；烧杯；烧瓶；容量瓶；记号笔。

【实验试剂】

1. 酚显色剂　称取苯酚 10 g，亚硝基铁氰化钠[$Na_2Fe(CN)_5NO \cdot 2H_2O$] 0.05 g，溶于 1000 mL 无氨去离子蒸馏水中，4 ℃可保存 2 个月。

2. 碱性次氯酸钠溶液　称取氢氧化钠 0.5 g，溶于无氨去离子蒸馏水中，加次氯酸钠水溶液(安替福民) 8 mL(相当于次氯酸钠 0.42 g)，用无氨去离子蒸馏水加至 1000 mL，置于棕色瓶内，4 ℃可保存 2 个月。

3. 脲酶储存液　称取脲酶(比活力为 3000～4000 U/L) 0.2 g，置于 20 mL 50%(体积分数)甘油中，4 ℃可保存 6 个月。

4. 脲酶应用液　量取脲酶储存液 1 mL，加 10 g/L EDTA-Na₂ 溶液(pH 6.5)至 100 mL，4 ℃保存，稳定时间为 1 个月。

5. 尿素标准液(5 mmol/L)　精确称取于 60～65 ℃干燥至恒重的尿素 30 g，溶解于无氨去离子水中，并定容至 100 mL，加 0.1 g 叠氮钠防腐，4 ℃可保存 6 个月。

【操作步骤】

按照实验表 8-1 操作。

实验表 8-1　脲酶-波氏比色法测定操作步骤

| 加　入　物 | 测　定　管 | 标　准　管 | 空　白　管 |
| --- | --- | --- | --- |
| 脲酶应用液/mL | 1.0 | 1.0 | 1.0 |
| 血清/μL | 10 | — | — |
| 尿素标准液/μL | — | 10 | — |
| 去氨蒸馏水/μL | — | — | 10 |
| 混匀，37 ℃水浴 15 min | | | |
| 酚显色剂/mL | 5.0 | 5.0 | 5.0 |

续表

| 加 入 物 | 测 定 管 | 标 准 管 | 空 白 管 |
|---|---|---|---|
| 碱性次氯酸钠溶液/mL | 5.0 | 5.0 | 5.0 |

混匀,37 ℃水浴 20 min

以空白管调零,在 560 nm 波长下读取各管吸光度($A$)。

【结果计算】

$$尿素含量(mmol/L)=\frac{测定管吸光度}{标准管吸光度}×尿素标准液浓度$$

【注意事项】

1. 测定波长　除了选择 560 nm 外,还可用 630 nm。

2. 干扰因素　空气中氨气可污染试剂或器皿;铵盐抗凝剂可使结果偏高;浓度高可抑制脲酶,影响酶促反应速度,引起结果假性偏低。

【参考区间】

成人血清尿素:

男(20～59 岁)3.1～8.0 mmol/L

男(60～79 岁)3.6～9.5 mmol/L

女(20～59 岁)2.6～7.5 mmol/L

女(60～79 岁)3.1～8.8 mmol/L

上述参考区间引自 WS/T 404.5《临床常用生化检验项目参考区间》。

【临床意义】

1. 生理性因素

(1)增高　多见于高蛋白质饮食后。

(2)减低　多见于妊娠期。

2. 病理性因素

(1)肾前性　最重要的原因是失水,失水可引起血液浓缩,使肾血流量减少,使肾小球滤过率降低而引起血液中尿素潴留。常见于剧烈呕吐、幽门梗阻、肠梗阻以及长期腹泻。

(2)肾性　急性肾小球肾炎、肾病晚期、肾衰竭、慢性肾盂肾炎以及中毒性肾炎均可引起血液中尿素含量增高。

(3)肾后性　前列腺肿大、尿路结石、尿道狭窄、膀胱肿瘤等致尿道受压,使尿路受阻,导致血液中尿素含量增加。

(4)血液中尿素减少较为少见,常见于严重的肝病患者,如肝炎合并广泛的肝坏死。

唐吉斌

# 参 考 文 献

CANKAOWENXIAN

[1]　潘文干.生物化学[M].8版.北京:人民卫生出版社,2013.

[2]　何旭辉,吕士杰.生物化学[M].6版.北京:人民卫生出版社,2014.

[3]　吕文华,肖智勇.生物化学[M].武汉:华中科技大学出版社,2010.

[4]　查锡良.生物化学[M].7版.北京:人民卫生出版社,2008.

[5]　晁相蓉,邹丽平,余少培.生物化学[M].北京:中国科学技术出版社,2014.

[6]　查锡良,药立波.生物化学与分子生物学[M].8版.北京:人民卫生出版社,2013.

[7]　宋庆梅,张志霞,凌强.生物化学[M].北京:科学技术文献出版社,2015.

[8]　王易振,何旭辉.生物化学[M].2版.北京:科学技术文献出版社,2013.

[9]　王镜岩,朱圣庚,徐长法.生物化学[M].3版.高等教育出版社,2002.

[10]　何旭辉.生物化学[M].2版.北京:人民卫生出版社,2010.

[11]　郭劲霞,孔晓朵,邱烈.生物化学[M].武汉:华中科技大学出版社,2012.

[12]　黄纯.生物化学[M].2版.北京:科学出版社,2009.

[13]　毕见州,何文胜.生物化学[M].2版.北京:中国医药科技出版社,2013.

[14]　赵瑞巧.生物化学(案例版)[M].北京:科学出版社,2010.

[15]　邱烈,张知贵.生物化学[M].2版.西安:第四军医大学出版社,2012.

[16]　徐坤山,张知贵.生物化学[M].南京:江苏凤凰科学技术出版社,2015.

[17]　黄刚娅.生物化学[M].成都:西南交通大学出版社,2010.

[18]　郝乾坤,郑里翔.生物化学[M].西安:第四军医大学出版社,2011.

[19]　王文玉.生物化学[M].2版.西安:世界图书出版社,2015.

[20]　刘观昌,马少宁.生物化学检验[M].4版.北京:人民卫生出版社,2015.

[21]　吴佳学,刘观昌.生物化学检验实验指导[M].北京:人民卫生出版社,2015.

[22]　周爱儒.生物化学[M].6版.北京:人民卫生出版社,2006.

[23]　周克元,罗德生.生物化学(案例版)[M].2版.北京:科学出版社,2011.

[24]　王易振,仲其军.生物化学[M].武汉:华中科技大学出版社,2012.

[25]　王易振.生物化学[M].北京:人民卫生出版社,2009.

[26]　吴梧桐.生物化学[M].2版.北京:中国医药科技出版社,2010.

[27]　冯作化.生物化学与分子生物学[M].北京:人民卫生出版社,2015.

[28]　贾弘禔,冯作化.生物化学与分子生物学[M].2版.北京:人民卫生出版社,2011.

[29]　唐吉斌.生物化学[M].武汉:华中科技大学出版社,2014.

[30]　贾弘禔.生物化学与分子生物学[M].2版.北京:人民卫生出版社,2010.

[31]　程牛亮.生物化学[M].2版.北京:高等教育出版社,2011.

[32]　张景海.生物化学[M].2版.北京:人民卫生出版社,2013.

[33]　朱玉贤,李毅.现代分子生物学[M].2版.北京:高等教育出版社,2005.

[34]　金凤燮.生物化学[M].北京:中国轻工业出版社,2009.

[35]　李盛贤,刘松海,赵丹丹.生物化学[M].2版.哈尔滨:哈尔滨工业大学出版社,2006.

[36]　唐炳华.生物化学[M].3版.北京:中国中医药出版社,2013.

[37]　静国忠.基因工程及其分子生物学基础——分子生物学基础分册[M].北京:北京大学出版社,2009.

[38]　王易振,李清秀.生物化学[M].北京:人民卫生出版社,2012.

[39]　许福生.生物化学[M].上海:同济大学出版社,2007.

[40]　李晓华.生物化学[M].北京:化学工业出版社,2010.

[41]　杨荣武.生物化学[M].北京:科学出版社,2009.